꼭 알아야 할

# 식품위생 및 HACCP 실무

김지응 정세훈 어금희 공저

백산출판사

FOOD HYGIENE & HACCP FOOD HYGIENE & HACCP FOOD HYGIENE & HACCP

# 머리말

외식은 인간의 의, 식, 주에서 가장 중요한 부분인 식에 해당한다. 하지만 현대인들은 단순히 음식을 먹는다는 것에 의미를 두는 것이 아니라 어떻게 하면 맛있는 음식을 안전하게 섭취할까 하는 것에 더 큰 의미를 두면서 음식을 만드는 사람들도 맛과 안전을 동일 잣대 위에 올려놓고 있다.

대중매체에서는 연일 식품위생에 대한 보도가 나오지만 외식산업에서 식품안전에 대한 문제해결에는 난항을 겪고 있는 실정이다. 우리나라 정부는 식품안전에 대해 선진국이 도입한 HACCP 제도를 현실화함으로써 그 문제에 대한 답을 찾고 있다. 이에 본 저자들은《꼭 알아야 할 식품위생 및 HACCP 실무》교재를 저술하게 되었다. 본 교재는 외식관련학과와 식품영양학과 전공대학생들과 현장에서 외식 전문 인력을 양성하기 위한 기초교재로서 조금이나마 도움이 될 수 있을 것이라 기대한다.

본 교재 내용은 크게 식품위생과 HACCP, 세부적으로 총 8장과 부록으로 구성되었다.

제1장은 식품과 위생에 대한 내용으로 식품위생의 개념, 식품위생행정, 식품의 안전성과 식인성 병해와 원인 등에 대해 다루었다.

제2장은 식품과 미생물에 대한 내용으로 미생물의 종류를 기술하고 식품위생의 지표세균에 관한 내용과 식품의 부패에 관여하는 미생물과 부패요인, 부패를 판정하는 방법 및 식품의 적절한 보존방법 등에 대해 다루었다.

제3장은 식중독에 대한 내용으로 식중독을 분류하여 식중독의 원인균과 감염경로와 원인식품, 잠복기와 중독증상, 예방책에 대해 다루었다.

제4장은 감염병을 분류하여 경구감염병, 바이러스 감염병, 인수공통감염병에 대한 병원체와 감염경로 및 주요증상, 예방책에 대해 다루었다.

제5장은 식품과 위생동물에 대해 다루었다.

제6장은 식품첨가물에 대해 다루었다.

제7장은 외식산업의 위생관리와 사례에 대해 다루었다.

제8장은 HACCP의 정의, 적용절차, 선행요건프로그램, 12절차 7원칙, 미생물 분석방법 등에 대한 내용을 다루었고, 부록으로는 제1장부터 제8장에 활용할 수 있는 자료를 수록하였다.

이 책을 만드는 동안 저자들은 식품위생 및 HACCP에 대한 바른 이해를 돕기 위해 나름대로의 최선의 노력을 기울였으나, 작업을 마무리 할 때면 항상 아쉬움이 남고 소기의 목적을 달성하였는지에 대한 두려움이 앞선다. 그러나 부족한 부분은 필자들이 좀 더 나은 책이 될 수 있도록 항상 의욕과 열정을 놓지 않으리라 마음에 새기며, 이 책을 펴낸다.

마지막으로 이 책이 개정판을 계획하고 완성되어 출판되기까지 필자들에게 아낌없는 지원과 독려를 해주신 백산출판사의 진욱상 사장님을 비롯한 임직원 여러분께 진심으로 감사드린다.

2014년 1월

저자 일동

# 차례

## 제1장 식품과 위생



## 제2장 식품과 미생물

## 제3장 식중독



## 제4장 감염병 및 인수공통감염병

## 제6장 식품첨가물



## 제7장 외식산업의 위생관리

## 제8장 HACCP

# PART 1

# 식품과 위생

# 제1장 식품과 위생

## 1. 식품위생의 개념

우리가 삶을 영위해 나가기 위해서는 여러 가지 조건들을 수반하게 되는데, 그 중에서도 가장 중요한 것이 식품의 섭취라 할 수 있다. 그러므로 식품을 섭취할 때 그 식품이 얼마나 안전한지에 대한 문제는 우리의 생사와 관련한 문제이기 때문에 특별히 주의를 기울일 필요가 있다. 그리하여 식중독 등의 식품으로 인한 위해를 미리 예방하기 위해서 식품위생은 중요한 활동이라 할 수 있다.

현행 우리나라 *식품위생법의 목적은 "식품으로 인한 위생상의 위해를 방지하고 식품영양의 질적 향상을 도모하며 식품에 관한 올바른 정보를 제공함으로써 국민보건 증진에 이바지하는 것"이다. 식품위생법 제2조에서 식품위생이란 "식품, 첨가물, 기구 또는 용기 포장을 대상으로 하는 음식물에 관한 위생"이라 정의하였고, 세계보건기구(WHO)에서의 식품위생이란 "식품의 생육, 생산 또는 제조에서부터 최종적으로 사람이 섭취할 때까지에 이르는 모든 단계에서 식품의 안전성, 건강성 및 건전성을 확보하기 위한 모든 수단을 말한다"고 정의하였다. 다시 말하자면, 식품의 위생이 식품의 원료를 생산하는 단계에서 우리가 직접 섭취하는 모든 단계에 이르기까지 중요하게 다루어져야 한다고 볼 수 있다.

여기에서 식품의 안전성이란 식품의 섭취가 건강장해의 원인이 되지 않는 것으로서 식품 중에 식중독이나 경구감염병을 일으키는 식중독균이나 병원균, 유해 유독물질 등이 함유되어 있지 않은 것을 말한다. 그리고 식품의 건강성 및 건전성이

* 식품위생법〈부록 10, p. 355~374 참조〉

란 식품이 건강을 유지하는데 필요한 영양성분을 충분히 함유하고 있고 그것들이 정상적으로 유지되어 있는 상태를 뜻한다. 위에서 언급하였듯이, 식품위생에 대한 중요성과 문제점을 인식하고 있지만 현실적으로 완전한 무결점 상태의 식품을 섭취한다는 것은 어렵기 때문에 우리가 흔히 말하는 식품위생이라 함은 인간이 생명을 유지하기 위해 식품을 생산하고 섭취하는 과정에서 식품의 위해가 되는 요소를 줄여주어 식품의 안전성, 건강성 및 건전성을 추구하기 위해서 노력하는 과정으로 볼 수 있다.

## 2. 식품위생행정

### 1) 식품위생행정 개요

국가가 식품·식품첨가물·기구 및 용기포장 등의 안전성·건전성·완전성을 확보하기 위하여 식품위생법 등 제반 법령에 따라 행정조직을 통하여 적극적이고 총체적인 노력과 관리를 하고 정책을 개발하는 일련의 활동을 식품위생행정이라 한다.

식품위생행정은 공중위생행정의 한 부문으로 식품위생법을 바탕으로 하여 식품위생의 보급과 향상을 꾀하고 국민의 식생활을 청결하고도 안전하게 확보함으로써 불량식품의 섭취로 인한 각종의 위해를 방지하는 동시에 식생활을 안전하게 하며 나아가 공중위생의 증진·발전에 기여하는 것을 목적으로 한다.

식품위생행정은 시대적 상황, 문화적 배경, 국민의 의식 및 요구 정도, 식품산업 및 식품위생기술수준과 같은 주변환경에 가장 적절하고 효율적인 형태를 유지하기 위하여 주변환경에 따라 변화한다. 따라서 현재의 식품위생관리제도를 이해하기 위해서는 현재의 법령 및 규정, 행정관리조직 등에 대한 이해와 현재의 식품산업의 동향 등에 대한 이해가 요구된다.

식품으로 인한 위생상의 위해를 방지하고 식품영양의 질적 향상을 도모하기 위하여 식품위생행정을 통한 방법이나 수단을 총칭하여 식품위생관리라고 한다. 현재 식품위생법에서 시행하고 있는 식품위생관리제도로서는 영업허가(신고), 품목제조보고, 자가품질검사, 기준 및 규격, 표시기준, 식품위생감시, 위생등급, 회수(Recalls), 식품위해요소중점관리기준(HACCP), 행정제재 등을 들 수 있다.

최근 몇 년간 우리나라의 식품위생행정은 정부의 행정규제 완화 및 기업의 경쟁력 제고를 위한 자율적 규제로 변화되고 있으며, 종전의 사전통제를 최소화하고 기업의 자율성을 최대한으로 보장하는 사후관리에 두게 되었다. 이에 따라 인삼제품 및 건강보조식품 등의 제품검사를 폐지하고, 제품생산 시 품목제조허가를 받도록 되어 있던 것을 품목제조보고로 하여 사전관리를 완화하였으며, 대신 기업 스스로 자사제품에 대한 책임을 지도록 자가품질검사, 식품회수제도, 식품위해요소중점관리기준 등의 제도를 마련하여 사후관리에 중점을 두게 되었다. 따라서 식품위생관리를 사전품질관리, 사후품질관리, 자가품질관리로 구분하였을 때 정부에서 실시하고 있는 감시의 대부분이 사후품질관리에 해당된다고 볼 수 있다. 우리나라의 식품위생행정은 향후 지속적으로 사전관리제도에서 사후관리제도로, 강제적 관리체계에서 자율적 관리체계로, 피동적 식품위생관리에서 능동적 식품위생관리로 전환될 것이며, 식품위생행정의 집행기능은 중앙행정에서 지방자치제로, 관 중심의 행정에서 민간 중심의 행정으로 전환될 것으로 예상되고 있다.

### 2) 식품위생관련 기구 및 조직

1996년 보건복지부에 '식품의약품안전본부'로 신설되었다가 1998년에 식품의약품전청으로 신설되었다. 2013년 대통령직 인수위원회에서 총리실 직속으로 식품의약품안전처로 격상 발표되었고, 2013년 3월 국민 개개인의 행복실현을 위한 기본요건인 식품·의약품 안전관리의 컨트롤 타워로 식품의약품안전처로 출범하였다. 식품의약품안전처의 조직은 1관 7국 1기획관, 평가원(6부), 6개 지방청, 13검사소(임시사무소 5)를 갖추고 있다.

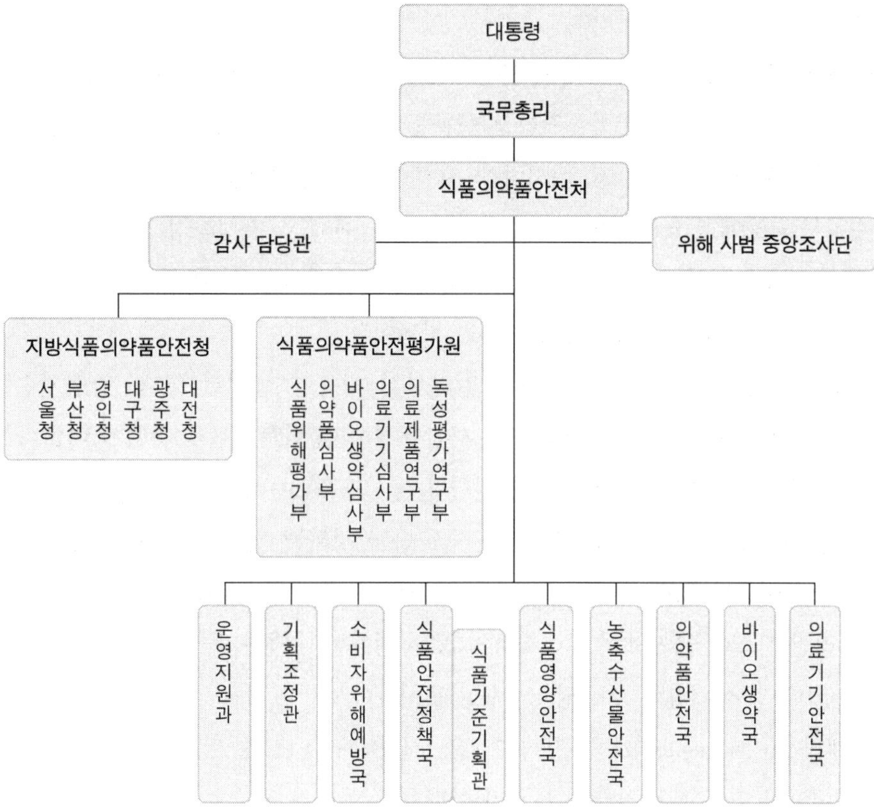


[그림 1-1] 식품위생관련 기구 및 조직

## 3. 식품의 안전성과 식인성 병해와 원인

### 1) 식품의 안전성

식품의 안전성이란 새로운 오염물질을 발견하고 미세한 오염물질까지 제거하여 얻을 수 있다. 모든 물질은 독성에 대한 가능성을 가지며, 극미량의 물질도 발암성이 있을 수 있다.

식품의 안전성을 판정하는 요소로는 식품에 들어있는 유해성분에 의한 위험률의 측정과 사회·경제적 측면에서 그 위험을 받아들일 것인가의 측정으로 구분할 수 있다.

안전성 평가시험에는 급성독성시험, 아급성·만성독성시험이 있다. 급성독성시험(Acute toxicity test)은 시험물질을 시험동물에 단회 투여하였을 때 단기간에 나타나는 독성을 질적, 양적으로 검사하는 시험으로, 최소치사량(minimum lethal)과 반수치사량(50% lethal dose; $LD_{50}$)을 결정한다. 아급성·만성독성 시험(Subacute, chronic toxicity test)은 시험물질을 시험동물에 반복 투여하여 중장기간 내에 나타나는 독성을 질적·양적으로 검사하는 방법이다.

규제 접근법으로는 안전계수법과 일일섭취 허용량 설정이 있다. 안전계수법(Safety factor approach)은 동물이나 사람에게 어떤 화학물질의 위해가 나타나는 수준과 나타나지 않는 수준에 대한 실험적 독성자료로부터 무해용량을 구하고 사람이 섭취하여도 안전하다고 생각되는 수준을 설정하는 것을 말한다. 일일섭취 허용량(Acceptable daily intake; ADI)은 사람이 일생 동안 섭취하였을 때 현시점에서 알려진 사실에 근거하여 바람직하지 않은 영향이 나타나지 않을 것으로 예상되는 물질의 1일 섭취량으로 kg당 mg수로 표시한다.

위해평가(Risk assessment) 방법으로는 시장바구니 조사, 1인당 평균 소비량 조사, 식이섭취 조사, 식품첨가물 조사가 있다.

### 2) 식인성 병해와 원인

식인성 병해란 음식물에 의해서 일어나는 건강장해를 말하는 것으로, 크게 내인성, 유인성, 외인성의 세 가지 종류로 분류된다.

〈표 1-1〉 식인성 병해와 원인

| 생성요인 | 병인물질의 종류 | 건강장해 | 병인물질의 예 |
|---|---|---|---|
| 내인성 | (식품고유성분)<br>동물성 자연독<br>식물성 자연독<br>식이성 allergen<br>변이원성물질<br>기타생리작용 성분 | 식중독<br>식중독<br>allergy성 식중독<br>아토피성 피부염<br>발암의 위험<br>생체기능이상 | 복어독, ciguatera, 조개독 등<br>버섯독(amanitin), 시안배당체<br>histamine, 이물로 인식된 단백질 등<br>고사리(ptaquiloside), cycasin 등<br>항비타민성 물질, 항효소성물질,<br>항갑상선물질 |
| 유인성 | (물리적 생성물)<br>변질유지<br>(화학적 생성물)<br>조리과정 생성물<br>식품성분과 식품첨가물<br>(생물적 생성물)<br>아질산염과 아민류와의<br>생체 내 반응생성물 | <br><br>식중독, 발암의 위험<br>발암의 위험<br>발암의 위험<br>발암의 위험 | <br><br>유지 과산화물 등<br>단백질, 아미노산의 가열분해산물<br>N-nitrosamine<br>N-nitrosamine |
| 외인성 | • 식품에 부착기생 | | |
| | 식중독균 | 세균성 식중독 | 감염형(장염비브리오, 병원성대장균, 살모넬라 등)<br>독소형(포도상구균, botulinus균 등) |
| | 경구감염병균 | 소화기계 정염병 또는 경구감염병 | 이질균, 콜레라균, 장티푸스균 |
| | 기생충 | 기생충증 | 회충, 십이지장충, 무구조충, 간흡충, 아니사키스등 |
| | mycotoxin | 식중독, 간장장해,<br>신장장해, 신경독 등 | aflatoxin $B^1$등<br>citrinin, citreoviridin 등 |
| | • 식품오염 | | |
| | 1. 의도적 첨가물 | | |
| | 부정식품첨가물 | 식중독, 만성장해 | 불허용 인공감미료, 불허용 보존료 |
| | 유해화학물질 | 식중독, 만성장해 | methanol 등 |
| | 2. 비의도적 첨가물 | | |
| | 잔류농약 | 식중독, 농약중독<br>만성장기장해(발암 등) | paraquat, DDT, BBT 등 |
| | 환경오염물질 | 공해질환 | 수은, 카드뮴 등 |
| | 방사성물질 | 백혈병, 갑상선종 등 | 핵분열생성물 |
| | 제조, 가공 중 혼입물 | 비소중독, 유증 등 | 비소, PCB 등 |
| | 용기포장 용출물 | 식중독, 만성장해 | 주석, 납, 구리, 아연 등 합성수지의 각종 monomer, formalin, 첨가제 등 |
| | 항생물질 등 | allergy, 내성균 출혈 | nisin, tyrosin, penicillin 등 |
| | 수질오염물질 | 만성독성,<br>발암의 위험 | trihalomethane, trichloroethylene 등 |

### (1) 내인성

식품의 원재료에 함유되어 있는 고유성분이 유해·유독성분이 되어 위해의 발생 요인이 되는 것으로 식품 그 자체에 들어있는 독을 뜻한다.

### (2) 유인성

식품의 제조, 가공, 저장, 유통 등의 과정에서 식품 중에 또는 식품의 섭취에 따라서 생체 내에 유해·유독물질이 생김으로써 이에 의하여 병해를 일으키는 경우를 뜻한다.

### (3) 외인성

식품의 생산, 생육, 제조, 가공, 저장, 유통 또는 소비 등의 과정에서 외부로부터 유독·유해물이 혼입되거나 오염되는 것을 뜻한다.

# PART 2

# 식품과 미생물

제2장

# 식품과 미생물



## 1. 미생물의 종류 및 특징

### 1) 세균(Bacteria)

병원 미생물 중 대부분을 차지하고 있는 세균은 2분열법에 의해 빠르게 증식하는 분열균류이다. 세균은 살아있는 단세포 미생물로 물, 바람, 곤충, 식물, 동물, 사람 등에 의해 식품을 오염시킨다. 피부에 생긴 상처나 손톱 밑, 입, 코 등에 세균이 존재하며 손에 있는 세균은 식품을 오염시키는 주요인이 된다.

인체에 침입한 세균은 경구감염병이나 감염형 식중독 등을 일으키거나 식품에 증식하여 독소를 생성하기 때문에 중요한 위해요소로 세균에 의한 피해를 줄이기 위한 예방책이 필요하다.

세균은 형태에 따라서 구균(coccus), 간균(bacillus), 나선균(spirillum)으로 구분된다. 구균은 종류에 따라서 세포의 배열상태가 달라지기 때문에 배열상태에 따라서 단구균(monococcus), 쌍구균(diplococcus), 4련구균(tetracoc-

〈표 2-1〉 세균의 종류

| | | |
|---|---|---|
| 세균 | 구균 | 단구균 |
| | | 쌍구균 |
| | | 4련구균 |
| | | 8련구균 |
| | | 연쇄상구균 |
| | | 포도상구균 |
| | 간균 | 연쇄상간균 |
| | | 장간균 |
| | | 단간균 |
| | | coryne형(coryne form) |
| | 나선균 | 호균 |
| | | spirillum |
| | | spirohaeta |

cus), 8련구균(sarciana), 연쇄상구균(streptococcus), 포도상구균(staphylococcus)으로 구분된다. 한 방향으로만 분열하여 길게 연결되어 있는 것을 연쇄상간균(streptobacillus)이라 하고 디프테리아균에서 볼 수 있다. 간균에서 길이가 폭의 2배 이상이 되는 것을 장간균이라 하고, 길이가 폭의 2배 이하인 것을 단간균이라 한다. Coryne형은 세포가 V, Y, L자 모양으로 연결되어 존재한다. 나선균은 세포가 각각 따로 존재하거나 배열되는 경우가 별로 없다. 나선균에는 나선의 정도가 불안정한 짧은 콤마(comma)와 같은 호균(vibrio)과 S자형으로 생긴 spirillum, 여러 번 구부러진 spirohaeta가 있다.

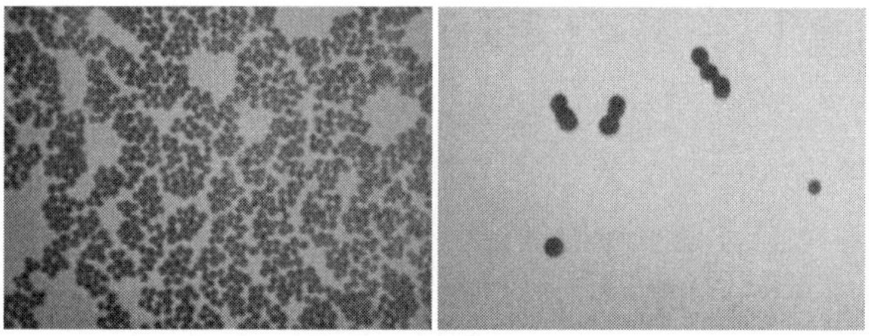

[그림 2-1] **구균**(Coccus)

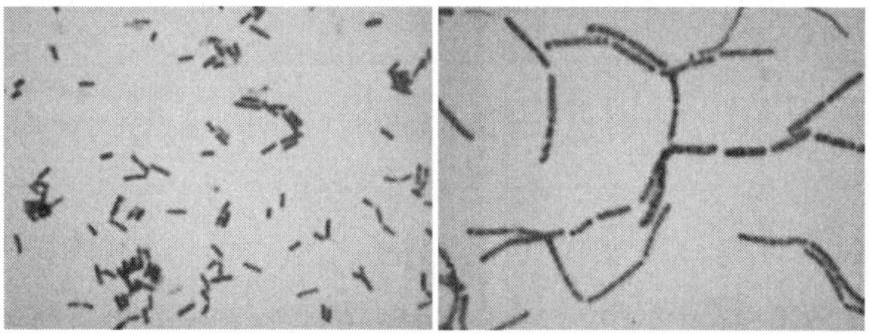

[그림 2-2] **간균**(Bacillus)

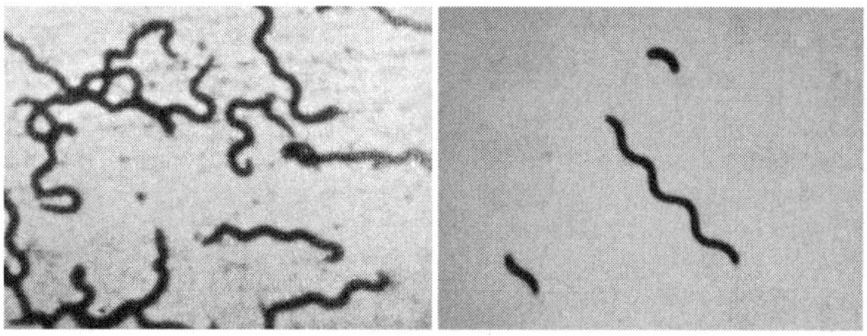

[그림 2-3] **나선균**(Spirillum)

### 2) 곰팡이(Molds)

균류 중에서 진균류에 속하는 미생물로서 균체가 지름 5㎛ 정도로 곰팡이는 보통 그 본체가 실처럼 길고 가는 모양의 균사로 되어 있는 사상균(filamentous fungus)을 가리킨다. 곰팡이의 생육 최적온도는 25~30℃의 중온균이다. 곰팡이의 일반적인 성질은 자연계에 널리 존재하므로 포자증식으로 인해 식품을 오염시켜서 발육환경이 적합하면 발아해서 증식한다. 세균보다 증식속도는 느리지만 세균이 증식하지 못하는 수분 13~15%의 건조식품에서도 적절한 온도만 유지되면 증식할 수 있고, 당 또는 식염농도가 높은 식품에도 증식해서 식품을 변질시킨다. 곰팡이는 치즈, 소시지, 간장, 된장 등의 식품생산과 효소생산에도 활용되지만 곰팡이 중에서 *Aspergillus, Penicillium, Fusarium* 속 등의 일부 곰팡이들은 유해색소나 곰팡이독(mycotoxin)을 생성해서 인체에 위해를 가할 수도 있다.

균류는 보통 조균류 270속 1,500종, 자낭균류 1,850속 1만 5,000종, 담자균류 550속 1만 5,000종, 불완전균류 1,450속 1만 5,000종으로 분류되는데 그 밖의 것을 포함하면 총 4,400속 5만 종이 된다. 이 가운데서 버섯을 형성하는 것은 자낭균류의 일부와 담자균류가 대부분이므로 나머지는 모두 곰팡이류로 다루게 된다. 그러므로 곰팡이류의 종류는 아무리 적게 보아도 3만 종 이상일 것으로 본다.

### 3) 효모(Yeast)

효모는 통성 혐기성 미생물로서 곰팡이와 같은 진균류에 속하는 진핵세포로 된 고등미생물이지만, 대개의 곰팡이와 다르게 균사를 만들지 않고 단세포로 되어 있고 주로 출아법에 의해서 증식한다. 효모의 세포크기는 5~10㎛ 정도이며, 그 형태로는 구형(round), 난형(oval), 타원형(ellipsoidal), 원통형(cylindrical, 소시지형), 레몬형(lemon shaped), 3각형(triangular) 등이 있다. 알코올 발효능이 강한 종류가 많아서 균체는 주로 주류의 양조, 알코올 제조, 제빵 등에 활용되고 있고, 식용 및 효모는 세포의 크기가 곰팡이보다 작아서 곰팡이보다 대사활성이 높고 성장속도가 빠른 것이 특징이다. pH, 온도, 수분활성도가 비교적 낮은 환경에서도 잘 자라는 생리적인 특성을 가지고 있다는 것은 곰팡이와 비슷하나 통성 혐기성 균이기 때문에 혐기적인 조건에서도 잘 성장한다는 점이 다르다. 그렇기 때문에 효모는 소금이나 설탕으로 절인 식품의 숙성과 부패의 원인이 된다. 사료용 단백질, 비타민, 핵산관련물질 등의 생산에도 중요한 역할을 담당한다.

효모가 식품을 변질시키는 원인이 될 수도 있는데, 효모의 증식에는 당과 수분이 필요하기 때문에 주로 젤리나 벌꿀에서 자주 나타난다. 내삼투압 효모들이 당이 많은 식품인 잼에 서서히 증식해 거품을 발생시키고 알코올 냄새를 띠게 한다. 때로는 된장, 간장, 맥주, 포도주, 청량음료, 꿀 등을 변질시키기도 하는데, 식품의 색을 적색으로 변색시키기도 하고 점질물질을 만들어서 식품을 변질시키기도 한다. 그러나 세균처럼 식중독을 유발하거나 곰팡이와 같은 인체에 유해한 독을 생성하지는 않는다. 피부질환의 원인이 되는 종류도 있으나 식중독 유발 등 식품 위생상의 위해성은 적은 편이다. 또한 오이지나 피클과 같은 산성의 소금이 첨가된 식품 표면에 증식해서 막을 형성하는 산막효모에 의해서 식품의 변질을 가져올 수 있다.

### 4) 원생동물(Protozoa)

엽록소를 가지고 있지 않고 운동성이 좋은 원생동물은 2~20㎛ 정도 크기의 단일세포로 구성되어 있고 건조에 대한 저항성이 현저히 낮다. 원생동물의 섭취는 동물적 소화섭취형도 있고, 용액상태의 유기화합물 섭취형도 있다. 원생동물은 근족충류(amoeba), 포자충류(sporozoa), 편모충류(flagellates), 섬모충류(ciliates)로 분류되는데, 기생충학에서는 원충이라고도 한다. 호흡은 특별한 호흡의 세포기관 없이 산소와 이산화탄소를 세포막을 통한 확산에 의해 교환한다. 생식은 분열 또는 출아에 의한 무성생식 또는 접합이나 배우자에 의한 유성생식을 한다.

사람의 장관에 기생해서 이질성설사를 유발하는 *Entamoeba histolytica*는 근족충류에 속하며, 말라리아의 병원체인 *Plasmodium malariae*와 *toxoplasmosis*의 원인균인 *Toxoplasma gondii*는 절대 기생성인 포자충류에 속한다. 질병과 관계되는 종류의 편모충류에 속하는 종류로서는 말, 소, 개, 염소, 고양이 등에 열대병을 일으키는 *Leishmania*, 부인들에게 가렵고 따가운 증세를 나타내는 *Trichomonas vaginalis*가 있다.

### 5) 바이러스(Virus)

DNA, RNA 중 어느 한쪽의 핵산과 그것을 보호하고 있는 단백질로 구성된다. 즉 바이러스는 여과성 병원체로 RNA나 DNA 중 한 가지 핵산만을 가지고 있다. 단백질 외각과 이것에 싸여있는 핵산으로 구성되어 있으며, 정상세포와는 달리 독자적으로 대사활동을 할 수 없고 숙주세포가 있어야만 증식할 수 있는 절대기생성 세포 내 생물에 속한다. 바이러스는 숙주세포 밖에서는 증식할 수 없고 살아있는 숙주세포 안에서 증식하며 그 결과 숙주세포를 죽게 한다. 자연계의 숙주에 따라서 식물바이러스, 동물바이러스, 미생물바이러스로 크게 분류할 수 있다. 크기는 0.02~0.3㎛ 정도이므로 일반 광학 현미경으로는 관찰할 수 없고 전자현미경으로 관찰할 수 있는 초여과성 미생물이다. 바이러스는 크기가 작기도 하지만 일반 미생물과는 전혀 다른 구조를 이루고 있다.

식물바이러스는 담배 모자이크 바이러스(TMV), 감자 X 바이러스와 같이 식물에 병을 일으키고 식물조직의 상처를 통하여 침입하거나 곤충을 매개로 퍼지는 것이 보통이다. 동물바이러스는 유행성 간염을 일으키는 A형 간염 바이러스, 혈청감염을 일으키는 B, C, D형 바이러스, 천연두, 볼거리, 소아마비(polio), 천열(Izumi fever), HIV라는 후천성 면역결핍증(AIDS : Acquired Immuno-Deficiency Syndrome) 바이러스, 일본뇌염, 유행성 출혈열, 감기(Influenza), 전염성 설사 등 많은 병의 원인이 되며 환자와의 접촉이나 곤충의 매개 등에 의해 감염된다.

가열조리나 냉동 환경에서도 생존할 가능성이 있는 바이러스도 있다. 주로 식품, 식기, 조리기구, 식품취급자의 손 등을 통해서 사람에게 전달된다. 바이러스는 인체에 위해를 끼치는 여러 가지 질병을 초래하는데 대표적 예로 간염, 전염성 설사 등이 식품과 관련한 바이러스성 질환이다. 바이러스는 식품취급자가 청결하지 못하거나, 급수원이 오염되었거나, 하수에 의해 오염된 물에서 채취한 패류 등을 섭취해서 사람에게 감염된다. 이러한 바이러스에 의한 질병을 예방하는 가장 좋은 방법은 식품을 취급하는 사람의 개인위생 수준을 철저히 유지하는 것이다.

## 2. 식품위생의 지표세균(Sanitary indicative bacteria)

### 1) 대장균군(Coliform group)

대장균군이란 lactose를 분해하여 acid와 gas를 생성하는 gram 음성균으로써 포자를 형성하지 않는 호기성 또는 통성혐기성인 간균을 의미한다. 이러한 세균은 온혈동물의 장관이 주요 서식처이고, 분변 1g당 $10^8$~$10^{11}$cell 정도 존재한다. *Escherichia, Citrobacter, Enterobacter, Klebsiella* 등이 대장균군에 속한다. 검사방법이 복잡하지 않고 전 세계에서 통일된 방법을 사용하기 때문에 식품이나 물의 위생지표세균으로 많이 사용된다.

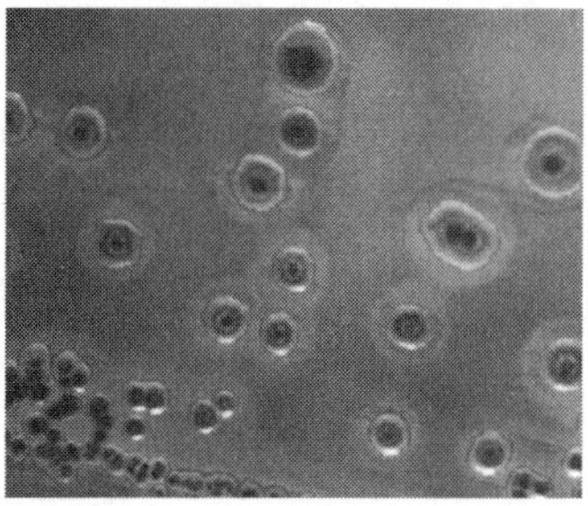

[그림 2-4]
**대장균군**(Coliform group)

병원성이 없음에도 불구하고, 이들을 위생지표균으로 사용하는 이유로는 이 균이 검출되었다는 의미는 같은 장내 세균과에 속하면서 병원성을 갖는 *Salomella, Shigella*와 같은 균이 존재할 가능성이 있기 때문이다. 즉 대장균이 많을수록 병원성균이 있을 확률이 높다는 것이다. 그러나 자연계에 널리 분포되어 있기 때문에 대장균군이 검출되었다고 해서 반드시 분변에 오염되었다는 것을 의미하지는 않는다.

## 2) 분변계 대장균군(Fecal coliform)

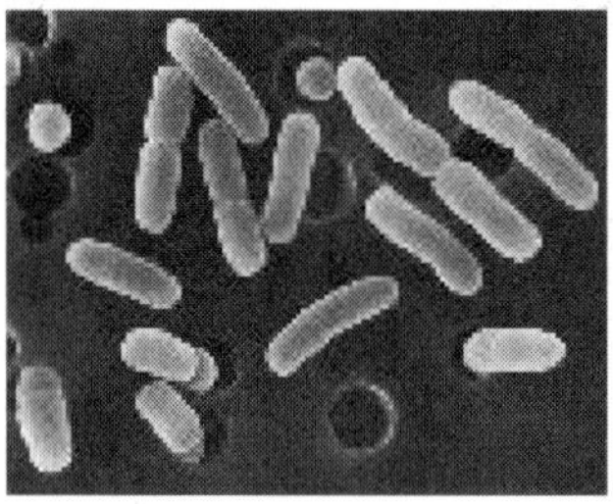

[그림 2-5]
**분변계 대장균군**(Fecal coliform)

대장균군 중에서 배지의 배양온도 45℃에서 발육하는 *Escherichia coli*는 유당을 분해해서 gas와 acid를 생성한다. 이것은 분변오염의 지표로 활용하는 대장균군보다 더욱 정확한 분변계 대장균(fecal coliform)군이다. 비병원성 세균도 있지만, 전염병의 원인균과 식중독 원인균도 가지고 있다. *E. coli*와 분변 그리고 장내 병원균들은 밀접한 관계가 있기 때문에 대장균검사를 통해 분변에 의한 식품오염을 확실하게 검사할 수 있다. 주요 분변계 대장균군으로 *Eschrichia coli, Clostridium, Bacteroides, Bifidobacterium, Lactobacillus, Klebsiella, Citrobacter, Enterobacter, Serratia, Proteus, Shigella, Salmonella, Streptococcus faecalis* 등이 있다.

대장균과 대장균군은 가열이나 동결에 저항성이 약하기 때문에 지표세균으로서 활용하는 데는 제약이 따른다. 즉 이들은 일반적으로 동결저장에 의해서 사멸되지만 병원균의 대다수는 *E. coli*가 사멸한 후에도 생존할 가능성이 있다. 그렇기 때문에 *E. coli*를 동결식품에 대한 지표세균으로 사용하는 데는 문제가 있을 수 있다.

## 3) 장구균(Enterococcus)

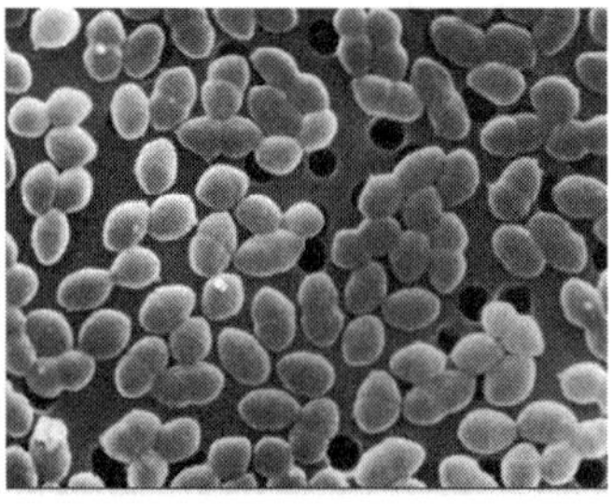

[그림 2-6]
**장구균**(Enterococcus)

장구균이 대장균군 대신 분변오염 지표세균으로 주목을 받고 있는 이유로는 첫째, 사람과 동물의 장관 내에 높은 비율로 존재하고 있으며, 둘째, 자연계에서는 증식하지 않고 토양이나 물 등에서는 대장균군에 비하여 훨씬 적게 검출되는 특징을 가지기 때문이다. 식품위생의 지표세균으로서 대장균과 장구균의 비교는 〈표 2-2〉와 같다.

〈표 2-2〉 **식품위생의 지표세균인 대장균과 장구균의 비교**

| 특 징 | 대장균균 (Coliform group) | 장구균 (Enterococcus속) |
|---|---|---|
| 형태 | 간균 | 구균 |
| Gram 염색성 | 음성 | 양성 |
| 장관내 균 | 분변 1g당 $10^7$~$10^9$ | 분변 1g당 $10^5$~$10^8$ |
| 각종 동물 분변에서 검출될 가능성 | 동물마다 다르게 검출됨 | 동물에서 대부분 검출됨 |
| 장관 외에서 검출될 가능성 | 일반적으로 낮음 | 일반적으로 높음 |
| 외계에서의 저항성 | 약함 | 강함 |
| 동결에 대한 저항성 | 약함 | 강함 |
| 냉동식품에서의 생존가능성 | 일반적으로 가능성이 적음 | 일반적으로 가능성 높음 |
| 건조식품에서의 생존가능성 | 가능성이 적음 | 가능성 높음 |
| 생선과 채소에서 검출될 가능성 | 낮음 | 일반적으로 가능성 높음 |
| 날고기에서 검출될 가능성 | 일반적으로 낮음 | 일반적으로 가능성 낮음 |
| 절인 고기에서 검출될 가능성 | 낮거나 없음 | 일반적으로 가능성 높음 |
| 식품매개 장관계 병원균과의 관계 | 일반적으로 큼 | 보다 적음 |
| 식품매개 비장관계 병원균과의 관계 | 적음 | 적음 |

# 3. 식품의 부패 및 보존

## 1) 부패미생물

식품 취급에 있어서 세균으로 인해서 균수가 증가하게 되면 식품성분이 세균 효소에 의해 분해되어 각종 대사산물이 생성되어 부패가 일어나게 된다. 이 때 유기물을 분해하여 유독한 물질과 악취를 발생시키는 미생물을 부패미생물이라고 한다. 식품 중 단백질 분해에 관여하는 세균을 병원성 세균이라 하고, 식중독 세균과는 달리 부패세균(putrefactive bacteria)이라고 한다.

부패세균의 생육조건은 수분함량이 높고, pH가 중성인 단백질식품에서 잘 자란다. 식품의 부패에 관여하는 세균은 어느 하나로 한정되기보다는 여러 가지 세균들이 시기를 달리해서 부패를 일으키는데, 단백질 분해력이 강한 세균이 주가 되어서 작용한다. 곡류, 빵, 과실, 채소 등과 같은 수분함량이 비교적 적고 전분질인 식품과 삼투압이 높으며, 산성인 식품에서는 곰팡이가 잘 발육하며 당분을 갖는 산성과즙과 같은 식품에서는 효모가 번식하기 쉽다.

### (1) 곡류 및 곡류의 가공품

건조한 환경에서 생육하는 곰팡이로 *Aspergillus, Penicillium* 등이 주요 부패미생물이다.

쌀 수확 직후에는 일반적으로 *Pseudomonas* 등의 세균과 *Alternaria, Fusarium* 등의 곰팡이가 많이 검출되지만, 쌀의 저장과정에서는 *Pseudomonas* 등의 세균과 *Alternaria, Fusarium* 등의 곰팡이가  점차 감소하고 주로 *Aspergillus glaucus*군과 *Penicillium*이 증식해서 쌀의 변질을 일으킨다.

쌀밥의 변질에 관여하는 미생물은 내열성 포자형성균으로 *Bacillus*가 주를 이룬다. 쌀밥은 세균에 의해서 변패가 일어나기 전에 수분이 증발하면 *Penicillium, Aspergillus, Mucor* 등의 곰팡이가 증식하기도 하는데 빵에는 주로, *Penicillium* 속 곰팡이가 발생하며, 식빵의 점질화(rope) 현상은 *Bacillus subtilis* 또는 *Bacillus licheniformis*가 생산하는 전분분해효소에 의해서 생성된 당에 의한 점질물이 변패의 원인이 된다. 과자류는 *Penicillium, Aspergillus, Mucor* 등의 곰팡이와 내당성 효모, *Bacillus subtilis, Sterptococcus, Micrococcus, Achromobacter, Flavobacterium* 및 대장균군의 균류가 증식해서 변패를 일으킨다.

### (2) 채소류와 과일류

채소와 과일의 부패에서는 펙틴 분해력이 강한 *Mucor, Aspergillus, Penicillium* 속 곰팡이와 *Erwinia* 세균이 대표 미생물이다. 자기소화에 의한 부패도 많지만 주로 과일은 곰팡이에 의한 부패가 생기고 채소는 곰팡이와 세균에 의한 부패가 일어난다.

과일의 표면은 곰팡이를 비롯한 여러 가지 미생물에 의해 오염되어 있고, 과일 표면에 상처가 생기면 그 부위로 미생물이 침투하여 증식함으로써 부패가 일어난다. 일반적으로 과일은 pH가 낮아서 *Lactobacillus*와 *Leuconostoc* 같은 내산성 세균을 제외한 대부분의 세균의 생육이 억제되므로 주로 내산성이 높은 효모와 곰팡이에 의한 부패가 일어난다. *Penicillium digitatum*과 *Penicillium italicum*은 감귤류의 연부병을 일으키며, *Penicillium expansum*은 사과나 배 등에 푸른곰팡이를 일으킨다.

### (3) 육류

단백질 분해력이 높은 세균인 *Bacillus putrificans, Bacillus subtilis, Clostridium sporogenes, Protues vulgaris*에 의한 부패가 많이 일어난다. 식육은 수분활성이 높기 때문에 주로 gram 음성균인 *Pseudomonas*에 의해 부패가 일어난다. *Aeromonas, Alcaligenes, Flavobacterium, Acinetobacter, Moraxella, Enterobacter, Microbacterium, Proteus, Streptococcus* 등의 세균도 식육의 부패를 일으키는 것으로 알려져 있다. 식육의 부패로 인한 현상은 불쾌취, 점질물질 생성, 변색 등이 있다. 수분활성이 낮은 식육의 경우는 *Thamnidium, Cladosprium, Sporotrichum, Penicillium* 등의 곰팡이가 증식해서 부패를 일으킨다. 가금육은 저온에서 저장되므로, 주로 저온성 세균인 *Pseudomonas*가 주된 부패균이다. 염지육의 경우는 *Micrococcus*가 주로 부패를 일으키며, 부패취, 점질물질 생성 등의 변화가 일어난다.

### (4) 어패류

어패류의 대표적인 부패세균으로는 *Pseudomonas, Flavobacterium, Achromobacter, Micrococccus* 등이 있는데, 이들은 저온성 수중세균이다.

어체의 표피와 아가미에 부착되었던 세균이나 장내세균이 증식하여 부패의 원인이 된다. 어획 직후 어체의 표면 $1cm^2$ 당 수백 마리였던 세균이 여러 단계를 거치면서 수백만 마리까지 증식한다.

어패류의 주된 부패 원인균은 *Pseudomonas*이다. 이외에도 *Acinetobacter, Achromobacter, Flavobacterium, Aeromonas, Alcaligenes, Bacillus, Clostridium* 등이 있다.

조개류의 부패균은 생선의 부패균과 유사한 종류이나 때로는 대장균과 토양세균도 관계한다.

### (5) 유제품

우유의 대표적인 부패세균으로는 산 생성세균인 *Streptococcus lactis*, 점질물 생성세균인 *Alcaligenes viscolactis*, 적색색소 생성세균인 *Serratia marcescens*, 청색색소 생성세균인 *Pseudomonas syncyanea* 등이 있다.

우유는 착유하는 과정이나 착유한 다음에 여러 가지 오염원에 의해서 오염된다. 신속히 냉각하지 않으면 포도상구균과 같은 균이 증식해서 독성물질을 생성하기도 한다. 냉장저장되고 있는 우유에서도 *Pseudomonas, Acinetobacter, Aeromonas, Alcaligenes, Flavobacterium* 등의 균과 *Strptococcus* 속, 대장균군 등 장내 세균들이 검출된다. 또한 냉장고에 장시간 저장하면 호냉균인 *psychrophiles* 또는 저온균인 *psychrotrophs* 등이 증식하여 부패를 일으킨다. 우유 변질의 주된 미생물은 *Pseudomonas*로 부패취와 쓴맛을 생성하고 산패에도 관여한다. 때로는 젖산균이 생우유의 변질에 관여하기도 한다. 우유에 *Alcaligenes, Klebsiella, Pseudomonas, Flavobacterium*이 증식하면 점성물질이 생성되어 우유를 탁하고 끈적끈적하게 한다.

*Pseudomonas syncyanea*는 *Streptococcus lactis*와 같은 산생성균과 함께 증식하면 공동작용에 의해서 청변을 생성하고, *Pseudomonas synxantha*는 황변을, *Serratia marcescens*는 적변을, *Pseudomonas fluorescens*는 형광색소를 형성하게 된다.

버터에는 *Pseudomonas*와 *Alteromonas*와 같은 저온성 세균이 증식해서 부패취, 단백분해취, 과일냄새 등을 생성한다. 버터의 표면에는 *Penicillium* 등의 곰팡이가 증식하기도 한다.

치즈에는 *Pseudomonas, Alteromonas, Flavobacterium, Micrococcus* 등의 세균이 증식해서 부패취, 산패취, 쓴맛, 색소 등을 생성한다. 치즈의 표면에는 *Penicillium, Mucor, Aspergillus* 등의 곰팡이가 증식하기도 한다. 때로는 *Rhodotorula, Torulopsis, Geotrichum* 등의 효모가 증식해서 색소와 점질물질을 생성하기도 한다.

### (6) 통조림

부패균은 대부분 내열성이 많으며 탄산가스와 수소가스를 발생하는데, 대표적인 부패균으로는 *Clostriduim butylicum, Clostridium pasteurianum, Clostridium sporogenes* 등이 있다. *Clostridium botulinum*은 통조림을 부패시키고 식중독을 발생시킨다. 가열이 충분하지 않은 통조림 식품은 내열성 포자형성균인 *Bacillus*와 *Clostridium* 등에 의해 부패한다. flat sour 원인 세균인 *Bacillus stearothermophilus, Bacillus coagulans*가 대표적인 부패세균이다.

### (7) 난류

대표적인 원인균은 흑색변패세균인 *Proteus melanovogenes*이다. 산란한 직후의 알은 거의 무균상태인데, 난분이나 계사의 흙, 세척수, 취급자의 손, 포장재료 등으로부터 세균과 곰팡이에 의해 껍질이 오염되고 오염된 균이 습한 껍질을 통해 알의 내부로 들어가 증식하게 되어서 부패하게 된다.

### (8) 유지식품

미생물의 증식에 의해 산패(rancidity), 산성화(acidity), 비누화(soapiness), 불쾌취 생성 등과 같은 변질이 일어난다. 버터와 마가린에서는 *Cladosporium, Candida, Pseudomonas, Micrococcus, Penicillium, Geotrichum* 등이 증식해서 유리지방산을 생성하며, 올리브유와 유지방에서는 *Micrococcus, Pseudomonas, Serratia, Staphylococcus* 등이 증식해서 유지의 가수분해를 일으킨다. 마요네즈에서는 *Saccaromyces, Lactobacillus, Bacillus* 등이 증식해서 부패를 일으킨다.

## 2) 부패요인

부패의 요인은 온도, pH, 수분활성, 식품의 종류, 오염된 균의 종류이다. 모든 미생물들이 똑같은 조건에서 생육할 수 있는 것이 아니기 때문에 미생물의 생육에 영향을 미치는 요인에 대해서 알아보면 식품을 부패시키는 미생물균을 추정할 수 있다.

### (1) 온도

미생물 생육에 중요한 영향을 주는 환경요인이 온도이다. 미생물은 각각 발육 가능한 범위가 있다. 생육이 가능한 온도 범위에 따라 저온균(psychrothrouphs, facultative psychrophiles), 중온균(mesophiles), 고온균(thermophiles) 등으로 분류된다. 저온균은 10~20℃, 중온균 25~40℃, 고온균은 50~60℃에서 생육 최적온도를 나타낸다. 대부분의 병원세균이나 부패세균은 중온균이다. 〈표 2-3〉은 온도에 따른 미생물을 분류한 표이다.

〈표 2-3〉 **온도에 따른 미생물의 분류**

| 분 류 | 발육온도(℃) | | | 미생물 |
|---|---|---|---|---|
| | 최저 | 최적 | 최고 | |
| 저온균(호냉균 : psychrophilie) | 0~5 | 10~20 | 25~30 | *Vibrio, Pseudomonas, Achromobacter*와 같은 수중세균 |
| 중온균(mesophile) | 10~15 | 25~40 | 40~50 | 사상균, 효모, 곰팡이, 대부분의 병원균 |
| 고온균(호열균 : thermophile) | 25~45 | 50~60 | 70~90 | 온천균, 퇴비균, *Bacillus coagulanS, Clostridium thermosaccharticum* |

### (2) pH

세균은 생육 최적 pH가 중성부근인 것이 많다. 대부분의 부패세균은 pH 5.5 이하에서는 발육이 저해되지만 효모와 곰팡이는 산성영역에서 증식이 잘되며, 증식이 가능한 pH 범위는 효모는 pH 4.0~8.5, 곰팡이는 pH 2.0~8.5이다. 그러므로 산함량이 높은 과일, 채소류는 세균보다는 곰팡이나 효모에 의해서 부패가 일어나고, 육류나 수산물은 pH가 중성에 가깝기 때문에 세균에 의한 부패가 많다.

### (3) 수분활성도(Water Activity, $A_w$)

대부분의 미생물은 75% 정도가 물로 구성되어 있고, 이러한 수분함량이 유지되면 생장이 가능하나 만약 이것을 유지하지 못한다면 생장이나 번식을 할 수 없게 된다. 식품 중 미생물이 이용할 수 있는 수분으로서 식품 중 자유수의 함량을 나타내는 척도로 수분활성도(water activity, $A_w$)가 이용된다. 수분활성도($A_w$)는 다음의 식으로부터 구한다.

$$\text{수분활성도}(A_w) = \frac{\text{해당물질이나 용액의 수증기압}}{\text{같은 온도의 순수한 물의 수증기압}} = \frac{P}{P_0} = \frac{n_2}{n_1 + n_2}$$

단, 여기서 P는 주어진 용액의 수증기압, $P_0$는 주어진 용매의 수증기압, $n_1$은 용질의 mole수, $n^2$는 용매의 mole수이다.

수분활성도가 높을수록 미생물의 발육이 더욱 용이해지고 발육이 가능한 최저 $A_w$의 한계는 통상 세균 0.9, 효모 0.88, 곰팡이 0.80이다. 특수한 세균은 0.75, 내건성 곰팡이는 0.65, 내삼투압성 효모는 0.6 배지에서 생육이 가능하다. 식품을 건조시키면 세균, 효모, 곰팡이의 순으로 생육이 어려워질 뿐만 아니라 $A_w$ 0.65 이하에서는 곰팡이도 생육하지 못한다. 그러므로 식품의 수분활성도를 낮추기 위한 방법으로는 식염이나 설탕 등의 용질을 첨가한다거나 농축이나 건조에 의해 수분을 제거하거나 냉동온도 강하로 수분활성도를 저하시키는 것 등을 생각할 수 있다.

#### (4) 기타 요인

식품 중에 미생물의 발육을 억제하는 물질, 발육을 촉진하는 성분의 존재가 영향을 미칠 수 있는데, 예를 들면 셀룰로오스, 전분, 펙틴, 단백질 등을 분해하는 세균 종류는 많지 않으나 이들을 잘 이용하기 때문에 변패가 잘 일어난다. 또한 산화환원전위, 식품의 조직상태, 식품의 저장환경 등도 변패에 크게 영향을 미친다.

### 3) 부패판정

식품의 부패는 인체에 위해를 가져오기 때문에 초기에 식품의 부패를 판단하는 것이 중요하다. 일반적으로 천연식품보다 가열 조리한 식품이 부패되기 쉽다. 즉

가열 조리함으로써 조직이 연화되고 단백질이 변성하여 가용성분이 많아짐으로써 세균증식에 적절한 조건을 만들기 때문이다. 음식물이 완전히 부패되면 부패취가 나게 되고 외관상 변형이 오기 때문에 쉽게 부패정도를 알아차릴 수 있어 완전히 부패된 식품은 문제가 되지 않지만, 초기부패 단계의 식품은 판별이 어려워서 잘못 먹었다가 문제를 가져오게 된다. 이러한 부패 초기단계에서는 다음과 같은 검사에 의해서 부패를 판정한다.

식품의 부패는 미생물 증식에 의한 것이므로 실험으로 미생물의 수를 측정하거나 부패산물의 양을 측정함으로써 부패의 진행정도를 판정할 수 있으며 숙달이 되면 관능적으로도 잘 알 수 있다. 따라서 관능검사, 세균학적 검사, 화학적 검사, 물리적 검사 등으로 부패를 판정할 수 있다.

### (1) 관능검사

관능검사는 여러 가지 품질을 인간의 시각, 촉각, 후각, 미각으로 품질을 평가하는 가장 간단한 평가방법이다. 즉 식품이 초기 부패 단계에 이르면 악취가 나고 색깔의 변화가 생기며 조직의 변화를 가져오고 맛의 변화가 생긴다. 그러나 관능검사는 개인마다 그 평가결과가 달라질 수 있어 객관적이지 않으므로 일반화하기 힘들다는 단점도 있다. 관능검사항목은 다음과 같다.

- 냄새의 발생(암모니아 냄새, 아민 냄새, 산패한 냄새, 알코올 냄새 등)
- 색깔의 변화(변색, 퇴색, 광택 등)
- 조직의 변화(액체인 경우에는 혼탁, 침전, 응고현상이 일어남. 고체인 경우에는 탄력성, 유연성, 점액의 발생상태 등)
- 이상한 맛이나 불쾌한 맛이 발생(신맛, 쓴맛, 자극적인 맛 등)

### (2) 세균학적 검사판정

**생균수 검사** : 식품 중에 혼입된 세균수를 측정하여 판정하는 방법으로서, 일반적으로 세균수가 많은 식품은 위생적이지 않고 신선도가 떨어지는 것으로 추정된

다. 보통 식품 1g 또는 1*ml*당 $10^5$인 때를 안전한계, $10^7$~$10^8$에 도달하면 초기 부패가 진행되는 것으로 여겨지지만, 이를 모든 식품에 적용할 수 없으며 측정에 오랜 시간(24~28시간)이 걸리는 단점이 있다.

쌀밥은 세균수 측정에 의한 초기 부패 판정이 가능한 몇 안 되는 식품 중 하나이다. 그러나 반드시 균수가 많은 식품이 비위생적이고 선도가 나쁘다고 단정할 수는 없다. 미생물에는 유용균과 무작용균에 속하는 종류가 있으며, 또한 균수가 많아도 미생물이 식품을 분해하여 영양원으로 이용하면서 균이 증식하는 것과 단순히 일과성 오염에 의해 균수가 증가하는가에 따라 균수의 의의가 다르기 때문에 이 경우에는 균수뿐만 아니라 유해균종의 유무와 대사산물의 측정도 필요하다. 우유 등 액체식품은 생균수가 $10^7$~$10^8$/*ml*일 때, 생선 등 고체식품은 $10^6$~$10^7/cm^2$일 때를 부패의 초기단계로 본다.

### (3) 화학적 검사판정

어류나 육류와 같은 단백질 함유식품은 신선도 저하와 함께 아민이나 $NH_3$를 생성하므로 이들 부패생성물의 양을 측정하여 초기 부패를 알아보는 것이다.

① 휘발성 염기질소(VBN : volatile basic nitrogen)

식육, 어육 등은 신선도 저하와 함께 휘발성 염기질소(VBN : volatile basic nitrogen)의 함량이 증가하게 되는데, 화학적으로 그 함량을 측정하면 식품의 부패 정도를 알 수 있다. 단백질 식품은 부패에 의해 암모니아나 아민류를 생성하는데 암모니아 휘발성 아민류를 총칭하여 휘발성 염기질소라 하며, 이것은 어육과 식육의 신선도를 나타내는 지표로 이용된다. 아주 신선한 어육의 경우, VBN이 5~10mg%, 보통 신선도의 어육은 15~25mg%, 부패초기 어육은 30~40mg%, 부패한 어육은 50mg% 이상이다.

② 트리메틸아민(Trimethylamine)

트리메틸아민은 어패류의 신선도 저하와 함께 증가되기 때문에 어패류 신선도 검사에 사용되는데, 휘발성 염기질소를 구성하는 아민 중 가장 많다. 신선한 어패류에는 3mg% 이하이지만, 부패 초기에는 4~6mg% 함유되어 있다.

③ K값

어육의 신선도를 나타내는 지표로 어육 중의 adenosine triphosphate(ATP)는 사후강직에 관여한 후 adenosine diphosphate(ADP), adenosine monophosphate(AMP), inosinic acid(IMP) 등으로 분해되고 더욱더 신선도가 떨어지며 inosine(HxR), hypoxanthine(Hx) 등으로 된다. K값이 10% 이하일 때는 아주 신선하며, 20% 이하는 신선도가 양호하고 40~60%는 신선도가 약간 떨어지고 60~80%는 초기 부패가 일어났음을 의미한다.

$$\text{K값}(\%) = \frac{HxR + Hx}{ATP + ADP + AMP + IMP + HxR + Hx} \times 100$$

K값은 어패류뿐만 아니라 식육의 신선도 판정에도 적용할 수 있는데, 사후강직 후 신선한 고기에는 핵산구성분인 nucleotide가 다량 존재한다. 이러한 neucleotide가 많을수록 선도가 양호함을 의미한다. nucleotide가 분해하여 neucleoside, purine 유도체가 많아짐에 따라 선도의 저하를 나타내는 K값이 증가하게 되고 선도가 나쁘게 된다.

④ pH 및 산의 함량 측정

탄수화물이 많은 식품은 미생물이 증식하여 유기산을 생성하므로 pH가 저하되는데, 예외로 조개류와 연제품 등이 있다. pH 7 정도가 신선한 육류이고, 사후강직 시기에는 근육 내 젖산생성으로 인해서 pH 5.4 정도로 낮아졌다가 부패가 진행될수록 pH가 상승하는데, pH 6.2~6.5를 부패 초기단계로 보고 있다. 우유의 경우 젖산으로서 산함량이 0.14~0.16%이면 신선한 우유이고, 0.18~0.20%이면 부패 초기단계, 0.25% 이상이면 부패한 우유로 본다.

⑤ 히스타민(Histamine)

적색 어류(꽁치, 방어, 가다랑이, 참치, 고등어 등)의 가공품은 당질, 혈액 등이 첨가되거나 혼입되면 부패의 방향이 탈아민 반응보다는 탈탄산 반응으로 진행되어 아미노산, 특히 histidine으로부터 histamine을 생성한다. 일본에서의 한 연구에 의하면 어육 1g 중에 4~10mg, 즉 100g 중에 400~1,000mg(400~1,000mg%)이 축적되면 알레르기성 식중독이 발생한다고 한다. 이 경우 휘발성 염기질소(VBN)는 증가하지 않으므로 초기 부패에 도달하지 않은 것으로 잘못 판단하기도 한다.

#### (4) 물리적 검사판정

식품의 경도, 탄성, 점성, 색 및 전기저항 등을 측정하는 것으로서 식품이 본래의 형태를 유지하고 있는지를 판정하는 방법이다. 동일한 식품이라도 여러 가지 조건에 따라서 달라질 수 있기 때문에 초기 부패 판정을 확실히 하는 것은 어렵다.

### 4) 식품의 보존방법

식품의 변질과 부패의 원인은 온도, 습도 등 여러 가지 요인이 있지만, 미생물의 번식으로 인한 것이 가장 많다. 그러므로 식품의 부패를 방지하려면 미생물의 오염을 방지하거나 오염된 미생물의 증식과 발육을 억제하는 것이 중요하다. 방법으로는 물리적 방법, 화학적 방법, 기타 방법으로 분류할 수 있다.

첫째, 물리적 방법으로는 냉장 및 냉동법, 건조법, 가열살균법, 조사살균법 등이 있고,

둘째, 화학적 방법에는 절임법(염장, 당장, 산장), 보존료 및 살균제 첨가법 등이 있다.

셋째, 기타 처리법에는 훈증(fumigation), 훈연(smoking), 가스저장(CA저장), 통조림, 병조림 및 필름포장, 진공포장 등이 있다.

〈표 2-4〉는 물리적 방법의 가열살균법의 종류로 다음과 같다.

〈표 2-4〉 **가열살균법의 종류**

| 종 류 | 방 법 | 이용식품 | 비 고 |
|---|---|---|---|
| 저온 장시간살균법 (Low Temperature Long Time method : LTLT) | 63~65℃에서 30분 가열 후 10℃이하로 냉각 | 우유, 술, 주스, 소스, 간장 | 풍미가 보존되나 미생물이 완전 사멸되지는 않음 |
| 고온 단시간살균법 (High Temperature Short Time method : HTST) | 71.1℃에서 15초 내외로 가열 후 급속 냉각 | 과즙, 우유 | |
| 초고온 순간살균법 (Ultra High Temperature Heating method : UHT) | 130~150℃에서 1~2초간 가열 후 급속 냉각 | 우유, 과즙 | |
| 고온 장시간살균법 (High Temperature Long Time method : HTLT) | 95~120℃에서 30~60분간 가열 | 통조림 | 가급적 급냉 필요 |

# PART 3

# 식중독

1. 식중독의 개념
2. 세균의 생장 및 필요한 조건
3. 세균성 식중독
4. 바이러스성 식중독
5. 자연독 식중독
6. 알레르기 식중독
7. 화학적 식중독

# 제3장 식중독



## 1. 식중독의 개념

### 1) 식중독의 정의

우리나라 식품위생법에서 식중독(food poisoning)이란 음식을 섭취할 때 독성물질로 인하여 발생한 일련의 증후군을 의미하며, 그 원인에 따라서 세균에 의한 감염이나 세균에서 생성된 독소에 의해 중독증상을 일으키는 세균성 식중독, 자연계에 존재하는 동물성이나 식물성 독소에 의해서 일어나는 자연독 식중독, 인공적인 화학물질에 의해서 발생하는 화학적 식중독으로 구분된다. 그러나 바이러스에 의한 바이러스성 장염은 따로 구분할 수 있다. 집단식중독은 식품 섭취로 인하여 2인 이상의 사람이 감염성 또는 독소형 질환을 일으키는 것을 말한다. 식중독 발생의 90%가 병원성 세균오염에 의한 식중독이다. 그러나 아직까지 원인을 알 수 없는 식중독도 20% 정도를 차지하고 있다.

식중독이 발생하면 식중독을 진단한 의사는 지역보건소에 보고할 의무가 있고 지방정부, 중앙정부의 관계부처로 보고되며 보고받은 중앙부처에서 필요할 경우 조치를 취하게 된다.

식중독의 분류는 〈표 3-1〉과 같다.

〈표 3-1〉 식중독의 분류

| 대분류 | 중분류 | 소분류 | 대표적 원인균 |
|---|---|---|---|
| 미생물 | 세균성 | 감염형(세균의 체내증식에 의한 것) | 살모넬라, 장염비브리오균, 캠필로박터, 병원성대장균, 여시니아, 리스테리아 모노사이토제네스, 클로스트리디움 퍼프린제스, 바실러스 세레우스 |
| | | 독소형(식품 내에서 균이 증식, 독소생성 후 섭취중독) | 황색포도상구균, 클로스트리디움 보툴리늄 등 |
| | | 중간형(장관내에서 균이 증식, 아포형성하여 독소생성) | 독소원성 대장균, 웰치균, 세레우스균 |
| | 바이러스성 | 공기, 접촉, 물 등의 경로로 전염 | 노로바이러스, 로타바이러스, 아스트로바이러스, 장관아데노바리러스, 간염 A 바이러스, 간염 E 바이러스 등 |
| 화학물질 | 자연독 | 동물성 자연독에 의한 식중독 | 복어독, 시가테라독 |
| | | 식물성 자연독에 의한 식중독 | 감자독, 버섯독 |
| | | 곰팡이독에 의한 식중독 | 황변미독, 맥각독, 아플라톡신 |
| | 화학적 | 고의 또는 오용으로 첨가되는 유해물질 | 부정식품첨가물(붕산, auramine, dulcin, rongalite 등) |
| | | 본의 아니게 잔류, 혼입되는 유해물질 | 잔류농약(DDT, BHC, parathion 등), 유해성 금속화합물, 공장배출물(Alkyl 수은 등), 방사성물질 |
| | | 제조 · 가공 · 저장 중에 생성되는 유해물질 | 지질의 산화생성물, 니트로소아민 |
| | | 기타 물질에 의한 중독 | 메탄올 등 |
| | | 조리기구 · 포장에 의한 중독 | 녹청(구리), 납, 비소 등 |

자료출처 : 식품의약품안전청

## 2) 식중독 발생현황

### (1) 식중독 연도별 발생현황

우리나라는 최근 급식과 외식의 생활화로 6년 전('03년)보다 식중독 발생건수가 3.8배 증가하였고, 환자수 또한 20%로 증가하였다. 주로 음식점과 집단급식소에서 여름철(5~8월)에 많이 발생하였다. 우리나라 인구 백만 명당 식중독 환자수는 '96년 60.6명에서 '08년 기준 154명으로 12년 간 2.5배 이상 증가하였다.

집단급식소에서의 식중독 발생건수는 '03년 기준 67건에서 '07년 98건으로 46.3%로 지속적으로 증가하고 있다. 그 중 학교급식 발생건수는 16.3% 증가하였다('03년 : 49건, 4,621명 → '08년 : 39건, 2,983명). 발생건수와 환자수가 다소 감소추세를 보였다. 음식점의 경우는 '03년 46건에서 '07년 289건으로 6.3배 증가하였다. 이렇듯이 급식과 외식이 증가하면서 식중독은 지속적으로 확산될 전망이다. 특히, 1회 급식인원이 많은 집단급식소에 공동으로 식재료를 제공하는 사례가 증가하고 있으므로 대규모 환자 발생 가능성과 사회문제로 확산될 가능성이 증가하고 있다. 또한 지구 온난화에 따른 기온 상승 등으로 식중독 발생이 지속적으로 증가할 전망이다. 그러므로 여러 지역에서 동시 다발적으로 발생하는 대규모 집단 식중독 예방에 대한 노력이 필요하다.

〈표 3-2〉 **연도별 식중독 발생현황**

단위 : 발생건수(건), 환자수(명)

| 연 도 | 2002년 | 2003년 | 2004년 | 2005년 | 2006년 | 2007년 | 2008년 | 2009년 | 2010년 | 2011년 | 2012년 | 합계 |
|---|---|---|---|---|---|---|---|---|---|---|---|---|
| 건수 | 77 | 135 | 165 | 109 | 259 | 510 | 354 | 228 | 271 | 249 | 266 | 2,623 |
| 환자수 | 2,939 | 7,909 | 10,388 | 5,711 | 10,833 | 9,686 | 7,487 | 5,999 | 7,218 | 7,105 | 6,058 | 81,333 |

자료 : 식품의약품안전청

〈표 3-3〉 **연도별 섭취장소별 식중독 발생현황**

단위 : 발생건수(건), 환자수(명)

| 연 도 | 구 분 | 집단급식소 | | | 음식점 | 가정집 | 기타 | 불명 | 합계 |
|---|---|---|---|---|---|---|---|---|---|
| | | 학교(직영) | 학교(위탁) | 기업체 | | | | | |
| 2002년 | 발생건수 | 7 | 2 | 7 | 30 | 7 | 23 | 1 | 77 |
| | 환자수 | 497 | 309 | 586 | 583 | 117 | 734 | 113 | 2,939 |
| 2003년 | 발생건수 | 16 | 33 | 18 | 46 | 7 | 15 | 0 | 135 |
| | 환자수 | 1,230 | 3,391 | 1,509 | 1,441 | 81 | 257 | 0 | 7,909 |
| 2004년 | 발생건수 | 42 | 15 | 15 | 34 | 7 | 39 | 13 | 165 |
| | 환자수 | 4,952 | 1,760 | 1,026 | 1,049 | 44 | 1,206 | 351 | 10,388 |
| 2005년 | 발생건수 | 12 | 7 | 11 | 53 | 9 | 13 | 4 | 109 |
| | 환자수 | 1,412 | 892 | 1,447 | 1,021 | 111 | 729 | 99 | 5,711 |
| 2006년 | 발생건수 | 24 | 46 | 23 | 108 | 15 | 33 | 10 | 259 |
| | 환자수 | 1,994 | 4,998 | 1,081 | 1,971 | 119 | 515 | 155 | 10,833 |
| 2007년 | 발생건수 | 36 | 21 | 41 | 289 | 30 | 82 | 11 | 510 |
| | 환자수 | 2,308 | 793 | 1,432 | 3,476 | 151 | 1,320 | 206 | 9,686 |

| | | | | | | | | | |
|---|---|---|---|---|---|---|---|---|---|
| 2008년 | 발생건수 | 33 | 6 | 22 | 208 | 24 | 48 | 13 | 354 |
| | 환자수 | 2,533 | 450 | 633 | 2,392 | 176 | 1,108 | 195 | 7,487 |
| 2009년 | 발생건수 | 27 | 12 | 20 | 98 | 11 | 24 | 36 | 228 |
| | 환자수 | 1,496 | 1,220 | 719 | 1,132 | 89 | 664 | 679 | 5,999 |
| 2010년 | 발생건수 | 30 | 8 | 15 | 133 | 3 | 25 | 57 | 271 |
| | 환자수 | 2,770 | 620 | 799 | 1,704 | 11 | 774 | 540 | 7,218 |
| 2011년 | 발생건수 | 27 | 3 | 10 | 117 | 8 | 33 | 51 | 249 |
| | 환자수 | 1,648 | 413 | 460 | 1,753 | 51 | 2,217 | 563 | 7,105 |
| 2012년 | 발생건수 | 51 | 3 | 9 | 95 | 14 | 22 | 72 | 266 |
| | 환자수 | 2,851 | 334 | 246 | 1,139 | 54 | 758 | 676 | 6,058 |
| 합 계 | 발생건수 | 305 | 156 | 191 | 1,211 | 135 | 357 | 268 | 2,623 |
| | 환자수 | 23,691 | 15,180 | 9,938 | 17,661 | 1,004 | 10,282 | 3,577 | 81,333 |

자료 : 식품의약품안전청

### (2) 식중독 원인균별 발생현황

우리나라에서 5년간의 원인균별 식중독 발생현황을 보면, 식중독 발생원인균으로서 가장 발생률이 높았던 균으로 병원성대장균에 의한 식중독의 빈도가 가장 높은 것으로 나타났고, 그 뒤를 이어 노로바이러스, 황색포도상구균, 살모넬라균, 장염비브리오균의 순으로 나타났다. 최근 노로바이러스 식중독 발생률이 급격히 증가하고 있는데, 그 원인으로는 노로바이러스로 인해 오염된 지하수로 처리된 식재료의 섭취, 오염된 패류의 섭취, 사람과 사람 간의 2차 감염으로 인해 발생할 수 있다. 겨울철에도 노로바이러스로 인한 식중독이 계속해서 발생하고 있다. 전체 건수 대비 노로바이러스 발생률은 '05년 5.5%에서 '08년 5월 기준 30%으로 24.5%나 증가하였다. 음식점이나 급식소에서의 수질 관리 및 주변 오염원에 대한 관리를 철저히 해야만 예방이 가능할 것으로 본다. 급식이나 외식을 하게 되면 일단 가정에서보다 위생적인 환경으로 하기 어렵고, 여러 사람의 손을 거치기 때문에 상대적으로 병원균의 감염경로가 더 확대될 수 있다.

〈표 3-4〉 **연도별 · 원인균별 식중독 발생현황**

단위 : 발생건수(건), 환자수(명)

| 원인균 | | 구 분 | 2002년 | 2003년 | 2004년 | 2005년 | 2006년 | 2007년 | 2008년 | 2009년 | 2010년 | 2011년 | 2012년 | 합 계 |
|---|---|---|---|---|---|---|---|---|---|---|---|---|---|---|
| 세균 | 살모넬라 | 발생건수 | 24 | 17 | 23 | 22 | 22 | 42 | 22 | 17 | 27 | 24 | 9 | 215 |
| | | 환자수 | 548 | 416 | 839 | 753 | 576 | 1,497 | 387 | 477 | 677 | 1,065 | 147 | 6,178 |
| | 황색포도상구균 | 발생건수 | 8 | 13 | 11 | 16 | 32 | 38 | 15 | 12 | 19 | 10 | 5 | 160 |
| | | 환자수 | 370 | 808 | 763 | 863 | 1,924 | 843 | 556 | 864 | 372 | 323 | 35 | 7,317 |
| | 장염비브리오균 | 발생건수 | 10 | 22 | 15 | 17 | 25 | 33 | 24 | 12 | 18 | 9 | 11 | 176 |
| | | 환자수 | 188 | 732 | 300 | 663 | 547 | 634 | 329 | 106 | 233 | 133 | 195 | 3,733 |
| | 바실러스 세레우스 | 발생건수 | 0 | 3 | 2 | 1 | 5 | 1 | 14 | 0 | 14 | 6 | 6 | 39 |
| | | 환자수 | 0 | 198 | 84 | 24 | 59 | 50 | 376 | 0 | 401 | 98 | 111 | 1,196 |
| | 클로스트리디움퍼프리젠스 | 발생건수 | 0 | 1 | 4 | 0 | 2 | 4 | 6 | 5 | 5 | 7 | 13 | 25 |
| | | 환자수 | 0 | 12 | 680 | 0 | 160 | 81 | 434 | 527 | 171 | 324 | 297 | 1,978 |
| | 클로스트리디움 보툴리늄 | 발생건수 | 0 | 1 | 0 | 0 | 0 | 0 | 0 | 0 | 0 | 0 | 5 | 1 |
| | | 환자수 | 0 | 3 | 0 | 0 | 0 | 0 | 0 | 0 | 0 | 0 | 0 | 3 |
| | 캠필로박터제주니 | 발생건수 | 0 | 1 | 3 | 1 | 1 | 7 | 6 | 7 | 15 | 13 | 8 | 39 |
| | | 환자수 | 0 | 215 | 175 | 175 | 53 | 449 | 73 | 405 | 380 | 329 | 639 | 1,908 |
| | 병원성 대장균 | 발생건수 | 2 | 6 | 21 | 15 | 38 | 62 | 36 | 37 | 28 | 32 | 31 | 248 |
| | | 환자수 | 63 | 1,502 | 2,043 | 1,883 | 2,832 | 1,945 | 1,278 | 1,671 | 1,926 | 2,109 | 1,844 | 14,962 |
| | 기타 | 발생건수 | 2 | 6 | 13 | 1 | 1 | 0 | 0 | 0 | 0 | 2 | 0 | 23 |
| | | 환자수 | 279 | 226 | 1,156 | 45 | 5 | 0 | 0 | 0 | 0 | 20 | 0 | 1,711 |
| 바이러스 | 노로바이러스 | 발생건수 | 0 | 14 | 13 | 6 | 51 | 97 | 69 | 32 | 31 | 31 | 50 | 311 |
| | | 환자수 | 0 | 1,442 | 922 | 719 | 3,338 | 2,345 | 2,105 | 568 | 1,994 | 1,524 | 1,665 | 13,415 |
| | 기타 | 발생건수 | 1 | 2 | 5 | 2 | 3 | 2 | 1 | 0 | 2 | 3 | 1 | 17 |
| | | 환자수 | 137 | 164 | 485 | 25 | 33 | 32 | 26 | 0 | 8 | 21 | 22 | 905 |
| | 화학물질 | 발생건수 | 0 | 0 | 0 | 1 | 1 | 0 | 2 | 0 | 1 | 0 | 0 | 5 |
| | | 환자수 | 0 | 0 | 0 | 8 | 14 | 0 | 34 | 0 | 3 | 0 | 0 | 59 |
| | 자연독 | 발생건수 | 2 | 2 | 3 | 1 | 1 | 3 | 2 | 6 | 6 | 4 | 3 | 26 |
| | | 환자수 | 23 | 11 | 15 | 3 | 4 | 22 | 50 | 126 | 33 | 27 | 13 | 287 |
| | 불명 | 발생건수 | 28 | 47 | 52 | 26 | 77 | 221 | 157 | 100 | 105 | 108 | 129 | 1,050 |
| | | 환자수 | 1,331 | 2,180 | 2,926 | 550 | 1,288 | 1,788 | 1,839 | 1,255 | 1,030 | 1,132 | 1,090 | 16,409 |
| | 합계 | 발생건수 | 77 | 135 | 165 | 109 | 259 | 510 | 354 | 228 | 271 | 249 | 266 | 2,623 |
| | | 환자수 | 2,939 | 7,909 | 10,388 | 5,711 | 10,833 | 9,686 | 7,487 | 5,999 | 7,218 | 7,105 | 6,058 | 81,333 |

자료 : 식품의약품안전청

## (3) 식중독 지역별 발생현황

지역별 발생현황에서는 인구가 밀집한 대도시와 경기도지역의 발생률이 높은 것으로 나타났다. 서울지역은 '06년보다 '07년에 식중독 발생건수가 오히려 감소하였는데, 그러한 현상은 서울지역에서 위생적인 측면을 더 강화하는 움직임이 일어나고 있고, 특히 HACCP 시행의 증가와 관련이 있을 것으로 본다.

〈표 3-5〉 **연도별·지역별 식중독 발생현황** 단위 : 발생건수(건), 환자수(명)

| 지역 | 구분 | 2002년 | 2003년 | 2004년 | 2005년 | 2006년 | 2007년 | 2008년 | 2009년 | 2010년 | 2011년 | 2012년 | 합계 |
|---|---|---|---|---|---|---|---|---|---|---|---|---|---|
| 서울 | 발생건수 | 9 | 34 | 19 | 23 | 61 | 48 | 38 | 43 | 39 | 33 | 35 | 382 |
| | 환자수 | 173 | 2,513 | 1,187 | 733 | 2,559 | 505 | 352 | 1,189 | 825 | 740 | 837 | 11,613 |
| 부산 | 발생건수 | 2 | 5 | 7 | 4 | 3 | 28 | 17 | 8 | 21 | 18 | 11 | 124 |
| | 환자수 | 33 | 316 | 483 | 190 | 397 | 891 | 599 | 217 | 665 | 1,046 | 325 | 5,162 |
| 대구 | 발생건수 | 3 | 10 | 7 | 6 | 9 | 18 | 17 | 6 | 3 | 4 | 12 | 95 |
| | 환자수 | 111 | 373 | 566 | 619 | 700 | 490 | 439 | 241 | 188 | 230 | 238 | 4,195 |
| 인천 | 발생건수 | 1 | 5 | 2 | 9 | 39 | 45 | 30 | 19 | 12 | 9 | 19 | 190 |
| | 환자수 | 245 | 179 | 31 | 248 | 2,227 | 790 | 341 | 248 | 265 | 481 | 986 | 6,041 |
| 광주 | 발생건수 | 2 | 2 | 7 | 3 | 6 | 8 | 8 | 9 | 21 | 2 | 4 | 72 |
| | 환자수 | 145 | 36 | 338 | 42 | 198 | 129 | 90 | 165 | 261 | 50 | 91 | 1,545 |
| 대전 | 발생건수 | 3 | 10 | 10 | 7 | 9 | 25 | 23 | 10 | 8 | 16 | 3 | 124 |
| | 환자수 | 70 | 232 | 219 | 70 | 77 | 204 | 143 | 223 | 170 | 277 | 22 | 1,707 |
| 울산 | 발생건수 | 2 | 2 | 7 | 3 | 7 | 27 | 27 | 5 | 7 | 13 | 8 | 108 |
| | 환자수 | 15 | 24 | 601 | 82 | 571 | 219 | 827 | 284 | 135 | 137 | 123 | 3,018 |
| 경기 | 발생건수 | 12 | 14 | 34 | 14 | 52 | 115 | 75 | 47 | 69 | 62 | 90 | 584 |
| | 환자수 | 572 | 1,170 | 2,980 | 1,196 | 1,797 | 1,724 | 2,163 | 1,073 | 2,694 | 1,505 | 1,078 | 17,952 |
| 강원 | 발생건수 | 0 | 0 | 0 | 0 | 0 | 0 | 0 | 0 | 0 | 0 | 0 | 0 |
| | 환자수 | 0 | 0 | 0 | 0 | 0 | 0 | 0 | 0 | 0 | 0 | 0 | 0 |
| 충북 | 발생건수 | 10 | 1 | 6 | 6 | 24 | 41 | 16 | 11 | 11 | 15 | 17 | 158 |
| | 환자수 | 606 | 8 | 157 | 446 | 934 | 843 | 359 | 335 | 387 | 355 | 929 | 5,359 |
| 충남 | 발생건수 | 2 | 3 | 5 | 4 | 2 | 9 | 4 | 4 | 7 | 8 | 9 | 57 |
| | 환자수 | 61 | 796 | 541 | 197 | 48 | 345 | 295 | 222 | 200 | 354 | 168 | 3,227 |
| 전북 | 발생건수 | 4 | 3 | 10 | 4 | 8 | 13 | 13 | 15 | 19 | 15 | 9 | 116 |
| | 환자수 | 85 | 108 | 354 | 347 | 462 | 222 | 381 | 498 | 365 | 868 | 187 | 3,877 |
| 전남 | 발생건수 | 2 | 7 | 6 | 5 | 6 | 34 | 14 | 5 | 7 | 12 | 4 | 102 |
| | 환자수 | 221 | 735 | 324 | 197 | 212 | 1,157 | 100 | 34 | 231 | 318 | 98 | 3,627 |

| | | | | | | | | | | | | | |
|---|---|---|---|---|---|---|---|---|---|---|---|---|---|
| 경북 | 발생건수 | 4 | 6 | 15 | 13 | 12 | 38 | 29 | 7 | 8 | 21 | 13 | 166 |
| | 환자수 | 89 | 159 | 393 | 905 | 259 | 1,046 | 524 | 450 | 89 | 261 | 243 | 4,418 |
| 경남 | 발생건수 | 4 | 5 | 14 | 3 | 11 | 39 | 23 | 16 | 28 | 7 | 13 | 160 |
| | 환자수 | 207 | 152 | 777 | 41 | 162 | 466 | 555 | 362 | 483 | 74 | 196 | 3,475 |
| 제주 | 발생건수 | 15 | 18 | 7 | 2 | 4 | 13 | 6 | 10 | 4 | 11 | 13 | 101 |
| | 환자수 | 278 | 886 | 869 | 297 | 123 | 340 | 75 | 241 | 138 | 222 | 333 | 3,802 |
| 불명 | 발생건수 | 2 | 9 | 9 | 3 | 6 | 9 | 14 | 8 | 7 | 6 | 6 | 792 |
| | 환자수 | 28 | 222 | 568 | 101 | 107 | 315 | 244 | 86 | 122 | 187 | 204 | 2,184 |
| 합계 | 발생건수 | 77 | 135 | 165 | 109 | 259 | 510 | 354 | 223 | 271 | 249 | 266 | 618 |
| | 환자수 | 2,939 | 7,909 | 10,388 | 5,711 | 10,833 | 9,686 | 7,487 | 5,868 | 7,218 | 7,105 | 6,058 | 81,202 |

자료 : 식품의약품안전청

### (4) 식중독 월별 섭취장소별 발생현황

2012년 식중독 시설별 발생건수는 　　교보다 식중독 발생이 더 많았다. 1월부터 12월까지 모두 발생이 되므로 늘 철저한 관리가 요구되어진다.

〈표 3-6〉 2012년 월별·섭취장소별 식중독 발생현황 　　단위 : 발생건수(건), 환자수(명)

| 월 | 구분 | 집단급식소 | | | 음식점 | 가정집 | 기타 | 불명 | 합계 |
|---|---|---|---|---|---|---|---|---|---|
| | | 학교 (직영) | 학교 (위탁) | 기업체 | | | | | |
| 1월 | 발생건수 | 0 | 0 | 0 | 3 | 2 | 3 | 1 | 9 |
| | 환자수 | 0 | 0 | 0 | 66 | 9 | 193 | 26 | 294 |
| 2월 | 발생건수 | 3 | 0 | 0 | 12 | 1 | 2 | 3 | 21 |
| | 환자수 | 141 | 0 | 0 | 187 | 4 | 49 | 11 | 392 |
| 3월 | 발생건수 | 2 | 1 | 1 | 5 | 0 | 2 | 0 | 11 |
| | 환자수 | 100 | 68 | 42 | 33 | 0 | 53 | 0 | 296 |
| 4월 | 발생건수 | 4 | 0 | 0 | 6 | 1 | 3 | 3 | 17 |
| | 환자수 | 164 | 0 | 0 | 95 | 2 | 82 | 44 | 387 |
| 5월 | 발생건수 | 4 | 1 | 1 | 8 | 2 | 5 | 7 | 28 |
| | 환자수 | 137 | 90 | 71 | 55 | 8 | 187 | 132 | 680 |
| 6월 | 발생건수 | 3 | 1 | 1 | 11 | 2 | 2 | 7 | 27 |
| | 환자수 | 95 | 176 | 10 | 96 | 5 | 33 | 88 | 503 |
| 7월 | 발생건수 | 3 | 0 | 0 | 9 | 1 | 0 | 7 | 20 |
| | 환자수 | 156 | 0 | 0 | 86 | 3 | 0 | 55 | 300 |
| 8월 | 발생건수 | 6 | 0 | 1 | 12 | 2 | 1 | 6 | 28 |
| | 환자수 | 267 | 0 | 42 | 117 | 10 | 119 | 35 | 590 |
| 9월 | 발생건수 | 15 | 0 | 1 | 7 | 0 | 2 | 13 | 38 |
| | 환자수 | 1,162 | 0 | 9 | 78 | 0 | 21 | 133 | 1,403 |

| | | | | | | | | | |
|---|---|---|---|---|---|---|---|---|---|
| 10월 | 발생건수 | 0 | 0 | 1 | 9 | 0 | 0 | 14 | 24 |
| | 환자수 | 0 | 0 | 4 | 85 | 0 | 0 | 100 | 189 |
| 11월 | 발생건수 | 6 | 0 | 0 | 4 | 2 | 1 | 4 | 17 |
| | 환자수 | 258 | 0 | 0 | 43 | 9 | 13 | 23 | 346 |
| 12월 | 발생건수 | 5 | 0 | 3 | 9 | 1 | 1 | 7 | 26 |
| | 환자수 | 371 | 0 | 68 | 198 | 4 | 8 | 29 | 678 |
| 합계 | 발생건수 | 51 | 3 | 9 | 95 | 14 | 22 | 72 | 266 |
| | 환자수 | 2,851 | 334 | 246 | 1,139 | 54 | 758 | 676 | 6,058 |

자료 : 식품의약품안전청

하지만 고온다습한 여름철 식중독 발생에 특히 주의를 기울여야 한다. 여름철 집단급식소 식중독 발생의 원인으로는 병원성대장균, 황색포도상구균, 노로바이러스, 캠필로박터균, 바실러스균에 의해 발생한 것으로 조사되었고, 음식점의 경우('05~'07년)는 병원성대장균(17.3%), 장염비브리오(11.3%), 황색포도상구균(10.9%) 등에 의해 주로 발생하였다. 따라서 식중독 발생을 예방하기 위해서는 적절한 조리온도로 조리하고, 칼, 도마의 교차오염을 방지하고, 개인위생을 철저히 하여야 할 것이다. 단체급식에 의한 집단식중독을 줄이기 위한 방지책이 시급한데 특히, 집단급식소와 음식점의 HACCP 시행은 반드시 필요하다고 본다.

## 2. 세균의 생장 및 필요한 조건

### 1) 세균의 생장

세균의 생장은 지체기, 대수기, 정지기, 사멸기를 거친다. 지체기(lag phase)는 세균이 그 환경에 적응하는 시기로 어떤 생장도 보이지 않는 시기이다. 대수기(log phase)는 세균의 수가 이 기간에 빠른 생장을 하므로 식품의 안전이 중요한 시기이다. 정지기(stationary phase)는 새로 생기는 세균의 수와 죽어버리는 세균의 수가 같은 시기이다. 사멸기(death phase)에는 세균은 영양분의 부족으로 고갈되고

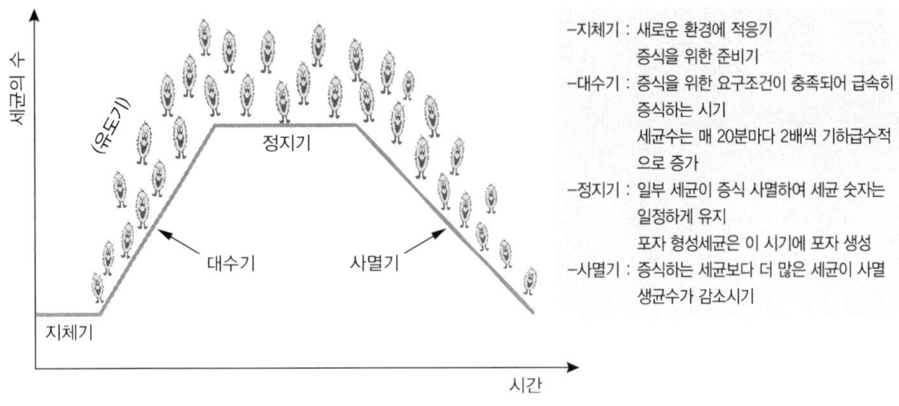


[그림 3-1] **세균의 생장곡선**

생균수가 줄어들어 사멸하게 된다. 이 주기를 세균의 생장곡선(bacterial growth) 이라 하고 이 곡선을 S자 곡선이라고도 한다.

## 2) 세균의 생장에 필요한 조건

세균의 생장조건에는 음식물(Food), 산성도(Acidic), 온도(Temperature), 시간(Time), 산소(Oxgen), 수분(Moisture)이 충족되어야 한다. 다시 말해 6가지 조건이 세균의 생장을 막기 위해 조절하여야 하며, 이를 약성어로 FAT-TOM관리라고 한다.

### (1) 음식물

세균생장에 가장 중요한 조건은 적당한 음식공급이다. 대부분의 세균은 육류, 가금류, 해산물, 우유제품, 익힌 쌀, 콩, 감자와 같이 고단백질과 탄수화물이 많은 식품을 좋아한다.

[그림 3-2] 잠재적 위험 식품의 예

**TIP ● 잠재적으로 위험한 식품(Potentially Hazardous Food : PHF) ●**

PHF란 식중독 사고를 발생시킬 위험을 내포하고 있는 식품으로 판단기준은 수분활성도 0.5이상, PH 4.6이상, 고단백 식품, 상온에 보관하면 쉽게 상하는 식품, 토양에 오염된 농산물 등 을 말한다.

## (2) 산성도

수소이온농도지수(pH)는 식품의 산성도와 알칼리도를 나타내는데 사용되며, 0~14까지 범위의 pH를 측정하고, 산성, 중성, 알칼리성으로 구분을 한다. 유해세균이 자라는 범위는  pH 4.6~7.0 사이, 식음료업장에서 판매하는 많은 식품이 이 pH의 범위를 가진다.

병원성 세균은 pH 4.6~7.0인 식품에서 가장 잘 자라며, 식품으로는 우유, 고기, 생선 등이 속한다.

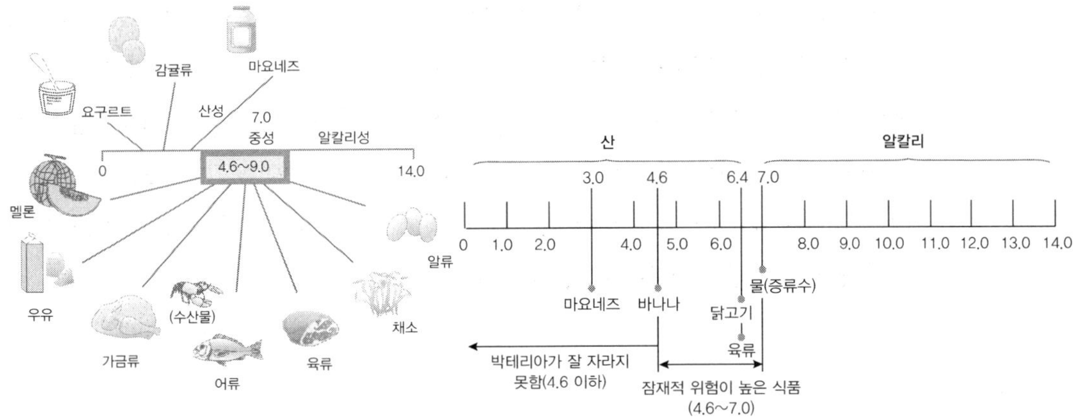


[그림 3-3] 식음료업장에서 조리하는 일반 식품의 산성도

자료 : National Restaurant Association(1992)

## (3) 온도

모든 세균이 생장을 위해 같은 온도조건이 필요한 것은 아니다.

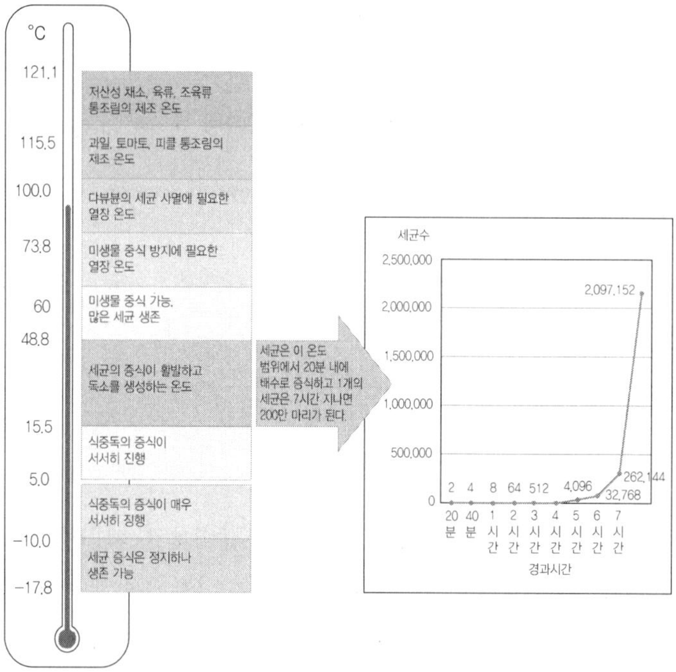


자료 : 대한영양사회, 위생관리지침서, 1996

[그림 3-4] **온도 범위에 따른 미생물 생장과의 관계**

저온성 세균은 0~21℃, 중온성 세균은 21~43℃, 고온성 세균은 43℃ 이상의 온도에서 잘 자라는 세균을 말한다. 세균은 냉장온도와 실온에서 증식할 수 있으므로 특히 주의를 기울여야 한다. 병원성 세균 대부분은 위험온도범주대인 5~60℃ 범위 내에서, 시간과 온도조절은 식음료업장 관리자가 병원성과 부패세균을 조절하는 데 가장 효과적인 방법이다. 그러므로 찬 음식은 5℃나 그 이하로 저장하고, 더운 음식은 60℃나 그 이상의 온도에서 보관하라는 의미이다. 시간과 온도는 세균의 생장에 영향을 미치는 가장 중요한 요소이다.

### (4) 시간

세균은 빠르게 생장하는데, 1마리가 약 4시간이 소요되면 식중독을 일으키는 세균 수로 증가를 한다. 그래서 식품을 5~60℃ 사이에 4시간 이내에 사용하길 권장한다.

### (5) 산소

세균은 산소에 대한 요구 조건이 다르며, 호기성(aerobic) 세균, 혐기성(anaerobic) 세균, 통성혐기성(facultative anaerobic) 세균, 미호기성 세균이 있다.

호기성(aerobic) 세균은 생장을 위해 산소가 있어야 한다. 혐기성(anaerobic) 세균은 산소가 있으면 생존할 수가 없으며, 진공포장식품이나 통조림식품에서 잘 자란다. 통성혐기성(facultative anaerobic) 세균은 산소가 있거나 없어도 살 수 있으며, 대부분의 병원성 세균이 속해 있다. 미호기성 세균은 3~6% 범위의 산소를 요구한다.

### (6) 수분

미생물의 생장에 가장 영향을 미치는 것은 유용한 물의 양 혹은 미생물의 활동에 쓰이는 물이며, 이것을 수분활성도(water activity)라고 표현하고 $A_w$로 나타낸다. 수분활성도는 0에서 1로 나타내는데, 수분활성도 0.85 이상을 가진 식품에서 병원성 세균이 잘 자란다.

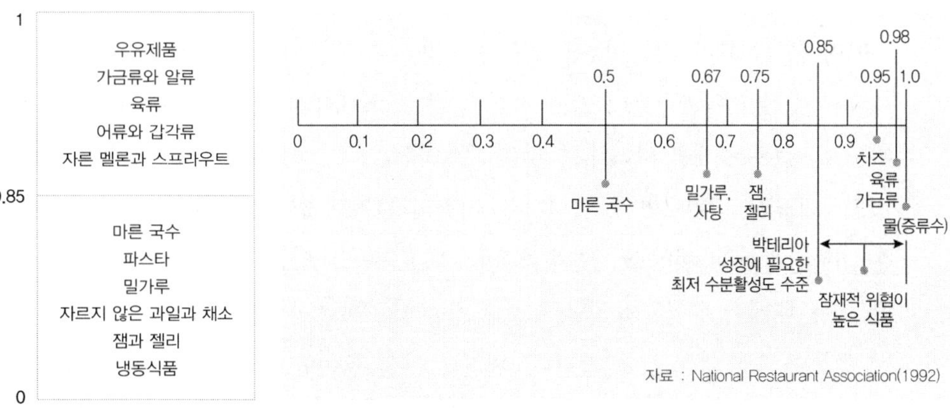


[그림 3-5] 식음료업장에서 판매되는 식품의 수분활성도($A_w$)

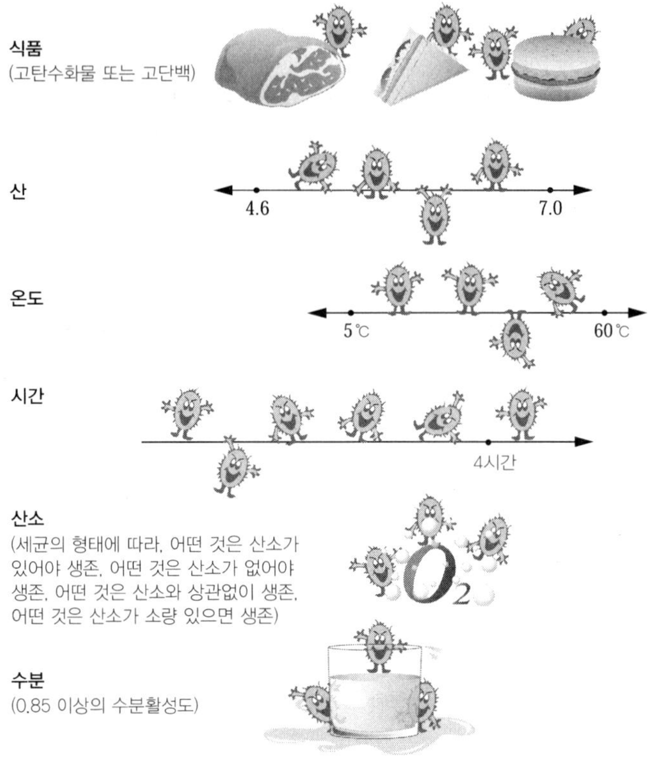


[그림 3-6] **생장에 필요한 6가지 조건**

## 3. 세균성 식중독

발병원인에 따라 감염형, 독소형, 중간형으로 구분된다. 감염형 식중독은 식품 내에서 증식한 원인균들이 경구 섭취 후에 소장 내에서 더욱 증식해서 급성위장염과 같은 중독 증세를 나타내는 것을 의미하는 것으로서 살모넬라, 장염비브리오균, 병원성대장균, 캠필로박터, 여시니아, 리스테리아 모노사이토제네스, 클로스트리디움 퍼프린제스, 바실러스 세레우스 등이 대표적인 균으로 포함된다. 독소형 식중독은 식품 내에서 원인균의 증식으로 식품에서 독소를 생성한 후에 식품을 섭취해서 중독을 일으키는 것을 말한다. 원인균 사멸 후에도 잔존하는 독소가 남아있는 식품을 섭취했을 때 나타날 수 있다. 대표적인 독소형 식중독에는 황색포도상구균, 클로스트리디움 보툴리눔 등이 있다. 중간형 식중독은 식품과 함께 섭취한 장관 내에서 증식하거나 아포를 형성해서 독소를 생성하여 그 독소에 의한 설사 등의 증상을 보인다. 대표적인 원인균으로는 독소원성 대장균, 웰치균, 세레우스균 등이 있다.

세균성 식중독은 우리나라는 물론 전 세계적으로 발생빈도가 가장 높으며, 계속해서 증가 추세에 있다. 우리나라 세균성 식중독 사건은 살모넬라, 장염비브리오, 포도상구균의 순으로 발생하고 있는데, 식중독 사례가 증가하고 있는 원인을 살펴보면 첫째, 식품 수출입의 자유화로 국내의 식품 유입이 증가함에 따라 식중독 세균의 전파속도도 급속히 빨라졌다. 둘째, 집단급식, 가공식품, 냉장 및 냉동식품, 즉석식품 등의 소비가 증가함으로써 동시다발적인 집단 식중독 발생 증가로 인한 식생활 패턴의 변화를 가져왔다. 셋째, 성인병환자, 만성질환자 및 노인인구가 증가함에 따라 일반인에 비해서 면역기능이 저하된 사람들이 식중독 세균에 감염되었을 때 식중독 발병 가능성이 높아졌다는 점에서 그 원인을 찾을 수 있다.

## 1) 감염형 식중독

### (1) 살모넬라균(*Salmonella*) 식중독

① 원인균

살모넬라균은 2~3×0.6㎛의 포자를 형성하지 않는 gram 음성의 간균으로 운동성을 가지고 있다. 포도당을 발효하고 cytochrome oxides 음성의 장 내 세균에 속한다. 발육 최적 온도는 37℃이며 증식가능 온도범위는 10~43℃이다. 60℃에서 20분 동안 가열하면 사멸되는 균이지만, 토양이나 수중에서는 비교적 오래 생존하는 특징을 가지고 있다. 균이 생체 내로 침입하면 장 내에서 분열·증식되어 독소를 생성하지만 그 독성은 비교적 약한 편이다. 살모넬라 식중독의 원인균은 우리나라에서만 30여 종이 알려져 있다. 살모넬라 식중독은 감염형 식중독의 가장 일반적이고 대표적인 식중독이다.

② 감염경로와 원인식품

사람, 가축, 가금, 개, 고양이, 기타 애완동물, 가축 가금류의 식육 및 가금류의 알, 하수와 하천수 등의 자연환경에서 존재하며, 보균자의 손이나 발 등에서 2차 오염에 의한 오염식품을 섭취할 때에도 감염될 수 있다. 원인식품으로는 부적절하게 가열된 동물성 단백질식품(우유, 유제품, 고기 및 육가공품, 가금류의 알 및 그 가공품, 어패류 및 그 가공품)과 식물성 단백질식품(채소 등 복합조리식품), 생선묵, 생선요리와 육류를 포함한 생선 등의 어패류와 불완전하게 조리된 그 가공품, 면류, 야채, 샐러드, 마요네즈, 도시락 등의 복합조리식품 등이 원인이 된다.

③ 잠복기와 중독증상

일반적으로 균종에 따라서 다르지만 8~48시간 후에 증상이 나타난다. 평균 20시간 정도의 잠복기를 거친 후 두통, 식욕감퇴, 복통, 설사, 전신권태, 구역질과 구토 등의 급성 위장염 증상을 나타낸다.

특히, 발열은 급격히 일어나 38~40℃까지 오르고, 동시에 오한과 전율이 나타나고 보통 3~4일 경과하면 평열로 되어 약 1주일이면 회복된다. 그 외에 요통, 관절통, 근육통, 현기증도 발생할 수 있고, 중증인 경우는 뇌증상과 더불어 불안, 경련, 의식혼탁, 혼수상태, 때로는 홍분상태가 되며 사망하는 경우도 있다. 치사율은 0.3~1.0% 정도이다.

④ 예방책

조리 후 식품을 가능한 한 신속히 섭취하도록 하며 남은 음식은 5℃ 이하 저온 보관한다. 식품을 74℃에서 1분 이상 가열 조리한 후 섭취한다. 조리에 사용된 기구 등은 세척 소독하여 2차오염을 방지한다.

### (2) 장염비브리오균(*Vibrio parahaemolyticus*) 식중독

① 원인균

해수세균의 일종인 장염비브리오균은 호염균으로서 2~4%의 소금물에서 잘 생육하며 10% 이상의 염도에서는 성장이 정지되는 세균이다. 주로 여름철에 해수온도가 높아지면서 급속히 증식하여 어패류, 해조류 등에 부착해서 사람이 그것들을 생식할 때 급성장염을 일으키게 된다. 해수온도가 15℃ 이상이 되면 급격히 증가한다. 발육 최적온도는 비병원성 비브리오의 최적온도인 25~30℃와는 대조적으로 37℃이며 최적 pH는 7.8~8.6이다. 짧은 콤마(comma) 모양의 형태를 가지며 포자와 협막이 없는 것이 특징이다.

② 감염경로와 원인식품

여름철 해수 중에 서식하는 장염비브리오균이 오징어, 문어 등의 연체동물과 고등어 등의 어류, 조개 등 패류의 체표, 내장과 아가미 등에 부착해 있다가 근육으로 이행되거나 유통과정 중에 증식해서 식중독을 일으키게 된다. 특히 어패류의 체표와 내장 및 아가미 등에 부착되어 있다가 이를 조리한 사람의 손과 기구로부터 다른 식품에 2차 오염되어 식중독을 발생시키기도 한다. 원인식품으로는 어패류, 생선회와 게장, 생선회, 오징어무침, 꼬막무침 등의 수산식품이다.

③ 잠복기와 중독증상

잠복기는 8~20시간이고 평균 12시간이다. 주요 증상으로 복통, 설사, 발열, 구토를 보이고 전형적인 급성위장염으로 권태감, 오한, 발열, 두통 등이 나타난다. 열이 없는 경우도 있으나, 보통 37~38℃ 정도의 미열이 있다. 종종 혈변을 보이기도 하여 이질로 생각할 수도 있지만, 설사의 횟수가 많아 약 20회에 달할 때도 있으나 가벼울 때에는 1~2회 정도이다. 경과는 보통 2~3일 내에 회복된다.

④ 예방책

어패류는 수돗물로 잘 세척하고 횟감용 칼과 도마를 부분하여 사용해야 한다. 그리고 오염된 조리기구는 잘 세정하고 반드시 열탕 처리하여 2차 오염을 방지해야 한다. 가능한 한 생식을 피하고 장염비브리오균은 60℃에서 5분 이상 가열하면 사멸되므로 섭취 전에 반드시 가열한다.

### (3) 캠필로박터균(*Camplyobacter*) 식중독

① 원인균

대장균보다 가느다란 형태의 나선형균으로 일반적인 호기배양법으로는 전혀 발육하지 않고 미호기성 조건인 산소 5%, 이산화탄소 10%, 질소 85%에서 발육하는 균이다. 발육 최적온도는 37~42℃, 최적 pH는 6.5~7.5로서 고온에 강하지만, 소량의 산소가 있는 상태인 상온에서는 서서히 사멸하며 전혀 산소가 없는 혐기조건에서도 성장할 수 없다. 냉장온도에서의 증식은 불가능하지만 생존은 가능하다.

② 감염경로와 원인식품

다양한 접촉으로 인한 전염성 질병의 병원체이기도 한데, 건강한 소, 양, 개와 닭, 칠면조 등 가금류의 장 내와 인간의 배설물 속에서 잠복하기도 한다. 캠필로박터균은 오염분뇨가 하천수와 호수 등을 오염시키는 경우와 가축과 가금류를 도살하거나 해체할 때 식육에 오염될 수 있다. 원인식품은 소, 돼지, 개, 고양이, 닭, 우유, 물이 원인이 될 수 있다. 육류를 생식하거나 충분히 가열하지 않았을 때, 그리고 동물(조류 등)의 분변에 의해서 오염된다.

③ 잠복기와 중독증상

잠복기는 2~7일로 평균 2~3일이다. 주요증상으로는 설사, 복통, 38~39℃의 발열, 두통, 메스꺼움 및 구토이고, 근육통, 탈수증상 등을 수반하기도 한다.

④ 예방책

생육을 만진 경우에는 손을 깨끗이 씻고 소독해서 2차오염을 방지해야 하며, 생균에 의한 감염형이기 때문에 식품을 충분히 가열하여 균을 사멸시켜야 한다. 또한 이 균이 수중에서 장시간 생존가능하기 때문에 마시는 물도 끓여 마시도록 해야 한다. 식육 중 특히 닭고기의 생식을 피하고, 열이나 건조에 약하기 때문에 조리기구는 물로 끓이거나 소독해서 건조시켜야 한다.

### (4) 병원성 대장균(Pathogenic *Escherichia coli*) 식중독

① 원인균

병원성 대장균은 유당을 분해하여 산과 가스를 생산하는 통성혐기성균으로 운동성을 가지고 있다. 대장의 정상 상재균인 대장균은 대부분 식중독의 원인이 되지는 않지만, 유아에게는 전염성 설사증이나 성인에게 급성장염을 일으키는 대장균이 있는데, 이것을 병원성 대장균(Pathogenic E. coli)이라고 한다. 병원성 대장균 중 베로독소(verotoxin)을 생성하여 대장점막에 궤양을 유발해서 조직을 짓무르게 하고 출혈을 유발시키는 대장균을 장관출혈성 대장균이라고 한다. 장관출혈성 대장균은 혈청형에 따라서 O26, O103, O104, O146, O157 등으로 분류된다. 대표적인 균이 대장균 O157 : H7이다.

② 감염경로와 원인식품

환자나 보균자의 분변과 소, 돼지와 개, 고양이 등의 분변에 존재하며 보균자가 화장실을 비위생적으로 사용할 경우에도 감염된다. 자연계에서는 하천수와 어패류 등에서 분리 검출되기 때문에 1차 및 2차 오염으로 감염될 수 있다. 주요 원인식품은 햄, 치즈, 소시지, 채소샐러드, 분유, 두부, 음료수, 어패류, 도시락, 급식 등이다. 광범위하게 분포하기 때문에 환자와 보균자의 분변으로부터 직간접적으로 오염되는 식품이면 모두 원인식품이 될 수 있다.

③ 잠복기와 중독증상

균종에 따라 다양한데 12~72시간 정도의 잠복기를 가진다. 주요 증상으로는 설사, 복통, 발열, 구토를 일으킨다. 연령이 낮을수록 잠복기가 짧고 심한 증상이 나타난다.

④ 예방책

칼, 도마 등을 구분 사용해서 2차 감염을 방지해야 하고, 생육과 조리된 음식을 구분해서 보관해야 한다. 다진 고기는 중심부 온도가 74℃에서 1분 이상 가열하여야 한다. 채소는 잘 씻어야 한다.

⑤ 구분

가. 장관병원성 대장균(enteropathogenic *E. coli*, EPEC) 식중독

소장에서 일어나는 식중독으로 균이 세포질 내에서 증식한 후 베로독소를 분비하여 혈액-수양성 설사를 일으키는 식중독으로 많은 양의 대장균 감염으로 나타난다. 주요 혈청형은 O26 : H11, O55 : H6 등이 있다. 원인식품은 치즈, 우유, 돼지

고기, 닭고기, 소시지, 분유, 도시락, 두부 및 두부 가공품이다. 주로 1세 이하의 신생아에서 발생하며 구토, 복통, 설사, 발열을 동반하며 잠복기는 약 9~12시간이다. 예방책은 식품을 저온에서 저장하여 균의 증식을 방지하고 가열조리해서 먹는 것이다. 식품의 보관은 뚜껑을 잘 닫아서 식품오염을 방지하고 주변환경을 청결히 하기 위한 방충, 방서시설을 갖추도록 한다.

나. 장관독소형 대장균(enterotoxigenic *E. coli*, ETEC) 식중독

콜레라균과 비슷한 균이 소장 내에서 정착하여 증식하는 동안 생성된 이열성 및 내열성의 엔테로톡신 독소를 분비하여 심한 복통과 수양성 설사를 동반하는 식중독으로 균량이 많을 때 일어난다. 이열성 독소(LT)는 항원이고 콜레라 위장독과 비슷하며 내열성 독소(ST)는 분자량이 낮은 항원성 분자이다. 주요 혈청형은 O6 : H16, O8 : H9 등이 있다. 잠복기는 보통 20시간이며 혈전성 혈소판 감소증 또는 용혈성 요독증후군을 일으키기도 한다. 심한 경우 신부전증을 유발하기도 하는데 대부분의 감염자들은 항생제나 특별한 치료 없이 5~10일 이내에 회복된다.

다. 장관출혈성 대장균(enterohemorrhagic *E. coli*, EHEC) 식중독

베로독소가 대장에 침입하여 감염되는데 적은 양의 균량으로도 발병한다. 잠복기는 주로 3~8일 정도이다. 주요 원인식품은 충분히 가열조리되지 않은 분쇄된 소고기, 칠면조, 샌드위치, 원유, 사과주스 등이다. 또한 소독하지 않은 물을 마시거나 균에 감염된 호수에서 수영할 경우에도 감염된다. 사람 대 사람으로 감염되기 때문에 위생상태를 청결히 하고 손을 자주 씻어야 예방할 수 있다. 특히 어린이들의 감염률이 높아 주의가 필요하다. 가축장이나 도축장에서 균이 섞일 수 있으므로 고기를 충분히 가열하여 조리하도록 한다.

라. 장관침입성 대장균(enteroinvasive *E. coli*, EIEC) 식중독

대장점막의 상피세포에 적은 양의 균이 침입해서 감염을 일으키는 식중독으로 세포의 괴사로 인한 궤양이 형성되고 점액 및 혈액성의 설사를 일으키는데 잠복기는 약 10~18시간이다. 주요 혈청형은 O124 : H7, O143 : NM 등이 있다. 주요 증상은 발열과 복통이다.

⑥ 예방책

빈번히 발생하는 대장균 O-157에 의한 식중독을 예방하려면 O-157 대장균은 열에 약하므로 충분히 가열 조리해서 음식을 섭취한다.

생고기를 다룬 칼이나 도마 등의 조리 기구는 반드시 뜨거운 물로 깨끗이 씻은 후 소독한다.

생고기를 만지고 난 다음에 반드시 손을 깨끗이 씻는다.

감염된 환자의 분변처리에 주의하고 수건을 따로 쓰도록 한다.

어린이들에게 많이 발생하므로 어린이들에게 손씻기 교육을 철저히 시킨다.

### (5) 여시니아균(*Yersinia enterocolitica*) 식중독

① 원인균

*Yersinia enterocolitica*는 장 내 세균과에 속하며 gram 음성 무포자 간균으로 편모를 갖고 있다. 최적 pH는 7.2이고 발육 최적온도는 25~37℃이다. 다른 장내세균은 증식할 수 없는 0~5℃의 냉장고에서도 발육이 가능한 전형적인 저온세균이다. 진공포장에서도 증식할 수 있는 특성과 저온발육 특성으로 인하여 식품의 취급보존에 방심할 수 있는 가을과 초겨울에 식중독 발생의 원인이 된다는 것이 특징이다.

② 감염경로와 원인식품

감염원과 감염경로는 살모넬라 식중독의 경우와 유사하며, 도살된 돼지와 소 등의 육류가 감염원이며 쥐가 균을 매개하기도 한다. 동물의 분변과 함께 배출돼서 음료수나 식품에 오염되는 것으로 추정된다. 저온성균이기 때문에 저온보관 상태에서도 균이 증식하여 식중독을 발생시킨다. 원인식품으로는 오물, 오염된 물, 돼지고기, 양고기, 쇠고기, 생우유, 아이스크림 등이 있다.

③ 잠복기와 중독증상

잠복기는 평균 2~5일이고, 주요 증상으로 복통, 설사, 39℃ 이상의 발열의 증상을 수반하는 급성 위장질환과 심하면 패혈증, 피부의 결절성 홍반, 다발성 관절염 등과 같은 증상을 일으킨다. 특히, 어린이들에게 감염되기 쉽고 맹장염으로 오진되기도 한다.

④ 예방책

돈육을 취급할 때는 조리기구와 손을 깨끗이 세척한 후 소독한다. 저온에서 생육이 억제되지 않으며 균이 0℃에서도 증식이 가능한 점을 고려할 때 냉장 및 냉동육과 그 제품의 유통과정에도 주의해야 한다.

### (6) 리스테리아 모노사이토제네스균(*Listeria monocytogenes*) 식중독

① 원인균

*Listeria monocytogenes*는 gram 양성의 통성혐기성 무아포 간균으로 편모가 주모성이다. 발육최적온도는 30~37℃이며 4℃에서도 느린 속도로 생육이 가능하다. 중온성균이지만 1~45℃ 범위에서 증식이 가능한 것이 특징이다. 냉동온도인 −18℃에서는 증식하지 못한다. 65℃ 이상에서 5분 이상 가열해야 사멸한다. 6%의 식염에서도 생존이 가능하다. 리스테리아증(Listeriosis)은 소, 양, 돼지 등의 동물이나 조류에 감염해서 뇌염과 유산, 패혈증을 일으키는 질병으로서 주로 임산부나 신생아에게 감염을 일으켜 수막염이나 패혈증을 발생시킨다.

② 감염경로와 원인식품

부적절한 축산제품을 취급하거나 처리했을 경우나 적절하지 못한 물의 사용(재배·처리)으로 오염되며 자연환경에 널리 분포되어 있기 때문에 근본적 오염방지는 어려우나 위생적으로 식품제조 및 취급시 이로 인한 위해는 줄일 수 있다.

③ 잠복기와 중독증상

잠복기가 12시간에서 2, 3개월까지로 기간이 긴 것이 특징이다. 리스테리아가 체내로 침입해서 감염이 되면 가벼운 권태감, 발열 등의 인플루엔자와 비슷한 증상을 일으킨다. 건강한 사람은 증상을 느끼지 못해서 무증상으로 넘길 수도 있다.

임산부와 같이 감수성이 높거나, 면역력이 떨어지는 신생아와 노인에게 패혈증, 수막염, 뇌수막염을 발생시킨다. 노인뿐만 아니라 당뇨병환자, 알코올 중독자, 간질환자, 만성신장병 및 철 과잉증을 가지고 있는 사람에게 나타나며 후천성 면역결핍증 환자 역시 감수성이 높다.

④ 예방책

살균되지 않은 우유는 섭취하지 않아야 한다. 냉장보관온도(5℃ 이하) 관리를 철저히 해야 한다. 고염농도, 저온상태의 환경에서도 잘 적응해서 성장하기 때문에 균의 오염 예방이 매우 어렵기 때문에 식품제조 단계에서 균의 오염을 방지하거나 제거하는 것이 가장 최선의 방법이 된다.

〈표 3-7〉 **세균성 식중독의 원인과 그에 따른 증상**

| 병원체 | 잠복기 | 증 상 | 2차 감염 |
|---|---|---|---|
| 바실러스 세레우스 | | | |
| · 구토독소 | 1~6시간 | 구토, 일부 설사, 간혹 발열 | × |
| · 설사독소 | 6~24시간 | 설사, 복통, 일부 구토, 간혹 발열 | × |
| 캠필로박터균 | 2~7일 | 설사(가끔 혈변), 복통, 발열 | × |
| 클로스트리디움 퍼프린젠스 | 8~24시간 | 설사, 복통, 간혹 구토와 발열 | × |
| 장출혈성대장균(EHEC) | 2~6일 | 설사(가끔 혈변), 복통(가끔 심함), 발열은 거의 없음 | × |
| 장독소성대장균(ETEC) | 6~48시간 | 설사, 복통, 오심, 간혹 구토와 발열 | × |
| 장병원성대장균(EPEC) | 일정하지 않음 | 설사, 복통, 발열 | × |
| 장침입성대장균(EIEC) | 일정하지 않음 | 설사(가끔 혈변), 발열, 복통 | × |
| 살모넬라균 | 12~36시간 | 설사, 발열 및 흔한 복통 | × |
| 황색포도상구균 | 1~6시간 (2~4시간) | 심한 구토, 설사 | o |
| 장염비브리오균 | 4~30시간 | 설사, 복통, 구토, 발열 | × |
| 여시니아 엔테로콜리티카 | 1~10일 (통상 4~6일) | 설사, 복통(가끔 심함) | × |
| 리스테리아 모노사이토제네스 | 1~6주 | 건강한 사람 : 감시와 유사증상<br>임산부 : 유산, 사산<br>면역력 저하자 : 수막염, 패혈증 | × |
| 클로스트리디움 보툴리눔 | 12~36시간 | 구토, 복부경련, 설사, 근무력증, 착시현상, 신경장애, 호흡곤란 | × |

자료출처 : 식품의약품안전청

## 2) 독소형 식중독

### (1) 황색포도상구균(*Staphylococcus aureus*) 식중독

① 원인균

황색포도상구균인 *Staphylococcus aureus*균이 식품 중에 증식하여 생성된 enterotoxin(장독소)을 섭취해서 발생하는 대표적인 독소형 식중독이다. 4~5개의 구균이 모여 있는 경우가 많아 포도상구균이라 부른다. 소금농도가 높은 곳에서도 잘 증식하며 특히 건조상태에서 저항성이 강하여 식품이나 가검물 등에서 장기간 (수개월) 생존하여 식중독을 유발한다.

발육 최적온도는 37℃이며, 엔테로톡신 생성 최적온도는 40~45℃이다. 최적 pH는 6~7이며 pH 4.3 이하에서는 사멸한다. 60℃에서 3분간의 가열로 균은 거의 사멸되나 식중독 원인물질인 enterotoxin(장독소)은 내열성이 강하여 100℃에서 60분간 가열해야 파괴된다.

② 감염경로와 원인식품

토양, 하수 등의 자연계에 널리 분포하고 건강인의 약 30%가 이 균을 보균하고 있기 때문에, 코 안이나 피부에 상재하고 있는 황색포도상구균이 식품에 혼입될 가능성이 있다. 주요 원인식품은 육류 및 가공품과 우유, 크림, 버터, 치즈 등과 이들을 재료로 한 과자류와 유제품, 밥, 김밥, 도시락, 두부 등과 복합조리식품과 크림, 소스, 어육 연제품 등이다.

③ 잠복기와 중독증상

잠복기는 1~5시간(평균 3시간) 정도로 세균성 식중독 중 가장 짧은 잠복기를 가진다. 주요 증상은 타액의 분비가 증가하고 구토, 오심, 설사와 심한 복통을 유발하는 급성위장염을 일으키나 발열은 거의 없다. 치사율이 낮아 사망하는 경우는 거의 없고 1~3일이면 회복된다.

④ 예방책

식품취급자는 손을 청결히 해야 하며, 손에 창상이나 화농되거나 신체 다른 부위에 화농이 있으면 식품을 취급해서는 안 된다. 식품제조에 필요한 모든 기구와 기기 등을 청결히 유지해서 2차 오염을 방지해야 한다. 식품은 적당량을 빨리 조리한 후 모두 섭취하고 식품이 남았을 경우에는 실온에 보관하지 말고 5℃ 이하에서 냉장보관하도록 한다.

### (2) 클로스트리디움 보툴리늄균(*Clostridium botulinum*) 식중독

#### ① 원인균

*Clostridium botulinum*은 혐기성이며 포자를 형성하고 gram 양성간균으로 편모가 여러 개 있어 운동성을 가지고 있다. 독소의 면역학적 특이성에 따라서 A~G형으로 분류된다. 이 중에서 식중독을 일으키는 형은 주로 A, B, E, F형이다. A형이 가장 치명적인 균이다. 단순 단백질로서 80℃에서 20분, 100℃에서 1~2분의 가열로 파괴된다. 항원성에 따라 식중독 발생은 식품 중 균이 생성한 독소를 사람이 섭취하여 발생하는데, 식품 중에 존재하는 아포가 발육·증식하여 독소를 생성할 경우 치명적인 식중독을 일으킬 수 있다.

보툴리누스 독소는 장관에서 흡수되어 콜린 작동성의 신경접합부에 작용하여 아세틸콜린의 유리를 저해함으로써 신경전달을 방해하고 신경지배를 받는 근육을 마비시킨다. 중증일 때는 호흡근 마비에 의해서 질식사할 수 있다.

#### ② 감염경로와 원인식품

토양, 바다, 개천, 호수 및 동물의 분변에 널리 분포하며 어류, 갑각류의 장관 등에도 분포하고 있다. 육류, 채소, 어류 등의 식품 원재료가 1차 오염에 노출될 가능성이 있기 때문에 감염원이 된다. 이 균에 오염되어 있는 식품 원재료를 식품의 조리, 기타 가공과정에서 부적절하게 처리하게 되면 포자가 사멸하지 않고 발아하여 증식하면서 식중독을 유발할 충분한 독소를 생성하게 된다. 이러한 독소를 함유한 식품을 섭취하면 식중독을 일으키게 된다. 주로 통조림, 햄, 소시지, 육제품이 원인식품이 된다.

#### ③ 잠복기와 중독증상

잠복기가 보통 18~36시간이지만 2~4시간 이내에 신경증이 나타나기도 하고 72

시간 후에 발병하기도 한다. 잠복기가 짧을수록 중증이며 E형의 경우 잠복기가 A, B형보다 짧아서 30시간 이후에 발병한 경우는 거의 없다. 주요 증상은 초기에 구토, 변비 등이며 탈력감, 권태감, 현기증이 이어지고 신경계의 주요증상으로는 복시, 시력저하, 동공확대, 안검하수, 언어장애, 연하곤란, 호흡곤란이다. 조기치료를 받지 않으면 사망률이 50%에 이른다.

④ 예방책

가열로 아포를 완전 살균해야 한다(100℃에서 330분 이상 가열살균, 통조림, 병조림, 레토르트식품에만 적용할 수 있다). 물리적(pH 4.5 이하, 수분활성 0.94 이하, 온도 3.3℃ 이하), 화학적 방법(아질산나트륨과 같은 항균제의 첨가)으로 아포의 발아 및 균의 증식을 방지한다. 식품 중에 생성된 독소를 섭취하기 직전에 불활성화시킨다(80℃에서 20분간 또는 100℃ 수분의 가열).

### 3) 중간형 식중독

#### (1) 클로스트리디움 퍼프린젠스균(*Clostridium perfringens*)

① 원인균

*Clostridium perfringens*는 3×9㎛ 크기의 대형 편성혐기성 간균으로 gram 양성으로 편모는 없고 아포를 형성하며 아포의 발아시 독소를 생성한다. 생성하는 독소의 종류에 따라서 A부터 E까지 다섯 가지 형태가 존재한다. 주로 A형이 식중독을 가장 많이 일으킨다. 토양, 하천과 하수 등 자연계와 사람을 비롯하여 포유동물의 장관, 분변 및 식품 등에 널리 분포되어 있다.

② 감염경로와 원인식품

물, 토양, 하수 등 자연계, 가축과 가금류의 장관에 상재하며 건강한 사람의 장관에도 존재한다. 주요 원인식품으로는 돼지고기, 닭고기, 칠면조고기 등으로 조리한 식품 및 가공품인 동물성 단백질 식품이며 미리 가열 조리된 후 실온에 5시간 이상 방치된 식품에서 많이 발생한다.

③ 잠복기와 중독증상

A형은 잠복기가 8~20시간(평균 12시간)으로 주요 증상으로 설사와 복통이 나타나며 구토와 발열은 거의 나타나지 않는다. 설사는 물 같은 대변으로 하루에 10~15회 정도 나타나며 1~2일 만에 정상으로 회복되어 생명의 위험성은 거의 없다.

④ 예방책

혐기성 균이기 때문에 식품을 대량으로 큰 용기에 보관하면 혐기조건이 될 수 있으므로 소량씩 용기에 넣어서 보관한다. 식품은 신선한 원재료로 필요 섭취량만을 신속하게 가공 조리하여 남기지 않도록 하며, 부득이하게 남길 경우에는 먹기 전에 충분히 가열한 후에 섭취해야 한다.

### (2) 바실러스 세레우스균(*Bacillus cereus*) 식중독

① 원인균

토양세균의 일종으로 사람의 생활환경을 비롯하여 토양, 농장, 산야, 하천, 먼지, 오수 등 자연계에 널리 분포하고 있다.

*Bacillus cereus*는 135℃에서 4시간의 가열에도 견디는 내열성의 포자를 형성하는 gram 양성의 호기성간균으로 편모를 가지고 있다. *Bacillus cereus*가 생성하는 설사형 독소는 장내에서 생성되는 열, 산, 알칼리, 단백질 가수분해 효소에 민감한 반면에, 구토형 독소는 예외적으로 126℃ 열에서 90분 이상 동안 가열할 경우 산, 알칼리, 단백질, 가수 분해효소에 저항력을 갖는다.

② 감염경로와 원인식품

토양에 존재하는 균으로 자연계에 널리 분포하며 토양과 밀접한 관계가 있는 식품 원재료와 그 가공조리식품이 식중독 원인식품이다. 설사형은 향신료 사용요리, 육류 및 채소 수프, 푸딩 등이 대표적 원인식품이고, 구토형은 주로 쌀밥, 볶음밥 등이 원인식품이다.

③ 잠복기와 중독증상

설사형은 고분자 단백질에 의해 발생되는 것이며, 잠복기가 6~15시간(평균 12시간)으로 설사, 어지러움, 복통 등이 일어나고 메스꺼움이 설사와 동반되기도 한다. 그러나 구토는 거의 없고 1~2일 정도 지속된 후 회복된다.

구토형은 열에 안정한 저분자 펩티드에 의해 발생되는 것으로 1~6시간의 잠복기 후에 메스꺼움, 구토가 발생하며 가끔 심한 복통 및 설사를 일으키기도 하지만 1~2일 내에 회복된다.

④ 예방책

곡류와 채소류는 세척하여 사용하고 조리된 음식은 장기간 실온에 방치하는 것을 금지하고 5℃ 이하에서 냉장 보관해야 한다. 저온보관이 부적절한 김밥 같은 식품은 조리 후 바로 섭취하도록 한다.

## 4. 바이러스성 식중독

### 1) 노로바이러스(Norovirus)

Norwark-like viruses(NLVs) 또는 소형구형바이러스(Small round virus; SRV)라고도 불리며, 미국 오하이오주 Norwalk지역에서 발병된 후 이 지역의 이름으로 명명하게 되었다. 소형, 원형의 바이러스로 급성 위장관염을 일으킨다.

환경에 노출된 분변·구토물의 바이러스가 물, 음식물, 손 등을 통해 사람의 입으로 전파 섭취되어 식중독이 발생하며(바이러스 → 장 내에서 증식 → 발병 → 구토·분변물 → 환경 방출 → 지하수, 연안해수 등 오염 → 채소류·어패류 오염 → 섭취 → 발병), 노로바이러스에 오염된 물이나 음식물, 사람의 손에서 입으로 옮겨져 섭취된 후 장 내에서 증식하여 발생한다(바이러스 섭취 → 장내증식 → 실내환경 방출 → 손 등과 접촉해서 사람 간 전파 또는 부유물 흡입 → 경구 감염 → 발병).

항바이러스 백신 등이 개발되어 있지 아니하므로 개인 위생관리와 식음료관리를 통한 예방 노력이 중요하다. 노로바이러스의 예방법은 다음과 같다.

- 오염이 의심되는 지하수 등은 사용을 자제하고 식수나 세척용으로 사용이 불

가피한 경우에는 반드시 끓여서 사용한다.

- 가열·조리한 음식물은 맨 손으로 만지지 않도록 주의한다.
- 과일이나 채소류는 흐르는 물에서 깨끗이 씻어서 섭취한다.
- 오염지역에서 채취한 어패류 등은 85℃에서 1분 이상 가열해서 섭취한다.
- 2차 감염을 막기 위해 노로바이러스 환자의 변이나 구토물에 직접 접촉하지 않고 부득이 오물 처리시에는 반드시 일회용 비닐장갑 등을 착용하고, 오물은 비닐봉투에 넣은 후 차아염소산 나트륨액(200ppm)을 스며들 정도로 분무하고 밀봉하여 폐기한다. 또한 손을 충분히 씻고, 주변을 철저하게 소독한다.
- 칼, 도마, 행주 등은 85℃에서 1분 이상 가열하여 사용한다.
- 바닥, 조리대 등은 물과 염소계 소독제를 이용해서 철저히 세척해서 살균한다.
- 차아염소산 나트륨(염소 200ppm) : 가정용 락스를 200배 희석한 농도로 살균한다.
- 오염된 옷이나 이불 등은 비누와 뜨거운 물로 가열 세탁한다.

〈부록 1, 2, p. 326~327 참조〉

### (1) 병원체

소형구형바이러스는 위장염 환자의 분변에서 검출되는 작은 크기의 둥근 모양(직경 25~35nm)이며 단일사슬의 RNA를 가지는 바이러스이다. 노르워크바이러스(Norwalk virus)는 1968년 미국 오하이오주의 Norwalk 초등학교에서 구토, 설사를 수반한 위장염 증상이 집단발생함으로써 2일간에 232명의 학생과 교사가 발병하여 붙여진 이름이다. pH 2.7로 3시간, 실온에서도 안정, 60℃에서 적어도 30분간 가열해도 불활성화되기 어려운 바이러스다. 영국정부는 이 바이러스를 연체동물에서 사멸시키기 위해서는 적어도 85~90℃에서 2분 이상 가열할 것을 권장하고 있다.

### (2) 감염경로

감염자의 대변 혹은 구토물이 있는 바이러스가 음식, 물을 오염시키거나 혹은 감염자의 손이나 접촉한 물건 등이 오염되어 이를 먹거나, 마시거나, 접촉함으로써 바이러스가 입(경구)으로 들어오게 된다. 소량의 바이러스만 있어도 감염될 수 있을 정도로 쉽게 전파되며, 전염성은 증상의 발현기에 가장 심하며 회복 후 3일에서 최장 2주일까지 가능하다. 전 연령층에 위장염을 일으키며, 식품 또는 사람에게서 사람을 통해 유행한다. 특히 성인의 집단발생에 생굴, 홍합, 대합, 새조개 등의 이매패(쌍각조개)에서 많이 발생하며 채소류에도 오염되어 있다.

#### (3) 주요 증상

잠복기가 감염량에 따라 다르나 1~2일이고 오심, 구토, 심한 설사, 복통을 주 증상으로 대부분의 경우 증상은 경미하며 1~2일 지나면 자연 회복되며 만성 보균자는 없다. 그 외에도 권태감, 구역질 등을 볼 수 있다. 2~3일 내에 회복되고 질병 후의 증상은 일반적으로 좋다. 그러나 노약자는 생명에 지장을 줄 수 있다.

#### (4) 예 방

노로바이러스 등의 소형구형바이러스는 감염예방 백신이 개발되어 있지 않아 특별한 치료법이 없고 탈수증상에 대한 제액이나 전해질의 보충을 행한다.

예방에는 위생적 식습관을 생활화함으로써 굴 등의 패류, 채소, 과일 등을 깨끗이 세척, 살균하고 정수처리시설의 관리와 물탱크, 저수조, 배관관리 등 위생적인 물관리와 개인위생의 관리로써 조리 전, 식품작업 전, 식사 전, 화장실 용변 후 항상 손세척 및 살균을 해야 하며, 감염환자 등의 관리로는 옷과 이불 등을 철저히 소독하고 감염자와의 접촉을 방지한다.

### 2) 로타바이러스(Rotavirus)

내외 두 층의 캡시드로 되어 있고, 지름이 약 70nm이며 엔벨롭이 없다. 즉 11개 중 RNA가 2개 층의 단백질로 둘러싸인 구조이다. 장염을 유발하는 바이러스로, 1973년 처음 발견됐으며 전자현미경으로 보면 수레바퀴모양이기 때문에 로타라는 이름이 붙었다. 국내에서는 원인을 몰라 오랫동안 가성 콜레라로 불렸다.

로타바이러스는 분변과 경구로 전파되며 오염된 손에 의해서 전파된다. 감염된 조리사가 다루는 음식, 샐러드나 과일 같은 비가열 식품을 오염시킨다. 오염된 손을 통해 사람 대 사람 사이의 전파가 가정에서 로타바이러스 감염의 가장 흔한 수단이다.

### (1) 병원체

로타바이러스가 원인이고 형태는 구형으로 직경 75nm의 크기이고 2개 체인의 RNA를 가지고 있다. 현재 사람, 동물에는 A군~G군까지 분류되지만 A군, B군, C군이 보고되고 있다. 로타바이러스는 설사증 환자의 분변 중 바이러스를 직접 검출하는 많은 방법이 개발되어 시판되고 있다.

### (2) 감염경로

A군 로타바이러스는 사람 간에 또는 동물에도 유행하지만, 특히 어린 유아를 중심으로 유행한다. 사람에서 유래하는 바이러스형은 7혈청형으로서 주로 유행하는 것은 1~4형이다. 일본에서는 매년 11월부터 이듬해 3월까지의 동절기에 유행한다.

B군, C군 로타바이러스는 원래 돼지와 소에서 발생하는 설사의 일반적 원인 바이러스로 알려져 있고, 형태학적으로는 A군과 구별할 수 없다. 그러나 B군 로타바이러스는 1982년 이래 중국에서 사람간에 수백 명에서 수천 명에 이르는 대규모 유행이 자주 발생하고 주로 성인에서 심한 설사를 일으켜 일명 성인성 설사증 로타바이러스라고 불린다. C군 로타바이러스는 세계 각지에서 위장염 환자로부터 산발적으로 보고된 바 있고 집단발생은 드물다.

### (3) 주요 증상

A군은 잠복기가 2일 이내이고 증상은 구토, 설사, 발열, 복통, 탈수증상 등을 나타낸다.

B군은 잠복기가 평균 2~3일로 주요 증상은 심한 수양성 설사로 20%의 환자에게 1일 10회 이상의 설사를 일으킨다. 더불어 복부팽만, 구역질, 구토, 복통 등을

볼 수 있고, 1~14일(평균 6일) 계속하다 회복하여 사망하는 예는 없다.

C군은 잠복기가 평균 2~3일이고 증상은 수양성 설사, 복통, 구토 등을 나타낸다.

### (4) 예 방

수계 감염의 예방에는 하수정비가 중요하며, 기타 식품의 충분한 가열과 배변 후 철저히 손을 소독한 후 식품을 취급하는 것 등이 중요하다.

A군, B군, C군 모두 유효한 치료법은 없고, 구토, 설사에 의한 탈수증상에 대한 액체, 전해질의 보급이 주로 이용되고 있다. A군에서 사람 로타바이러스 항체를 가지는 $\gamma$-글로불린이나 우유 투여 등의 효과가 인정되고 있다.

〈표 3-8〉 **세균과 바이러스의 비교**

| | 세 균 | 바이러스 | 비 고 |
|---|---|---|---|
| 특 성 | 균에 의하거나 균이 생산하는 독소에 의하여 식중독 발병 | 크기가 작은 DNA 또는 RNA가 단백질 외피에 둘러싸여 있음 | |
| 증 식 | 온도, 습도, 영양성분 등이 적정하면 자체 증식 가능 | 자체 증식이 불가능하며 반드시 숙주가 존재하여야 증식 가능 | |
| 발병량 | 일정량(수백~수백만) 이상의 균이 존재하여야 발병 가능 | 미량(10~100)의 개체로도 발병 가능 | |
| 증 상 | 설사, 구토, 복통, 메스꺼움, 발열, 두통 등 | 메스꺼움, 구토, 설사, 두통, 발열 등 | 증상은 유사함 |
| 치 료 | 항생제 등을 사용하여 치료 가능하며 일부 균은 백신이 개발되었음 | 일반적 치료법이나 백신이 없음 | |
| 2차 감염 | 2차 감염되는 경우는 거의 없음 | 대부분 2차 감염됨 | |

자료출처 : 식품의약품안전청

로타바이러스 장염은 2~3세의 영유아에서 주로 발생하며, 성인의 경우는 증상이 거의 없다. 처음엔 토하거나 열이 있어 감기처럼 보이지만 곧 심한 설사를 한다. 어린이는 설사로 인한 탈수로 혈압이 떨어져 기절해 사망할 수도 있다. 대부분 늦가을부터 겨울철에 걸쳐 전국적으로 발생하는 것으로 알려져 있다. 미국에서는 연간 약 100명이 이로 인해 숨지는 것으로 추정되고 있다.

〈표 3-9〉 **바이러스성 식중독의 원인 및 증상**

| 병원체 | 잠복기 | 증상 | | 전파기전 | 2차 감염 |
|---|---|---|---|---|---|
| | | 구토 | 열 | | |
| 노로바이러스 | 24~48시간 | 통상적 | 드물거나 미약 | 식품, 물, 접촉감염, 대변 – 구강전파 | O |
| 로타바이러스 A군 | 1~3일 | 통상적 | 통상적 | 물, 비말감염, 병원감염, 대변 – 구강전파 | O |

*설사증세는 일반적으로 묽거나 수양성이며 위장관 감염시는 비출혈성 설사를 보임
자료출처 : 식품의약품안전청

## 5. 자연독 식중독

자연독이 있는 식품을 섭취하여 일어나는 질환을 총칭한다. 생리적으로 유해하거나 유독한 자연독이 사람이 먹는 식품으로 혼입되거나 식품으로 오인되어 섭취하여 일어나는 질환을 말한다.

자연독 식중독의 발생건수는 세균성 식중독이나 화학적 식중독 등에 비해 발생빈도는 낮은 식중독이지만 사망자수는 제일 많다. 특히 복어에 중독되면 치사율이 매우 높다. 동물성 자연독은 복어뿐만 아니라 독꼬치고기나 조개류, 고등어 등이 있고, 식물성 자연독은 독버섯·파리버섯이나 옻나무순·독병꽃나무·부자 등에 의한 것이 많다.

### 1) 동물성 자연독에 의한 식중독

#### (1) 복어독

복어류가 가진 독의 총칭으로 복어독을 정제하여 결정화한 것을 테트로도톡신(tetrodotoxin)이라 한다. 온혈동물은 모두 복어독과 반응하여 운동장애, 구토가 나타나며, 중증인 경우는 혈관 운동신경의 마비 및 혈압강하, 호흡중추의 마비에

의한 호흡 억제 내지 정지가 일어나 사망한다. 세계적으로 복어의 종류는 수십 종에 달하며 이 중 십수 종이 식용으로 제공되고 있다. 복어는 종류에 따라 그 독성이 다르며 생식선(난소), 간장, 장, 피부, 육질부 등 독소가 함유되어 있는 부위에 따라 독의 강약이 다르다.

테트로도톡신은 헤미아세탈 고리를 가지고 있는 아주 강력한 비단백성 독소이며 무색, 무미, 무취의 약염기성 결정으로 맹독성 물질이며, 성인에 대한 치사량은 1~2mg으로 추정된다. 약염기성 물질로 106℃에서 4시간 정도 가열하여도 파괴되지 않고 산에 안정성이 있고, 알칼리에는 약하여 4% 수산화나트륨 용액에서는 20분 내에 가수분해되어 무독화된다.

중독증상은 식후 30분~4시간에서 시작하여 심한 경우 5분 이내에 사망할 수도 있다. 그러나 중독증상이 나타나 8시간이 경과해도 사망하지 않는 경우에는 대체로 회복되지만 근육마비 현상은 며칠간 지속된다. 초기에는 입술, 혀끝, 손끝 등이 저리면서 구토, 복통, 두통이 계속되다가 운동불능, 피부감각, 청각, 미각의 둔화와 마비되는 등의 지각이상, 언어장애, 혈압저하 등이 오며, 중증일 경우 호흡중추의 마비로 인해서 호흡곤란, 청색증(cyanosis)이 나타난다.

복어중독은 동물성 자연독 중 가장 많이 발생하고 치사율은 50~60% 정도이며 독성은 산란기 직전인 5~6월이 가장 강하다.

치료에는 적당한 해독제가 없기 때문에 섭취한 즉시 구토, 위세척 및 설사 등을 통해 위장 내의 독소를 제거해야 하는데, 위세척 방법은 중독 초기에는 2~5%의 중조를 사용하고, 그 후는 2~5%의 식염수로 세척하는 것이 좋다. 구토제는 초기에 사용하여야 하며, 설사는 위세척과 동시에 실시하는 것이 좋다. 또한 혈압저하에는 강심제와 혈압상승제를, 호흡곤란에는 호흡촉진제를 투여하거나 인공호흡을 실시한다.

예방으로는 반드시 복어요리 전문가가 만든 요리를 먹어야 하며, 독소가 많은 알, 내장, 난소, 간, 피부 등은 제거해야 한다.

### (2) 시가테라독

열대나 아열대의 산호초 주변에 서식하는 독어를 섭취함으로써 일어나는 치사율이 낮은 식중독을 총칭한다. 본래 Ciguatera의 어원은 카리브해에서 잡히는 소라로써 cigua라는 것에 의한 식중독을 의미하는데, 이것이 확대되어 독어에 의한 식중독을 총칭하고 있다. 독성분은 남조류의 시가톡신(ciguatoxin)으로부터 축적된 것이며 그 독성은 복어독만큼이나 강력하다.

중독증상은 1~8시간 후에 나타나며 회복기간은 경증일 경우는 2~3일, 중증은 1개월 정도로 회복기간이 길다. 주요 증상은 입술, 혀, 인후의 통증, 입과 손발의 마비, 오심, 구토, 금속적인 맛, 입건조, 설사, 입과 볼의 경련, 두통, 관절통 및 냉온감각 이상현상(입 주위나 손발의 온도감각에 이상이 생기는 드라이아이스감각), 부정맥, 혈압저하 등이다.

### (3) 조개중독

동물성 식품 중 자연독을 함유한 식품은 대부분이 어패류이다. 조개류의 독성물질은 주로 내장에 존재하며, 열에 대한 안정성이 있어서 조리시 열에 의해 잘 파괴되지 않기 때문에 독이 많이 축적되는 시기, 특히 2~6월에는 유독 플랑크톤을 섭취하고 축적해서 독을 함유하게 되기 때문에 그 시기에는 섭취를 피하는 것이 좋다.

#### ① 마비성 조개중독(Paralytic shellfish poisoning)

마비성 조개중독은 섭조개, 진주담치, 홍합, 대합조개, 모시조개 등의 쌍이매패조개 등을 섭취함으로써 함유된 독성분에 의해서 식중독이 발생하는 것이다. 미국 캘리포니아 연안과 알래스카 연안에 서식하는 식물성 플랑크톤인 Gonyaulax catenella는 삭시톡신(saxitoxin)이라는 독성분을 함유하는데, 이를 조개가 섭취함으로써 조개의 체내에서 독이 축적된다. 이 Gonyaulax catenella는 여름(5~9월)에 주로 증식한다. 마비성 조개독의 생성은 적조현상과도 관련 있다. 적조현상은 유독 플랑크톤의 농도가 20,000~50,000/*ml*일 때 나타나며 2~3일간 지속된다. 적조가 지속되는 동안에는 독성도 증가하지만 적조가 끝나면 3주 내에 독을 배설하거나 분해한다.

마비성 조개중독의 원인은 삭시톡신(saxitoxin), 고니어톡신(gonyautoxin), 프로토고니어톡신(protogonyautoxin) 등의 20여 종이 알려져 있다.

중독증상은 식후 30분 후에 나타나며 입술, 혀, 잇몸 등의 마비로 시작하여 안면 마비, 사지마비, 보행불능, 언어장애 등을 일으키고 심하면 호흡마비로 사망에 이를 수도 있다. 사망은 12시간 이내에 일어나며 치사율도 15% 정도이다. 경증인 경우에는 1~2일 내에 회복되지만 독성은 5~9월에 가장 강력하다.

② 신경성 조개중독(Neurotoxic shellfish poisoning)

신경성 조개중독은 독성을 함유한 굴을 섭취함으로써 발생한다. 굴은 유독 플랑크톤이 생성하는 브레베톡신(brevetoxin)을 체내에 축적하게 되는데, 섭취한 후 수시간 내에 구토와 설사가 일어나고 입 안이 찌릿해지면서 얼굴, 목 등의 감각에 이상이 오고, 운동실조, 동광확대현상 등의 중독증상을 가져온다. 대개 1일 이내에 회복된다.

③ 설사성 조개중독(Diarrhetic shellfish poisoning)

설사성 조개중독은 가리비, 백합, 민들레조개, 모시조개, 검은조개, 바지락 등에 있는 독성분의 함유된 조개를 섭취함으로써 일어난다. 섭취한 후 4시간 이내에 설사, 구토, 복통 등과 같은 급성 위장염 증세를 나타내게 되는데, 대개 3일 이내에 회복한다. 원인은 Dinophysis fortii와 플랑크톤에 존재하는 독성분인 okadaic acid, dinophysistoxin, pectenotoxin, yessotoxin 등에 의해서 일어난다. 이러한 독성물질은 내열성이기 때문에 가열 조리에 의해서 파괴되지 않는 것이 특징이다.

④ 베네루핀(Venerupin)에 의한 중독

베네루핀 중독은 바지락, 굴, 모시조개에 함유된 독성분을 섭취함으로써 발생한다. 유독성분은 아민이라고 생각되지만 화학구조는 불분명하다. pH 5~8, 100℃에서 1분간의 가열에도 안정하나 pH 9 이상이 되면 불안정해진다. 모시조개와 굴 등의 중장선에 고농도로 함유되어 있고 독성은 계절적 변화에 따라서 1~4월에 높고 6~11월에는 독이 없으며 지역 특이성에 따라서 무독의 조개를 유독지역에 이식하면 약 10일이 지나 독력이 발생하며, 반대로 유독지역의 조개를 무독지역에 이식하면 약 2주 후에 무독화되는 것이 특징이다.

잠복기는 1~2일 이내이고, 주요 증상은 초기에 불쾌감, 전신권태, 구토, 두통, 미열이 나타나고 내장 출혈, 피하의 출혈반점으로 배, 목, 다리 등에 적색 내지 암갈색의 반점, 황달현상도 나타난다. 중증일 때는 뇌 증상으로 의식혼탁, 잇몸출혈, 토혈, 혈변을 동반한다. 치사율이 50%로 높은 편인데, 대개 10시간~7일 이내에 사망하게 된다.

⑤ 테트라민(Tetramine) 중독

테트라민 중독은 육식성 권패류인 소라고둥, 조각매물고둥, 관절매물고둥 등의 타액선에서 발견된다. 테트라민의 아민 일종으로 테트라민이 함유된 조개를 섭취하게 되면 섭취한 후 30분 정도 지나면 두통, 배 멀미, 눈 밑 통증, 두드러기와 같은 증상이 나타나며 대개 2~3시간 지나면 회복된다. 조개를 섭취하기 전에 타액선을 제거하는 것이 좋다.

## 2) 식물성 식중독

식물 중 감자나 버섯 등에 유독성분을 함유하고 있는 식물을 섭취함으로써 식중독을 일으키게 된다. 독버섯에 의한 식중독이 식물성 자연독에 의한 식중독의 대부분을 차지할 정도로 많이 발생한다. 생식으로 인해서 중독을 일으키거나 무지로 인해서 오용할 경우에 위해가 된다. 주로 버섯이나 산채가 나는 계절에 많이 발생한다.

### (1) 감자독

감자 중 쓴맛의 원인인 솔라닌(solanine)이 함유되어 있는데, 감자의 발아부위와 녹색부위에는 솔라닌(solanine)이라는 배당체(solanidine과 glucose, rhamnose, galactose의 결합상태)가 생성되기 때문에 이 부분을 제거하지 않고 섭취하게 되면 중독을 일으키게 된다. 감자의 솔라닌 함유량은 2~13mg/100g인 데 반해, 발아·녹색부위에는 80~100mg/100g 이상이나 함유되어 있다. 독소의 함량이 0.2~0.4g/kg 이상되면 중독의 위험성이 크고 보통 조리에 의해서 파괴되지 않는다. 솔라닌은 체내에서 콜린에스터라아제(cholinesterase)의 작용을 억제해서 독성을 나타내며, 특히 용혈작용 및 운동중추의 마비작용을 일으킨다. 중독증상은 섭취 후 수시간 뒤에 나타나고 안면창백·구토·설사가 일어나며, 피부가 차가워지고 두통·정신착란·근육위축 등의 증세가 나타난다. 중증일 때는 빈맥·산동이 따르며 전신이 쇠약해지고 순환기능이나 호흡기능이 불량해진다. 치료는 위를 세척하고 필로카르핀·메타콜린 등을 쓴다.

### (2) 버섯독

독버섯을 식용버섯으로 잘못 알고 채취하여 먹으면 식중독을 일으키게 되는데, 버섯은 널리 식용되고 있으며 산이나 들에서 쉽게 발견할 수 있지만 간혹 독성이 있는 버섯이 섞일 수 있어 전문가가 아닌 일반인들이 버섯을 채취해서 먹다가 사고가 일어난다.

자생버섯은 수천 종이 존재하는데, 그 중에서 약 30종의 독버섯이 있다. 주로 독버섯을 정확하게 감별하기란 현실적으로 어려우나 일반적인 감별방법은 다음과 같다.

- 버섯의 살이 세로로 쪼개지는 것은 무독하다.
- 색이 아름답고 선명한 것은 유독하다.
- 악취가 나는 것은 유독하다.
- 쓴맛, 신맛을 가진 것은 유독하다.
- 유즙을 분비하거나 점성의 액이 나오거나 공기 중에서 변색된 것은 유독하다.
- 버섯을 끓였을 때 나오는 증기를 은수저에 대어봤을 때 색깔이 검게 변하면 유독하다.

버섯의 독소물질은 사람들이 일반적으로 생각하는 독소물질과 다르기 때문에 독버섯에 대한 잘못된 상식을 믿고 야생버섯을 무조건 식용하는 것은 매우 위험하다. 맹독성 버섯은 극히 소량으로도 인체에 치명적인 위해를 줄 수 있다.

버섯중독은 일반적으로 급성중독 증상을 보이며 섭취량과 버섯종류에 따라 다양한 증상을 유발한다. 버섯중독은 그 증상에 따라 일반적으로 소화기계를 통해 복통이나 설사를 일으키는 소화장애독소와 뇌신경을 침범해서 환각을 일으키거나 신경을 마비시키는 신경독소로 분류한다. 그 외에도 체세포 및 장기손상을 유발하는 독소(예 : amatoxin, hydrazines, orellanine 등)와 디스설핌과 유사한 독소 등으로 나누어진다.

소화기장애중독은 무당버섯(Russula emetica), 큰붉은젖버섯(Lactarius forimi-nosus), 야광버섯(Pleutopia japonica) 등에 의한다. 주요 증상은 섭취한 후 수시간 내에 구토, 복통, 설사를 일으키며 중증일 경우 허탈상태가 된다. 원형질 독성을 유발하는 알광대버섯의 경우 잠복기가 길며 초기증상은 소화기장애, 경련이나 헛소리를 하고 점진적인 장기 및 근육 손상의 증상을 보이다가 혼수상태에서 사망에 이르기도 한다.

신경장애 버섯독은 뇌신경 증상에 따라 무스카린중독(muscarine), ibotenic acid/muscimol 중독, 실로시빈중독(psilocybin)으로 분류된다. 땀버섯(inocybe rimosa), 광대버섯, 마귀광대버섯(amanit pantherina) 등에 함유되는 무스카린독소는 심한 발한증상이 특징이며, 섭취량에 따라 복통, 설사, 호흡곤란 등의 증상을 보인다. 무스카린중독은 일반적으로 2시간 내에 회복되고 치사율은 낮다. musca-ritine에 의한 아트로핀 중독과 유사한 산동, 근육강직 등이 있다. Ibetenic acid/muscimol 중독은 어지러움과 졸림, 흥분상태, 환각 증상을 보이고 치사율은 낮다. Collinelus shiitake의 실로시빈중독은 이상흥분, 환각을 동반한 알코올중독과 유사한 증상을 보이고 웃음버섯은 독특한 정신혼란상태를 초래한다.

디스설팜계 독소의 경우 섭취한 후 72시간 내에 알코올을 마실 경우 중독 증세를 보이는 특성이 있다. 버섯독성은 알광대버섯(Amanita phalloides, 50~90% 치사율)의 phallotoxin이나 amanitine을 제외하면 일반적으로 증상은 일과성이며 치사율이 낮은 편이다.

〈표 3-10〉 **동물성·식물성 식중독의 종류**

| 구분 | | | 독소 | |
|---|---|---|---|---|
| 동물성 | 어류 | 복어 | 테트로톡신(tetrodotoxin) | |
| | | 시가테리아 | 시가톡신(ciguatoxin) | |
| | 조개류 | 마비성 중독 | 삭시톡신(saxitoxin) | 홍합, 모시조개, 대합조개 |
| | | 베네루핀 중독 | 베니루핀(venerupin) | 바지락, 굴, 고둥 |

| | | |
|---|---|---|
| 식물성 | 감자 | 솔라닌(solanine) |
| | 독미나리 | 시쿠톡신(cicutoxin) |
| | 청매실 | 아미그달린(amygdaline) |
| | 매화 | 아미그달린(amygdaline) |
| | 수수 | 드후린(dhurrin) |
| | 목화씨(면실유) | 고시풀(gossypol) |
| | 독맥 | 테무린(temuline) |
| | 버섯 | 무스카린(muscarine), 무스카리딘(muscaridine),<br>콜린(choline), 팔린(phaline) |

### 3) 곰팡이독(mycotoxin)에 의한 식중독

곰팡이독은 *Aspergillus, Penicillium, Fusarium*속 등의 유해곰팡이에 의해 생성되는 독으로써 2차 대사산물로 포유동물인 사람과 동물에 위해를 입히는 유독물질을 총칭한다. 이 때 곰팡이의 대사산물로 사람이나 동물에게 질병이나 이상생리작용을 유발하는 물질을 곰팡이독(mycotoxin 진균독)이라고 하는데, 곰팡이독을 경구 섭취하여 일어나는 급만성의 건강장애를 곰팡이 중독증(mycotoxicosis 진균중독증)이라 한다. 진균중독증의 특징은 다음과 같다.

- 동물 또는 사람 사이에서는 전파되지 않는다.
- 원인식물에서 곰팡이독이 검출될 수 있다.
- 병 발생은 계절적 요인과 관계가 깊다.
- 곡류, 목초나 사료가 발병의 원인이 된다.
- 항생제나 기타 약제로 치료가 어렵거나 거의 치료되지 않는다.

곰팡이독은 농산물의 생육기간 및 저장, 유통 중에 곰팡이에 의해 생성되는 독으로서 열에 안정하여 조리, 가공 후에도 분해되지 않고, 곰팡이독에 오염된 식품이나 사료를 섭취한 사람이나 동물은 여러 가지 장애를 일으키게 한다. 발암물질이기도 하여 특히 간암과 식도암에 관련한 독성이 있기 때문에 전 세계적으로 곰팡이독을 위험한 독성물질로 보고 있다.

고온다습하거나 건기가 심한 경우에 곡류(보리, 옥수수, 귀리, 밀), 견과류(땅콩 등) 및 그 가공품을 오염시켜 생성되는데, 현재까지 약 300~400종류의 곰팡이독소가 알려져 있으나, 식품이나 사료 등에 존재하면서 잠재적으로 사람의 건강에 유해한 영향을 줄 수 있는 곰팡이독소는 약 10~20종류이다. 곰팡이에 의해 생성된 독소 중 주로 문제가 되고 있는 것은 aflatoxin, ochratoxin A, patulin, zeralenone, deoxynivalenol, fumonisin, T-2 toxin 등을 들 수 있으며, 특히 afatoxin은 지금까지 알려진 발암물질 중 가장 발암성이 강한 독성을 가지고 있다.

〈표 3-11〉 **곰팡이독의 종류**

| 속 구분 | 종 류 |
|---|---|
| *Aspergillus*속 | 아플라톡신, 오크라톡신(열대지역) |
| *Penicillium*속 | 오크라톡신(캐나다, 유럽, 남아메리카 일부), 파튤린, 시트리닌 등 |
| *Fusarium*속 | 푸모니신, 데옥시니발레놀, 제랄레논 등 |

〈표 3-12〉 **곰팡이독의 일반적 특성**

| 독 소 | 곰팡이명 | 발생지역 | 민감한 동물 | 영향 및 증상 | 주요 오염식품 |
|---|---|---|---|---|---|
| 아플라톡신 | *Asp. flavus*<br>*Asp. paraciticus* | 고온 건조한 지역 | 젖소, 돼지, 가금류, 물고기 | 식욕감퇴, 산유량감소, 면역저하, 간암 | 옥수수, 쌀, 땅콩, 수수, 면실 |
| 오크라톡신 | *Asp. ochraceus*<br>*Pen. verrucosum* | 따뜻한 지역 | 돼지, 가금류 | 성장저하, 식욕감퇴, 식사거부, 신장병, 신장장애 | 곡류, 커피 |
| 푸모니신 | *Fusarium moniliforme,*<br>*F. prolifertum* | 따뜻하고 더운 지역 | 말, 돼지 | 폐부종, 간췌장장애, 식도암 | 옥수수 |
| 데옥시니발레놀 | *Fusarium graminearum* | 낮에 덥고 다습하고 밤에 추운 지역 | 소, 돼지, 물고기, 양, 고양이, 개 | 구토, 설사, 체중감소, 젖소의 산유량 감소 | 옥수수, 밀, 겨, 쌀, 맥아, 보리 |
| 제랄레논 | *Fusarium graminearum* | 낮에 덥고 다습하고 밤에 추운 지역 | 돼지, 가금류 | 질염, 미숙아 출산, 유산, 항문팽창 | 옥수수, 밀, 겨, 쌀, 맥아, 보리 |

자료출처 : 식품의약품안전청, 식품오염물질과

〈표 3-13〉 **식품별 주요 곰팡이독소 현황**

| 식 품 | 관련 곰팡이 | 곰팡이 독소 |
|---|---|---|
| 밀, 밀가루, 빵, 옥수수, 팝콘 | *Aspergillus flavus*<br>*Aspergillus ochraceus*<br>*Penicillium citrinum*<br>*Penicillium citrinum-viride*<br>*Penicillium patulum* | Aflatoxins<br>Ochratoxin A<br>Patulin<br>deoxynivalenol<br>Zearalenone 등 |
| 땅콩, 피칸 | *Aspergillus flavus*<br>*Aspergillus ochraceus*<br>*Aspergillus parasiticus*<br>*Penicillium citrinum*<br>*Penicillium expansum* | Aflatoxins<br>Ochratoxin A<br>Patulin<br>tricothecenes 등 |
| 미트파이, 호프, 코코아, 치즈 | *Aspergillus flavus*<br>*Penicillium patulum*<br>*Penicillium viridicatum* | Aflatoxins<br>Ochratoxin A<br>Patulin<br>penicillic acid 등 |
| 소시지, 햄, 치즈 | *Aspergillus flavus*<br>*Aspergillus ochraceus*<br>*Penicillium viridicatum*<br>*Penicillium cyclopium* | Aflatoxins<br>Ochratoxin A<br>Patulin<br>sterigmatocystin |
| 후추, 마카로니 | *Aspergillus flavus*<br>*Aspergillus ochraceus*<br>*Penicillium spp.* | Aflatoxins<br>Ochratoxin A |
| 콩, 옥수수, 사탕수수, 보리 | *Aspergillus flavus*<br>*Aspergillus ochraceus*<br>*Penicillium cyclopium*<br>*Penicillium viridicatum*<br>*Penicillium expansum* | Aflatoxins<br>Ochratoxin A<br>citrinin<br>alternariol 등 |
| 동결 패스트리 | *Aspergillus flavus*<br>*Aspergillus versicolor*<br>*Penicillium viridicatum*<br>*Penicillium cyclopium*<br>*Penicillium citrinum* | Aflatoxins<br>Ochratoxin A<br>citrinin<br>penitrem 등 |
| 사과 및 사과제품 | *Penicillium expansum* | patulin |

자료출처 : 한국소비자보호원 소비자안전센터(http : //ciss.or.kr)

〈표 3-14〉 **주요 곰팡이독소의 독성 및 오염 농산물**

| 곰팡이독소 | 독 성 | 관련 동물 | 오염농산물 |
|---|---|---|---|
| Aflatoxin $B_1$ | 간장장애(간염, 간암, 면역체계 약화 등), 장관출혈, 신장출혈 | 새끼오리, 칠면조, 닭, 메추라기, 개, 돼지, 소, 고양이, 양, 사람 | 곡류, 두류, 땅콩, 견과류 등 |
| Ochratoxin A | 신장장애(신장염, 신장암), 간장장애(급성지방변성, 간의 면역작용저해), 장염, 기형 등 | 돼지, 개, 새끼오리, 닭, 쥐, 사람 | 옥수수, 보리, 밀 등 |
| Zearalenone | 과에스트로겐증, 생식기능 저하, 불임, 유선비대, 유산 등 | 돼지, 소, 닭, 칠면조, 쥐 등 | 옥수수, 보리 등 |
| Luteoskyrin<br>Islanditoxin | 간병변, 간세포암 | – | 쌀 |
| Citreoviridin | 신경장애, 심혈관계손상 | – | 쌀 |
| Citrinin | 신장장애 | 돼지, 개 등 | 쌀, 보리, 밀, 옥수수 |
| Rubratoxin | 간장장애, 신장장애, 출혈 | – | 보리, 옥수수 |
| Patulin | 운동신경 마비, 부종(폐, 뇌), 폐출혈, 모세관 손상, 구토 | 닭, 고양이, 토끼, 쥐 등 | 곡류, 맥아, 사과, 사과주스 |
| Penicillic acid | 간장장애, 신장장애, 혈관팽창, 암 | 쥐, 닭, 메추라기 등 | 보리, 옥수수 |
| Nivalenol<br>T-2 toxin<br>Fusarenon X | 부종, 피부염, 출혈, 백혈구 감소증 | 돼지, 소, 닭, 칠면조, 말, 쥐, 개, 사람 | 곡류, 밀, 옥수수 |

자료출처 : 한국소비자보호원 소비자안전센터(http : //ciss.or.kr)

### (1) 황변미독(Citrinin)

곰팡이의 기생으로 변질되어 누렇게 된 쌀을 황변미(yellow rice)라 하는데, 곰팡이의 종류에 따라 간 장애, 신장 장애, 신경 장애, 빈혈 등을 일으킨다. *Penicillium*속(푸른곰팡이) 중 일부가 쌀에 기생하여 황변미를 만든다. 황변미독을 생성하는 곰팡이는 수분 14~15% 이상에서 생육이 가능하여 아플라톡신생성 곰팡이보다 수분활성도가 낮아도 자랄 수 있다.

황변미독은 크게 *Penicillium citrioviride*가 생산하는 독소(cireoviridine), *Penicillium islandicum*(islanditoxin과 luteoskyrin 및 cyclochlorotine 등)이 생산하

는 독소, *Penillium citrinum*(citrinin)이 생산하는 독소의 세 가지로 구분할 수 있다.

① *Penicillium citrioviride*가 생산하는 독소

저장된 쌀에 쌀의 배유가 이 곰팡이에 오염되면 황색반점이 생기고 점차 황색으로 변하여 황변미를 만든다. 1937년 Miyake는 대만산 황변미에서 *Penicillium toxicarium Miyake*를 분리 동정하였고, 이후에 분류상 문제가 있어 *Penicillin citreoviride*로 정정하였다. 1949년 이 균주가 생산하는 진균독의 구조를 cireoviridine이라 하였다. 주요 증상은 구토, 경련, 마비 및 호흡기 장애이며, 저체온증과 미각 감소 등도 보고된다.

② *Penicillium islandicum*이 생산하는 독소

우리나라를 포함한 동남아시아에서는 저장 곡류의 수분을 조절하기 어려워 특히 황변미의 발생이 많은데, 특히 황변미의 원인이 되는 *Penicillium islandicum*의 기생으로 islanditoxin과 luteoskyrin 및 cyclochlorotine 등의 진균독이 생성된다. 이외에도 erythroskyrin, rubroskyrin, iridoskyrin, skyrin, islandicin, carenarin 등이 *Penicillium islandicum*의 대사산물로 검출되었다.

③ *Penillium citrinum*이 생산하는 독소

태국에서 수입된 쌀에서 발견되었으며 그 mycotoxin은 citrinin이다. 이 곰팡이는 도정한 곡류, 밀가루, 시리얼 곡류, 쌀, 옥수수 등에서 일반적으로 검출된다.

이 진균독은 페놀성 화합물 카르복시산 구조(–COOH)를 갖고 있다. 성상은 유성으로 융점이 112~119℃이며 270℃에도 내열성이 있는 활성물질이다.

Citrinin은 신장독으로서 사구체에 장해가 생기고 뇨세관에서의 물의 재흡수를 저하시킴으로써 요량을 증가시키며 neprosis(신장증)를 일으킨다. 그 외 주요 증상으로 설사, 식품섭취 증가, 신장기능 저하에 의한 체중감소 등이 보고된다.

### (2) 맥각독(Ergotoxin)

중세기 초 유럽에서 자주 발생했던 맥각독(Ergotism, St. Anthony's fire)의 증상은 사망시 혈관을 수축시키고 근육통 및 사지 말단이 차고 뜨거운 느낌을 주는

것 등이었는데, 17세기에 호밀과 맥각독과의 관계가 밝혀지면서 이 질병의 의문점이 해결되었다.

*Claviceps purpurea*라는 곰팡이는 보리에서 아주 잘 번식하며, 곰팡이에 오염된 보리는 흑청색으로 변색이 되고, 조직이 잘 부스러진다. 이런 보리에는 곰팡이 균핵이 존재하며, 이것을 맥각(ergot)이라고 한다. 맥각은 인체 근육 수축을 가져오기 때문에 의약품으로 사용되기도 하나 과량의 맥각은 독성을 나타낸다.

곡물 중에 맥각이 0.5% 혼입되면 독성을 나타내고, 7% 정도면 치사량이 된다. 맥각독 중독 증상으로는 구토, 설사, 복통, 두통, 이명, 무기력 등이 나타나며, 심한 경우 지각이상 등이 일어나 사망에 이를 수도 있다. 임산부에게는 조산 및 유산을 일으킬 수도 있다. 만성 중독의 경우 말초혈관의 순환장애를 일으켜 사지나 코, 귀에 괴저를 일으키는 경우도 있다.

### (3) 아플라톡신(Aflatoxin)

아플라톡신은 *Aspergillus*속 일부 곰팡이의 2차 대사산물로 사람이나 가축, 어류 등에 위해를 준다. 특히 아플라톡신 $B^1$은 간암을 유발하는 강력한 발암물질로 알려져 있다. 아플라톡신은 1960년 영국에서 수개월에 걸쳐 10만 마리 이상의 칠면조가 떼죽음을 당한 사고가 발생하여 그 원인을 조사한 결과 사료에 혼합된 브라질산 땅콩박에 오염된 *Aspergillus flavus* 때문임이 밝혀졌다.

발병 초기에는 원인규명을 하지 못해서 칠면조에서 발생한 원인불명의 질병이라는 의미로 "Turkey X disease"라고 불렀으나, 그 후 1962년 땅콩에서 곰팡이 *A. flavus*로부터 원인물질을 분리하여 아플라톡신이라 명명하였고, 이를 계기로 공중보건학적으로 중요한 곰팡이 독소에 대한 연구가 본격적으로 진행되었다. 그 후 연구에서 *Aspergillus parasiticus*도 아플라톡신을 생성하는 것이 밝혀졌다.

*Asp. flavus*는 열대나 아열대 지방에 널리 분포하며 수분 16% 이상, 상대습도 80~85% 이상, 온도 25~30℃에서 특히 아플라톡신을 많이 생성한다. 따라서 아플라톡신 생성을 막기 위해서는 곡류 저장시 상대습도를 70% 이하로 유지하고 수분을 13% 이하(땅콩은 7% 이하)로 하여야 한다.

아플라톡신 $B^1$이 가장 강력한 간암을 발생시키는 물질이며, 유전독성 물질로서 발암물질인 dimethyl-nitrosoamine보다 발암성이 약 3,760배나 더 높다.

아플라톡신에 의한 주요 손상 장기는 간이며, 역학조사 결과 사람에서 B형 간염 환자가 그렇지 않은 개체보다 아플라톡신에 더 민감함이 밝혀짐에 따라 간 독성과의 밀접한 관련성을 알 수 있다.

### (4) 오크라톡신(Ochratoxin)

오크라톡신 A는 1965년 남아프리카에서 실시한 곰팡이 대사산물을 검색하던 중 *Aspergillus ochraceous*가 생성하는 물질로 처음 발견되었고, 그 후 *Asp. sulphureus, Asp. melleus, Penicillium viridicatum, Pen. palitans* 등의 곰팡이도 오크라톡신을 생성하는 것이 확인되었다. 현재 미국, 캐나다, 덴마크, 유고슬라비아, 불가리아, 프랑스 등 전 세계적으로 널리 오염되어 있는 맹독성 신장독소이며, 간에도 독성을 나타낸다.

주로 온도가 4℃ 정도로 낮고 습도가 18.5~40.4%인 상태에서도 잘 생성되는데 곡류 중 보리, 호밀, 쌀, 밀, 귀리와 건어물, 육류, 커피, 빵, 사료 등에 널리 오염되어 있으며, 유럽에서는 돼지와 사람의 혈액 및 모유에서도 검출된다. 특히 보리의 경우 오크라톡신의 오염가능성이 가장 높기 때문에 철저한 관리가 필요하다.

오크라톡신은 다른 곰팡이독소와 같이 열에 비교적 안정하여 조리 및 가공시에도 잘 파괴되지 않기 때문에 농산물뿐만 아니라 그 가공식품에도 오염될 수 있다. 에탄올에 용해하여 4℃에서 1년간, 28℃에서 1주일간 보관한 경우에도 독소가 전혀 없어지지 않고, 고압증기 멸균을 하여도 잘 파괴되지 않는다. 곡류 중에 함유된 오크라톡신 A를 30분~3시간 동안 열처리하여도 12.7~17%가 잔존하였으며, 통조림을 만들기 위해 오크라톡신 A를 함유한 콩을 삶고 염 처리 및 조리 후에도 53%가 잔존하였다는 보고가 있다.

주요 독성은 신장독성, 간장독성, 유전독성, 면역억제 작용, 기형 및 암 유발 등으로, 특히 신장 및 간장에 치명적인 손상을 주는 것으로 알려지고 있으며, 사람에서는 만성 신장염, 급성 지방변성, 간의 면역작용 저해, 기형 등을 유발하고, 가축의 경우 이에 오염된 식품 섭취시 신장손상, 쇠약, 피로, 식욕 결핍, 복통, 빈혈 등의 증상이 나타난다. 오크라톡신의 주요 독성은 필수아미노산인 phenylalanine대사

관련 효소의 생성을 저해하고 미토콘드리아의 ATP 생성 저해 및 지방 과산화 촉진 등을 통해 발현된다.

### (5) 제랄레논(Zearalenone)

제랄레논은 1962년 북아메리카의 중서부 지방에서 외음질염, 정소의 위축 및 돼지 불임증 등의 발생으로 처음 보고된 곰팡이독소로서, 온대지방에서 잘 발생하는 *Fusarium graminearum*, *Fusarium culmorum* 등에 의해 생성되는 2차대사산물로서 20여 종의 유사체가 발견되었다. 제랄레논은 사람의 자궁에서 생성되는 주요 호르몬인 17B–estradiol과 유사하며 비스테로이드계 에스트로겐으로 분류되기도 한다.

제랄레논 생성 곰팡이들은 전 세계적으로 시리얼 곡류에 흔하게 오염되는 균주로 알려지고 있으며, 건조가 불충분하여 수분함량이 많은 곡물에서 잘 생성되는데 주로 옥수수, 맥류 등에서 검출된다. 제랄레논도 다른 곰팡이독소와 마찬가지로 열에 비교적 안정하여 가열 및 가공시에도 잘 제거되지 않는 특성이 있다.

우리나라에서는 1980년대 중반 보리, 밀, 호밀 등에서 제랄레논의 검출이 처음 보고되었으며, WHO/FAO는 동물사료의 경우 1,000㎍/kg을 초과하지 않도록 권고하고 있다.

제랄레논은 에스트로겐(estrogen : 여성호르몬의 일종)과 비슷한 성질을 가지고 있어 발정효과를 유발하며, 과에스트로겐증이 유발되어 그 결과 자궁 확대, 불임증 등이 나타나기도 한다. 특히, 돼지에 대해 민감하게 작용하여 발정증후군, 성장발육 저해, 생식기능 저해, 불임증 및 난소 위축 등을 유발한다.

### (6) 파툴린(Patulin)

파툴린은 1940년경에 *Penicillium patulum* 곰팡이가 생산하는 대사산물로 gram 양성 및 음성 세균과 효모, 곰팡이에 대한 강한 항균제로서 처음 분리되었다. 그 외 다양한 *Penicillium, Aspergillus, Byssochlamys* 균주에서 분리된 동일물질이 clavacin, expansin, mycoin, penicidin 등으로 불리기도 했다.

파툴린은 과일, 곡류 및 치즈 등 다양한 식품에 오염되어서 생성되지만 식품의 특성, 가공공정 및 소비행태 등을 고려할 때 사과즙, 사과주스의 경우를 제외하고 일반적으로 크게 안전성 문제를 야기하지는 않는다. 파툴린은 사과주스 등의 보존제인 이산화황, 또는 비타민 $B_1$에 의해 불활성화되기도 한다.

*P. expansum*은 보통 사과 저장시에나 다른 과일, 특히 사과 과실 주스에서 일반적으로 발생한다. 영국과 스페인에서 cloudy juice와 clear juice에서 patulin이 검출되어 과실 주스에 대한 파툴린이 관심을 끌게 되었다.

Citreoviridin은 *Penicillium*종에 의해 생성되며 open-chain noaketide 유도체로 이탈리아, 스페인, 태국 등에서 곡류에 오염된 것이 확인되었다.

파툴린에 주로 neurotoxin으로 감염시 증상은 출혈성 폐부종, 간, 비장, 신장 모세혈관 손상, 뇌수종, 뇌와 중추신경 출혈반을 일으킨다. Citreoviridin 역시 neurotoxin으로 주로 경련, 호흡장애, 상행성 마비, 급성 심장성 각기를 발생시킨다.

## 6. 알레르기 식중독

식이형태로 생체에 들어온 특정 단백질에 면역계가 과잉 반응하여 여러 가지 증상을 일으키는 것을 알레르기 식중독이라고 한다. 세균에 의한 Histidin이 Histamin으로 탈탄산되거나 유독아민의 생성으로 발생한다. 식품을 비위생적으로 처리하였을 때 발생하며 원인식품으로는 꽁치, 정어리, 고등어, 붉은살 어류와 그 가공품으로 증상은 구토, 설사, 복통, 두드러기, 졸음 등이 나타나며, 식품알레르기에 비해 집단적으로 발생한다. 치료방법은 원인식품을 섭취하지 않거나 제한하며 약제는 항히스타민제, 교감신경 흥분제, 스테로이드제 등을 사용한다. 알레르기 식중독과 식품알레르기에 대한 비교는 다음의 〈표 3-15〉와 같다.

〈표 3-15〉 **알레르기 식중독과 식품알레르기의 비교**

| | 알레르기 식중독 | 식품알레르기 |
|---|---|---|
| 원인 | 세균에 의한 histidin이 histamime으로 탈탄산되거나 유독아민 생성 | 알레르기를 일으키는 원인물질에 면역계 과민 반응 |
| 발생 | 다수(집단적) | 소수(개인적) |
| 식품처리 | 비위생적 | 위생적 |
| 원인식품 | 꽁치, 정어리, 고등어, 참치 등 붉은 살 어류와 그 가공품 | 복숭아, 돼지고기, 달걀, 닭고기, 우유, 생우, 땅콩, 치즈, 육류, 대두, 밀, 생선 |
| 증상 | 구토, 설사, 복통, 청색증, 졸음, 작열통, 조홍, 두드러기 | 두드러기, 구토, 설사, 복통, 천식, 비염, 두통 |

# 7. 화학적 식중독

## 1) 농약에 의한 식중독

병충해로부터 농작물을 보호하기 위하여 사용한 농약이 식품 중에 잔류하여 중독을 일으킬 수 있다. 농약의 잔류는 ① 농약의 종류 및 재제형태, ② 작물의 종류·품종·재배방법, ③ 농약의 사용시기, ④ 농약의 살포농도·살포량, ⑤ 농약의 살포횟수, ⑥ 농약을 살포한 후 수확 및 식용으로 할 때까지의 기간 등의 요인에 따라 달라진다.

### (1) 유기염소제(DDT : dichloro-diphenyl-trichloroethane)

유기염소 계열의 살충제이자 농약으로서 화학식은$(ClC_6H_4)2CH(CCl_3)$으로 강력한 살충효과와 제초효과를 가지고 있다. 상온에서 색이 없는 결정 상태의 고체로 존재하며 극성이 없어서 물에 녹지 않는다. DDT는 클로로벤젠과 트리클로로에탄올을 반응시켜 제작하며 다양한 상품명을 가지고 있다. 곤충의 신경세포에 작용하여 나트륨이 세포막을 이동하는 것을 막아버림으로써 살충효과가 나타난다. 유기염소제농약의 중독증상은 식욕부진, 구토, 두통, 발한, 복통, 운동마비, 경련 등의 신경마비 증상을 나타내며 혼수상태에 이를 수 있다.

### (2) 카바메이트제

카바메이트제(CH3NHCOO−)의 등장은 잔류성이 큰 유기염소제의 사용금지로 인해 개발된 농약으로 유기인제와 같은 cholinesterase의 저해작용으로 중독을 일으킨다. 중독증상은 급격한 발현을 하고 회복까지의 시간이 24시간 정도면 되기 때문에 타농약보다 잔류성이 낮은 편이다.

### (3) 중금속제 농약

수은제, 비소제, 구리제, 납제 등의 유기물이나 무기물이 중독을 일으킨다. 금속이 인체에 들어가서 단백질 변성을 일으키고 세포원형질을 침해하여 SH기와 결합해서 단백질 기능과 효소의 작용을 저해시킨다. 중독증상으로는 중추신경계 질환이 나타나는데 그 독성과 축적성이 강하다.

### (4) 유기불소제

불소제의 대표적인 농약으로 fussol이 있는데, 주로 진드기, 깍지벌레 등의 구제에 이용되고, flatol은 쥐약으로 인체에 독성이 강하다. 중독증상으로는 심장장해와 중추신경증상이 나타나며 30분~2시간이 지나면 구토, 복통, 경련 등을 일으키며 장, 방광의 점막을 침해하며 뼈의 성장을 저해한다. 심하면 보행 및 언어장애 등의 마비성 경련과 심장장애로 사망에 이를 수 있다.

〈표 3-16〉 **농약의 분류**

| 농 약 | 목 적 | 종 류 |
|---|---|---|
| 살충제<br>(Insecticide) | 식독제 | 곤충이 식품을 섭취함으로써 효과를 나타냄<br>비산납, 비산석회, 불소제, cryolite 등 |
| | 접촉제 | 곤충의 표면, 피부 등으로부터 체내에 흡수되어 효력을 나타냄<br>DDT, BHC, Drin제, Derris제, parathion 등 |
| | 훈증제 | 가스화시켜 곤충의 호흡기에 침입시킴<br>methyl bromide, chloropicrine, 청산 등 |
| | 침투성 살충제 | 식물의 뿌리, 잎, 줄기 등에서 침투한 약제가 식물 전체에 이행분포하여 살충력을 나타냄<br>schradan, pestox-, metasystox 등 |
| | 유인제 | 곤충이 좋아하는 먹이나 흥분제로 유인함<br>metaldehyde, 곤충 phermon 등 |
| 살균제<br>(Fungicide) | 보호살균제 | 병충해 발생 전에 사용하여 균의 생육 억제<br>bordeaux(구리제), 유황제 등 |
| | 직접살균제 | 발육 중 균을 죽임<br>유기수은제, 석유유황합제, blastricidin 등 |
| 제초제<br>(herbicide) | 선택성 | 제거하고자 하는 식물만 사멸<br>2.4.D, M.C.P. |
| | 비선택성 | 모든 식물 사멸<br>염산나트륨, T.C.A, 아비산나트륨 |
| 살서제 | 쥐 죽이는 약 | 황인제, 인화아연, 무수아비산, ANTU, warfarin, flatol 등 |
| 식물생장조절제<br>(plant growth regulator) | 발아 · 발근억제,<br>성장촉진 | hydrazine malate, indole acetate, gibellerin, NAA 등 |
| 살비제<br>(acaridices) | 진드기류(응애류)<br>살충제 | 켈탄(dicotol), 테디온(tedion : tetraditon), 살비(chlorofen-son), 에이카롤(bromopropylate), 모레스탄(chinomethi-onat), 페로팔(azocyclotin) |

## 2) 유해성 식품첨가물

식품의 변질억제, 품질 개량, 기호도 또는 영양 강화를 위해 식품위생법에서 허용하지 않는 유독물질을 식품의 제조 및 가공과정에서 사용함으로써 발생되는 식중독을 말한다.

### (1) 유해보존료

① 붕산($H_3BO_3$) 또는 붕사($Na_2B_4O_7$)

백색의 결정을 이루고 균 증식을 억제하는 정균작용으로 어육연제품, 마가린, 버터 등에 보존효과를 제공하였으나, 체내에 축적되면 독성(소화불량, 체중감소, 구토, 설사, 홍반 등)이 생겨 사용이 금지되었다. 결막염, 구내염, 비염치료용 세척액으로 사용하고 있다.

② 포름알데히드(formaldehyde, HCHO)

방부력과 살균력이 뛰어나서 formalin이 주류, 간장, 시럽 및 육제품에 부정으로 사용되어 사용이 금지되었다. 포름알데히드에 의한 중독증상은 두통, 위경련, 소화장애, 순환장애 등이 있고 신장에 염증을 유발한다.

③ 유로트로핀(urotropin, hexamine)

백색의 비늘모양 결정으로 포름알데히드와 암모니아가 결합되어 생성된다. 백색의 비늘모양 결정이 물에 녹아 포름알데히드가 유리되어 방부효과를 나타내는데, 주요 증상으로는 신장염, 방광염 등을 유발하기 때문에 식품 사용은 금지되어 있고 요도 살균제 등의 의약용으로 사용되고 있다.

### (2) 유해착색료

① 아우라민(auramine)

선명한 색상 및 내광성으로 섬유에서 우수한 염색성을 나타내는 황색의 염기성 타르색소로 1950년 일본에서 과자, 국수, 카레가루, 단무지 등에 사용하였으나 독성으로 인해서 사용이 금지되었다. 다량 섭취 후 20~30분이 지나면 흑자색의 반점을 시작으로 두통, 구토, 맥박감소 및 심계항진, 심하면 의식불명을 야기한다.

② 로다민B(rhodamine B)

핑크색의 염기성 타르색소로서 형광색을 띠며, 어묵, 과자, 케첩 및 빙과류에 사용되었다. 중독 증상으로는 색소뇨와 전신착색증을 보이며 심한 경우 메스꺼움, 구토, 설사, 복통 등의 증상을 나타낸다.

③ 파라 니트로아닐린(*p*-nitroaniline)

황색의 색소로 합성착색제로 사용되었으며 지용성이고 중독시 혈액독과 신경독 증상을 나타낸다. 주요 증상으로는 두통, cyanosis(청색증), 혼수, 맥박감소, 심계항진 및 색소뇨 등이 있다.

④ 실크스칼렛(silk scarlet)

등적색의 수용성 타르색소로서 착색되기가 쉽고, 안정성이 좋아서 식품에 사용되었으나 중독을 일으켜 사용이 금지되었다. 중독증상으로는 구토, 복통, 두통, 오한, 마비 증상을 보인다.

### (3) 유해감미료

① 둘신(dulcin)

설탕의 250배에 달하는 감미도를 가지고 있고 열에 안정하며 찬물에 잘 녹지 않는 특성을 가진다. 중독시 소화기장애, 중추신경계 이상을 초래하여 1966년 사용이 금지되었다.

② 싸이클라메이트(cyclamate)

백색 결정 물질로 설탕의 30～50배의 감미도를 가지고 있는데, 1969년에 발암물질이라 보고되어 1970년에 사용금지되었다.

③ 톨루이딘(toluidine)

공업용 화약, 염료 등의 원료로서 독성이 강한 황색결정 또는 분말이다. 설탕의 200배의 단맛을 가지고 있어서 2차 세계대전 전후 일본에서 많이 사용되었다.

④ 에틸렌글리콜(ethylene glycol)

자동차 부동액으로 사용되는 무색액체로 설탕이 부족할 경우 감미료로 사용한 적이 있다.

⑤ 페릴라틴(perillartine)

설탕의 2,000배의 감미를 갖는 것으로 옥심(oxime)기를 갖고 있어 불안정하기 때문에 침에 의해서도 쉽게 알데히드로 분해된다. 체내 흡수시 신장에 자극을 주어 염증을 유발한다.

### (4) 유해표백제

① 롱가리트(rongalite)

산성 아황산나트륨을 축합시킨 후 환원시켜 만든 것으로 수용상태에서 발생되는 아황산에 의해 표백작용을 나타내지만, 이 때 발생되는 포름알데히드가 식품에 축적되어 중독을 일으킨다. 과거에 물엿의 표백제로 쓰였으나 1967년 사용이 금지되었다.

② 과산화수소($H_2O_2$)

식품과 식품에 접촉되는 기구에 첨가하여 부패균이나 병원균을 살균시켜 식품의 보존성을 높이는 식품첨가물로 사용되고 있는데, 국수·어육연제품 등에 사용이 허가되어 있으나 잔류성분에 의한 독성이 우려되기 때문에 잔존량을 엄격히 규정하고 있다. 사용량은 국수·생선묵 등에서는 1kg당 0.1g 이하, 기타 식품에서는 0.03g 이하이다. 다량으로 존재하면 구토 등의 중독증상이 나타난다.

③ 아황산염(sulfite)

무색결정으로 아황산에 함유된 수소를 금속으로 치환하면 생기는 염이다. 나트륨염, 암모늄염, 칼륨염, 칼슘염, 바륨염 등이 있고, 강한 산을 가하면 분해하여 이산화황이 발생한다. 환원작용이 있어서, 수용액이나 습한 상태에서는 황산염이 되기 쉽다. 아연분말로는 환원되어 아디티온산염이 되고, 황과 함께 끓이면 티오황산염을 생성한다. 가장 중요한 것은 나트륨염이며, 이 밖에 암모늄염(1수화염)·칼륨염 등이 환원제·표백제·사진·염색 등에 사용된다. 칼슘염·바륨염은 특히 제지공업에서 많이 사용된다.

### (5) 유해증량제

과거에 설탕, 조미료, 고춧가루, 향신료, 곡분, 어분 등이 값이 비싸고 구하기가 어려워 그 대신에 양을 불리기 위해 산성백토, 규조토, 백도토, 석회 등을 사용하였는데 과량섭취시 소화불량, 복통, 구토, 설사 등의 증상을 나타내었다.

## 3) 제조·가공·저장 중에 생성되는 유해물질

### (1) 지질의 산화생성물

지질이 산화되어 생성되는 malondialdehyde(MDA), 4-hydroxy-2-alkenal 등의 알데히드류 물질은 반응성이 높아 체내물질과 결합하기 쉬우므로 체내단백질이나 다른 고분자물질과 결합하여 세포 독성을 나타낼 수 있다. 특히 고도 불포화지방산의 경우 빛이나 산소, 온도에 매우 민감하여 쉽게 산화되므로 이를 다량 함유한 식품은 산소나 빛으로부터 보호될 수 있는 용기를 사용하고 저온에서 보관하는 등 품질보존에 많은 노력을 기울여야 한다.

### (2) 니트로사민(Nitrosamine)

아질산과 2급 아민(secondary amine)이 산성조건에서 반응하면 생성되는 발암물질로, 이들 물질을 포함하는 식품이 있으면 가열조리 때나 위장 내에서 생성될 수 있다. 1962년 아질산염을 첨가하여 가열한 청어사료를 먹은 양들이 떼죽음을 당하는 사건이 일어나 널리 연구되었다. 아질산은 햄, 베이컨, 소시지 등 가공육의 발색 및 보존을 목적으로 첨가하는 화합물이며, 질산염으로부터 인체 내에서 환원되기도 한다. 이급 아민은 동물성 식품에 흔히 존재하기 때문에 아질산염을 처리한 육류제품의 섭취나 질산비료를 이용한 채소의 섭취에 대한 우려가 한때 소비자들 사이에 널리 퍼지기도 했다. 아질산염은 육가공 식품에 발색제로 혹은 보툴리누스균의 발육억제제로 첨가되지만, 육류에 존재하는 아민(amine)이나 아미드(amide)와 반응하여 N-니트로소아민(N-nitrosoamine)이나 N-니트로소아미드(N-nitrosoamide) 같은 N-니트로소 화합물을 형성한다. N-니트로소 화합물은 동물실험에서 70% 이상이 발암성 물질로 증명되었고, 특히 니트로소디메틸아민(nitrosodimethylamine)은 사람에게 간암을 일으킨다는 증거가 발견되었다.

### (3) 에틸카바메이트(Ethyl carbamate, 우레탄)

우레탄은 발효과정에서 생성된 에탄올과 카바밀기가 식품 내에서 화학반응을 일으켜 생성되는 화합물로 실험동물에 암을 유발한다.

서양에서는 주로 브랜디, 위스키 등의 주류에서 많은 양이 검출되었는데, 이는 이들 주류를 발효시킬 때 효모의 식량으로 첨가한 요소에서 유래한 것으로 알려져 현재는 요소를 주류첨가제로 사용하지 않고 있다. 국내에서는 한국인의 상용식품인 간장, 김치 등에서 검출되었다.

### (4) MCPD

발효간장인 재래간장과 양조간장 모두 에틸카바메이트가 검출되는 반면, 산분해간장에서는 또 다른 발암 의심물질인 MCPD(3-monochloro-1,2-propandio)가 검출되어 논란의 대상이 되었던 일이 있다.

대두를 염산으로 처리하여 단백질을 아미노산으로 가수분해하는 과정에서 함께 있던 지방이 지방산과 글리세롤로 가수분해되고 글리세롤이 염산과 반응하여 생성된다. 남성의 성기능장애 유발물질로도 의심이 되었던 이 물질은 현재는 공정에 변화를 주어 그 생성량을 최소화하고 있다.

### (5) 다환방향족 탄화수소(Polycyclic Aromatic Hydrocarbons; PAH)

다환방향족 탄화수소(PAH)는 석유나 석탄 등의 화석연료나 목재, 연료가스, 가솔린, 중유, 종이 등의 불완전연소 또는 식품에 있어서도 숯불구이와 훈제육 등의 열분해물에서도 생성되며 더욱이 대기 중의 공기나 배기가스, 최근 가속되는 해양 오염에 의해 굴과 해조류에도 검출되어 오염의 지표가 되고 있으며, 심지어 담배 피울 때에도 생기고 미생물, 플랑크톤, 식물 등에 의해서도 합성된다.

#### (6) 이환방향족 아민(Heterocyclic Aromatic Amines: HAA)

탄 생선과 육류 및 육류 제조·가공품에서 다환방향족 탄화수소인 benzo(α)pyrene 등이 생성되는 이외에 새로운 물질인 heterocyclic amine류가 계속해서 발견되고 있는데, 이들은 강한 돌연변이 활성을 나타내는 물질이 검출되어 그 발암성의 확인이 진행되고 있다.

### 4) 기구 및 용기, 포장에서 식품에 오염되는 유해물질

조리기구를 적절하게 사용하고 용기선택에 있어서도 유해물질이 검출되지 않는 안정성 있는 용기를 선택해야 하며, 합성수지 포장재를 사용할 경우 식품에 독성물질이 녹아 나올 수 있다. 따라서 포장지 또한 제조기준에 맞게 사용해야 한다.

기구 및 용기, 포장에서 식품에 오염되는 유해물질은 단량체(monomer), 첨가제(additives), 용제(solvents) 등이 있다. 단량체는 미반응 물질이나 유리된 물질로 쉽게 식품에 옮겨져 발암물질, 자극성 물질이나 식품에 이취를 발생시킨다. 첨가제는 용기포장에 사용되는 물질로 고무제나 합성수지제의 경우 노화방지제, 가소제, 산화방지제, 대전방지제, 립제, 자외선흡수제, 접착제, 가교제, 충진제 등이 있는데 주로 페놀계통이거나 프탈릭에스테르계, 아민계로 일부 화학물질은 발암물질로 알려진 것도 있다. 용제는 인쇄잉크나 접착제에 사용하는 toluene, hexane, ethylacetate, isoprophyl alchol, methylethyl ketone 등을 말하는데 인쇄물이 식품과 접촉하면 용제성분이나 잉크물질이 식품으로 용출되어 이취, 이미를 주게 된다.

### 〈표 3-17〉 기구 및 용기, 포장에서 식품에 오염되는 유해물질

| | | |
|---|---|---|
| 기구 | 도자기 | 산성식품과 반응하여 납, 구리, 안티몬, 아연, 코발트, 망간, 카드뮴 등의 안료성분이 용출<br>도기류의 표면을 단단하게 하기 위해 사용하는 유약은 잘 구은 경우, 산, 알칼리에도 불용성이나 불량품인 경우 음식물에 납이 이행<br>옹기의 경우, 절임식품을 장기간 저장하면 식품과 반응하여 옹기성분 일부가 용출<br>옹기를 구울 때 무연유약 대신 광명단(Pb3O4)을 사용하여 저온에서 구우면 절임식품과 반응하여 납, 붕사 용출 |
| | 법랑 | 법랑의 표면을 매끄럽게 하기 위해 사용한 붕사(Na2B4O7), 산화납(PbO), 산화아연(ZnO), 산화비소(As2O5) 등이 낮은 온도에서 구운 경우 유해금속 용출 |
| | 유리 | 유리의 투명색(Flint, F), 진한 갈색(Amber, A), 연한 녹색(Georgia Green, GG), 진한 녹색(Emerald Green, EG) 유리 등에 함유된 바륨, 비소, 납, 붕산 등이 위생상 문제<br>**유리제품 규격** : 납(7ppm), 비소(0.05ppm), 알칼리(4.0ppm) 이하로 규정 |
| 포장 | 종이 및 셀로판 | **종이** : 목재펄프가 주원료인 종이는 표백제, 착색제, 점성물질 조절제 등의 첨가물을 가하고, 방수, 방습 등의 목적으로 왁스, 합성수지를 도장하여 가공하기 때문에 착색료의 용출, 형광염료의 이행, 파라핀, PCB의 이행 등이 위생상 문제<br>**셀로판** : 라면 등의 인스턴트 면류나 과자, 사탕 등의 포장지로 많이 사용되나 착색된 셀로판의 유해 착색료 함유 여부가 위생상 문제 |
| | 고무제품 | 납, 카드뮴, 2-mercaptoimidazole 등의 용출 |
| 합성수지제품 | 열가소성 플라스틱 | **아크릴계** : 빗, 탁상시계 케이스 등의 원료로 무취, 무미의 비중독성 물질로 잘 깨지지 않는데 아주 뜨거운 물이 닿으면 문제가 됨<br>**셀룰로오스계** : 장난감, 만년필, 전화기, 도구나 집기의 손잡이, 진공청소기 부품에 사용되는데 전기 부도체이며 던지거나 떨어뜨려도 잘 깨지지 않으나 고열에는 녹아서 모양이 변함<br>**테플론** : 열에 상당히 안전하며 화학약품에도 반응하지 않고 물을 흡수하지 않아 내열성, 내수성, 내유성이 뛰어남. 프라이팬 등의 수지가공에 이용하는데 300℃ 이상 가열시 맹독성 가스(hexaflu-orethane, octafluoroisobutylene) 발생<br>**나일론** : 텀블러, 깔때기, 세탁기의 가스켓 등이 사용되는데 내열성이 높아 끓는 물에 넣어 살균소독이 가능<br>**폴리에틸렌** : 유연성 있는 믹싱볼, 우의 등을 만드는 데 사용되며 무미, 무취의 비중독성 물질이나 내열성이 낮아 끓는 물에 넣거나 불에 닿으면 안 됨<br>**폴리프로필렌** : 살균소독병, 냉장고 부품<br>**폴리스티렌** : 냉장고용 접시, 쟁반, 조미료통, 벽타일 등 주요 생활기구의 부품과 절연체로 사용되며 특히 일회용 식기로 많이 사용되나 끓는 물에 넣거나 불에 닿으면 타버림<br>**비닐** : 바닥깔개, 우의, 샤워커튼, 전기 플러그, 호스 등의 실내용품에 주로 사용 |
| | 열경화성 플라스틱 | **페놀수지** : 포르말린과 페놀을 가열 축합하여 제조한 수지로 베크라이트라고 부르는데 내열성, 내산성이 뛰어난 무미, 무취의 물질이나 불량제조인 경우에는 암모니아, hexamine, 페놀, 포르말린 등 용출 |

| | | |
|---|---|---|
| 합성수지제품 | 열경화성 플라스틱 | **멜라민수지류** : 멜라닌과 포르말린을 축합한 것으로 변색되지 않고 깨지지 않는 무미, 무취의 물질로 식사용기, 칼손잡이 등에 사용되나 포름알데히드나 중금속이 용출<br>**요소수지** : 요소와 포르말린을 축합한 것으로 고온처리 및 산성식품과 닿으면 포르말린 용출 무색이어서 착색이 용이 |
| | 재생플라스틱과 프탈산에스테르 | **재생플라스틱** : 빨래통, 고무대야, 쓰레기통, 김치통 등에 사용되는데 불량 플라스틱 제조시 사요오디는 기소제, 안정제, 산화방지제, 안료 등의 물질이 용출되고 가끔 납이나 카드뮴이 용출되어 식품에 이행되기도 하므로 재생플라스틱제는 식품용기로 적합하지 않음<br>**프탈레이트** : 플라스틱 가소제로 사용되고 유아용 조제유, 치즈, 마가린, 소시지, 쿠키, 식물성 지방, 비닐바닥제, 유화페인트 등에서 발견되고 지표수, 강물, 식수 등에서도 검출 |
| | 자외선 차단제의 오염 | 식품의 변질, 변색을 방지하기 위해 용기에 자외선 차단 처리를 하는데 여러 경로를 통해 이 물질이 식품에 오염 |

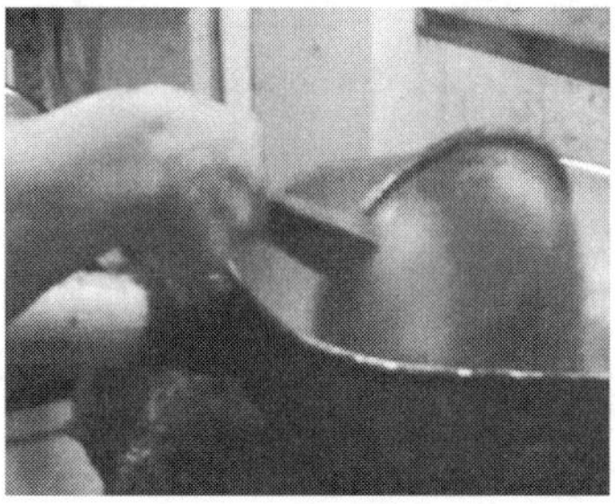
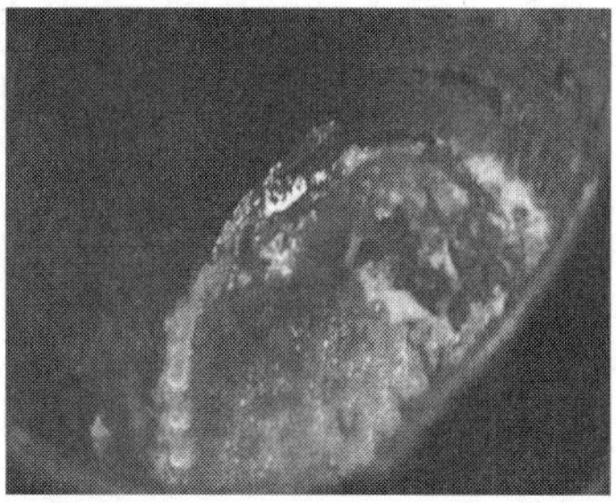

[그림 3-7] **조리기구의 잘못된 사례**

## 5) 환경오염에 기인하는 유독성분

### (1) 수은(Hg)

상온에서 유일한 액체금속으로 무기수은($Hg^0$,$Hg^+$, $Hg^{2+}$)과 유기수은($CH^3Hg^+$, $C^6H^5Hg^+$) 등의 형태로 존재한다.

① 무기수은 중독(Mercury poisoning)

무기수은 중 염화 제2수은($HgCl_2$, 승홍)은 강력한 살균작용으로 과거에는 방부제로 주류 등의 부정식품에 사용된 적이 있다. 수은광산, 화학공장, 아말감, 체온계, 수은전지 등에서 수은 증기를 호흡기나 피부에 흡입해서 그 중독이 문제가 되고 있다. 사람의 경구치사량은 0.5g 정도이고, 소변 중의 수은량은 300㎍/*l*을 초과하면 중독증상이 나타난다. 주요 증상은 구내염, 눈물, 복통, 구토, 설사 등을 동반한 안면창백, 혈압강하, 무뇨증상을 수반한 신부전(대개 2일 이내에서 나타남) 등이 있다. 수은 증기를 대량으로 흡입하면 기침, 가래, 호흡곤란으로 폐수종까지 올 수 있다. 수은을 다루는 직업군을 가진 사람의 경우 만성중독이 될 수 있다.

② 유기수은 중독

유기수은 중독은 1953년 일본 최남단 규슈지방의 구마모토현의 미나마타만 근처 어촌에서 어패류를 먹은 주민들이 온 몸이 저리고 마비증상이 시작되면서 중추신경증상을 나타낸 것이 유래가 되어 1968년 일본 정부에서 공장폐수에 함유된 수은 중독에 의한 미나마타병을 공식인정하게 되었다. 미나마타병은 유기수은에 의한 중독으로 감염경로는 acetaldehyde 제조공장에서 촉매로 사용한 무기수은화합물로부터 생긴 미량의 알카리 수은이 무기수은과 함께 공장폐수로 배출되어 해수와 바다생태를 오염시키고, 토양과 하천, 바다 밑에 존재하는 세균(*methanobacterium* MOH주 : *Clostridium cochlearium*), 진균(*Neurosphora crassa*)에 의해서 메틸수은($CH^3Hg^+$)을 생성하게 되는데, 이것을 먹은 어패류를 사람들이 섭취함으로써 미나마타(minamata) 중독이 생긴 것이다. 또한 메틸수은은 장내세균에 의해서도 발생하는 것으로 알려져 있다. 중독증상으로는 사지신경마비, 난청, 언어장애, 정신장애 등이 나타나고, 만성중독 중 소뇌성 운동실조, 언어장애, 시야협착 등은 헌터러셀증후군(Hunter Russel)과 같이 유명하다.

### (2) 카드뮴(Cd)

카드뮴은 식품용 기구나 용기, 여러 기구나 기계의 도금, 콘덴서, 건전지 제조, 도료 제조 등에 이용되며 그 용도가 다양한데 이러한 것들에서 용출되어 토양, 폐수 등을 거쳐 식품에 이환되어 사람에게 중독을 일으킨다. 카드뮴중독이란 카드뮴과 그 화합물이 인체에 접촉·흡수됨으로써 일어나는 장애를 총칭한다.

예전에는 직업성인 중독으로서, 금속 카드뮴이 용해될 때 발생하는 산화카드뮴 증기나 비닐 제조공정에서 생기는 카드뮴 화합물에 의한 중독으로 알려져 왔다.

그러나 최근에는 공장폐수 등에 함유되어 있는 카드뮴에 의한 식품의 오염, 특히 쌀의 오염이 밝혀져서 공해문제로 대두되었다.

제2차 세계대전 말기부터 전후에 일본에서 발생했던 '이타이이타이병(itai itai)'도 광산의 폐수에 함유되어 있던 카드뮴에 의한 중독으로 일어난 것이다. 카드뮴의 증기를 흡입한 경우는 주로 코·목구멍·폐·위장·신장 등의 장애가 나타나며, 호흡기능이 저하되고 단백뇨의 증상을 보이고 소변 중 카드뮴 배출량도 증가한다.

이타이이타이병에서는 카드뮴이 장기간에 걸쳐 섭취된 것으로 짐작되며, 경산부에 많이 발생하는 것 등이 특징적이다. 뼈가 연화하여 변형·골절 등을 볼 수 있고, 단백뇨 등의 신장에 대한 위해가 주된 증세이다.

### (3) 납(Pb)

납은 금속재료로서는 녹는점이 낮고 연하기 때문에 가공하기가 쉽다. 또한 마찰계수가 작고 내식성도 뛰어나기 때문에, 그러한 특성으로 연판·연관 등으로 널리 사용된다. 이 밖에 합금재료로서 활자합금·이융합금·베어링합금·땜납 등으로 사용되며, 또 축전지의 전극으로도 중요하게 이용된다.

납은 또한 방사선을 차폐하는 작용이 크므로 방사선 방호재로서 사용된다. 그러나 납과 가용성 납 등 체내에서 녹아 납이온을 생성하는 것은 모두 인체에 유독하기 때문에 납을 취급하는 직업군을 가진 사람들이 납을 흡입 또는 삼킴으로써 일어나는 중독이 발생할 가능성이 크다.

납중독은 연독이라고도 하며 급성과 만성이 있는데, 실제로 문제가 되는 것은 만성인 경우이다. 대량으로 흡수하여 급성위장염의 증세를 나타내는 급성중독은 오히려 드물며, 만성은 극소량(1일 1mg 이하)의 납을 장기간 지속적으로 섭취함으로써 생긴다. 납제련업·활판인쇄업·도장업·납유리제조업·축전지제조업 등 납 또는 납을 함유한 물질을 다루는 사람에게서 발생하기 쉽다. 과거에는 연백을 사용한 화장품인 파우더에 의한 납중독이 배우들에게 나타나서 화제가 되기도 하였으나, 오늘날에는 가솔린에 혼합되는 앤티노크제(antiknock agent)인 사에틸납에 의한 중독이 주목되고 있다. 사에틸납 중독의 증세는 여러 가지인데, 초기증상은 빈혈이나 떨리는 증상이 나타나고, 이 밖에 연연(鉛緣 : 잇몸에 납이 침착하여 청회

백색으로 착색되는 현상)이나 발작적 복통이 나타난다. 또 적혈구의 염기성 반점이 나타나거나 포르피린 증세가 나타난다. 또한 신근의 마비나 신장장애·소화기 증세도 보이며, 환각이나 흥분 등의 뇌증세를 나타내기도 한다. 일반적으로 납의 증기나 가루가 기도를 통해서 체내로 들어가는 경우가 도료·안료에 들어있는 납이 피부나 소화관을 통해 침투하는 경우보다 증세가 더 심각하다.

예방법으로는 납 증기나 가루가 발생하지 않도록 작업방식을 개선하는 것이 바람직하며, 피부·손가락·작업복을 통해 납이 체내에 들어가는 것을 막기 위해서 손을 잘 씻거나 양치질을 자주 하고 작업복과 통근복을 구별하여 착용하는 방법 이외에, 마스크나 장갑 착용을 철저히 하고 정기적인 건강진단을 받도록 한다. 치료로는 납과의 접촉을 피하고, 칼슘이 풍부한 음식을 섭취하는 것이 예방에 효과적이다.

### (4) 비소(As)

비소는 오래 전부터 의약품, 안료, 방부제, 살서제, 농약으로 널리 사용되어 왔으며, 자연계에서는 주로 $As^{3+}$, $As^{5+}$의 화합물로 존재하는데, 비소중독은 비소화합물을 마시거나 비소화 가스를 흡입하여 일어나는 중독으로서 일반적으로 비소를 다루는 화학공업에 종사하는 사람이나 비소를 함유한 살충제나 화장품 사용자, 비소제 의약품을 사용한 사람이 중독될 수 있다. 비소 자체는 독성이 없으나, 이산화물에 맹독이 있으며 아비산에 의한 중독이 가장 많다. 흡수된 비소의 80%는 주로 간, 신장, 뼈, 피부, 손·발톱, 모발 등에 축적된다. 급성중독에서는 발열, 식욕부진, 구토, 설사, 탈수증상 뒤에 복통, 체온저하, 혈압저하, 경련, 혼수상태가 되어 사망한다. 만성중독의 경우에는 오심, 구토, 복통, 설사 등의 위장장해 외에 피부의 흑색 색소 침착, 손·발·피부의 각화, 정신신경장해, 간·신장장해 등을 일으킨다.

### (5) 주석(Sn)

공기 중에서도 잘 변하지 않으므로 철·강철·구리 등의 표면을 도금하는데 이용되고 세계 주석 소비량의 40%가 도금에 사용되며, 특히 철판의 표면에 도금한 것을 함석이라 한다. 감마합금·청동·땜납·이융합금으로서의 용도가 그 다음이고, 또 무해하므로 식료품공업 장치에도 널리 사용된다. 또 유기주석화합물을 살생제와 진균제의 주성분으로 사용된다.

### (6) 크롬(Cr)

크롬중독은 6가 크롬으로 인해서 발생하며, 증상으로 자극성 피부염, 비중격 천공 등을 일으키며 폐암의 원인이 되기도 한다. 크롬의 정련 공정에서 주로 생긴다.

### (7) 아연(Zn)

아연의 용도로는 주로 아연도금철판(함석)으로 가장 많이 사용된다. 아연중독은 아연 및 그 산화물인 미립자에 의하여 일어나는 중독으로 아연열이라고도 한다. 가끔 식품의 기구 및 용기에 있던 아연이 원인이 되어 발생한다. 이러한 미립자를 들이마시면, 몇 시간 후 오한에 이어 열이 나지만 다음날이 되면 거의 회복된다. 중금속 중에서는 아연의 녹는점(419℃)이 낮은 편이므로 증기가 되기 쉽기 때문이다.

### (8) 구리(Cu)

기구, 식기 등에 생긴 녹청에 의한 식중독이 주로 발생하고, 중독되면 구토, 설사, 위통, 신장 및 간의 장애를 유발한다.

〈표 3-18〉 **금속에 따른 식품 중 섭취허용량**

| 금속종류 | 식품 중 허용량 | 섭취허용량(mg/kg) |
|---|---|---|
| 수은(Hg) | 미정 | 총수은 0.005/week, 메틸수은 0.0033/week |
| 납(Pb) | 0.1~2.0 | 0.0067~0.0083/week |
| 비소(As) | 1.0 | 2/day |
| 주석(Sn, Tin) | 150~250 | 20/day |
| 철(Fe) | 1.5~50 | 0.8/day |
| 아연(Zn, Zine) | 5.0 | 0.3~1.0/day |
| 구리(Cu, Copper) | 0.1~50 | 0.05~0.5/day |

# PART 4

# 감염병 및 인수공통감염병

# 제4장 감염병 및 인수공통감염병



## 1. 감염병의 정의

세균(bacteria), 바이러스(virus), 리케차(rickettsia), 원충(protozoa) 등의 병원체가 이에 감염된 인간이나 동물로부터 직접적으로 또는 모기나 파리와 같은 매개동물이나 음식물, 수건, 혈액 등과 같은 비동물성 매개체에 의해서 간접적으로 면역이 없는 인체에 침입하여 증식함으로써 일어나는 질병을 감염병이라 한다.

병원체가 인간이나 동물에 침입해서 장기에 자리잡고 증식하는 것을 감염이라고 총칭하며, 이러한 감염에 의해서 증세가 발현되는 것을 감염증이라고 한다. 감염에는 아무런 증세없이 면역만 생기는 불현성 감염과, 증세가 있는 현성 감염이 있다. 감염증과 감염병을 동일하게 사용하기도 하나, 감염증 중에서도 감염병은 전염력이 매우 강하여 얼마 되지 않는 병원체로도 쉽게 감염이 되고 많은 사람들이 쉽게 옮을 수 있는 질병을 말한다.

감염병의 발생에 관여하는 요인으로는 감염원(병원소), 감염경로(병원체의 전파수단), 숙주의 감수성이 있는데, 이들을 감염병 발생의 3대 요인이라고 한다.

〈표 4-1〉은 병원체에 따른 감염병을 나타내는 것으로 다음과 같다.

〈표 4-1〉 **병원체에 따른 감염병**

| 병원체 | 감염병의 종류 |
|---|---|
| 세균성 | 콜레라, 장티푸스, 파라티푸스, 세균성 이질, 장출혈성 대장균 감염증, 비브리오 패혈증, 성홍열, 디프테리아, 탄저, 결핵, 브루셀라, 렙토스피라증, 백일해, 파상풍 등 |
| 바이러스성 | 폴리오, 전염성 설사증, 유행성 간염, 천열, 인플루엔자, 홍역, 유행성 이하선염 등 |

| 리케치아성 | 발진티푸스, 발진열, 쯔쯔가무시병, Q열 등 |
|---|---|
| 원생동물성 | 아메바성 이질 등 |

## 2. 감염병의 분류

우리나라는 감염병의 위해 정도를 기준으로 제1군, 제2군, 제3군, 제4군의 감염병으로 분류하고 있다. 이외에도 지정 감염병이라고 하여 26종 정도를 1군에서 4군 외에 유행여부를 조사하여 감시활동이 필요하다고 판단되는 보건복지부장관이 지정하는 감염병이 있다. 〈표 4-2〉는 법정 감염병의 분류로 다음과 같다.

〈표 4-2〉 **법정 감염병의 분류(2014년 기준)**

| 구 분 | 제1군 감염병 | 제2군 감염병 | 제3군 감염병 | 제4군 감염병 |
|---|---|---|---|---|
| 특성 | 발생 즉시 환자 격리 | 예방접종 대상 | 모니터링 및 예방 홍보 중점 | 방역대책 긴급수립 |
| 질환 | •콜레라<br>•장티푸스<br>•파라티푸스<br>•세균성 이질<br>•장출혈성 대장균 감염증<br>•A형간염 | •디프테리아<br>•백일해<br>•파상풍<br>•홍역<br>•유행성이하선염<br>•풍진<br>•폴리오<br>•B형간염<br>•일본뇌염<br>•수두<br>•b형 헤모필루스 인플루엔자 | •말라리아<br>•결핵<br>•한센병<br>•성홍열<br>•수막구균성 수막염<br>•레지오넬라증<br>•비브리오 패혈증<br>•발진티푸스<br>•발진열<br>•쯔쯔가무시병<br>•렙토스피라증<br>•브루셀라증<br>•탄저<br>•공수병<br>•신증후군출혈열<br>•인플루엔자<br>•후천성면역 결핍증(AIDS)<br>•매독<br>•크로이츠펠트-야곱병(CJD) 및 변종 크로이츠펠트-야곱병(vCJD) | •황열<br>•뎅기열<br>•페스트<br>•바이러스성 출혈병<br>•웨스트 나일염<br>•신종 감염병증후군<br>•라임병<br>•진드기매개치염<br>•유비저<br>•치쿤구니야열<br>•두창<br>•보툴리누스중독증<br>•중증급성호흡기증후군<br>•조류인플루엔자인체 감염증<br>•야토병<br>•Q열 |
| 신고주기 | 즉시 | 즉시 | 7일 이내 | 즉시 |

자료출처 : 식품의약품안전청

# 3. 경구감염병

## 1) 경구감염병의 특성과 분류

식품을 매개로 한 전염병은 그 원인에 따라서 경구감염병과 인수공통감염병으로 분류된다. 경구감염병이란 병원체가 식품 또는 음료수, 완구, 식기, 곤충, 손가락 등을 통해 경구로 감염되는 감염병으로 주로 소화기계 장애와 동시에 병원체가 분변으로 배설되기 때문에 소화기계 감염병이라고도 한다. 인수공통 감염병은 척추동물과 사람 간에 자연적으로 전파되는 질병이다. 경구감염병은 병원체가 사람에 대해 강한 병원성을 갖고 있어 미량의 균으로도 발병할 수 있고 병원체와 사람과의 사이에 감염환이 성립되지만, 세균성 식중독은 발병에 다량의 균이 필요하고 원칙적으로 사람으로부터 사람으로의 2차 감염이 일어나지 않는 종말감염이라는 점이 중요한 차이점이 된다.

병원체는 대부분 환자나 보균자의 분뇨나 분비액에 들어 있고 이들이 오염원으로서 식품이나 기타 물건들을 오염시킨다. 이들 병원체가 식기, 손가락, 쥐, 곤충 등에 의해서 오염되고 이들을 거쳐 식품이 간접적으로 병원체에 오염되는 것이 있다. 전자를 1차 오염, 후자를 2차 오염이라고 하는데 대개 1차 오염이 2차 오염보다 발생규모가 더 큰 것이 특징이다.

경구감염병의 감염경로는 [그림 4-1]과 같다.

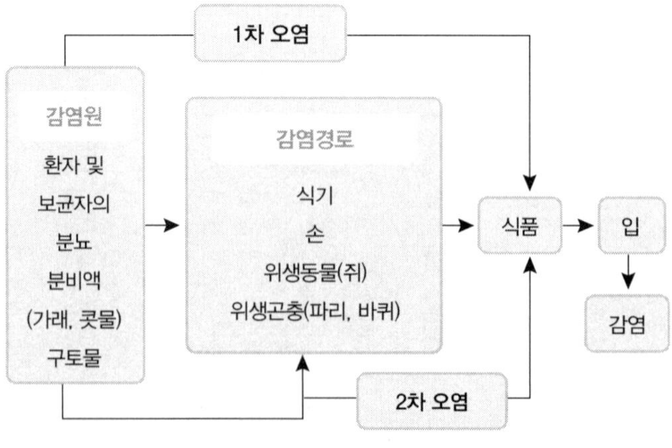


[그림 4-1] 경구감염병의 감염경로

〈표 4-3〉 **병원체에 따른 경구감염병**

| 병원체 | 경구감염병 종류 |
|---|---|
| 세균성 감염 | 세균성 이질, 장티푸스, 파라티푸스, 콜레라, 브루셀라증 |
| 바이러스성 감염 | 폴리오, 급성회백수염, 전염성 설사증, 유행성 감염, 천열, Influenza, 홍역, Trachoma, 유행성 이하선염 등 |
| 기생충성 감염 | 아메바성 이질 등 |

〈표 4-4〉 **경구감염병의 특성**

| 구 분 | 병원체 | 잠복기 | 감염경로/원인식품 | 증 상 | 예 방 |
|---|---|---|---|---|---|
| 장티푸스 | *Salmonella typhi* | 1~3주 | • 환자나 보균자의 대소변에 의해 오염된 음식이나 물에 의한 경구감염<br>• 더러운 물이 섞인 해저에서 자란 갑각류나 어패류(특히 굴), 배설물이 묻은 과일, 우유, 유제품 등 | 발열, 두통, 권태감, 식욕부진, 상대적 서맥, 비종대, 장미진, 건성 기침 | 개인위생 및 철저한 환경위생을 철저히 할 것, 보균자관리 중요 |
| 콜레라 | *Vibrio cholera* | 6시간~5일 (평균 1일) | 오염된 식수나 음식물, 과일, 채소, 어패류에 의한 경구감염 | 과다한 물설사, 구토, 발열, 복부통 | 식수 반드시 끓여먹기, 개인위생관리 철저히 할 것 |
| 세균성 이질 | *Shigella*속 | 1일~7일 (평균 1~3일) | 환자 및 보균자의 대소변에 의해 오염된 음식이나 물에 의한 경구감염<br>식수, 우유 등 | 발열, 오심, 구토, 경련성 복통, 혈변, 수양성설사 | 상하수도 완비, 염소소독, 손씻기 철저히 할 것, 물 끓여먹기 |
| 파라티푸스 | *Salmonella paratyphi* | 1~3주 | 환자 및 보균자의 대소변에 의한 경구감염<br>물, 조개류, 우유, 유제품 | 지속적인 고열, 두통, 비장증대, 발진, 설사 등 | 상하수도 완비, 염소소독, 손씻기 철저히 할 것, 물 끓여먹기 |
| 폴리오 | Poliomyelitis virus | 3~35일 (평균 7~14일) | 환자나 불현성 감염자의 인후 분비물과 대변에 의한 직접 접촉감염 및 경구감염 | 발열, 권태감, 두통, 구토, 설사 등 | 경구 생백신이나 주사용 불활화백신의 예방접종 |
| 간염 | Hepatitis virus A, E | A형 : 15~45일<br>E형 : 22~60일 | A형 : 바이러스에 의한 경구감염, 환자의 대변을 통한 경구감염, 주사기, 혈액을 통한 감염 | A형 : 발열, 식욕감퇴, 근육통, 피로감, 설사<br>E형 : 메스꺼움, 흑변, 복통, 구토, 어지러움, 발열, 관절통 등 | 손씻기 철저히 할 것, 상하수도 정비하여 식수원오염 방지, 굴, 모시조개 생식 금지, 백신 접종 |
| 성홍열 | *β-Hemolytic streptococci* | 1~7일 | 환자 및 보균자의 분비물에 의한 직·간접 접촉감염 및 비말감염<br>우유, 유제품 | 발열, 두통, 구토, 복통, 오한 및 인후염 | 화농성분비물과 오염된 물건 소독 철저히 할 것, 환자와 접촉한 가족 검사 |
| 디프테리아 | *Corynebacterium diphtheriae* | 2~6일 | 환자 및 보균자의 분비물에 의해 직·간접 접촉감염 및 비말감염<br>우유, 아이스크림 | 가벼운 인두통, 림프절 종창, 동통, 중증일 경우 경부 종창 | 예방접종을 3회에 걸쳐서 할 것(생후 2, 4, 6개월) |
| 천열 (이즈미열) | *virus* | 2~10일 (평균 7일) | 음식과 물을 통한 직접감염 및 비말감염 | 두통, 발열, 발진 | 식수원 소독과 하수처리 철저히 할 것, 쥐, 진드기 구제 |

## 2) 경구감염병의 예방

경구감염병을 예방하기 위한 3원칙으로 감염원대책, 감염경로대책, 감수성자대책이 필요하다. 감염원대책은 사람과 동물 또는 환경으로부터 병원체를 없애는 대책으로 환자의 격리와 소독에 의한 병원체의 살균 등이 있다. 감염경로대책은 각각의 병원체 감염양식(비말감염, 접촉감염, 경구감염)에 따른 전파경로를 차단하는 것이다. 경구감염병에서 감염경로대책은 식품위생적인 측면에서 매우 중요하다고 볼 수 있다. 경구감염증은 대부분 분변이 감염원이기 때문에 분변으로부터 식품, 음료수, 기구, 위생동물 및 곤충 등을 매개로 감수성자들에게 감염된다. 따라서 경구감염병이 발병할 수 있는 대부분의 전파경로를 차단함으로써 감염병의 유행을 방지할 수 있기 때문에 감염경로대책을 잘 수립하면 전염병 발병률을 확실히 감소시킬 수 있다. 감수성자대책은 감염을 일으키는 사람에 대한 대책으로 백신 등의 예방접종을 하는 것이다.

식품위생적인 측면에서 경구감염병을 예방하기 위해 다음 사항에 주의해야 한다.

- 환자와 보균자를 조사하고 경증환자와 보균자를 구별해서 식품을 취급하게 하지 않아야 한다.
- 식품원료는 허용된 살균료 등을 사용해서 위생적으로 처리한 신선한 것을 사용해야 한다.
- 식품 보존에 주의해야 하고, 특히 조리가열하지 않은 생식은 가급적 피해야 한다.
- 식품에 사용하는 물과 식수는 반드시 위생적인 것을 사용해야 한다.
- 식품을 취급하는 사람은 개인위생을 철저히 하고, 특히 깨끗이 손을 씻는 것에 주의한다.
- 식품의 제조, 취급, 조리 등에 사용되는 기구, 식기는 깨끗이 소독한 것이어야 한다.
- 쥐, 파리, 바퀴 등의 침입을 방지하고 방제에 신경 쓰도록 한다.
- 작업장 위생을 철저히 해야 한다.
- 종사자의 예방접종을 실시한다.
- 수입감염증을 예방하기 위해서 검역을 철저히 해야 한다.

### 3) 경구감염병과 세균성 식중독의 차이

경구감염병과 세균성 식중독의 차이점은 〈표 4-5〉와 같다.

**〈표 4-5〉 경구감염병과 세균성 식중독의 차이점**

| 구 분 | 경구감염병 | 세균성 식중독 |
|---|---|---|
| 발병에 필요한 균량 | 소량 | 다량 |
| 2차 감염 | 2차 감염이 많고 파상적 전파 | 거의 없고 종말감염은 사람 |
| 잠복기 | 일반적으로 길다. | 경구감염병에 비해 짧다. |
| 예방조치 | 불가항력 | 식품 중에 균의 증식을 막으면 가능 |
| 면역 | 면역성이 있는 경우가 많다. | 일반적으로 없다. |
| 독력 | 강하다. | 약하다. |
| 음용수 | 음용수로 인해 감염 | 음용수로 인한 중독 거의 없다. |

## 4. 경구감염병의 종류

### 1) 이질(Dysentery)

#### (1) 세균성 이질(Bacillary dysentery : shigellosis)

① 병원체

*Shigella*는 운동성과 협막이 없으며 아포를 생성하지 않는 gram 음성의 비교적 작은 간균이다. *Shigella*는 neurotoxin, enterotoxin, cytotoxin과 같은 몇 가지의 체외독소를 만들며, 항균제에 대한 내성이 잘 생기는 특징이 있다. *Shigella dysenteriae*가 자연계에서 살 수 있는 시간은 물에서 2~6주, 우유나 버터에서 10~12일, 과일이나 야채에서 10일, 의복에서 1~3주, 습기가 있는 흙에서 수개월, 위액에서는 2분, 60℃에서 10분, 5% 석탄산수에서는 수분 동안이다. 다른 세균성 이질균은 이보다 저항력이 약간 강하다.

② 감염경로

사람만이 병원소이나 원숭이 집단의 유행도 보고된 적이 있다. 환자나 보균자에 의한 직접 혹은 간접적인 대변-경구전파이다. 매우 적은 양(10~100개)의 세균으로도 감염을 일으킨다. 전파시키는 사람들은 배변 후 손톱 밑이나 손을 깨끗이 씻지 않았기 때문이다. 이들은 음식을 오염시켜서 간접적으로 전파하거나, 직접적으로 신체 접촉에 의해서 다른 사람에게 전파시킨다. 식수, 우유, 바퀴벌레, 파리에 의한 전파도 있다.

이유기의 소아에서의 감수성이 높고 중증화되기 쉽다. 가구 내 2차 발병률은 10~40%에 달하며, 집단발생은 위생상태가 불량하고 밀집되어 거주하는 고아원 등의 사회복지시설, 정신병원, 교도소, 캠프, 선박 등에서 많이 발생한다.

③ 주요 증상

잠복기는 1~7일로 보통 1~3일이며, 전염기는 급성감염기로부터 대변에서 균이 발견되지 않는 기간, 즉 발병 후 4주 이내이다. 간혹 보균상태가 수개월 이상 지속될 수도 있다.

발열과 오심, 때로는 구토, 경련성 복통, 후중기(tenesmus)를 동반한 설사가 주요 증상이며 대개의 경우 혈변을 보인다. 이는 세균의 침입으로 인해 미세농양이 생기기 때문으로 환자의 1/3이 수양성 설사를 한다. 소아의 경우 경련을 보이기도 한다. 균종이나 환자의 감수성에 따라 경하거나 무증상을 보이기도 한다. 증상은 보통 4~7일이 지나면 회복된다. *S. dysenteriae*가 가장 심한 증상을 보이고, *S. flexneri*, *S. sonnei*로 갈수록 임상증상이 약해진다. *S. dysenteriae* 1은 종종 독성 거대결장증이나 용혈성 요독증후군을 일으켜 사망에 이르기도 하는데, *S. sonnei*는 임상 경과가 짧고 예후도 양호하다. *S. flexneri*의 경우 합병증으로 Reiter 증후군을 일으키기도 한다.

④ 예 방

상하수도 완비와 음료수 정화, 염소 소독이 중요하다. 음식을 만들기 전이나 배변 후에는 손을 깨끗이 씻도록 한다. 모든 우유나 식료품은 살균하고, 상업용 우유의 생산과정, 보관방법, 배달과정을 위생적으로 감독한다. 조리용 음식물이나 음료수를 적절히 품질관리한다. 음식물을 통조림할 때는 냉각수나 염소 소독한 물을 사용하고 갑각류나 어패류는 정기적으로 검사한다. 유행지역에서는 물을 반드시 끓여먹고, 조리사나 식품 유통업자는 식품을 적절히 냉동하고 항상 청결을 유지해야 한다. 샐러드 보관이나 냉동식품을 취급할 때는 주의사항에 대해 지도한다. 청결정도가 불분명할 때는 식품을 선별하여 조리하거나 익혀서 먹고, 과일은 껍질을 벗겨 먹는다.

예방접종 백신은 개발이 시도되었으나 아직 유용한 백신은 없다.

### (2) 아메바성 이질(Amoebic dysentery)

① 병원체

원충에 속하는 *Entamoeba histolytica*의 감염에 의해 발생한다. 소장하부 및 대장 조직 내에 대부분 기생한다. 아메바성 이질의 병원체는 발육기에 따라 영양형, 전포낭형, 포낭형, 후포낭형으로 나누어진다.

가. 영양형(Trophozoite)

구형으로 18~25㎛의 직경을 가진다. 하나의 구형 핵이 세포의 중심에 있고, 핵은 중심에 위치한 central karysome과 핵막의 안쪽에 붙어있는 미세한 peripheral chromatin으로 구성된다. 조직 안에서 기생할 때는 영양형만으로 존재하며 왕성한 탐식작용으로 적혈구와 숙주세포를 포함하는 경우가 흔하다. 이 시기가 감염된 조직에서의 병인이나 임상소견과 관련된다. 외계에 배출되면 곧 죽는다.

나. 전포낭형(Precyst)

운동이 중지되고 세포질 속에 포함되어 있던 불필요한 물질들이 방출되어 체적은 원형 내지 유원형으로 축소되나, 당원괴나 당원 공포 및 봉상의 유염색체 등은 남아 있다. 핵막은 약간 두텁고 핵소체는 약간 크게 보인다.

다. 포낭형(Cyst)

5~20㎛ 크기의 구형 또는 난형이고 포낭벽은 보다 두터워지며 광굴절성이 강하고 염색이 안 된다. 세포질 내의 함유물들은 포낭 전기형의 것들과 비슷하나 적혈

구는 보이지 않는다. 보통 2회의 감수분열로 핵은 4개로 나타나나 때로는 1~8개가 보이기도 한다. 핵막과 핵소체는 염색되지 않는다. 대변에서 검출되는 4핵성 포낭은 감염형이다. 건조에 대한 저항력은 비교적 약하나 수중에서는 9~30일간 생존하며, 습기진 환경하의 대변 내에서는 약 12일간, 실온에서는 2주일 이상, 그리고 냉동상태에서는 2개월 이상의 생존이 가능하다. 아메바의 포낭형은 생식과 전파를 함께 하는 시기이다. 따라서 포낭은 외계의 악조건, 즉 온도의 변화, 건조, 각종 유해물질, 위산이나 소화효소 등에 견디어 아메바가 살아남을 수 있는 시기이다. 역학적으로 그리고 보건학적으로 중요한 시기가 된다.

라. 후포낭형(Metacyst)

하나의 포낭형이 경구적으로 감염되면 소장 상부에서 소화액에 의하여 탈낭하여 4개의 영양형이 생기고, 곧 한 번 더 분열하여 8개의 영양형이 된다. 처음 생기는 초기 영양형을 포낭후형이라 한다. 음식물과 함께 대장으로 이동하여 정착하고 분열 증식한다. 직경이 비교적 작고 조직을 침입하는 능력이 매우 커서 능동적으로 파고들어 일차적인 병소를 만든다.

② 감염경로

아메바 포낭에 오염되어 있는 음식물이나 물의 경구섭취에 의해 감염된다. 포낭은 수도의 염소농도에 비교적 저항성을 나타내고, 성행위 감염은 경구나 항문 성 접촉에 의해서 감염된다.

③ 주요 증상

잠복기는 보통 3~4주일이다. 설사는 1일 수회에서 십수회로 세균성 이질만큼 심하지 않으며 복통도 심하지 않다. 대장의 표면점막이 괴사 탈락되어 궤양이 생기고 아메바가 증식함에 따라서 병소가 확대되어 이질증상이 나타난다. 열은 없으나 분변에 점액이 많고 분량도 많다.

④ 예 방

개인위생에 주의해야 하는데, 특히 배변 후의 위생에 대해서 철저히 교육한다. 조리 전에는 손을 잘 씻고, 날것은 잘 세척하여 먹는다.

## 2) 장티푸스(Typhoid fever)

### ① 병원체

*Salmonella Typhi*균 감염에 의한 급성 전신성 열성 질환으로 *S. typhi*는 사람만이 병원소이며, 길이가 2~3㎛, 직경이 0.6㎛ 정도의 gram 음성간균이다. 협막이 없고 아포를 생성하지 않으면서 운동성은 있다. *S. typhi*는 O항원과 H항원이 있어서 분류나 진단에 이용된다. 인체 외에서 *S. typhi*가 생존할 수 있는 시간은 대변에서는 60시간 내외, 물에서는 5~15일, 얼음에서는 3개월 내외이며, 아이스크림에서는 2년, 고여 있는 물에서는 6개월, 우유에서는 2~3일, 육류에서는 8주, 과일에서는 6일 등으로 되어 있으며, 생존기간이 비교적 길고 추위에도 강하여서 위생상태가 나쁜 지역에서 유행이 계속되는 원인이 되고 있다.

### ② 감염경로

환자나 보균자의 소변, 대변에 오염된 음식이나 물을 먹으면 감염된다. 균수가 1백만~10억 개 정도면 감염을 일으킨다. 더러운 물이 섞인 해저에서 자란 갑각류나 어패류(특히 굴), 배설물이 묻은 과일 등도 감염원이 된다. 또 보균자가 부주의하게 다룬 우유나 유제품도 원인이 되며, 파리가 오염물로부터 다른 음식물에 세균을 전파하기도 한다.

### ③ 주요 증상

잠복기는 보통 1~3주이나, 균수에 따라서 다르다. 발열, 두통, 권태감, 식욕부진, 상대적 서맥, 비종대, 장미진, 건성 기침 등이 주요한 증상이다. 발열은 서서히 상승하여 지속적인 발열이 되었다가 이장열이 되어 해열되는 특징적인 열 형태를 갖는다. 치료하지 않을 경우 병의 경과는 3~4주 정도이다. 일반적으로 설사보다 변비가 많다. 백혈구, 특히 호산구의 감소가 특징적이고 경증이 흔하나 중증의 비전형적 증상도 생긴다. 중증에서는 중추신경계 증상도 생긴다. 지속적인 발열, 무표정한 얼굴, 경도의 난청, 이하선염도 일어날 수 있다. 외과적 합병증으로는 장천공, 장폐색, 관절염, 골수염, 급성 담낭염, 농흉 등이 있다. 사망률은 10%이지만 조기에 항생제로 치료하면 1% 이하로 감소시킬 수 있다. 재발은 말기 치료의 5~10%에서 발생하고, 항생제 요법이 행해진 경우의 10~20%에서 생긴다. 경증 혹은 불현성 감염이 유행지역에서 흔하다.

④ 예 방

개인위생 및 철저한 환경위생이 가장 중요하다. 장기 보균자에 대한 관리가 중요하며, 2년간 보균검사를 실시한다. 예방접종은 고위험군에만 접종한다.

### 3) 파라티푸스(Paratyphoid fever)

① 병원체

*Salmonella enterica* 중 *Salmonella paratyphi* A, B(*S. schottmuelleri*), C(*S. hirschffeldii*)가 병원체이다. *S. paratyphi* A와 C는 사람에게만 기생하며 길이가 2~3㎛인 gram 음성간균으로 운동성이 있다. *S. paratyphi*는 bacteriophage에 의하여 세분화될 수 있으며, 현재까지 알려진 phage형은 *S. paratyphi* A는 8종, *S. paratyphi* B는 48종이 있다. 항원은 O항원과 H항원이 있다. 우리 몸 밖에서의 생존기간을 보면 대변에서는 60시간 내외, 물에서는 5~15일, 고여 있는 물에서는 6개월 이상을 살 수 있으며, 추위에도 강한 편이다.

② 감염경로

사람이 주 병원소이며, 드물게는 가축일 때도 있다. 보균자나 환자의 대소변에 직·간접적으로 접촉할 때 감염되는데, 흔히 환자나 보균자의 손에 의해 오염된 조개류, 우유 및 유제품 등의 음식물에 의한다.

③ 주요 증상

잠복기는 1~3주이다. 전염기는 병원체가 배설되는 기간인데, 보통 초기 증상의 발현시기부터 회복기까지로 대개 1~2주 정도로 영구보균자가 되는 빈도는 장티푸스보다 훨씬 적다. 지속적인 고열, 두통, 비장증대, 발진, 설사 등 장티푸스와 유사하다. 그러나 치사율은 낮은 편이다.

④ 예 방

상하수도 완비와 음료수 정화, 염소 소독이 관리에 있어 중요하다. 음식을 만들기 전 또는 배변 후에는 손을 깨끗이 씻도록 한다. 모든 우유나 식료품은 살균하고, 상업용 우유의 생산과정, 보관방법, 배달과정을 위생적으로 감독하고 조리용 음식물이나 음료수를 적절히 품질관리한다. 음식물을 통조림할 때는 냉각수나 염소 소독한 물을 사용하고, 갑각류나 어패류는 정기적으로 검사한다. 유행지역에서는 물을 반드시 끓여먹고, 조리사나 식품 유통업자는 식품을 적절히 냉동하고 항상 청결을 유지한다. 샐러드 보관이나 냉동식품을 다룰 때 주의할 사항에 대해 지도한다. 이는 가정이나 공공 식당에서도 마찬가지이다. 청결정도가 불분명할 때는 식품을 선별하여 조리하거나 익혀서 먹고, 과일의 껍질을 벗겨 먹는다. 유아기에는 모유 영양을 장려하고 모든 우유나 물을 소독한다. 보균자는 식품을 다루는 업무나 환자의 간호에 종사해서는 안 된다.

### 4) 콜레라(Cholera)

① 병원체

*Vrio Cholerae*균은 1.0~5.0 × 0.3~0.6㎛의 gram 음성간균으로, 한 개의 편모가 있어서 운동성이 활발하며 아포나 협막이 없다. 현재 분리된 콜레라균의 생물학적형(biotype)에는 인도지방 등에서 유래한 진성콜레라균(Classical)과 이의 생물학적 변이형인 엘토르(El Tor)형이 있으며, 주요 혈청군으로는 O1과 1992년 인도와 방글라데시에서 발견된 O139(V. cholerae Bengal)가 있다. 공통으로 편모(H) 항원을 가지며, 균체(O)항원에 의하여 여러 가지 혈청군으로 분류된다. O1 혈청군은 다시 Ogawa형, Inaba형, Hikoshima형의 세 가지 혈청형으로 분류된다. pH 6.0 이하나 56℃에서 15분간 가열하면 사멸한다. 끓는 물에서는 순간적으로 죽으며, 실온에서는 약 2주, 물에서는 수일간, 그리고 하천과 해수에서는 더 오래 생존한다. 냉장이나 냉동상태에서는 증식되지는 않지만 균이 죽지 않는다.

② 감염경로

콜레라균은 주로 오염된 식수나 음식물, 과일, 채소 특히 연안에서 잡히는 어패류를 먹어 감염되며, 장례식 등 많은 사람이 모이는 경우 오염된 음식물을 통해 집단발생이 일어날 수 있다. 환자의 구토물이나 분변 속에 배설된 콜레라균에 의해 경구감염도 가능하다. 환자의 균 배출기간은 약 2~3일 정도로 짧고, 감염에는 1억~1,000억 개에 이르는 많은 수의 균이 필요하므로 직접 접촉전파는 유행에 큰 구실을 하지 못한다.

③ 주요 증상

잠복기는 6시간에서 길게는 5일 정도이며, 대개 24시간 내외에 발생한다. 전형적인 증상은 잠복기가 지난 후 과다한 물설사가 갑자기 시작되고, 구토가 동반될 수 있으며, 설사로 인한 순환기계 허탈 증세와 쇼크를 나타낼 수 있다. 보통 복통은 없다. 심한 경우 쌀뜨물 같은 설사와 함께 구토, 발열, 복부통증이 있을 수 있고, 극심한 설사로 인해 심한 탈수현상을 초래하여 적절한 치료를 하지 않으면 사망할 수도 있다. 무증상 감염자나 만성보균자가 존재할 수 있으며, El Tor형은 무증상 또는 경미한 감염의 빈도가 높다. 치료하지 않는 경우 전형적인 환자의 25~50%에서 치명적일 수 있으나, 최근의 El Tor형의 경우에는 적절한 치료를 받는 경우 사망률은 1% 미만이다.

④ 예 방

제일 효과적인 방법은 오염된 음식물이나 식수의 섭취를 금하는 것이다. 물은 반드시 끓여 먹고, 음식물을 준비하거나 취급할 때 철저히 끓이거나 익혀서 먹어야 한다. 개인위생관리를 철저히 하며, 특히 음식물을 취급하기 전과 배변 뒤에 손을 씻어야 한다.

### 5) 디프테리아(Diphtheria)

① 병원체

디프테리아균(*Corynebacterium diphtheriae*) 감염에 의한 호흡기 점막과 피부의 국소 질환이다. 디프테리아균은 길이 1~8㎛, 폭 0.3~0.8㎛인 gram 양성 간균이지만, 염색성은 일정하지 않다. 아포는 없고, 협막과 운동성도 없는 형태가 다양한 세균이다. 콜로니의 형태에 따라 mitis, medium, gravis의 3형으로 분류된다.

② 감염경로

환자나 보균자와 직접 접촉에 의해 감염된다. 드물게 분비물을 통한 간접감염도 있고, 생우유가 원인이 되기도 한다.

③ 주요 증상

잠복기는 2~6일로 흡수된 세포독소에 의한 후기 증상은 2~6주 후에 나타나서 뇌신경, 지각을 마비시킨다. 또 심근염은 비교적 빠른 1~2주 후에 생기고, 종종 중증이 되어 돌연사한다. 인두, 후두, 코, 때로는 다른 점막과 피부, 극히 드물게는 결막, 음부를 침범하는 급성질환이다. 특이적 세포독소에 의한 회백색의 위막이 감염된 인두와 피부에 형성, 부착되는 것이 주요 징후이다. 인두 편도 디프테리아에서는 가벼운 인두통과 림프절 종창, 동통이 있으며, 중증 환자에서는 경부 종창이 뚜렷하다. 후두 디프테리아는 호흡 곤란을 동반하여 중증이 된다. 비디프테리아는 보통 일측성으로 나타나고, 경증 또는 만성의 콧물과 점막 박리를 초래하여 장액, 혈성 분비물이 나온다. 불현성 감염도 많다. 일정하지 않은 증상을 초래하고, 수포성 피부농포 등과 구별하기 어렵다. 피부 디프테리아 이외의 사망률은 5~10%로 지난 50년간 변화가 없었다. 백신 접종에 의해 현재는 발생률이 거의 없다.

④ 예 방

예방접종이 중요한데 기초접종은 DTaP로 생후 2개월, 4개월, 6개월에 3회에 걸쳐서 한다. 이 후 15~18개월에 4차, 만 4~6세에 5차 추가접종을 DTaP로 하고 만 11~12세에 6차 추가접종을 Td로 접종받도록 하고 있다.

### 6) 성홍열(Scarlet fever)

① 병원체

성홍열 균은 A군 $\beta$-용혈성 연쇄구균으로 M단백질에 의하여 80여 종의 형으로 분류된다. Group A 용혈성 연쇄구균 용연구균은 여러 가지 질병의 요인이 되며 흔히 발생하는 것이 인후염, 성홍열 및 농가진이다. 일반적으로 적혈구를 파괴시키는 용혈성(hemolysis)에 따라 3가지로 나뉘는데, $\alpha$, $\beta$, $\delta$ 중에서 적혈구를 완전히 용혈시키는 것은 $\beta$-용혈성 연쇄구균이며, 병원성이 아주 강하다.

② 감염경로

호흡기 분비물 비말감염 또는 직·간접적인 환자나 보균자와의 접촉에 의하여 감염된다. 비강 보균자는 특히 유행의 원인이 되며, 드물게는 손이나 물건을 통한 간접 접촉에 의해서도 전파된다. 혹은 균에 오염된 우유, 아이스크림이나 기타 음식물을 통해서 전파될 수도 있다.

③ 주요 증상

잠복기는 1~7일이며, 12~48시간 후에 전형적인 발진이 나타난다. 갑자기 시작되는 발열, 두통, 구토, 복통, 오한 및 인후염이 특징이다. 발열은 39~40℃까지 이를 수 있으며, 치료하지 않으면 5~7일간 지속된다. 인후는 심하게 충혈되어 진한 붉은 고기색깔을 띠는 수가 많으며, 연구개와 목젖 위에 출혈 반점이 나타난다. 또한 편도선이나 인두 후부에 점액 농성 삼출액이 덮여 있는 수도 있으며, 림프절이 부어 있는 경우가 많다. 혀는 처음에는 회백색으로 덮이고, 유두(papillae)가 현저하게 두드러지며(white strawberry tongue), 며칠 후에는 혀에 덮인 것이 벗겨져 붉은 고기 색깔을 띠고, 유두가 부어 붉은 딸기 모양이 된다(red strawberry tongue 또는 raspberry tongue). 발진은 미만성으로 선홍색의 작은 구진이 나타나며 햇빛에 탄 피부에 소름이 끼친 것같이 보이기도 한다. 발진을 손가락으로 누르면 퇴색하였다가 손가락을 떼면 다시 나타난다. 발진은 발열, 인후통, 구토의 삼주증상(triad)이 있은 후 12~48시간 뒤에 미만성의 선홍색 작은 구진이 목, 겨드랑이, 사타구니에서 생겨 몸통이나 사지로 퍼져 나가며, 이마와 뺨은 홍조를 띠고 입 주위가 창백해 보인다. 발진은 사타구니, 겨드랑이 및 압박을 받는 부위에 현저하며 점상출혈이 있을 수 있다. 손가락으로 눌러도 없어지지 않는 주름 잡힌 부위의 횡선이 생기기도 한다. 발진은 3~7일 내에 사라진다. 발진 후에는 피부박리가 얼굴에서 몸통에 이어 손, 발로 진행된다. 중이염, 경부 림프절염, 부비동염, 기관지 폐렴 등의 화농성 합병증과 급성 사구체 신염, 류마티스열 등의 비화농성 합병증이 생길 수 있다.

④ 예 방

화농성 분비물과 오염된 물건은 소독해야 하며, 유행상태에 있는 환자와 접촉한

가족은 검사해 봐야 하고, 잠복기 동안 관찰해야 한다.

### 7) 장출혈성 대장균감염증(Enterohemorrhagic *E. coli*; EHEC)

① 병원체

장출혈성대장균(*Enterohemorrhagic Escherichia coli*) 감염에 의한 출혈성 장염을 일으키는 질환이다. 주요 원인균에는 O157 : H7이 있다. 그 밖에 O17 : H18, O26 : H11, O11 : H8 등이 있다. 특징적인 장점막 부착성을 가지며, 내산성으로 pH 2~4에서 생존 가능하다. 균 자체는 70℃에서 2분이면 죽는다.

② 감염경로

주된 원인은 오염된 분쇄한 육류이다. 충분히 멸균되지 않은 우유, 주스나 오염된 야채, 샐러드도 원인이 될 수 있다. 오염된 호수, 풀장에서의 수영이나 염소 소독이 충분하지 않은 물을 마셔 수인성 전파가 일어날 수 있다. 사람 간 전파도 쉽게 일어날 수 있는데, 특히 밀집된 환경에서 2차 감염이 잘 일어나므로 소아 집단시설에서의 관리가 어려운 면이 있다.

③ 주요 증상

발열을 동반하지 않는 급성 혈변 설사와 경련성 복통이 특징이다. 설사는 경증으로 혈액을 포함하지 않는 것에서부터 대부분 혈액만 나오는 상태까지 다양하다. 발열이 없고 설사변에 백혈구가 없는 것이 다른 질환과 감별할 수 있는 특징이다. 대개 1주일이면 치유된다. *Shigella*의 장독소(Shiga 독소 I형 및 II형, Vero독소)를 생산하는 균주에 감염되면 용혈성 요독 증후군이나 혈전성 혈소판 감소증 등의 합병증이 생길 수 있다. 유아에서는 약 10%까지 합병되고 합병자 중에 2~7%가 사망하며, 고령자의 경우 용혈성 요독 증후군의 사망률은 50%에 달한다.

④ 예 방

육류 제품은 충분히 익혀서 섭취하고, 날것으로 섭취하는 야채류는 염소 처리한 청결한 물로 잘 씻어 섭취한다. 철저한 개인위생(손 씻기 등) 수칙의 준수가 필요하다. 주된 병원소인 소를 비롯한 가축 사육 목장에 대한 종합적 방역 감시와 도축장 및 육류 가공처리 과정에 대한 오염방지책을 수립하고 위험 식품에 대한 지속적 감시체계가 마련되어야 한다.

## 5. 바이러스성 감염병

### 1) A형 간염(Hepatitis A)

① 병원체

A형 간염바이러스(hepatitis A virus; HAV)에 의해 발병하며, 이 바이러스는 직경 27nm인 구형 바이러스로 핵산은 단일사슬의 RNA이다. 에테르, 산(pH 3.0)에는 안정하지만 100℃에서 5분간 가열하면 불활성화된다. 선진국형으로 변화되어 1995년 이후 10~30세의 A형 간염 환자가 증가하고 있다.

② 감염경로

A형 간염 바이러스에 오염된 음식물에 의해서 감염되거나 환자의 대변을 통한 경구 감염, 주사기를 통한 감염(습관성 약물 중독자), 혈액제제를 통해서 감염된다. 또는 환자를 통해 가족이나 친척에게 전파되거나 인구밀도가 높은 군인, 고아원, 탁아소에서 집단 발생한다.

③ 주요 증상

잠복기는 15~45일로 증상발현 2주 전부터 황달 발생 후 2주까지 바이러스 배출이 가장 왕성하다. 주요 증상으로는 발열, 식욕감퇴, 구역, 구토, 쇠약감, 복통, 설사 등을 나타내 다른 바이러스 간염과 유사한 증상을 보인다. 소아의 대부분은 증상이 없는 불현성 감염(6세 이하에서 약 50%가 무증상)을 보이나, 연령이 높아질수록 증상이 심해진다.

④ 예 방

조리하기 전이나 배변 후의 반드시 깨끗이 손을 씻도록 하고, 상·하수도를 정비하고 식수원의 오염을 방지하도록 해야 한다. 굴, 모시조개의 생식을 금하며 충분히 가열하여 섭취한다. 식품과 식품 취급자의 위생관리를 철저히 해야 한다. A형 간염 백신을 접종한다.

## 2) E형 간염(Hepatitis E)

① 병원체

직경이 32~34nm로써 염류의 고농도에 노출시 불안정한 상태로 나타나며, 단백질로 둘러싸인 단일의 RNA 물질인 E형 간염바이러스(hepatitis E. virus; HEV)에 의해 발병한다.

② 감염경로

돼지 등 동물성 식품에 의해서 매개되지만 주로 분변으로 오염된 물로 인해 경구적으로 전파되는 것으로 알려졌다. 치사율이 낮으나 임산부의 사망률은 20%로 높고 일반적인 사망률은 1~2%이며 A형간염보다 10배 높은 경향을 볼 수 있다. 그리고 15세 이상 성인의 감수성이 높다. 감염량은 아직 알려지지 않고 있고 감염자의 배설물을 통해 전파된다. 특히 여행자에 의해 들어올 가능성이 크다.

③ 주요 증상

잠복기는 22~60일 범위로 유행이 40일 정도이다. 증상은 메스꺼움, 흑변, 복통, 구토, 어지러움, 발열, 관절통 등을 거쳐 대부분 모든 환자에서 간종양이 보이고 환자 중 간장염, 신장파괴 후 출혈 등으로 사망에까지 이를 수 있다.

④ 예 방

사람과 동물의 분변에 오염되지 않도록 식수원관리를 철저히 해야 한다. 또 식수의 공급에 있어서 물의 품질을 적극적으로 개선하여 바이러스가 검출되지 않도록 힘써야 할 것이다. 또 간염이 유행할 때는 사람 간의 접촉에 유의해야 한다.

### 3) 소아마비(급성회백수염, Poliomyelitis)

① 병원체

*Enterovirus*속의 poliovirus 1, 2, 3형이 있는데 poliovirus 1형이 많고, 3형이 그 다음으로 많다.

② 감염경로

백신 도입 전에는 전 세계적으로 발생했지만, WHO의 박멸 노력과 생활수준의 향상으로 현재는 인도에 많이 발생하고 이 밖에 서아프리카, 중앙아프리카의 일부 지역에만 존재한다. 또한 전 세계 환자의 반 수가 있는 인도에서도 박멸 노력의 성과로 많이 감소하였다. 선진국에서는 백신 미접종자에서 발생하며, 온대 지방의 유행은 늦여름부터 초가을에 걸쳐 나타나고, 열대 지방에서는 더운 우기에 발생한다. 주로 소아감염이 많다. 사람 대 사람으로의 직접 감염, 특히 경구감염으로 된다. 환경위생이 잘 정비된 지역에서는 인두·후두 분비물에 의해서 감염된다.

③ 주요 증상

잠복기는 마비형은 3~35일이며, 보통 7~14일 사이이다. 경증에서는 가벼운 발열만 있거나 발열, 권태감, 두통, 구토나 설사 등 위장염과 같은 증상을 나타낸다. 감염자의 4~8%가 이와 같은 증상이 나타나며 치료는 수시간에서 2~3일 내에 회복된다. 또 소수의 환자에서는 바이러스가 소화관의 림프절로부터 신경조직으로 침입한다. 신경에 들어가면 근육통, 경부·배부의 경직이 일어나며, 일부에서는 이완성 마비가 3~4일 사이에 생기게 되며, 대개 불현성으로 혹은 발열과 함께 갑자기 발생한다. 비대칭성 마비가 특징으로 하지에 많으며, 호흡근이나 연하근이 이환되면 치명적이다. 회복기에 마비는 어느 정도 호전되지만, 60일 후에도 지속되면 영구적으로 남게 된다. 감염자 중 90% 이상이 무증상이고, 경증으로 지나간다. 이완성 마비를 나타내는 것은 감염자의 1% 이하이며, 약 1%의 환자에서 무균성 수막염이 합병된다.

④ 예 방

경구 생백신이나 주사용 불활화백신이 모두 유용하다. 생백신이 많이 사용되지만, 병용하는 나라도 있다. 3회 접종하면 1형, 2형, 3형 모두에 대해 거의 100%의 방어력이 생기기 때문에 보통 3회 이상 접종하고 있다. 국가별 또는 유행의 정도별로 접종 스케줄이 조금씩 다르다. 성인은 유행지로 여행하거나 유행지의 의료에 종사하는 경우 백신을 3회 접종받도록 권고하고 있다. 1~2개월 간격으로 2회 접종 후 6~12개월 후에 3번째 백신을 접종받으며, 소아기에 접종을 받았으면 추가로 1회 투여한다. 약 500만 명 중 1명 정도에서 경구생백신으로 인한 마비가 나타난다.

### 4) 전염성 설사증(Epidemic gastroenteritis)

전염성 설사증은 미국에서 오래 전부터 '유행성 위장염' 또는 Gordon씨에 의해 '급성비열성 비세균성 위장염'으로 불려진 질병으로, 1947~1948년 일본에서 전국적으로 유행한 설사병으로 후에 '바이러스성 설사병' 또는 '바이러스성 위장염'으로 알려졌다. 설사증을 일으키는 바이러스는 노로바이러스(Norwalk virus 및 Norwalk-like virus) 등의 소형구형바이러스와 로타바이러스 A, B, C군 등 많은 종류의 바이러스가 있다.

### 5) 천열(이즈미열, Izumi fever)

#### ① 병원체

병원체는 바이러스이다.

#### ② 감염경로

대부분 음식과 물을 통해 감염되지만 직접감염도 있다. 물을 통한 감염은 위생환경이 불량한 지역의 우물에서 발생한 경우가 있었다. 5월을 중심으로 봄철에 많이 발생하며 2~10세에 많이 발병한다. 급성 발진성 질환으로 천열이라고도 불린다.

#### ③ 주요 증상

잠복기는 보통 2~10일이며, 식품에 의해 감염될 때는 평균 7일, 물에 의한 전염인 경우 평균 9일이다. 증상은 두통과 함께 39℃ 이상의 고열을 일으키며 발병과 동시에 또는 2~3일 늦게 발진이 나타난다.

④ 예 방

우물 등 공동 식수시설의 소독과 하수처리를 철저히 하고, 쥐, 진드기 구제 등을 실시하여야 한다.

## 6. 인수공통감염병(인축공통감염병)

인수공통감염병이란 사람과 동물(특히 척추동물)에서 같은 병원체에 의해 발생하는 질병을 말한다. 즉 동물뿐만 아니라 사람에게도 이환되는 감염병을 말한다. 인수공통감염병은 전 세계적으로 약 180여 종이 알려져 있고, 병원체로는 세균, 바이러스, 리케치아, 곰팡이, 플라스마, 기생충 등이 있다.

〈표 4-6〉 **병원체에 따른 인수공통감염병의 분류**

| 병원체 | 인수공통감염병 |
|---|---|
| 세균 | 결핵, 탄저, 브루셀라증, 돈단독, 리스테리아, 야토병 |
| 리케차 | 발진열, 발진티푸스, Q열, 쯔쯔가무시병 |
| 바이러스 | 일본뇌염, 인플루엔자, 광견병, 유행성출혈열 |
| 기타(변형 프리온 단백질) | 광우병(소해면상 뇌증 : BSE) |

### 1) 주요 인수공통감염병

#### (1) 결 핵

① 병원체

결핵균은 운동성이 없으며, 균체 길이는 2~4㎛ 정도 되는 간균이다. 세포벽은 다른 균에 비해 지질함량이 25% 이상 많아서 건조한 환경에서도 잘 견디고 알코올, 알칼리, 산이나 살균제 및 일반 항균제에도 저항성을 나타내며 열과 빛에 대해서는 약하다. 또한 이 지질은 숙주의 독성과 면역반응에 중요한 역할을 한다. 결핵균의 증식은 $O_2$ 공급과 밀접한 관계가 있어 가장 잘 자라는 $O_2$ 분압은 140mmHg이며, 인체 내에서 환기/혈류비가 가장 높은 폐첨부의 $O_2$ 분압이 120~130mmHg로 높아서 여기에 잘 발생한다. 인형결핵균은 A형, I형, B형, C형 4가지 종류가 있다. 결핵균은 독소를 생산하지 않지만, 균이 숙주의 방어기전을 이기고 조직 내에서 증식할 수 있으므로 병원성을 보인다.

② 감염경로

폐결핵 및 후두결핵 환자에서 나오는 비말핵을 흡입하여 감염되며, 후두결핵은 감염성이 매우 높다. 점막과 상처 난 피부를 통해 직접감염이 일어날 수 있지만 매우 드물다. 폐외결핵은 배농관(draining sinus)이 형성될 때에 전염력이 있을 수 있다. 우형결핵은 저온살균하지 않은 우유나 유제품을 섭취할 때 생기고, 농민이나 가축을 다루는 사람에서 공기를 통해 감염되기도 한다.

③ 주요 증상

잠복기는 4~6주이고 가벼운 기침 등의 증상을 수반하지만, 폐결핵환자의 대부분은 만성경과를 보이고 병변이 상당히 진행될 때까지는 뚜렷한 증세가 없다. 만약 증세가 있어도 비특이적이어서 발견되기 어렵다. 일단 증세가 나타나기 시작하면 병감, 피로감, 식욕감퇴, 체중감소가 있고 열은 39~40℃까지도 나지만, 오후에 높고 야간에는 해열되면서 땀이 많이 흐른다. 열이 많이 나더라도 다른 감염증과는 달리 그리 괴로워하지 않고 비교적 무관심하다. 국소적인 증세로는 기침과 가래가 나오지만, 병소가 작으면 뚜렷하지 않으며 공동이 생기면 가래가 많이 나오고 점액농성이던 것이 화농성이 된다. 기침이 진행되면 객혈을 호소하기도 하나, 반면에 무증상의 환자가 의외로 상당히 진행된 경우에도 종종 보게 된다. 객혈은 공동이나 기관지의 미란(erosion)이 있을 때에 생기고 보통은 소량이다. 흉통은 병변이 흉막으로 파급하였을 때 생기며 일측성이고, 미열, 호흡곤란 등을 호소한다.

④ 예 방

국내에서는 모든 영유아를 대상으로 BCG 예방접종을 받도록 하고 있다. 생후 4주 이내에 접종하고 늦어도 첫 번째 생일 이전까지는 접종을 받도록 권장하고 있다.

### (2) 탄저(Anthrax)

① 병원체

탄저균은 gram 양성 간균으로 아포를 형성할 수 있다. 운동성은 없으며, 병을 일으키는데는 탄저균에 의한 병독소가 관여한다.

② 감염경로

초식동물의 질환으로 사람이나 육식동물은 기회숙주이다. 선진국에서는 때때로 산발적으로 발생한 예가 있으며, 농업이나 축산업 종사자, 동물 처리업자나 수의사 등에서 발생한다. 탄저병에 걸린 동물이 많은 남아메리카, 아시아, 동유럽, 아프리카 등지의 농업지역에서는 풍토병으로 발생한다. 1979년에는 러시아의 생물 병기 공장에서 흡입감염 사고가 일어나 66명이 사망하였다. 국내에서는 1990년대 초 경주에서, 2000년에 경남 창녕에서 오염된 육류를 먹고 발생한 사례가 있다. 소, 양, 염소, 말 등 초식동물이 보유 숙주이며, 가축이나 야생 동물도 보유 숙주이다. 탄저로 동물이 사망하였을 때 균을 주위에 퍼뜨리게 된다. 피부감염은 감염 동물이 죽었을 때 사체와 접촉하여 발생하지만, 파리가 매개되는 경우도 있으며, 오염된 털, 모피나 모피 제품을 통해서도 가능하다. 또 오염된 토양을 통한 감염이나 양모나 모피를 다루는 공장 등에서 생성된 아포 에어로졸을 흡입하여 발생하기도 한다. 인후감염이나 장감염은 오염된 육류를 먹어서 발생하며, 실험실 내 감염도 발생할 수 있다. 사람과 사람 사이의 전파는 매우 드물다. 아포는 몇 십 년이 지난 후에도 감염성을 가진다. 불분명하지만 불현성 감염도 있다고 추측된다. 재감염도 발생할 수 있으나 보고된 사례는 거의 없다.

③ 주요 증상

잠복기는 보통은 2일 이내이다. 탄저병은 급성 감염성 질환으로 대부분 피부를 침범하고, 드물게는 구인두, 하부 호흡기, 종격동, 소화관을 침범하기도 한다. 피부

탄저는 노출 부위의 가려움증으로 시작되고, 구진, 수포화를 거쳐 2~6일 후에는 움푹 들어간 흑색 가피(탄저농포)가 형성되는 것이 특징이다. 이 병변은 현저한 부종(탄저부종)으로 둘러싸이고, 때때로 이차성 수포 병변이 나타난다. 흔한 병변부위로는 머리, 이마, 손 등이다. 치료하지 않을 경우 소속 림프절과 혈류에 침입하여 중증 패혈증과 수막염을 일으킬 수 있으며, 사망률은 5~20%이다. 경증은 2~3주면 치료되고 치료에도 잘 반응하지만, 항균제 치료를 시작하더라도 피부병변은 진행하는 특징이 있다. 적절한 항생제로 치료하면 거의 사망하지 않는다. 폐 혹은 장탄저는 극히 드물게 발생한다. 흡입이나 경구감염에 의해 인두나 하기도 등의 호흡기, 종격, 장관에 세균이 침범한다. 폐탄저 초기에는 감기와 비슷한 경미하고 비특이적 증상으로 시작되지만, 3~5일 사이에 호흡부전, X선상 종격동 확장, 발열, 쇼크로 진행하여 사망하게 된다. 장탄저는 드물고 발견도 어렵다. 전형적인 장탄저는 복통 후 발열, 패혈증, 사망에 이르는 경과를 보인다.

④ 예 방

탄저가 의심되는 동물 사체는 다루기 전에 혈액을 채취하여 탄저인지 아닌지를 밝힌다. 아포는 장기간에 걸쳐 감염성을 가지기 때문에 동물 사체는 소각하여야 하며, 불가능할 경우에는 동물을 파내지 못하도록 깊게 묻어야 한다. 오염 가능성이 있는 동물을 다루는 종사자들이나 B. anthracis를 다루는 실험실 종사자들에게 백신을 접종한다.

### (3) 전염성 해면상뇌증(TSE)

사람을 포함하여 소, 양, 염소, 사슴, 밍크, 고양이 등에 전염될 수 있고, 소와 사람의 경우 동물의 사체를 먹음으로써 원인 물질이 전이되므로 이 병을 총칭해서 전염성 해면뇌상증(Transmissible Spongiform Encephalopathy; TSE)이라고 한다.

TSE는 동물의 종에 따라 소의 해면상뇌증(Bovine Spongiform Encephalopathy; BSE), 면양 및 산양의 스크래피(Scrapie), 사슴류의 만성소모성질병(Chronic Wasting Disease; CWD), 밍크의 전염성 밍크뇌증(Transmissible Mink Encephalopathy; TME), 고양이해면상뇌증(Feline Spongiform Encephalopathy; FSE),

사람의 변형 크로이츠펠트-야콥병(Variant Creutzfedt-Jakob Disease; vDJD) 등으로 분류된다.

① 병원체

변형 프리온 단백질이 병원체이고 열, 자외선, 화학물질 및 단백질 분해효소에 저항성을 가지고 있다. 600℃ 건열에서 15분 동안 견딜 수 있다. 그러나 습열 133℃에서 20분, 2% 차아염소산나트륨, 강한 가성소다 용액에 의해 감염력이 불활성화된다.

② 감염경로 및 주요 증상

감염경로 및 주요 증상은 〈표 4-7〉과 같다.

〈표 4-7〉 **동물종에 따른 전염성 해면상뇌증(TSE)의 종류**

| | 스크래피 | CWD | BSE | vCJD |
|---|---|---|---|---|
| 최초 보고 | 1732년 영국 | 1967년 미국 | 1986년 영국 | 1996년 영국 |
| 동 물 | 면양/염소 | 사슴/엘크 | 반추동물/고양이 | 인 간 |
| 감염경로 | 태반, 체액접촉 전염성 | 직접 접촉, 환경전염성 | 감염된 사체의 섭취, 비전염성 | 감염된 소의 내장 섭취, 비전염성 |
| 잠복기 | 2~5년 | 1~3년 | 4~5년 | 10~15년 |
| 증 상 | 이상행동, 불안, 공격적, 이후 가려움증, 과민증, 운동장해 | 이상행동, 반복행동 이후 식욕감퇴, 체중감소, 침흘림, 주저앉음 | 이상행동, 불안 발길질, 이갊, 발광, 운동장해, 체중감소 | 우울증, 불안, 성격변화, 관절, 얼굴몸 통증, 행동 언어장애, 기억상실 |
| 질병기간 | 1~6개월 | 2~3개월 | 1~3개월 | 12~18개월 |
| 발병최소연령 | 24개월 | 12개월 | 22개월 | 청소년기 |
| 프리온 단백질 | 중추신경계 | 뇌, 뇌하수체 | - | - |
| 축적부위 | 비장(지라), 림프구, 태반, 내장, 혈액, 췌장, 자궁, 간, 근육 | 척수, 눈, 편도선, 림프, 비장, 췌장, 말초신경 | 뇌, 척수, 눈, 편도선, 삼차신경절, 소장, 눈꺼풀 | 뇌, 뇌하수체, 척수, 눈, 편도선, 림프구, 비장 |

자료출처 : 식품위생사건백서 II, 이철호, 2005.

③ 예 방

우리나라는 동물의 특정위험물질을 먹인 사료를 식용으로 사용하지 않았기 때문에 다행이지만 살코기 이외 즐겨먹는 부산물에 대해 설정된 부위의 제거방법, 제거된 특정위험물질의 처리방법 등을 법으로 제정해야 할 것이다. 또 우리나라는 사슴을 먹는 국민으로서 CWD 병이나 미국이나 캐나다산 수입 사슴육을 먹고 발생했으므로 전혀 광우병을 배제할 수 없다. 아울러 한국 국민의 유전자형이 광우병에 위험성이 매우 높은 인자형을 가지고 있어 특별주의가 필요하다.

현재 우리나라에는 소해면상뇌증이 발생하고 있지 않으므로 국내에 이 질병이 유입되지 않도록 하는 것이 최선의 방역대책으로써 철저한 검역을 통하여 소해면상뇌증 발생국산 반추류 동물이나 그 생산물(우유 및 유제품, 원피 제외)이 수입되지 않도록 해야 한다.

국내에 소해면상뇌증으로 의심되는 임상증상이 나타나는 의사환축이 발생하는 즉시 방역기관에 신고하여 최단 시간 내에 정밀진단이 이뤄져야 하며, 조기에 발견하여 박멸함으로써 양축농가 및 축산업의 피해를 최소화하고 안전한 축산물을 국민에 공급하는 데 방역의 초점이 맞추어져야 한다.

### (4) 브루셀라증(Brucellosis)

① 병원체

*B. abortus, B. melitensis, B. suis, B. canis*가 원인균이다.

② 감염경로

경피감염 또는 식품매개(유제품 등)로 감염된다. 즉 감염된 동물 혹은 동물의 혈액, 대소변, 태반 등에 있던 병원균이 상처난 피부나 결막을 통해 전파되기도 하고, 멸균처리 안 된 유제품을 섭취함으로써 사람으로 전파된다.

감염된 동물과 접하는 기회가 있는 직업에 종사하는 사람이나 수의사 등의 직업병으로 유행 지역의 수의사는 거의 100%가 항체를 가지고 있다.

③ 주요 증상

잠복기는 5~60일, 통상은 1~2개월이다. 급성 혹은 서서히 발병하며, 지속적 혹은 간헐적으로 일정하지 않은 기간 계속되는 발열이 특징이다. 두통, 허탈, 다량의 발한, 오한, 관절통, 체중 감소, 전신통을 동반한다. 간비종대나 다른 장기에 화농성 병변을 형성하는 일이 있다.

증상은 수주부터 수개월까지 계속되며 치료하지 않으면 몇 년씩 계속되거나 재발한다. 치료하지 않을 경우 사망률은 2% 이하이고, 대개는 Brucella melitensis에 의한 심내막염으로 사망한다.

④ 예 방

살균되지 않은 우유나 유제품을 섭취하지 않도록 주의한다. 감염된 동물의 혈액, 소변 또는 유산으로 배출된 태아, 태반 등 조직과의 접촉을 피한다. 수의사, 목부, 수육 검사자, 도축장 종사자, 실험실 근무자 등은 감염을 막기 위해 보호안경, 보호장갑, 보호복을 착용한다.

### (5) 돈단독(Swine erysipelas)

주로 3~12개월된 돼지가 걸리는 세균성 전염병이다. 돼지의 귀나 목 등에 붉은 반점이 생긴다.

① 병원체

돼지단독균으로서 저항성이 높아 말리거나, 소금에 절이거나, 훈연한 돼지고기에서도 생존할 수 있다. 또 어류의 점액 중에도 균이 들어있는 경우가 있으므로 사료로 사용되는 어분 중에도 들어있을 수 있다.

② 감염경로

한국에서는 여름철에 많이 발생하며 오염된 사료 등에 의한 경구감염, 피부의 상처, 파리, 감염된 쥐에 의해서도 전파가 가능하다.

③ 주요 증상

잠복기는 4~19일이고 주요 증상은 급성패혈증형, 다이아몬드 피부병이라고도 하는 두드러기 모양의 피부형, 다발성 관절염이 특징인 관절염형, 우상심내막염의 심내막형 등 네 가지 임상형이 있다. 치료는 병초에 페니실린이나 면역혈청이 효과가 있고 약독화생균 백신으로 좋은 면역효과를 얻을 수 있다.

④ 예 방

원인균은 일반돈사 환경 내의 어느 곳이나 존재가능하며, 임상적으로 건강한 돼지에 의해서 전파가 이루어지기 때문에 완전한 예방대책은 없다. 그러므로 백신접종을 포함해서 돼지의 건강관리를 위해서 세심한 주의를 기울이는 것이 무엇보다 중요하다.

### (6) 리스테리아증(Listeriosis)

소, 양, 말, 돼지, 산양 등의 가축이나 닭, 오리 등의 가금류에 감염되어 수막염과 패혈증을 일으킨다. 사람에게는 흔한 감염증은 아니나 임산부의 경우 자궁 내 감염으로 태아가 사망할 수도 있다.

① 병원체

*Listeria monocytogenes*로 혐기성의 gram 양성 간균이며 포자는 없다. 최적 발육온도는 30~37℃이고 최적 pH는 7.0이다. 자연환경에 저항성이 강하고 분변, 식품 등에서 수개월 동안 생존이 가능하다. 63℃, 5분간의 가열에도 견딜 뿐 아니라 호냉성이므로 식품의 냉장 저장에도 증식이 가능하다. −18℃ 이하의 냉동 온도에서는 발육이 불가능하다.

② 감염경로

사람은 감염동물과 직접접촉 감염 및 오염된 식육이나 유제품 등에 의한 경구감염이 주이며, 때로는 오염된 먼지의 흡입을 통하여 감염되기도 한다.

③ 주요 증상

잠복기는 12시간~21일이다. 증상은 임산부가 감염되면 자신은 증상이 없더라도 태반을 통한 태아감염으로 자연유산, 조산 및 사산을 일으키며 신생아의 감염시 패혈증, 수막염을 일으켜 치명률이 높고 일반 성인의 경우 수막염, 수막뇌염, 폐렴, 패혈성 관절염, 골수염, 복막염, 간염 등으로 진행된다. 치사율은 20~30%이다.

④ 예 방

가축의 예방접종 실시와 위생관리를 철저히 한다. 우유의 살균을 철저히 하며 면역이 약화된 환자나 임산부는 감염환자의 접촉을 피한다. 농부나 수의사들은 유산된 새끼를 취급할 때 주의하며 가축에 노출되지 않도록 한다.

### (7) Q열(Q-fever)

① 병원체

*Coxiella burnetii*에 의한 급성 전염병이다.

② 감염경로

감염된 소, 양, 염소 등의 출산시 양수 및 태반을 통해 병원체가 고농도로 배출되므로 이들 태반물질, 양수, 기타 체액 등에 오염된 먼지를 흡입했을 때 감염위험이 높다. 멸균처리 안 된 유제품이나 오염된 음식을 섭취했을 때 일어난다. 진드기에 물려서 감염되는 경우나 사람 간의 전파는 드물다.

③ 주요 증상

잠복기는 2~3주 정도이다. 감염된 사람 중 절반 정도의 사람에게만 증상이 있다. 급성 Q열은 갑작스런 고열, 심한 두통, 전신 불쾌감(general malaise), 근육통, 혼미, 인후통, 오한, 발한, 가래 없는 기침(non-productive cough), 오심, 구토, 설사, 복통, 흉통이 주요 증상이고 발열은 1주 내지 2주간 지속되며 체중감소가 상당기간 지속될 수 있다. 그리고 환자의 30% 내지 50%는 폐렴으로 진행하며 상당수의 환자에서 간염이 발생할 수 있고, 대부분의 경우는 치료를 받지 않은 사람도 수개월 내에 회복되나 1% 내지 2%의 경우에서는 사망할 수 있다. 만성 Q열의 경우에는 6개월 이상 지속되는 경우로서 흔한 경우는 아니나 보다 중증의 증상을 보이고, 급성감염자의 경우 최초 감염 1년에서 20년 후 만성 Q열에 이환될 수 있다. 심각한 합병증인 심내막염은 주로 기존 심장판막질환 환자나 혈관이식술을 받은 환자에서 발생하고 장기 이식환자, 암환자, 만성신장질환 환자는 만성 Q열의 발생 가능성이 높으며 만성 Q열 환자의 65% 정도가 해당 질병으로 사망한다.

④ 예 방

양, 염소 등의 태반 등 출산 적출물을 적절하게 처리해야 하고 유제품을 멸균 소독해야 한다.

### (8) 렙토스피라증(Weil's disease, Leptospirosis)

① 병원체

렙토스피라는 크기가 0.1㎛×6~20㎛가 되는 아주 가늘고 촘촘히 꼬인 나선형 모양을 하고 활발히 움직이는 세균이다. 병원성 렙토스피라라고 할지라도 동물체 외에서 환경조건만 적합하면 비교적 오래 생존할 수도 있고 증식할 수도 있다. 렙토스피라는 온도, 산성, 세균의 오염 등에 대단히 민감하여 위액, 담즙, 사람이나 소의 희석하지 않은 젖에 의해 쉽게 생명력을 잃는다. 증류수 50℃에서는 10분, 60℃에서 10초, 70℃에서 10초 이내에 사멸한다. 멸균된 상수에서는 pH가 중성이면 4주 정도는 생존하나 pH 5이면 2일밖에 생존하지 못한다. 오염된 상수에서는 18~20일 생존할 수 있다. 병원성 렙토스피라는 해수에서 18~20시간 생존할 수 있다.

② 감염경로

감염된 동물(주로 쥐)의 오줌을 통해 균이 배설되는데, 감염된 동물의 오줌에 오염된 것은 풀, 흙, 물 등과 접촉할 때 점막이나 상처난 피부를 통해 감염된다.

농부, 하수 청소부, 광부, 수의사, 축산업자, 군인 등이 고위험군이고, 특히 농촌에서 홍수로 인해 쓰러진 벼를 세우는 작업을 할 때 집단 발생하는 경우가 많으며, 7월에서 11월 사이, 특히 9, 10월에 자주 발생한다.

③ 주요 증상

잠복기는 7~12일 정도이다. 렙토스피라증은 처음에는 황달이 나타나는 질환(소위 Weil병)으로 이해되었지만 무증상 감염증도 많고, 황달이 없는 경증환자가 90% 정도이며, 황달이 나타나는 중증환자는 5~10%에 불과하다. 주요 증상은 광범위한 혈관염에 의한 것으로 급성 열성 질환, 폐출혈, 뇌막염, 간, 신장 기능장애 등으로 나타난다.

제1기는 패혈증기로 갑작스런 고열, 두통, 근육통, 결막 부종, 오심 및 구토 등이 4~7일간 지속되고, 제2기인 면역기에서는 1~3일간의 무증상기 후에 고열과 뇌막 자극 증상, 발진, 포도막염, 근육통이 나타난다.

중증 감염인 Weil씨 병에서는 간, 신부전증과 전신의 출혈소견, 범발성 응고부전증과 신장염으로 진행될 수 있으며, 우리나라에서는 기침, 각혈 등 중증의 폐출혈형도 볼 수 있다. 사망률은 낮지만 연령이 높을수록 증가한다. 황달이나 신장 손상이 있는 경우 주의 깊게 치료하지 않으면 20% 이상의 사망률을 보인다.

④ 예 방

작업시에는 손발 등에 상처가 있는지를 확인하고 반드시 장화, 장갑 등의 보호구를 착용하도록 하며 가능한 한 농경지의 고인 물에는 손발을 담그거나 닿지 않도록 주의해야 한다. 가급적 논의 물을 빼고 마른 뒤에 벼베기 작업을 하도록 한다. 비슷한 증세가 있으면 반드시 의사의 진료를 받도록 한다. 들쥐, 집쥐의 방제를 해야 한다.

### (9) 야토병

① 병원체

야토균(*Francisella tularensis*)에 의한 급성 전염병이다.

② 감염경로

감염된 진드기나 기타 곤충에 물렸거나, 감염된 동물의 사체와 접촉하였거나, 병원체에 오염된 음식이나 물을 섭취하였거나, 병원체의 흡입에 의해 발병한다.

③ 주요 증상

잠복기는 3~5일이고 2주까지도 가능하다. 주요 증상으로는 갑작스런 발열, 오한, 두통, 설사, 근육통, 관절통, 마른기침, 진행되는 쇠약증 등이 있고, 사망률은 1.4%로 낮은 편이다.

④ 예 방

DEET가 포함된 곤충기피제를 피부에 도포한다. 의복에 퍼메스린(permethrin)

처리를 한다. 비누와 온수를 사용해서 손씻기를 철저히 한다. 음식물은 충분히 익혀서 먹도록 하고 깨끗한 물을 음용하도록 한다.

### 2) 인수공통감염병의 예방

가축의 건강관리와 예방접종을 철저히 하여 가축끼리의 감염병 유행을 예방하고 병에 걸린 동물을 조기 발견하여 격리 또는 도살한 후 소독을 철저히 한다. 도축장이나 우유처리장의 검사를 엄격히 하여 병에 걸린 동물이 식용으로 제공되거나 판매되지 않도록 한다. 수입되는 가축이나 육류, 유제품 등에 대한 검역과 감시를 철저히 한다. 식품의 생산, 가공, 저장, 유통 단계 등의 전 단계를 위생적으로 처리한다.

〈표 4-8〉은 주요 인수공통감염병을 정리한 표로 다음과 같다.

〈표 4-8〉 **주요 인수공통감염병**

| 구 분 | 병원체 | 잠복기 | 이환되는 가축명 | 주요 증상 | 예 방 |
|---|---|---|---|---|---|
| 결핵 | *Mycobacterium tularensis* | 4~6주 | 소, 산양 | 기침, 가래, 피로감, 식욕감퇴, 체중감소, 발열, 흉통, 호흡곤란 | BCG 예방접종 |
| 탄저 | *Bacillus anthracis* | 2일 이내 | 소, 말, 양, 염소 | 가려움, 구진, 수포, 부종, 중증 패혈증, 수막염 | 의심 동물사체검사 및 소각, 관련 종사자에게 백신접종 |
| 전염성 해면 뇌상증 (TSE) | 변형 프리온 단백질 | 광우병 : 1~3개월<br>CWD : 1~3년<br>스크래피 : 1~6개월<br>BSE : 4~5년<br>vCJD : 10~15년 | 소, 사슴, 양, 염소, 밍크, 고양이 | 이상행동, 불안, 발길질, 발광, 운동장해, 체중감소, 언어장애, 기억상실 | 수입할 때 검역을 철저히 할 것 |
| 브루셀라증 (파상열) | *Brucella melitensis, Brucella suis, Brucella abortus* | 5~60일 | 소, 돼지, 산양, 말, 개, 염소, 닭, 산토끼 | 발열, 두통, 허탈, 발한, 오한, 관절통, 체중감소, 전신통, 간비종대, 화농성병변 | 우유나 유제품 살균할 것, 감염된 동물과의 접촉금지, 관련 종사자의 보호안경, 보호장갑, 보호복 착용 |
| 돈단독 | *Erysipelothrix rhusiopathiae* | 4~19일 | 돼지 | 급성패혈증, 피부병, 관절염, 심내막 | 돈사환경을 청결히 할 것 |
| 리스테리아증 | *Listeria monocytogenes* | 12시간~21일 | 소, 양, 말, 돼지, 산양, 닭, 오리 | 임산부 : 자연유산, 조산 및 사산<br>신생아 : 패혈증, 수막염<br>일반 성인 : 수막염, 수막뇌염, 폐렴, 패혈성 관절염, 골수염, 복막염, 간염 | 가축의 예방접종 실시와 위생관리 철저히 할 것 |
| Q열 | *Caxiella burnetii* | 2~3주 | 쥐, 소, 양, 염소 | 갑작스런 고열, 심한 두통, 전신 불쾌감, 근육통, 혼미, 인후통, 오한, 발한, 가래 없는 기침, 오심, 구토, 설사, 복통, 흉통 | 양, 염소 등의 태반 등 출산 적출물을 적절히 처리하고 유제품 살균소독 철저히 할 것 |
| 렙토스피라증 | *Leptospira* | 7~12일 | 쥐, 소, 돼지, 개 | 제1기(패혈증기) : 갑작스런 고열, 두통, 근육통, 결막 부종, 오심 및 구토<br>제2기(면역기) : 1~3일간의 무증상기를 거쳐 고열, 뇌막 자극 증상, 발진, 포도막염, 근육통 | 작업시 손발 등에 상처를 확인하고 반드시 장화, 장갑 등의 보호구 착용, 가급적 논의 물을 뺀 뒤 벼베기 할 것, 들쥐, 집쥐 방제 |
| 야토병 | *Pasteurella tularensis* | 3~5일 | 산토끼, 양, 다람쥐 | 갑작스런 발열, 오한, 두통, 설사, 근육통, 관절통, 마른기침, 진행되는 쇠약증 | 곤충기피제 피부에 도포, 의복에 퍼메스린 처리, 손씻기 철저히 하고 음식물 충분히 익혀서 먹기 |

# PART 5

# 식품과 위생동물

# 제5장 식품과 위생동물



## 1. 기생충의 분류

기생충에는 주로 단세포성의 기생원충(기생성 원생동물)과 기생연충(편형동물의 촌충류·선형동물의 선충), 기생곤충 등의 다세포성 후생동물이 있다. 대개가 내부기생이지만, 곤충을 주로 한 절지동물에는 외부기생이 주가 된다. 일생 동안 한 곳에 기생하는 정류기생과 일시적으로 기생하는 일시적 기생이 있으며, 일시적 기생에는 기생시기에 따라 유생기생과 성충기생으로 분류된다. 일생 중 몇 번이나 중간숙주를 바꿀 수도 있고, 변태나 유생생식 등의 복잡한 생활환을 가질 수도 있다. 현재 약 12,700종 정도가 알려져 있고 이들은 각각 와충강, 흡충강, 촌충강으로 분류된다. 선형동물은 동물 중 가장 널리 퍼져 있는데 담수나 해수, 흙 속, 남극과 해구까지에도 분포하고 있다. 사람을 포함해서 동물과 식물에 기생하는 종도 있다. 모두 20,000여 종이 밝혀져 있으며, 이는 절지동물 다음으로 많은 수이다.

기생충의 몸은 좌우대칭으로 등과 배의 구별이 있는 편형동물과 선충이라고도 하며 가시모양의 위체강을 가진 선형동물로 구분된다. 편형동물은 좌우 대칭의 가장 첫 단계의 동물로 바다·민물·육상에서 자유 생활을 하는 것도 있고 기생 생활을 하는 것도 있다.

〈표 5-1〉 **식품관련 기생충의 분류**

| 구분 | | 종류 |
|---|---|---|
| 편형동물 (Plathelminthes) | 흡충류(trematoda) | 간흡충, 폐흡충, 요코가와흡충 등 |
| | 조충류(cestoda) | 무구조충, 유구조충, 광절열두조충, 만손열두촌충 등 |
| 선형동물 (Nemathelminthes) | 선충류(nematoda) | 회충, 구충, 요충, 편충, 십이지장충, 선모충, 아니사키스 등 |

## 1) 어패류의 기생충

### (1) 간디스토마(간흡충 : *Clonorchis sinensis*)

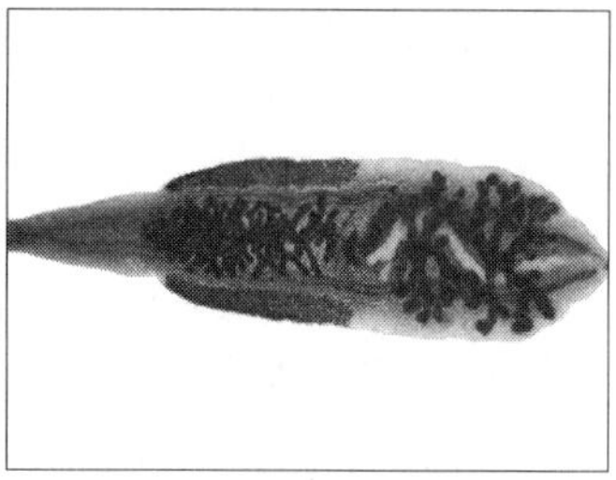

[그림 5-1] **간흡충**

간흡충이라고도 하며 중국, 베트남, 대만, 한국 등에서 감염률이 높은 간디스토마의 성충은 사람·고양이·개 등 포유류의 간에 기생하며, 때로는 쓸개관이나 쓸개 내에서도 볼 수 있다. 성충의 길이는 10~25mm이고, 너비는 3~4mm이다. 성충은 얇은 주걱 모양으로 투명한 황갈색이나 담홍색을 띤다.

충란은 달걀 모양으로 황갈색의 두꺼운 난각이 있고, 충란 안에는 미라시디움(miracium) 유생이 있다. 분변에 섞인 충란이 물 속에 들어가 제1중간 숙주인 왜우렁이가 충란을 먹어서 왜우렁이의 몸 속에서 세르카리아(cercaria)가 된다. 세르카리아가 헤엄쳐 나와 제2중간 숙주인 잉어·참붕어·붕어 등에 침입하여 주머니를 형성하면서 메타세르카리아(metacercaria)가 된다. 메타세르카리아가 물고기와 함께 인체 내에 들어오면 약 3주 만에 성충이 되어 담관에 기생한다.

간디스토마는 개나 고양이도 감염될 수 있는데, 그 증상이 서서히 만성으로 진행된다. 야맹증, 황달, 소화불량, 복부팽만, 간비대, 비장종대 등이 나타난다. 중증이 되면 간경변증에서 보는 여러 증상이 나타나는데, 이에 대한 예방책으로 민물고기를 생식하면 안되며 제1중간숙주가 되는 왜우렁이를 없애야 한다. 우리나라는 낙동강·영산강·섬진강 유역에 사는 사람들이 주로 감염된다.

### (2) 페디스토마(폐흡충 : *Paragonimus westermani*)

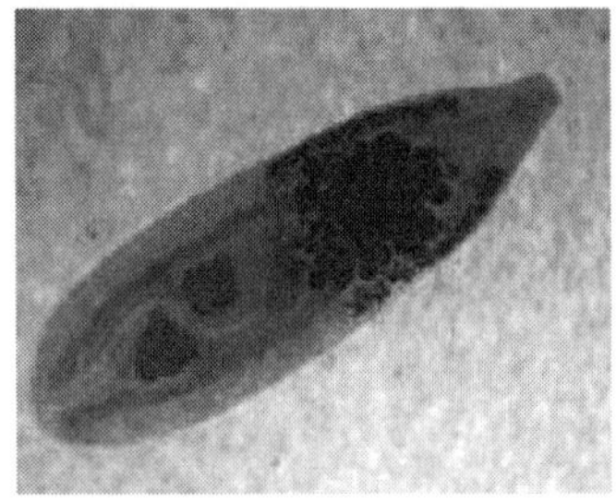

[그림 5-2] **폐흡충**

폐흡충이라고도 하며, 주로 한국, 일본, 중국, 동남아에서의 감염률이 높은 페디스토마는 폐, 기관지에 주로 감염되나 흉강, 복강, 피하조직에도 기생하며 폐에 기생할 경우 폐결핵과의 구별이 어렵다. 성충은 폐 안에 존재한다. 충란이 다슬기를 거쳐 가재나 게를 통해서 인체에 감염되는데, 십이지장을 뚫고 횡격막과 흉강을 지나 폐에 도착한다. 폐 안에서 피를 빨아 먹고 그 분비물로 염증을 일으켜 기관지와 폐에 손상을 입힌다. 증상은 흉부통증, 가래, 혈담, 흉막염, 각혈을 하며 미열이 나고 복벽, 장간막의 임파절, 장벽에 낭포를 형성한다.

### (3) 요코가와흡충(장흡충 : *Metagonimus yokogawai*)

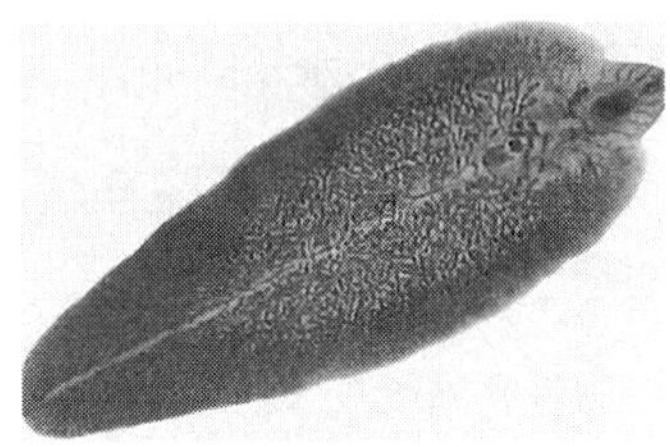

[그림 5-3] **장흡충**

중국, 일본, 대만, 시베리아, 인도네시아, 스페인, 한국에서 주로 발견되는 장흡충이라고도 하는 요코가와흡충의 충란은 간흡충과 비슷한 형태로서 크기는 $28\mu \sim 30\mu \times 16\mu \sim 17\mu$이며 이형흡충란과의 구별이 어렵다. 성충은 난원형이고 담갈색의 충란을 가진다. 충란이 외부로 배출되어 물 속에서 미라시디움(miracidium)으로 부화한 후 제1중간숙주인 다슬기(Semisulcospira sp.)에 침입하여 다슬기가 세르카리아를 배출한 후 제2중간숙주인 담수어(특히 은어)에 침입하여 근육 등에서 피포 피낭유충(metacercaria)과 종숙주에 섭취 후 소장에서 탈낭하여 점막 내에서 7~10일 내 성숙 기생한다. 우리나라는 강원도, 경남 하동, 대구, 제주도, 밀양 지역에서 높은 감염률을 보인다. 소장의 점막에 침입해서 기계적 장애나 염증 등을 유발한다.

주요 증상으로는 설사, 복통, 혈변, 탈력감 등이고 호산구의 증가도 볼 수 있다고 하며, 충란이 장간막정맥이나 림프관을 통하여 심장, 뇌, 척수 등으로 운반되어 조직변화를 일으킬 수도 있다고 한다.

예방책으로는 은어나 황어를 생식하지 않는 것만이 확실한 대책이 될 수 있어 이에 대한 보건교육이 필요하다. 제1중간숙주인 다슬기를 없애는 방법도 있으나 실효를 거두기 어렵고 환자에 대해 집단 투약하거나 분변으로 인한 강물의 오염을 방지하는 것으로 관리할 수 있다.

### (4) 아니사키스(고래회충 : *Anisakis*)

아니사키스는 근해에서 낚시로 잡히는 물고기에서 자주 발견되는 흰 실 모양의 기생충으로 고래회충이라고도 한다. 고래, 돌고래, 물개 등의 위에 기생하는 선충류의 유충을 총칭하여 아니사키스유충이라고 한다. 주로 바다 생선을 날 것 또는 잘 익히지 않은 상태로 먹었을 때 감염된다.

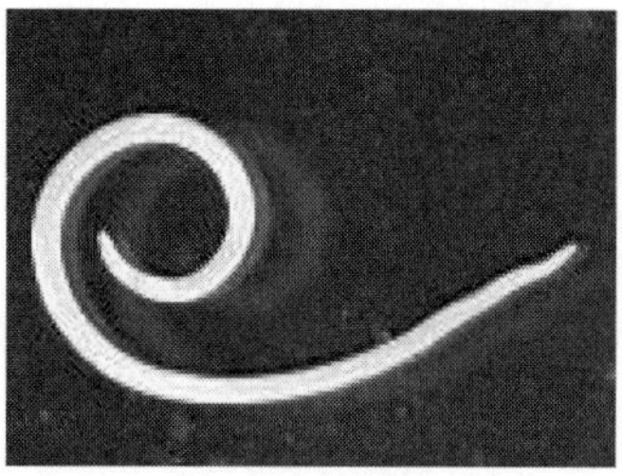

[그림 5-4] 고래회충

최종숙주는 해양 포유류로 돌고래나 물개 등 포유류 위에 기생하는 아니사키스의 유충이 바다 새우류에서 성장하다가 이를 물고기가 먹게 되고 그 물고기를 사람이 다시 날것으로 섭취했을 때 감염된다. 포유류인 사람의 입안 벽, 위장 벽, 십이지장 벽 등에도 서식할 수 있으며 주로 5~8월경에 20~50대 남성에게서 많이 나타난다. 대부분 위장에 생기지만 가끔씩 식도나 십이지장 등에도 발생하며 소장에 나타나면 장중첩증을 일으키기도 한다. 증상은 감염 후 3~5시간이 지나면서 속이 메스껍고 거북하기 시작하고, 식은땀이 나면서 복통이 시작되는데 위궤양, 위암과 비슷한 증상을 보인다. 유충이 위나 소장벽을 파고 들어가면서 염증반응이나 알레르기 반응을 일으키기 때문이다. 소장에 일어난 고래회충증은 급성충수염, 크론씨병, 장염 등과 증세가 비슷하고, 대장에 나타난 경우에는 맹장에 병변을 만든다. 장을 관통하여 복강 내로 들어가서 장간막, 췌장 등에서 관찰되기도 한다.

일반적인 구충제는 효과가 없기 때문에 치료를 위해서는 외과적인 수술을 통해 유충을 제거해야 한다. 외과적인 수술 이외의 방법은 내시경을 이용하여 직접 유충을 위 밖으로 적출하는 것이다. 예방을 위해서는 해산어류를 섭씨 −20℃ 이하에서 24시간 냉동 또는 섭씨 70℃ 이상에서 가열 후 섭취하고, 생선회를 먹을 때 생선의 내장은 피하고 반드시 싱싱한 것으로 먹어야 한다.

### (5) 광절열두조충(긴촌충 : *Diphyllobothrium latum*)

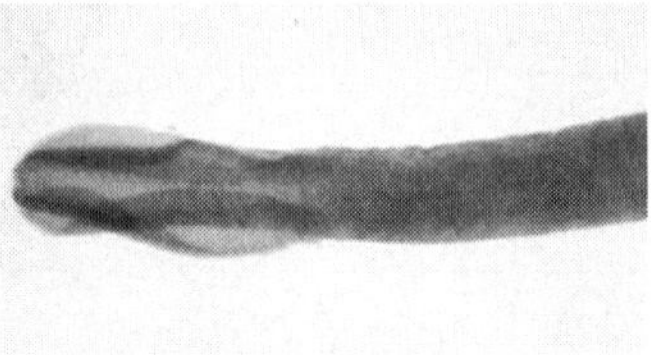

[그림 5-5] **긴촌충**

넓은마디촌충이라고도 하는 광절열두조충은 각종 척추동물에 기생하는 촌충류 중 중요한 인체기생충을 포함하는데, 몸의 길이는 2~10m이고 너비는 1.5~2cm이다. 편절수는 3,000~4,000마디이고 길이보다 폭이 넓어 '넓은마디'라고 불리게 되었다. 머리마디가 크고 곤봉 또는 숟가락 모양으로 생겼다. 배쪽과 등쪽에 2개의 흡구가 있어 위흡반의 역할을 한다. 사람의 소장 장벽에 붙어 기생하고 하루 산란량이 100만 개 이상이다.

알은 달걀 모양으로 난각이 두껍고 황갈색이며 흔히 작은 돌기를 볼 수 있다. 대변으로 배출된 충란이 물 속에서 성숙하여 온코스페라로 발육하며 흔히 섬모의 외피를 뒤집어쓴 채로 유영하여 약 2~3주 정도 발육하여 육구촌충인 코라시디움(coracidium)이 된다. 이 유충이 부화한 뒤 헤엄쳐 나와 제1중간숙주인 물벼룩 등의 갑각류에 잡아먹힌 후 섬모 외피를 벗고 갈고리를 이용하여 복강으로 옮겨 2~3주에 전의미충인 프로세르코이드(procercoid)가 되고, 이것이 제2중간숙주인 연어류(송어·곱사연어·석조송어·연어 등)에 먹히면 물고기의 피하조직이나 근육에서 의충미충인 플레로세르코이드(plerocercoid)로 성장한다.

우리나라의 제2중간숙주는 송어가 일반적인데, 사람이 송어를 생식했을 때 감염된다. 유충이 인체에 들어간 지 약 30일이면 성숙한다. 주요 증상으로는 설사나 복통, 빈혈, 영양실조 등을 일으키지만 특별한 증상이 없을 수도 있다. 유충은 저항력이 강해 건조법·염장법·훈연법·냉동법 등의 가공법으로는 죽지 않으나 50℃ 이상의 고온으로 가열하면 죽는다. 따라서 연어류를 날것으로 먹지 말아야 하며 반드시 가열 조리한 것을 먹는다.

## 2) 육류의 기생충

### (1) 무구조충(민촌충 : *Taenia saginata*)

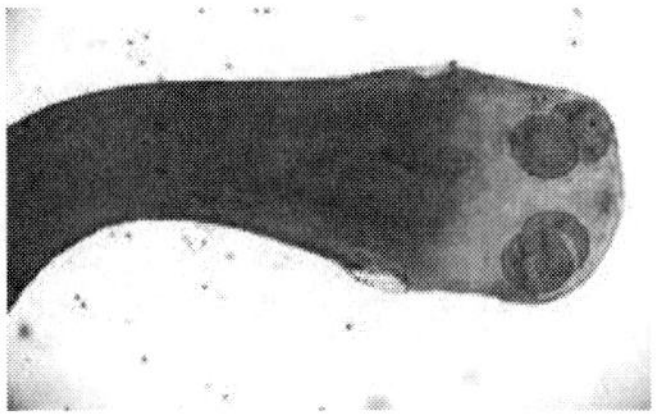

[그림 5-6] **무구조충**

소고기를 먹는 전 세계에 널리 분포되어 있으며, 무구조충의 낭충은 소고기를 통하여 인체에 감염되므로 소고기촌충이라고도 부르며, 길이가 3~8m, 체절은 1,000개 이상이다. 낭충은 허리살, 콩팥, 혀, 심장 등 주로 근육에 기생한다. 이 낭충에 감염된 소고기를 덜 익혀 먹으면 감염되고 유충이 소장상부로 나와 2~3개월 만에 성충이 된다. 감염률이 그리 높지 않은 편이다. 주요 증상은 복통, 소화장애, 오심, 설사, 구토, 식욕증진, 불안, 체중감소 등이 있으며 항문을 통해 빠져 나올 때 이물감, 항문소양증이 있으며 간혹 장폐색, 충수돌기염을 유발하고 낭충증은 거의 일어나지 않는다. 예방은 소고기를 충분히 익혀 먹고 소고기의 위생검사를 철저히 하도록 한다.

### (2) 유구조충(갈고리촌충 : *Taenia solium*)

[그림 5-7] **유구조충**

주로 돼지고기를 익혀먹지 않아서 감염되므로 돼지고기 촌충이라고도 하고, 머리가 구형으로 22~32개의 갈고리를 가지고 있어서 갈고리촌충이라고도 한다. 길이 2~3m, 폭 6mm, 체절은 800~900개로 이루어져 있다. 충란은 엷은 알껍질 속에 유구유충이 들어있는데, 이 낭충을 중간숙주인 돼지가 섭취하면 근육 속에 침입하여 유구낭충이 된다. 사람은 돼지고기를 먹고 감염되며 소장에서 8~10주 만에 성충이 된다. 때로는 충란을 사람이 직접 먹었을 때 그 낭충이 혀, 가슴, 안구, 뇌, 심장, 피하조직, 근육 등에 기생하는데, 이를 인체 유구낭미충증이라고 한다. 증상은 소화장애, 설사, 구토, 공복통, 체중감소 등이며 예방은 돼지고기를 반드시 익혀먹는 것이다.

### (3) 선모충(*Trichinella spiralis*)

돼지고기에 흔히 존재하지만 곰, 해마, 야생산돼지 같은 야생 사냥육에서도 발견된다. 이 기생충은 썩은 고기를 먹은 동물에 의해 감염된다. 초기 증상은 메스꺼움, 구토, 설사, 복부통증이다. 그 후 열, 눈 주위 조직의 팽창과 근육경직이 나타난다. 잠복기는 오염된 고기 섭취 후 2~8일이며, 심한 경우 사망을 초래할 수 있다. 우리나라의 감염률은 높은 편이 아니지만 돼지고기를 육가공 및 육조리식품의 섭취 증가로 확산될 수 있다. 따라서 예방책은 돼지고기와 야생 사냥육의 생식을 금하고 충분히 익혀서 섭취하는 것이다.

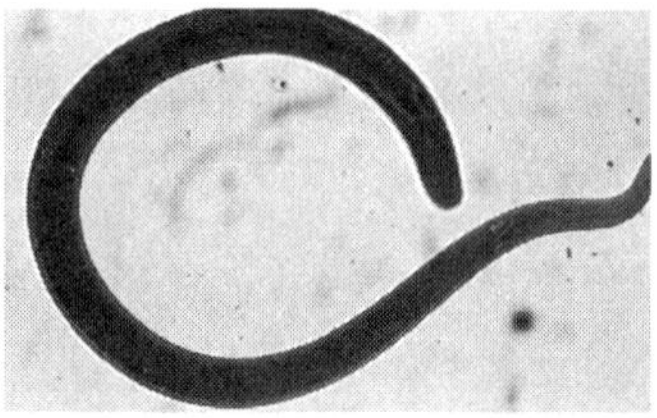

[그림 5-8] **선모충**

### (4) 만손열두촌충(*Diphyllobothrium mansoni*)

촌충류에 속하는 내부기생충으로 성충은 고양이·개·호랑이·너구리 등에 기생하며 전 세계에 널리 분포되어 있다. 인체에는 유충만이 기생한다. 제1중간숙주는 물벼룩, 제2중간숙주는 양서류·파충류·조류 및 사람을 포함하는 포유류이다. 감염경로는 물벼룩, 뱀, 개구리, 개, 고양이, 인간을 통해 감염되며 증상은 통증이 없는 이물감과 가려움증을 수반한 피하종물로 시작해서 심한 염증을 동반한 육아종을 형성한다.

[그림 5-9] **만손열두조충**

복벽, 음낭, 하지, 흉벽, 유방에 피하침입하거나 뇌, 복강, 흉강, 척수, 안구 주위의 조직에 침입한다. 뇌 침입시 간질발작을 일으키고 척수감염시 하반신마비를 초래한다. 예방책으로 개구리나 뱀 등을 생식하지 말고, 충분히 가열해서 섭취하도록 하는 것이 바람직하다.

## 3) 채소류의 기생충

### (1) 회충(*Ascaris Lumbricoides*, Roundworm)

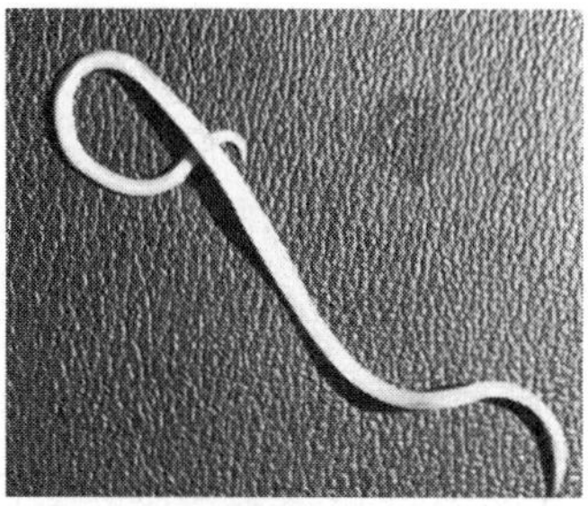

[그림 5-10] **회충**

회충은 인체에 기생하는 가장 보편적인 기생충으로 세계적으로 널리 분포하는데, 특히 온난다습한 지역에 많다. 전 세계 인구의 약 30%가 감염되어 있는 것으로 추정되는데, 우리나라에서는 농촌지역의 감염률이 높다. 기생충 중 제일 커서 수컷의 몸길이는 15~25㎝이고, 암컷의 몸길이는 20~35㎝로 보통 소장에 기생하며 감염 후 산란까지 약 60~75일이 걸리며 암컷 한 마리가 하루에 10만~20만 개의 알을 낳는다. 분변과 함께 배출된 충란은 늦봄에서 초가을에 발육하여 난자 안에 자충을 형성하여 감염성 성숙란이 된다. 음식물과 함께 섭취된 후 십이지장에서 부화하여 장간막, 정맥, 간, 폐동맥, 폐를 거쳐 기관, 식도, 위를 경과하여 소장에서 성충이 된다. 토양이 매개이며 오염된 손으로 음식물을 섭취하거나 오염된 채소를 날로 먹을 때 감염된다.

회충은 다수의 충체에 의한 장폐색과 두통, 오심, 현기증, 복통, 설사 등을 보이며, 흙을 먹는 이미증의 어린이들에게 증상이 나타나지 않는 경우도 있다. 열에 대한 저항성은 76℃ 이상의 열탕에서 1초 이상, 65℃에서 10분 이상 가열하면 사멸되는데 60℃ 이하에서는 10시간 이상 처리하여도 사멸되지 않는다.

### (2) 구충(십이지장충 : *Ancylostoma duodenale*, Hookworm)

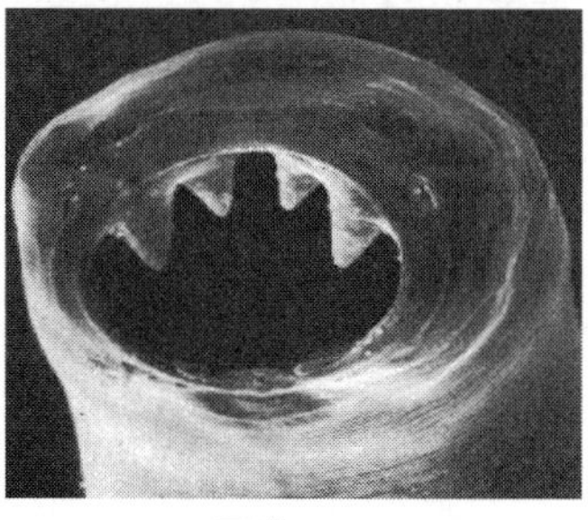

[그림 5-11] **구충**

구충은 이탈리아의 밀라노에서 처음 발견되었으며 십이지장에 기생하고 있어 십이지장충이라 불리다가 현재는 구충이라고 한다. 입 부분에 이빨과 같은 흡착기를 가지고 있다. 숙주의 장점막에 붙어 흡혈한다.

사람에게 기생하는 아메리카구충(*Necator americanus*), 십이지장충(*Ancylostoma duodenale*)과 개, 소, 양 등에 기생하는 구충으로 구분한다. 우리나라에는 개십이지장충(*A. caninum*)과 소구충(*Bunostomum phlebotomus*), 양구충(*B. trigonocephalum*) 등이 있다.

인체에 기생하는 구충은 몸길이가 대개 1cm 정도이지만 십이지장충이 더 길고 굵다. 또 십이지장충의 입에는 2쌍의 이빨이 있고, 아메리카구충은 얇은 널빤지모양의 치판이 있다. 분변으로 배출된 알이 적당한 온도, 습도, 산소에서 부화하여 두 번 탈피하여 필라리아형의 감염형 유충이 된다. 십이지장충은 입으로 감염되고 아메리카구충은 피부로 감염된다. 감염된 지 4~7주가 지나면 소장 상부에서 성충이 되어 산란을 시작하고 알이 분변으로 나온다.

주요 증상으로 침입 부위에 소양감과 작열감을 일으키고 홍반과 구진, 수포 등이 일어난다. 십이지장충에 감염되면 채독증을 일으키며 발작성 기침 등의 특이 증세를 보이는데 또한 빈혈이 생길 수도 있다. 예방책으로는 인분의 위생적인 처리와 채소를 깨끗이 세척하여 섭취하여야 한다.

### (3) 편충(*Trichuris trichiura*)

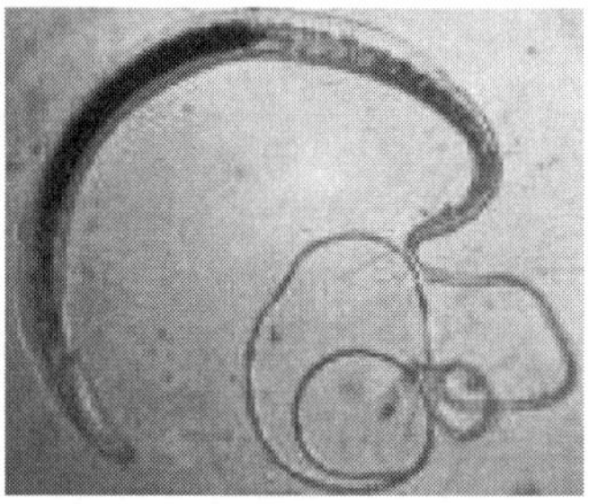

[그림 5-12] **편충**

사람의 맹장에 기생하는 채찍 모양의 선충으로 편충의 몸길이는 수컷이 3~4.5㎝, 암컷이 3.5~5㎝이고 말채찍 모양을 하고 있다. 몸은 길고 가는 실 모양이며, 몸의 앞부분을 숙주의 창자에 깊이 박고 흡혈한다. 개에 기생하는 개편충, 반추동물에 기생하는 양편충 등도 있다. 충란은 갈색으로 앞뒤에 뚜껑이 있으며 분변으로 배출되어 흙 속에서 발생한다. 전 세계적으로 분포되어 있는데, 특히 열대와 아열대에 많고 우리나라에서도 감염률이 높은 편이다. 흙 속에서의 충란은 수주에서 18개월까지 생존하며 감염형으로 변한다. 경구감염되면 소장상부에서 부화하여 대장, 특히 맹장부위에 정착한다. 일반적으로는 증상이 없으나 빈혈, 신경증상, 맹장염 등을 일으킬 때가 있다. 최근에는 감염률이 크게 감소되었다. 예방책으로는 분변을 위생적으로 처리하고 손을 자주 씻도록 하며 채소를 깨끗이 씻어 먹도록 해야 한다.

### (4) 요충(*Enterobius vermicularis*, oxyuriasis, Pinworm)

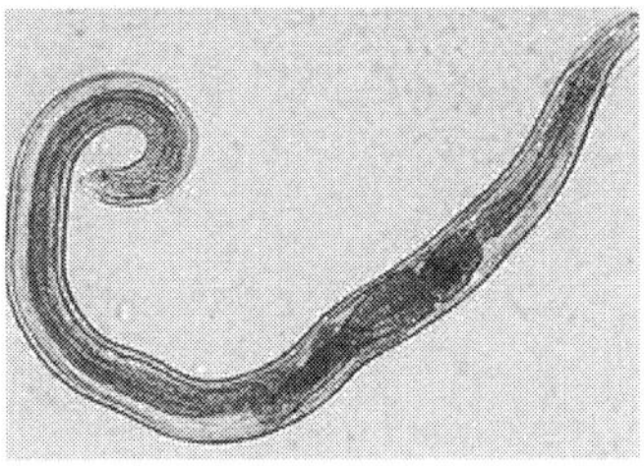

[그림 5-13] **요충**

전 세계적으로 분포하는 요충의 몸길이는 암컷이 10~13mm, 수컷이 3~5mm로 쌍선충류에 속하며 사람의 맹장 부위에 기생하는데, 우리나라의 감염률 또한 높은 편이다. 몸은 희고 가는 실 모양을 하고 있다.

어린이의 감염률이 높으며, 특히 인구밀집지역에서의 감염률이 높게 발생한다. 주로 밤에 장에서 나온 성충은 항문주위의 피부나 점막에 산란하는데, 산란한 곳은 몹시 가려우며 가려워서 긁게 되면 손가락에 묻은 충란이 다시 입으로 들어가 자가 감염을 일으킨다. 때로는 충란으로 오염된 음식물이나 식기를 통하여 경구감염된다. 충란은 맹장부위에 기생하는데 성충이 되기까지는 약 2개월이 걸린다. 주요 증상은 항문주위의 심한 가려움, 긁힘, 습진, 피부염, 불면증, 신경증 등이다. 예방책으로는 손을 깨끗이 자주 씻어야 하며, 특히 음식을 먹기 전에 항상 손을 씻고 손을 입 주위에 가져가지 않는 것이 좋다. 이와 함께 항문 주위에 산란된 알은 속옷이나 침구에 묻어 전파되므로 속옷·잠옷·침구시트를 깨끗이 세탁하고 소독해서 깨끗이 사용하도록 한다. 이불은 햇볕에 잘 말리고 집단구충을 실시한다. 학교나 유치원에서의 집단구충은 그 집단으로부터 배출되는 알의 수를 적게 하므로 감염기회를 감소시킬 수 있다. 특히 지역사회의 집단구충은 예방효과가 뛰어나다.

〈표 5-2〉는 식품에 따른 기생충의 발병과 증상에 대한 내용으로 다음과 같다.

〈표 5-2〉 식품에 따른 기생충의 발병과 증상

| 식품의 종류 | 기생충 | 숙 주 | 주요 증상 | 예방대책 |
|---|---|---|---|---|
| 어패류 | 간디스토마 | 왜우렁이 → 담수어 → 사람 | 소화불량, 복부팽만, 황달, 만성설사, 위장출혈, 야맹증, 간염, 간경변, 간암, 담석증, 복수 | 날것으로 섭취하지 말 것 |
| | 페디스토마 | 다슬기 → 가재, 게 → 사람 | 흉부통증, 흉막염, 각혈, 복벽, 복강, 장간막의 임파절, 복막, 심근, 장벽에 낭포형성 | |
| | 요코가와흡충(장흡충) | 다슬기 → 잉어, 붕어 → 사람 | 복통, 설사, 두통, 신경증세 | |
| | 아니사키스(고래회충) | 해마, 바다사자 → 생선 → 사람 | 급성 복통, 위와 장궤양 또는 종괴형성 | |
| | 광절열두조충(긴촌충) | 연어, 농어 → 사람 | 비특이적 소화기증세, 두드러기, 소장의 기계적 폐쇄, 악성빈혈 | |
| 육류 | 무구조충 | 쇠고기 | 보통의 경우 무증상이나 간혹 복통, 소화불량, 오심, 구토 증상 | 충분히 가열하여 쇠고기 섭취할 것 |
| | 유구조충 | 돼지고기 | 소화장애, 설사, 구토, 공복통, 체중감소 | 충분히 가열하여 돼지고기 섭취할 것 |
| | 선모충 | 돼지고기 | 메스꺼움, 구토, 설사, 복부통증, 열, 눈주위 조직의 팽창과 근육경직 | 충분히 가열하여 돼지고기 섭취할 것 |
| | 만손열두촌충(만손스파르가눔증) | 물벼룩, 뱀, 개구리, 개, 고양이, 사람 | 뇌 침입시 간질발작, 척수감염시 하반신마비 | 완전히 익혀서 먹을 것 |
| 채소류 | 회충 | 사람 | 장폐색과 두통, 오심, 현기증, 복통, 설사 | 채소 깨끗이 세척할 것 날것으로 섭취 말고 가열조리 |
| | 편충 | 사람 | 빈혈, 신경증상, 맹장염 | |
| | 요충 | 사람 | 항문주위 가려움, 습진, 피부염, 불면증, 신경증 | 손 깨끗이 세척하고 속옷 열탕소독할 것 |
| | 십이지장충(구충) | 사람 | 피부염, 소양감, 작열감, 발적, 종창, 경구감염시 오심, 구토, 인후소양감, 경련성 기침 | 채소 깨끗이 세척할 것 날것으로 섭취 말고 가열조리 |

〈표 5-3〉 **식품을 통해서 감염되는 기생충의 종류**

| 감염경로 | 원충류 | 윤충류 |
|---|---|---|
| 충란 등이 부착된 식품에서의 감염 | 이질, 아메바 등의 장관기생 원충류 | 회충, 편충, 구충, 동양모양선충 |
| 중간숙주인 식용동물에서의 감염 | 없음 | 폐흡충, 간흡충, 요꼬가와흡충, 조충류, 유극악구충, 아니사키스 등 |
| 이환식용동물에서의 감염 | 독소플라즈마 | 선모충 |

기생충병 예방원칙

- 분변을 완전히 처리하여 기생충란을 사멸 또는 배제시킨다.
- 정기적으로 검진하여 조기에 구충한다. 집단적으로 실시하는 것이 효과적이다.
- 감염성 충란 또는 유충으로 오염된 조리 기구를 통한 다른 식품의 오염에 유의한다.
- 수육, 어육은 충분히 가열 조리한 것을 섭식한다.
- 채소류는 흐르는 물에 충분히 세척하고 화학비료로 재배하여 섭취한다.
- 손은 항상 깨끗이 씻는다.

## 2. 위생동물

위생동물과 위생곤충은 식품에 침입하거나 번식해서 식품 외관을 손상시키거나 식품을 오염시키고 병원체를 확산시켜 인체에 위해를 주므로 식품위생에 있어서 그들의 생활사를 알아볼 필요가 있다. 식품위생상 위해한 동물은 쥐와 곤충 및 진드기류 등이 있는데, 바퀴, 파리 등은 병원성 미생물을 음식물로 옮겨 인체에 위해를 가하고, 쥐는 병원성 미생물을 보유하여 음식물에 배설하여 식중독을 일으킨다. 이러한 위해 동물을 잘 파악하여 식품위생을 철저히 해야 한다.

## 1) 위생동물

### (1) 쥐류(Rats)

전 세계적으로 약 2천여 종이 보고되고 있고, 우리나라에는 약 20여 종이 서식하는 것으로 알려져 있다. 20여 종 중에서 국내에서 식품위생상 문제가 되는 쥐를 시궁쥐라고도 하는데, 300~400g 무게의 집쥐(*rattus norvegicus,* norwar rat), 2~50g 정도의 생쥐(*mus musculus*, mouse), 지붕쥐라고도 하며 150~250g 정도의 곰쥐(*rattus rattus,* roof rat) 등이 주로 우리 주변에 살면서 직접적인 피해를 주고 있다. 이러한 쥐들은 경제적으로 막대한 손실을 초래하는데, 특히 집쥐는 음식물을 훔쳐 먹을 뿐만 아니라 음식물을 오염시키며, 가스관을 갉아서 가스중독의 원인이 되기도 하고, 전기코드를 갉아서 누전으로 인한 화재발생의 원인이 되기도 한다. 그리고 우리나라 전체 쥐의 74%를 차지하고 있지만, 식품위생면에서는 간접적인 피해를 주는 등줄쥐(*apodemus agarius*)는 땅속에 동굴을 만들어 살고 논이나 밭, 산에서 주로 서식하는 들쥐의 일종이다.

이들은 출산횟수나 한 번에 낳는 새끼의 수가 많으며, 특히 임신기간이 짧다. 실제로 임신기간은 집쥐 20~21일, 곰쥐 20~21일, 생쥐 17~20일이고, 또 집쥐나 밭쥐는 출산 후 몇 시간만 지나면 발정하여 교미하고 임신한다. 집쥐는 1회에 6~9마리를 1년에 6~7회 출산한다.

집쥐를 길들여 만든 흰쥐와 축용종인 마우스 등은 실험용으로 널리 이용되며, 중국산 낭킹쥐도 실험용·애완용으로 이용된다. 또한 모피로 이용되는 사향쥐도 있다. 또한, 페스트·발진티푸스 등의 전염병을 전파시키기도 한다. 밭쥐나 대륙밭쥐는 산림이나 농작물에 큰 피해를 주고 있다.

〈표 5-4〉 **쥐의 종류와 특징**

| 종 류 | 몸길이 | 체 중 | 임신 기간 | 특 징 | 피 해 |
|---|---|---|---|---|---|
| 집쥐<br>(norwar rat) | 18~<br>25cm | 400~<br>500g<br>(성숙기) | 20~<br>21일 | 뭉툭한 코, 두툼한 몸집, 갈색 | 세균성 식중독 및 부패 : *salmonella*균, 포도상구균 등<br>전염병 발생 : 이질, 결핵, 장티푸스, 발진티푸스, Weil씨병, 페스트, 서교증, 리케치아병, 쯔쯔가무시병 등<br>기생충증 : 선모충, 왜소조충, 일본 주혈흡충 등<br>농작물 및 식품의 손상과 손실 등<br>전염병 : 유행성 출혈열, 페스트, Weil씨병 등<br>농작물 및 식품의 손상과 손실 등 |
| 곰쥐<br>(roof rat) | 16.5~<br>20cm | 250~<br>400g | 20~<br>21일 | 높은 곳을 좋아하며 협동적, 흑색, 짙은 회색, 동작이 민첩 | |
| 생쥐<br>(mouse) | 6~9cm | 20g | 17~<br>20일 | 머리와 발은 작고 귀는 크며 돌출됨 | |
| 등줄쥐<br>(black-striped field mouse) | 7~<br>12cm | 200g | 23~<br>26일 | 등쪽에 이마부터 꼬리 밑까지 검은 줄이 있음 | |

### (2) 쥐의 위해와 방제법

쥐는 세균성식중독과 부패의 원인이 되는 *salmonella*균, 포도상구균 등을 옮기고 장티푸스, 발진티푸스, 렙토스피라증, 페스트, 서교증, 리케치아병, 쯔쯔가무시병 등의 전염병을 발생시키며 선모충, 왜소조충, 일본 주혈흡충 등의 기생충증을 발생시키기도 한다. 또한 농작물과 식품을 손상시키기도 하는 등의 위해를 일으킨다. 쥐의 방제로는 우선 쥐가 침입하거나 서식할 수 없는 청결한 환경을 만들어 주거나 쥐가 침입했을 때는 쥐덫이나 끈끈이 등을 설치하거나 독극물이나 살서제, 훈증제(독가스)를 살포하는 방법 등을 사용해야 한다.

## 2) 위생곤충

### (1) 파리류(Flies)

파리는 전 세계적으로 수만여 종이 존재하지만 주변에서 흔히 볼 수 있는 종은 집파리(*Musca domestica*)류, 쉬파리(*Sarcophaga sp.*)류, 금파리(*Lucilia caesar*)류, 큰검정파리(*Musina stabulans fallen*)류 등이 있다. 파리는 병원체의 매개와 운반, 흡혈, 승저증의 원인, 불쾌감 등의 정신적인 위해를 일으키기 때문에 주요 위생곤충이 된다.

파리성충의 주둥이는 주걱모양으로 생겼고, 날개는 앞날개만 크고 막상으로 되어 있으며 알 → 유충 → 번데기(2회 탈피) → 성충으로의 변태 과정을 거친다. 파리의 종류나 온도에 따라 차이가 있지만 주로 변소, 퇴비, 쓰레기더미, 쓰레기처리장, 인분이나 가축의 분변, 동물 사체, 하수구, 축사 등의 비위생적인 곳에 산란한다. 대개 5~10월에 산란해서 성충이 되기까지는 2~3주 걸린다.

〈표 5-5〉 **파리의 종류와 전염병**

| 파리의 종류 | 전염병 |
|---|---|
| 집파리<br>쉬파리<br>큰검정파리<br>금파리<br>똥파리 | 장티푸스, 파라티푸스, 콜레라, 세균성 · 아메바성 이질, 살모넬라증 등과 결핵균, 나균, 화농균, 소아마비 바이러스<br>회충, 편충, 요충, 촌충의 충란을 전파 |
| 체체파리(아프리카) | 열대 수면병의 병원체(트리파노소마)를 매개 |

파리성충은 6℃ 이하에서 거의 활동할 수 없기 때문에 온도관리가 파리 방제에 도움이 된다. 쓰레기통은 건물 밖에 분리·보관해야 하고 뚜껑이 있는 것을 사용하는 것이 좋다. 에어 스크린, 메시 스크린, 이중문 등도 파리의 침입을 방지할 수 있고 전기트랩이나 화학약품 등으로도 방제가 가능하다.

### (2) 바퀴(Cockroaches)

전체적으로 기름을 바른 것 같은 광택이 있고, 몸은 예외 없이 편평하고 납작하며 너비가 넓다. 몸길이가 1cm 정도인 소형바퀴에서부터 남아메리카에 사는 블라베루스(Blaberus)와 같은 대형바퀴까지 다양하다. 몸 빛깔은 다갈색 또는 흑갈색계인데, 그 중에는 연한 녹색 또는 금속성 녹색인 것도 있다. 다수로 분절된 한 쌍의 촉각, 무는 구기, 날개, 한 쌍의 미모와 다리를 가지고 있다. 전 세계적으로 바퀴는 250여 속, 3,500여 종으로 알려져 있다. 우리나라는 7종이 있는 것으로 알려져 있다. 그 중 소형의 독일바퀴와 대형 이질바퀴, 먹바퀴, 집바퀴가 가주성 바퀴이고, 특히 독일바퀴는 가주성 바퀴의 대표적인 종으로 세계 전역에 분포하고 있다. 알 → 약충 → 성충의 변태과정을 거치고 산란된 알주머니로부터 부화하여 3~4개월의 약충기를 보내고 탈피하여 1~2주 후에 성충이 되고 1주일 이내에 산란하는데, 어둡고 구석진 마룻바닥, 벽틈, 천장구석 등에 산란한다. 어두운 곳이나 야간에 활동하며 더러운 장소에 모인다. 잡식성으로 쓰레기, 죽은 곤충, 종이, 나무 등 가리지 않지만 탄수화물을 가장 좋아한다.

방제법으로는 벽틈을 좋아하므로 바퀴가 들어갈 만한 틈을 만들지 않고 음식물 찌꺼기 등의 쓰레기는 뚜껑이 달린 용기에 넣고 빨리 치우는 것이 좋다. 바퀴방제에는 미끼, 유인구역 또는 기생충을 사용한다. 또 4℃에서는 바퀴가 비활동적으로 되어 냉장온도나 냉동은 바퀴의 수를 감소시킨다. 방제용 화학약품, 아미디노히드로존은 효과적이며 디아지논과 피레스린의 혼합액을 사용하기도 한다.

〈표 5-6〉 **바퀴의 종류와 전염병**

<table>
<tr><th>종 류</th><th>전염병</th></tr>
<tr><td>이질바퀴</td><td rowspan="4">세균성 질환 : 이질, 콜레라, 장티푸스, 결핵, 페스트, 폐렴<br>바이러스성 질환 : 폴리오, 간염<br>기생충 질환 : 조충, 회충, 디스토마, 십이지장충</td></tr>
<tr><td>독일바퀴</td></tr>
<tr><td>동양바퀴</td></tr>
<tr><td>미국바퀴</td></tr>
</table>

### (3) 개미류(Ants)

개미는 꼬마개미, 애집개미, 고동털개미, 일본왕개미 등과 같이 가옥 내에 침입하여 설탕이나 식품을 훔치는 것이 있으며, 진딧물이나 깍지벌레를 보호하기 때문에 농업상의 해를 끼치는 것이 있다. 흑색대형의 일본 왕개미, 소형이며 갈색의 고동털개미, 미소하고 물엿빛의 애기집개미를 비롯하여 많은 종류가 문제가 되고 있다.

해충의 천적으로서 유익한 것도 있어 중국에서는 감귤류의 해충구제에 1600년 전부터 개미를 이용하였고, 대만의 사탕수수 해충에는 왕주름개미, 독일의 산림해충에는 불개미 등 농업해충의 방제에 개미가 이용되고 있는 예도 있다.

### (4) 바구미류(Weevil)

전 세계적으로 3만여 종이 분포하고 있고 주둥이가 뾰족한 형태를 가지고 있는 바구미는 곡류에서 흔히 볼 수 있다. 바구미류에는 바구미(*Sitophilus oryzae*), 꼬마쌀바구미, 콩바구미, 팥바구미 등이 있다. 알 → 유충 → 번데기 → 성충의 생활과정을 거치고 30~50일 만에 죽는다. 바구미의 최적온도는 31℃ 내외이고 쌀, 보리, 콩, 팥 등에서 주로 발견되는데, 이러한 바구미는 식품을 손상시키고 변질시켜서 식품의 가치를 떨어뜨리고 사람에게 불쾌감을 준다.

### (5) 나방류(Moths)

나방은 주로 온도가 높은 봄, 여름철에 쌀, 보리 등의 곡류에서 발견된다. 나방의 종류로는 화랑곡식나방, 곡식 점부채명나방, 초콜릿 등의 한점 쌀명나방 등이 있고, 유충은 식품 속에서 발육한다. 나방의 발육최적온도는 25~29℃이므로 온도관리에 신경을 쓰면 쌀이나 보리 등의 곡류의 가치를 떨어뜨리는 피해를 줄일 수 있다. 식품에서 발견되면 식품가치가 하락되고 독나방 등에 의해서 피부질환을 일으키는 등의 간접적인 피해를 가져올 수 있다.

### (6) 진드기류(Mite and Tick)

진드기류는 작은 진드기 mite(몸길이 1mm 전후)와 타원형의 큰 진드기 tick(몸길이 1~2cm)이 있다. 전 세계적으로 1만여 종이 있으며, 그 중 식품과 관련한 진드기류는 100여 종으로 사람이나 가축, 식물, 식품에 기생하여 번식해서 식품의 손실을 가져오고 식중독 등 부작용을 유발한다.

변온동물인 진드기는 알 → 유충 → 약충 → 성충의 변태과정을 거친다. 성체는 난형 또는 타원형이며 머리, 몸통, 배의 구별이 없고 배에는 네 쌍의 다리가 있다. 몸통의 뒷면이나 앞면에는 여러 가지 비후지가 있어 이것으로 종류를 구별한다. 식품을 보관할 때는 개폐를 철저히 하고 곡물가루 등의 건조식품은 반드시 방습포장을 하는 것이 좋다. 온도(60℃ 이하), 습도(60% RH 이하)관리를 잘 하는 것이 중요하다. 진드기의 종류는 다음과 같다.

〈표 5-7〉 **식품관련 진드기의 종류**

| 종 류 | 식 품 |
|---|---|
| 긴털가루진드기 | 쌀, 보리 |
| 굵은털가루진드기 | |
| 송곳다리고기진드기 | |
| 먼지진드기 | |
| 설탕진드기 | 흑설탕, 견과류, 된장 |
| 일본가루진드기 | 고단백, 고지방식품 |
| 수시렁이진드기 | 건어제품 |

[그림 5-14] **유인 살균등**

[그림 5-15] **쥐트랩**

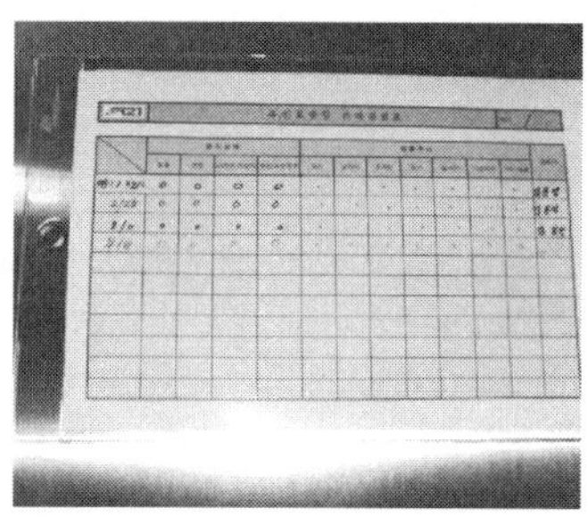
[그림 5-16] **점검일지**

# PART 6

# 식품첨가물

1. 식품첨가물의 개요
2. 식품첨가물 각론

# 제6장 식품첨가물



## 1. 식품첨가물의 개요

현대식탁의 변화는 첨가물(보존식품, 가공식품, 인스턴트 식품) 등의 발달로 인하여 식생활문화에 많은 변화가 일어나고 있다.

식품첨가물의 사용이 다양화되면서 FAO/WHO는 1954년에 식품첨가물 전문위원회를 발족시켜서 식품첨가물의 사용규칙에 관하여 논의하여 왔다. 우리나라에서도 1962년에 제정된 식품위생법에서 처음으로 '식품첨가물'이라고 하는 명칭이 사용된 이래 수차례의 개정을 거치면서 식품첨가물 사용에 관한 규정을 정하고 있다. 식품첨가물은 식품의 영양성, 보존성, 기호적 가치를 향상시킬 수 있지만, 과도한 사용은 인체에 유해한 경우가 있으니 정확한 양과 사용법을 지켜야 한다.

### 1) 식품첨가물의 정의

식품첨가물이라 함은 인위적으로 식품첨가물을 사용하여 식품의 품질을 개량할 뿐만 아니라 보존성과 기호성을 향상시켜 주는 것을 말한다. 또한 영양적인 가치의 질을 높여 주는 것을 식품첨가물의 목적이라 할 수 있다. 식품첨가물에 대하여 FAO와 WHO의 합동식품첨가물위원회(The Joint FAO/WHO Expet Committee on Food Additives)에서는 "식품의 외관, 향미, 조직 또는 저장성을 향상시킬 목적으로 식품에 보통 미량으로 첨가되는 물질"이라고 정의하였다.

우리나라 식품위생법 제2조2항에 "식품의 제조·가공 또는 보존함에 있어서 식품에 첨가, 혼합, 침윤 및 기타 방법에 의하여 사용되는 물질"이라고 정의하였다.

위에서 정의된 내용을 다시 정리하면 식품에 인위적으로 사용하는 모든 물질을 식품첨가물이라 정의하고 있고, 이것은 천연물질과 화학적 물질을 모두 포함한다는 내용을 의미한다. 식품첨가물은 대부분 화학적 합성품인데 화학적 합성품이란 "화학적 수단에 의하여 원소 또는 화합물에 분해반응 이외의 화학반응을 일으켜 얻은 물질"을 의미하며 동물, 식품, 광물 등 천연물질을 원료로 하여 화학적 반응을 일으켜서 얻는 모든 것을 포함한다.

### 2) 식품첨가물의 지정

우리나라의 식품위생법 제6조에서는 공중보건상 안전을 확보하기 위하여 화학적 합성품 중에서 보건복지가족부장관이 위생상 지장이 없다고 인정하는 것만을 식품첨가물로 사용하거나 판매할 수 있도록 규정하고 있다. 보건복지가족부장관은 식품심의위원회에 자문하여 화학적 합성품 중 사람의 건강을 해칠 위험이 없는 것을 식품첨가물로 지정하게 하는데, 이 제도를 permitted list system이라고 한다. 식품위생심의위원회는 식품첨가물의 지정에 있어서 다음과 같은 점을 바탕으로 검토한다.

① 식품첨가물은 인체에 대한 안정성이 확인되어야 한다.
② 식품에 사용했을 경우 충분한 효과와 이익이 있어야 한다.
③ 식품첨가물에 사용하는 화학명과 제조방법을 소비자가 알 수 있도록 해야 한다.
④ 화학적 실험을 해서 안전성이 확보된 것이어야 한다.

### 3) 식품첨가물의 제조 및 허가

#### (1) 식품첨가물의 제조

식품첨가물은 현행 식품첨가물 공전의 해당품목의 규격 기준에 적합하게 생산해야 한다.

### (2) 식품첨가물의 영업 허가

- 근거 법령 : 식품위생법 제22조 제1항 및 동법 시행 규칙 제22조
- 허가 기관 : 지방 식품의약품안전청

① 영업 허가 절차

식품첨가물의 제조·유통·판매하기 위해서는 다음과 같은 절차를 거쳐 영업허가를 받아야 한다.

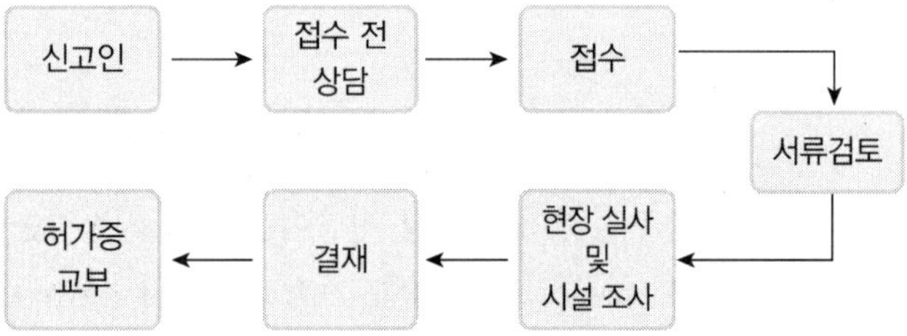


[그림 6-1] **첨가물의 영업허가 절차**

② 제조 품목 보고

- 근거 법령 : 식품위생법 제22조 제6항 및 동법 시행 규칙 제25조
- 보고 기관 : 지방 식품의약품안전청
- 보고 기한 : 제품 생산의 개시 전에나 개시 후 7일 이내

## 4) 식품첨가물의 사용기준

### (1) 1일 섭취허용량(Acceptable Daily Intake; ADI)

ADI는 사람이 일생 동안에 거쳐서 섭취했을 때 아무런 장애 없이 섭취할 수 있는 화학물질의 일일 섭취량을 말한다. ADI는 영구불변한 것이 아니고, 현 시점에서 얻어진 과학정보에 의해 평가된 것이다. 가급적 큰 동물에 대한 장기간(적어도 2년 이상)의 만성독성시험에서 완전히 무독성이 인정되는 최고 섭취량으로 최대안

전량(maximum no effect level; MNL, mg/kg/day)을 먼저 정하고 이 값에 FAO/WHO에서 인정하는 각 식품첨가물에 대한 안전계수(보통 100~200)로 나누어 그 양을 결정한다.

### (2) 사용하는 한계농도

식품에 혼합되어 있는 첨가물 물질의 최소량을 실험으로 결정한 다음, 하루에 섭취한 식품첨가물의 섭취량을 계산하고 그 값에 식품기호계수를 곱한 것이 1일 섭취허용량(ADI)에 미달되어야 첨가물의 식품에 한하여 사용하는 농도가 결정된다.

## 5) 식품첨가물 공전

| | |
|---|---|
| 근 거 | 식품위생법 제12조 규정에 의거하고 있다. |
| 목 적 | 식품 담당 공무원, 식품첨가물 영업자, 식품첨가물 분야 관련자에게 편의를 제공하기 위함이다. |
| 구 성 | 식품첨가물에 대한 기준과 규격을 정하고 있으며, 총칙, 품목별 규격 및 기준, 일반시험법, 시약, 시액, 용량 분석용 표준 용액 등으로 구성한다. |
| 성 격 | 식품첨가물의 성분 규격, 사용 기준, 표시 기준, 보존 기준, 제조 기준 등을 수록한 공정서이다. |
| 내 용 | 식품첨가물의 품질과 순도에 관한 규격으로 한국명, 영어명, 구조식 또는 시성식, 분자식, 분자량, 성분의 함량, 성상, 확인 시험, 순도 시험, 건조 감량, 강열 잔류물, 정량법 등으로 구성되어 있다. |

## 6) 식품첨가물의 기준과 규격

모든 식품첨가물의 표시기준은 '식품첨가물'이란 표시를 비롯하여 명칭 또는 별명(식품첨가물 공정에 기재되어 있는 명칭), 제조장소, 제조(또는 수입)업소명, 제조연월일과 사용기준, 보존기준이 정하여진 첨가물에 있어서는 그 사용방법이나 보존방법 등을 기재하여야 한다. 식품첨가물의 규격과 기준은 보건복지가족부장관이 제정하여 식품위생심의위원회의 심의를 거쳐서 고시된다. 그러나 규격, 기준이 고시되지 않는 천연첨가물은 그 제조 가공업자가 자가규격·기준을 만들어 보건복지가족부장관이 지정한 식품위생 검사기관에 검정을 받아 적합함을 인정받아야 한다.

〈표 6-1〉 **식품첨가물의 기준규격제정 신청시 첨부자료**

| 자료의 종류 | 신 청 |
|---|---|
| 1) 자료개요 | ○ |
| 2) 기원 또는 발견의 경위 및 외국에서의 사용현황에 관한 자료 | |
| (1) 기원 또는 발견의 경위 | ○ |
| (2) 외국에서의 사용현황 | ○ |
| 3) 제조방법 | ○ |
| 4) 용도, 용법, 사용량 | ○ |
| 5) 기준 및 규격안 | |
| (1) 성분규격 | ○ |
| ① 명칭 | ○ |
| ② 구조식 또는 시성식 | ○ |
| ③ 분자식 또는 분자량 | ○ |
| ④ 함량 | ○ |
| ⑤ 성상 | ○ |
| ⑥ 확인시험 | ○ |
| ⑦ 순도시험 | ○ |
| ⑧ 건조감량, 강열잔류물, 수분, 대장균 등 | ○ |
| ⑨ 정량법 | ○ |
| ⑩ 식품 중의 식품첨가물의 분석법 | ○ |
| (2) 사용기준 | ○ |
| (3) 보존기준 | ○ |
| 6) 사용의 기술적 필요성에 관한 자료 | |
| (1) 사용의 필요성 및 기타 동종의 첨가물과의 효과비교 | ○ |
| (2) 식품 중에서의 안정성 | ○ |
| (3) 식품 중에서의 영양성분에 미치는 영향 | △ |
| 7) 독성에 관한 자료 | |
| (1) 반복토여독성 시험 | ○ |
| (2) 생식 · 발생독성 시험 | ○ |
| (3) 유전독성 시험 | ○ |
| (4) 면역독성 시험 | ○ |
| (5) 발암성 시험 | ○ |
| (6) 일반약리 시험 | ○ |
| 8) 체내동태에 관한 자료 | △ |

○은 첨부해야 할 자료, △은 필요한 경우 첨부해야 할 자료

출처 : 식품의약품안전청

### 7) 식품첨가물의 사용목적별 분류

현재 식품첨가물로 지정되어 있는 식품첨가물(화학적 합성품)은 378종이 있는데, 품목을 용도별로 분류하면 〈표 6-2〉와 같다.

**〈표 6-2〉 식품첨가물(화학적 합성품)의 사용목적별 분류**

| 사용 목적 | 종 류 |
|---|---|
| 식품보존에 사용되는 첨가물 | 보존료, 항진규제, 살균료, 산화방지제, 방충제, 피막제 |
| 식품의 가공에 사용되는 첨가물 | 감미료, 조미료, 산미료, 착향료, 착색료, 발색제, 표백제, 소맥분 처리제, 탈염소제 |
| 식품의 제조에 사용되는 첨가물 | 결착제, 발효조정제, 이형제, 두부용 응고제, pH조정제, 이스트 후드, 응고방지제, 색조조종제, 품질개량제, 보습제간수, 팽창제, 껌 베이스, 양조제, 제조용제, 추잉껌 연화제, 소포제, 유화 안정제, 점착방지제, 품질유지제, 증점제, 유화제 |
| 식품영양가치를 강화하는데 사용되는 첨가물 | 영양강화제 |

## 2. 식품첨가물 각론

### 1) 보존료

식품의 보존 중에 일어나는 세균이나 곰팡이 등 미생물의 발육을 억제하여 변패나 변질을 방지하고 식품의 신선도와 영양가 손실을 방지하기 위하여 식품에 첨가하는 화학적 합성품이다.

보존료로서 식품에 사용되기 위해서는 다음과 같은 원칙이 있어야 한다.

① 냉장, 냉동, 탈수, 염장, 당장 등의 식품의 부패를 억제하는 수단을 사용한 후 여의치 않을 경우 보조수단으로서 보존료의 사용을 생각해야 한다.

② 보존료의 정확한 양을 사용하면 인체에 무해하거나 독성이 미약할 것

③ 외부적인 환경적 요인(공기, 광선, 열)에 영향을 받지 않을 것

④ pH에 의해 영향을 받지 않을 것

⑤ 자극적인 맛이 없고 무미, 무취하여 식품본연의 맛을 저해하지 않을 것

### 〈표 6-3〉 허용 보존료의 종류와 사용기준

| 명 칭 | 사용식품 | 허용량 |
|---|---|---|
| 소르빈산(sorbic acid)<br>소르빈산칼륨(potassium sorbate)<br>소르빈산칼슘(calcium sorbate) | 치즈 | 소르빈산으로 3.0g/kg 이하 |
| | 식육가공품, 경육제품, 어육제품, 성게젓, 땅콩버터가공품, 모조치즈, 젓갈류(식염함량 8% 이하) | 2.0g/kg 이하 |
| | 된장, 고추장, 춘장, 청국장(비건조제품에 한함), 어패건제품, 팥 등 앙금류, 단무지, 알로에즙, 채소나 과채의 된장절임, 간장절임, 소금절임 | 1.0g/kg 이하 |
| | 잼, 케첩, 식초절임 | 0.5g/kg 이하 |
| | 과실주 | 0.2g/kg 이하 |
| | 유산균음료(살균한 것은 제외) | 0.05g/kg 이하 |
| 안식향산(benzoic acid)<br>안식향산 나트륨(sodium benzoate)<br>안식향산칼슘(calcium benzoate) | 청량음료(탄산음료, 두유음료, 유산균음료 및 탄산수 제외), 인삼음료, 간장 | 인식향산으로서 0.6g/kg 이하 |
| 안식향산(benzoic acid)<br>안식향산 나트륨(sodium benzoate)<br>안식향산칼슘(calcium benzoate) | 알로에젤 농축액, 알로에즙 | 0.5g/kg 이하 |
| 파라옥시 안식향산 부틸<br>(butyl ρ –hydroxy benzoate)<br>파라옥시 안식향산 에틸<br>(ethyl ρ –hydroxy benzoate)<br>파라옥시 안식향산 프로필<br>(propyl ρ –hydroxy benzoate)<br>파라옥시 안식향산 이소부틸<br>(isobutyl ρ –hydroxy benzoate)<br>파라옥시 안식향산 이소프로필<br>(isopropyl ρ –hydroxy benzoate) | 간장<br>식초, 인삼음료 | 파라옥시 안식향으로서<br>0.25g/kg 이하<br>0.1g/kg 이하 |
| | 청량음료(탄산음료, 두유음료, 유산균음료 및 살균유산균음료 제외)<br>과일소스<br>망고처트니, 잼류<br>과일 및 과체의 표피 | 0.1g/kg 이하<br>0.2g/kg 이하<br>0.012g/kg 이하 |
| 프로피온산 나트륨<br>(sodium propionate) | 빵 및 케이크류 | 프로피온산으로서<br>2.5g/kg 이하 |
| 프로피온산 칼슘<br>(calcium propionate) | 치즈 | 3.0g/kg 이하 |
| 파라옥시 안식향산 부틸<br>(butyl ρ–hydroxy benzoate) | 과실주, 약주, 탁주 | 0.05g/kg 이하 |
| 디히드로초산<br>(dehydro acetic acid)<br>디히드로초산 나트륨<br>(sodium dehydroacetate) | 치즈, 버터, 마가린 | 데히드로초산으로서 0.5g/kg 이하 |

## 2) 살균제

살균제는 식품 부패의 원인이 되는 원인균이나 미생물 및 전염병균을 사멸시키기 위하여 첨가되는 것으로, 보존료와 같이 안전성이 낮기 때문에 사용기준도 엄격하여 주로 음용수, 식기류, 손 등의 소독에 사용되며, 특히 식품에 직접 첨가되는 것은 엄격한 사용기준이 규정되어 있다. 허용하는 살균제는 표백분, 고도표백분, 차아염소산나트륨, 이염화이소시아뉼산나트륨, 에틸렌옥사이드 등이 있는데, 차아염소산나트륨은 참깨에 사용해서는 안 된다.

〈표 6-4〉 **허용 살균제의 종류와 사용기준**

| 명 칭 | 사용기준 |
|---|---|
| 표백분(bleaching powder)<br>고도표백분(calcium hypochlorite)<br>차아염소산나트륨(sodium hypochlorite)<br>이염화이소시아뉼산 나트륨(sodium dichloroisocyanurate)<br>에틸렌 옥사이드(ethylene oxide) | 참깨에 사용하면 안 된다. |

〈표 6-5〉 **사용 금지된 살균제**

| 명 칭 | 이 유 | 명 칭 | 이 유 |
|---|---|---|---|
| nitrofurazone | 대체품(AF-2)을 지정 | chloramine T | 안정성 불충분 |
| nitrofurylacrylamide | 대제품(AF-2)을 지정 | AF-2 | 발암성 |
| halazone | 필요성 저하 | 차아염소산 | 필요성 없음 |
| chloramine$\beta$ | 필요성 저하 | | |

## 3) 산화방지제

식품을 보존할 때 미생물에 의한 부패 외에도 공기 중의 산소에 의해서 유지가 산패되어 자극적인 냄새를 발산하며 맛과 향이 변하고 영양가도 감소한다.

유지의 산패는 일반적으로 불포화지방산의 자동산화(autoxi-dation)에 의해서 일어나고 유지의 산화속도가 일정하지 않으면 초기에는 극히 완만한데, 이 기간을 유도기(induction period)라고 하며 유도기가 지나면 peroxy radical이

hydroperoxide의 생산량이 급증한다. Hydroperoxide는 급속 등이 혼재하면 이에 의해 분해를 받아 새로운 radical을 생선하고, aldehyde, ketone, 유리산, 염화수소 등을 생성하거나 중합반응을 일으킨다.

일반적으로 유지의 산화방지제는 이러한 연쇄반응을 정지시키기 위해 사용된다.

〈표 6-6〉 **허용 산화방지제 종류와 사용기준**

| 명칭 | 사용기준 | |
|---|---|---|
| | 사용식품 | 첨가량 |
| 디부틸 히드록시톨루엔(BHT)<br>(dibutyl hydroxy toluene)<br>부틸 히드록시톨루엔(BHA)<br>(butyl hydroxy anisole) | 유지, 버터, 어패 건제품, 어패 염장품 | 0.2g/kg 이하 |
| | 어패 냉동품(생식용 냉동선어 패류 및 생식용 굴은 제외), 고래 냉동품(생식용 냉동선 어패류 및 생식용 굴은 제외)의 침지액 | 1g/kg 이하 |
| | 껌 및 인삼껌 | 0.75g/kg 이하 |
| 몰식자산 프로필(propyl gallate) | 유지, 버터 | 0.1g/kg |
| 에리소르빈산(erythorbic acid)<br>에리소르빈산 나트륨<br>(sodium erythorbic) | 산화방지 이외의 목적에 사용 금지 | 기준 없음 |
| L-아스코르빈산(비타민 C)<br>(L-axcorbic acid)<br>L-아스코르빈산 나트륨<br>(sodium L-axcorbic)<br>아스코르빌(ascorby palmitate) | 기준 없음 | 기준 없음 |
| EDTA 칼슘 2 나트륨<br>(calcium disodium ethylenediamine tetraacetate)<br>EDTA 2 나트륨<br>(disodium ethylenediamine tetraacetate) | 마요네즈, 샐러드 드레싱, 마가린 | EDTA-disodium(무수물)으로서 0.75g/kg 이하, 병요할 때는 합계량이 EDTA-disodium으로서 0.075g/kg 이하 |
| 이.디.티.에이. 이나트륨(disodium ethylenediamine tetraacetate)<br>이.디.티.에이. 칼슘나트륨<br>(calcium disodium ethylenediamine tetraacetate) | 드레싱 및 소스류 | 0.075g/kg 이하 |
| | 통조림 또는 병조림 | 0.25g/kg 이하 |
| | 캔 또는 병 포장된 음료 | 0.035g/kg 이하 |

### 4) 착색료

착색료는 인공적인 화합물과 천연적인 추출물 등이 있다. 과거에는 합성착색료를 많이 사용하였지만, 최근에는 안정성 문제가 대두됨에 따라 천연 착색료가 증가하는 추세이다.

〈표 6-7〉 **허용 착색료의 종류와 사용기준**

| 명 칭 | 사용식품 | 첨가량 | 사용금지식품 |
|---|---|---|---|
| 식용색소 녹색 제3호(fast green FCF)<br>식용색소 녹색 제3호 알루미늄레이크<br>식용색소 적색 제2호(amaranth)<br>식용색소 적색 제2호 알루미늄레이크<br>식용색소 적색 제3호(erythrosine)<br>식용색소 청색 제1호(brilliant blue FCF)<br>식용색소 청색 제1호 알루미늄리이크<br>식용색소 청색 제2호(indigo carmine)<br>식용색소 청색 제2호 알루미늄레이크<br>식용색소 황색 제4호(tartrazine)<br>식용색소 황색 제4호 알루미늄레이크<br>식용색소 황색 제5호(sunset yellow FCF)<br>식용색소 황색 제5호 알루미늄레이크<br>식용색소 적색 제40호(alura red) | | | 면류, 단무지, 특수영양식품, 건강보조식품, 유가공품, 두유류, 유산균음료, 과실 · 채소류 · 음료, 인삼제품류, 두부류, 젓갈류, 김치류절임류, 조림류, 천연식품, 벌꿀, 장류, 식초, 소스류, 토마토케첩, 잼류, 고춧가루 및 실고추, 후춧가루, 향신료가공품 향미류, 카레, 식육가공품, 어육가공품, 향미류, 복합조미식품, 메주, 코코아버터, 땅콩 및 견과류가공품, 수프류, 코코아분말, 조미김, 과 · 채가공품, 추출가공품, 알가공품 |
| 삼이산화철(iron sesquioxide) | | | 바나나(꼭지 절단면), 곤약 이외 식품에 사용불가 |
| 수용성 안나토(annato water sol)<br>$\beta$-아포-8 ′ -카로티날<br>$\beta$-apo-8 ′ -cartenal<br>$\beta$-카로틴($\beta$ - carotene) | | | 천연식품(식육, 어패류[경육포함], 과자류, 해초류, 두류, 순가공품[탈피, 절단 등], 다류, 고춧가루, 김치류, 고추장 및 식초)에 사용불가 |
| 철클로로필린 나트륨<br>(sodium iron chlorophyline) | 사용기준 없음 | | |
| 동클로로필린 나트륨<br>(sodium copper chlorophyline) | 채소류 또는<br>과일류의 저장품<br>다시마(무수물)<br>껌<br>완두콩 통조림<br>한천 | 0.1g/kg 이하<br>0.15g/kg 이하<br>0.05g/kg 이하<br>0.0004g/kg<br>이하 | |
| 이산화티타늄<br>(titanium oxide) | | 식품중량의<br>0.1% 이하 | 면류, 단무지, 특수용도식품, 건강보조식품, 유가공품(아이스크림류, 아이스크림분말류, 아이스크림 믹스류 제외), 두유류, 유산균음료, 과실 · 채소류 · 음료, 인삼제품류, 두부류, 젓가류, 김치류절임류, 조림류, 천연식품, 벌꿀, 장류, 식초, 소스류, 토마토케첩, 잼류, 고춧가루, 후춧가루, 천연향신료, 카레, 식육가공품, 알가공품, 어육연제품, 식용유지, 버터, 마가린류, 다류, 식빵, 드레싱, 카스테라, 레토로트 식품, 즉석건조식품, 복합조미식품, 메주, 코코아버터, 땅콩 및 건과류가공품, 수프류, 코코아분말, 조미김 |

착색료는 사용하고자 하는 목적에 따라 나눌 수 있다.

① 색채를 선명하게 하여 식품의 소비를 촉진시킬 목적으로 하는 경우가 있다.

② 천연색소로 되어있는 식품을 2차 가공했을 경우 탈색되거나 변형되는 것을 막기 위하여 착색료를 쓰는 경우

③ 식품의 동일한 색을 나타내어 일정한 통일성을 주고자 하는 경우

합성착색료는 타르(tar)색소, 타르색소의 알루미늄레이크, 비타르계 색소가 있다. 사용이 허가된 합성착색료의 종류와 사용기준은 다음과 같다.

### 5) 발색제

발색제는 착색제와는 달리 자신이 색을 가지고 있지 않지만 식품의 유색물질과 결합해서 그 색을 보존하든가 또는 발색시키는 물질이다. 기호성 및 보존성을 높이는 목적으로 사용된다.

현재 허용된 발색제와 그 사용기준은 다음과 같다.

〈표 6-8〉 **허용 발색제의 종류와 사용기준**

| 명 칭 | 사용식품 | 사용량 |
|---|---|---|
| 아질산나트륨(sodium nitrite)<br>질산나트륨(sodium nitrate)<br>질산칼륨(potassium nitrate) | 식육가공품(포장육, 식육추출가공품 식용유지, 식용돈지 제외) 및 경육제품 | 0.07g/kg 이하 |
| | 어육소시지류 및 어육햄류 | 0.05g/kg 이하 |
| | 명란젓 및 연어알젓 | 0.005g/kg 이하 |
| 황산제1철(건조)(ferrous sulfate)<br>황산제1철(결정)(ferrous sulfate)<br>소명반(burnt alum) | 기준 없음 | 기준 없음 |
| 황산알루미늄칼륨<br>(aluminum potassium sulfate) | 된장에 사용 금지 | |

### 6) 표백제

표백제는 식품을 가공하거나 제조할 때 식품 중의 색소가 산화 등에 의하여 변색 또는 퇴색되는 것을 억제하기 위해서 사용한다.

표백에는 산화제를 사용하는 방법에 따라 산화표백제와 환원표백제로 나뉜다. 산화에 의한 표백일 때는 변색되어 유색이 되는 경우가 있으며, 환원에 의한 표백은 환원제가 존재하는 동안에는 표백효과가 있으나 환원제가 잔존하지 않으면 공기 중의 산소에 의하여 산화되어 원상태로 돌아가는 경우도 있다.

허용된 표백제와 그 사용기준은 〈표 6-9〉와 같다.

**〈표 6-9〉 허용 표백제의 종류와 사용기준**

| 명 칭 | 사용식품 | 사용량 |
|---|---|---|
| 메타 중 아황산칼륨<br>(potassium metabisulfite)<br>무수아황산<br>(sulfur dioxide)<br>산성 아황산나트륨<br>(sodium bisulfite)<br>차아 황산나트륨<br>(sodium hyposulfite) | 박고지 | 5.0g/kg |
| | 당밀 및 물엿 | 0.3g/kg 이하 |
| | 엿 | 0.4g/kg 이하 |
| | 천연과즙, 과실주스<br>엿 | 0.15g/kg 이하 |
| | 건조과실류(건포도 제외) | 2g/kg 이하 |
| | 곤약분 | 0.9g/kg 이하 |
| | 과실주 | 0.35g/kg 이하 |
| | 새우살 | 0.1g/kg 이하 |
| | 기타 식품(참깨, 두류, 서류, 과일류, 채소류 및 그 단순가공품(탈피, 절단 등) 제외 | 0.03g/kg 이하 |
| 과산화수소<br>(hydrogen peroxide) | | 최종제품 완성 전에 분해 제거할 것 |

## 7) 밀가루 개량제

밀가루는 제조 후 그대로 즉시 사용하면 carotinoide 등의 색소를 함유하고 있으면  숙성이 안 되어 좋은 제품을 얻을 수 없다. 화학물질을 사용하여 표백과 성숙기간을 단축시키고 제빵 저해물질을 파괴시켜 분질을 개량하도록 만든 것을 밀가루 개량제라 한다. 밀가루 개량제의 효과는 그 산화작용에 근거한 표백작용과 숙성작용에 의한 것이지만 품목에 따라서는 표백작용은 거의 없고 숙성작용만 갖는 것도 있다.

현재 허용된 것과 사용기준은 〈표 6-10〉과 같다.

**〈표 6-10〉 허용 밀가루 개량제의 종류와 사용기준**

| 명 칭 | 사용식품 | 사용량 |
|---|---|---|
| 과산화 벤조일(희석)(benzoyl peroxide)<br>과황산암모늄(ammonium persulfate)<br>브롬산륨(potassium bromate)<br>염소(chlorine)<br>이산화 염소(chlorine dioxide)<br>아조디카르본아미드(azodicarbonamide) | 밀가루(소백분에만 사용)<br>밀가루(소백분에만 사용)<br>제빵용 밀가루<br>밀가루(케이크 및 카스테라 제조용에 한함)<br>밀가루(케이크 및 카스테라 제조용에 한함)<br>밀가루 | 0.3g/kg 이하<br>0.3g/kg 이하<br>브롬산으로서<br>0.3g/kg 이하<br>1.25g/kg 이하<br>30mg/kg 이하<br>45mg/kg 미만 |
| 스테아릴 젖산 칼슘<br>(calcium steroyl lactylate)<br>스테아릴 젖산 나트륨<br>(sodium steroyl lactylate) | 빵류 및 이의 제조용 믹스, 면류 및 제조용 믹스 식품성 크림 사용<br>난백에만 사용가능 | 기준 없음 |

## 8) 유화제

서로 혼합이 잘되지 않는 두 종류의 액체 또는 고체를 액체에 분산시키는 기능을 가지고 있는 물질을 유화제 또는 계면활성제라고 한다. 즉 물과 기름의 계면에 작용하여 계면 장력을 낮춤으로써 분산상의 응집을 막는 것을 계면 활성제라 한다. 우리나라에서 현재 허가된 유화제로는 글리세린 지방산 에스테르(glycerine fatty acidester), 대두 인지질(soybean phospholipids), 자당 지방산 에스테르(sucrose fatty acidester), 소르빈산 지방산 에스테르(sorbic acid fatty acid ester), 프로펠렌 글리콜 지방산 에스테르(propylene glycol fatty acid), 폴리소르베이트 20(polysorbate 20) 등 6종류가 있으며 식품에 대한 사용제한의 기준은 없다.

## 9) 감미료

감미료는 당질 이외의 감미를 가진 화학적 합성품을 말하는 것으로 천연 감미료와 인공감미료로 나뉜다. 인공 감미료는 당뇨병을 조절하거나, 당 섭취를 제한하기를 원하는 사람들에게 필요하다. 감미료의 대상 식품 및 사용량에 대한 규격기준은 없으며, 허가된 감미료의 종류와 사용기준은 〈표 6-11〉과 같다.

〈표 6-11〉 **허용 감미료의 종류와 사용기**

<table>
<tr><th>명 칭</th><th>사용식품</th><th>사용량</th></tr>
<tr><td rowspan="5">사카린 나트륨<br>(sodium saccharine)</td><td>김치 절임류</td><td>1.0/kg 이하(단, 김치류는 0.2g/kg 이하)</td></tr>
<tr><td>음료류</td><td>0.2g/kg 이하</td></tr>
<tr><td>어육가공품</td><td>0.1g/kg 이하</td></tr>
<tr><td>영양보충제, 식품, 시리얼류</td><td>1.2g/kg 이하</td></tr>
<tr><td>뻥튀기</td><td>0.5g/kg 이하</td></tr>
<tr><td>글리시르리진산 2 나트륨<br>(disodium glycyrrhizinate)<br>글리시르리진산 3 나트륨<br>(trisodium glycyrrhizinate)</td><td>된장 및 간장 이외의 식품에는 사용금지</td><td>기준 없음</td></tr>
<tr><td>D-소르비톨(D-sorbitol)<br>D-크실로오스(D-xylose)<br>D-말티톨(D-maltitol)<br>이소말트(isomalt)</td><td>기준 없음</td><td>기준 없음</td></tr>
<tr><td>아스파탐<br>(aspartame)</td><td>가열조리를 요하지 않는 식사대용 곡류가공품(이유식 제외), 껌, 청량음료, 차류(분말 청량음료 포함), 아이스크림, 빙과(셔벗 포함), 잼, 주류, 분말수프, 발효유, 식탁용 감미료 및 특수영양식(이유식, 병약자, 노약자 및 임산부용 식품 제외) 이외의 식품에는 사용금지</td><td>빵류, 건과류 및 이의 제조용 믹스는 0.5% 이하</td></tr>
<tr><td>스테비오사이드<br>(stevioside)</td><td>식빵, 이유식, 백설탕, 포도당, 물엿, 벌꿀, 알사탕, 우유 및 유제품에는 사용금지</td><td></td></tr>
</table>

〈표 6-12〉 **식품첨가물에서 삭제된 감미료**

| 명 칭 | 연 도 | 이 유 |
|---|---|---|
| Dulcine | 1968 | 발암성 |
| Cyclamine 나트륨 | 1969 | 발암성 |
| Cyclamin삼 칼륨 | 1969 | 발암성 |

## 10) 조미료

조미료는 식품 본래의 맛을 강하게 하거나, 사람들의 기호에 맞도록 다른 맛을 만들어 내는 일종의 첨가물이다. 조미료는 맛의 종류에 따라서 감미료, 산미료, 염미료, 신미료 등으로 분류할 수 있다. 특히 핵산계 조미료인 글루탐산나트륨은 유해성 논란이 있어 가능한 적게 사용하는 것이 좋다.

〈표 6-13〉 **허용 조미료의 종류**

| 분 류 | 핵산계 | 아미노산계 | 유기산계 |
|---|---|---|---|
| 명 칭 | 5′ -이노신산나트륨<br>5′ -구아닐산나트륨<br>5′ -리보뉴크레오티드나트륨<br>5′ -리보뉴크레오티드칼 | L-클루타민산나트륨<br>DL-알라닌<br>글리신 | D-주석산나트륨<br>DL-주석산나트륨<br>DL-사과산나트륨<br>구연산나트륨<br>호박산-2-나트륨<br>호박산 |

## 11) 산미료

산미료는 식품에 산미를 부여하기 위해  가공, 조리할 때 넣는 첨가물이다. 보통 신맛을 첨가해 미각에 청량감과 상쾌한 자극을 준다. 산미는 pH 3.0~4.5에서 느낄 수 있다. 하지만 같은 pH라도 종류에 따라서 미각적인 산미의 강도가 다르다. 산미료는 천연유기산계의 것을 중심으로 12종이 지정되어 있으며 사용기준은 없다. 허용된 산미료는 빙초산, 초산, 구연산, D-주석산, DL-주석산, 인산, 글루코노델타락톤, 젖산, 푸마르산, 푸마르사 1-나트륨, 아디핀산, 이산화탄소, DL-사과산 등이다.

## 12) 영양강화제

식품에 영양적 가치를 강화할 목적으로 사용되는 것으로서 비타민, 무기염, 아미노산 등이 강화제로 사용된다. 이러한 물질들은 식품의 종류에 따라서 부족한 것도 없고, 때로는 제조, 가공, 조리, 보존과정에서 없어질 때도 있다. 우리나라에서 지정된 강화제는 비타민류, 필수아미노산류, 철염류 및 칼슘화합물로 크게 나누어져 사용하고 있으며 칼슘제, 요오드칼륨, 황산구리 등이 사용기준이 정해져 있다. 칼슘의 사용량은 식품의 1% 이하이며, 탄산칼슘만은 껌에 사용할 경우에는 2% 이하로 규정하고 있다. 또한 L-시스테인 염산염은 빵과 천연과즙 외에는 사용할 수 없고 비오틴, 산화 아연, 요오드칼륨은 영양의 목적 외에 사용할 수 없도록 되어 있다. 또 황상아연과 황산동은 조제분유와 이유식에 한하여 그 표준 조유농도에 대하여 각각 0.6g/1와 0.6mg/1 이하를 첨가하도록 제한하고 있다.

## 13) 팽창제

팽창제는 식품의 부피를 부풀게 하여 적당한 형체를 갖추게 하기 위하여 사용되는 첨가물이다.

〈표 6-14〉 **허용 합성팽창제의 종류와 대상 식품**

| 명 칭 | 대상 식품 | 작 용 |
|---|---|---|
| 명반(alum) | 빵, 과자 등 | 산제 |
| 소명반(burnt alum) | 빵, 과자 등 | 산제 |
| 암모늄 명반(ammonium alum) | 빵, 과자 등 | 산제, $NH_2$ |
| 소암모늄 명반(burnt ammonium alum) | 빵, 과자 등 | 산제, $NH_2$ |
| 염화암모늄(ammonium chloride) | 비스킷, 전병 등 | $NH_2$ |
| D-주석산 수소 칼륨(potassium D-bitartrate) | 빵, 과자 등 | 산제 |
| DL-주석산 수소 칼륨(potassium DL-bitartrate) | 빵, 과자 등 | 산제 |
| 탄산수소 나트륨(sodium bicarbonate) | 빵, 전병, 비스킷 등 | $CO_2$ |
| 탄산수소 암모늄(ammonium bicarbonate) | 비스킷, 과자 등 | $CO_2$,$NH_2$ |
| 탄산 암모늄(ammonium carbonate) | 비스킷, 과자 등 | $CO_2$,$NH_2$ |
| 탄산 마그네슘(magnesium carbonate) | 빵, 과자 등 | $CO_2$ |
| 산성 피로인산 나트륨(disodium dihydrogen pyrophosphate) | 빵, 과자 등 | 산제 |
| 제 1인산 칼슘(calcium phosphate monobasic) | 빵, 과자 비스킷 등 | 산제 |
| 글루코노 델타 락톤(glucono delta lactone) | 케이크, 도너츠, 비스킷, 식빵 등 | 산제 |

### 14) 피막제

과실 및 채소류의 선도를 장기간 유지하기 위하여 표면에 피막을 형성시켜 외관을 보기 좋게 하고, 호흡작용을 억제시킴으로써 수분의 증발을 방지하는 목적으로 사용되고 있다. 현재 호흡작용을 억제하는 것에는 몰포린지방산염과 초산비닐수지가 허용되어 사용하고 있다. 몰포린지방산염의 사용기준은 과실류 또는 과채류의 표면 피막제 이외의 용도에는 사용이 금지되어 있다. 초산비닐의 경우 추잉껌 기초제 및 과실류 또는 과채류 표피의 피막제 이외에는 사용을 금하고 있다. 수분 증발 방지용으로는 쉘락이 사용되고 있다.

### 15) 추출제

식품의 어떤 성분을 추출할 목적으로 사용하는 것이며, 현재 지정된 것은 n-핵산(haxane), 이소프로필알코올(isopropyl alcohol), 글리세린(glycerine) 및 프로필렌글리콜(propyleneglycol)뿐이다. n-핵산은 식용유지를 제조할 때 사용되며, 그 이외의 목적에 사용하여서는 안 되고, 또 잔류량은 최종 제품 완성 전에 제거하도록 규정되어 있다.

### 16) 이형제

빵의 제조과정에서 빵 반죽을 분할기에서 분할할 때나 달라붙지 않게 하고, 모양을 그대로 유지하기 위하여 사용되는 첨가물을 이형제라고 한다. 현재 허용되는 첨가물은 유동파라핀이 허용되어 있다. 그 사용기준은 이형의 목적 이외에는 사용하지 못하며 빵에 대해서 최대 잔존량은 0.2% 이하로 규제되어 있다.

# PART 7

# 외식산업의 위생관리

# 제7장 외식산업의 위생관리



## 1. 시설·설비 위생관리

식음료업장은 판매되는 음식의 종류에 따라 설계, 배치 및 설비의 선택이 달라져야 하고, 주방용품 또한 음식의 조리과정에 맞추어 적절한 것으로 선택해야 한다. 위생과 안전을 책임질 수 있는 건물의 설계, 디자인 및 기기와 기기의 설치가 제대로 계획되었는지, 기기 유지는 간편하게 할 수 있는지 확인해야 한다. 작업장을 설계할 때는 필요한 전체 공간 크기와 그 공간의 기기 배치가 중요하며, 적절하게 설계된 작업장은 효율적인 생산, 빠른 서비스, 작업하기 좋은 환경, 효과적인 청소를 고려하여 작업기기와 공간을 제공한다. 또한 작업장은 일을 하기에 충분한 크기이면서 시간과 에너지를 절약하고 동선을 줄일 수 있을 정도로 알맞은 규모인 것이 좋다.

### 1) 시 설

바닥재는 흡수성이 없는 것이 중요하며, 벽재 및 천장재의 재료들과 일관성이 있어야 좋으며, 쉽게 청소할 수 있어야 하고, 소음을 감소시키는 것으로 하는 것이 좋다. 물을 뿌려 청소하는 장소에는 적당한 경사를 두어 물이 잘 빠지도록 설계하여야 하며, 벽과 바닥이 만나는 모서리는 둥글게 처리한다.

벽재 및 천장재의 경우 평탄하고, 흡수성이 없어야 하며, 빛을 반사하고 소음을 막는 재료를 선택하여야 하며 청소가 용이한 재질을 선택한다.

배관시스템은 식품을 다루는 장소 위로 폐수관이나 스프링클러 시스템이 누수

될 경우 식품에 오염물질이 떨어질 수 있으므로 누수를 미연에 방지하고 누수 발생시 빨리 수리해야 한다.

배수구의 단면은 직각을 피해 오물이 잘 걸리는 것을 방지하고 청소하기에도 용이하도록 한다. 실내 배수구와 실외 배수구가 통하는 곳에는 방수장치를 설치해야 한다.

화장실은 편리하고 항상 위생적이어야 한다. 종업원과 고객의 화장실은 분리되어 있는 것이 좋다. 화장실로 이동하는 동안 고객으로 인해 식품이 오염될 수 있기 때문에 고객이 이용하는 화장실은 식품을 다루는 곳을 지나가는 위치에 있어서는 안 된다. 화장실에는 항상 화장지와 뚜껑이 있는 쓰레기통(손을 사용하지 않고 개폐가 가능한 것)을 마련해 두고, 깨끗이 손을 씻을 수 있도록 비누를 비치하는 것이 좋다. 손을 씻은 후 말릴 수 있도록 일회용타월이나 손 드라이어를 마련하여 고객에게 제공하는 것이 좋다.

건조창고의 바닥은 흡수성이 없는 포장된 콘크리트나 타일 등과 같이 쉽게 청소할 수 있는 재료를 사용하는 것이 좋다. 선반, 테이블, 저장용기 등은 스테인레스 스틸이나 식품용 플라스틱 등 녹이 슬지 않는 재료를 이용한다. 건조창고는 스팀 파이프나 하수구라인 또는 급수파이프가 노출되지 않도록 관리해야 하는데 그 이유는 실내 온도를 높이거나 습기, 세균번식 등으로 인해 식품의 품질에 영향을 끼칠 수 있기 때문이다. 또한 강한 햇빛은 식용유를 변질시키거나 양념의 색깔을 변하게 할 수 있으므로 창문은 불투명한 유리를 이용하여 태양광을 차단시켜 식품의 품질 손상을 사전에 방지한다.

주방의 적절한 조명으로 생산성과 종업원의 능률을 높이고, 눈의 피로와 긴장을 감소시키며, 사고와 실수를 줄여주고, 세척한 식기의 얼룩을 발견할 수 있다. 특히 식품을 가공하고 포장하는 곳에는 더욱 밝은 조명이 필요하다.

주방에는 적절한 조명장치와 빛의 반사를 감소할 수 있는 곳에는 부드러운 색을 사용해야 한다. 그림자가 생기지 않으며, 반사가 적고, 지나친 밝기를 지니지 않도록 조명의 위치를 설정해야 한다.

창문의 면적은 자연채광을 위하여 벽 면적의 70%나 바닥 면적의 20~30%가 적당하다. 창문에는 해충의 침입을 막기 위해 16~18mesh의 방충망을 설치한다. 채광 조명설비 등으로부터 식품오염이 유발하지 않도록 보호장비를 설치하여 항상 청결하게 관리해야 한다.

환기시스템은 과도한 열, 증기, 냄새, 연기 등을 배출해 쾌적한 주방 환경을 제공한다. 식음료업장의 기본적인 환기시스템은 후드, 팬, 흡입구와 배기구 등으로 이루어진다. 후드시스템은 기름때 등이 음식, 기기, 기구, 테이블보나 식사도구에 부착되는 것을 막을 수 있도록 설계하고 시공해야 한다. 배기시스템의 용량은 주방에서 발생하는 수증기나 더운 공기의 양에 의해 결정된다. 후드는 내구성이 있고 매끄러우며 표면을 쉽게 청소할 수 있는 스테인레스 스틸이나 이와 비슷한 재질로 만든 것이 좋으며, 후드는 음식에 떨어질 수 있는 기름때를 제거할 수 있는 필터를 갖추고 있어야 한다.

**TIP 주방장비**

주방장비는 식품과 접촉되는 장비이므로 작업에 필요한 적절한 기기를 선택하는 것이 중요하다. 디자인, 크기, 구조, 비용, 내구력, 안전성, 청소용이성, 전체적인 작업수행력 등을 비교해 보고 선택하여야 한다.

### 2) 식기 및 청소도구

식기 및 장비가 적절하게 보관되어야 한다. 식품을 오염시키는 일이 발생하지 않으므로 식기 및 장비의 보관도 위생관리상 중요하다.

#### (1) 식기 및 장비

깨끗한 식기 및 물품들은 보관 전에 세척 및 소독이 되어야 한다. 테이블 식기 및 도구는 바닥으로부터 15cm 이상의 높이에 보관해야 물이 튀거나 먼지가 묻는 것이 방지되어 위생적이다. 모든 식기 및 장비는 덮개를 이용하여 식품접촉표면에 먼지나 응축수가 들어가지 않도록 주의하는 것이 좋다.

#### (2) 청소도구 및 물품

청소도구 및 물품들은 식품을 준비하는 곳으로부터 차단된 지역에 보관되어야 한다. 이는 청소도구 및 물품들 중에는 화학제품이 많이 있어 식품과 접촉하였을 경우 인체에 유해한 성분이 섞일 수 있기 때문이다. 천이나 스펀지 등은 자주 씻고 소독하며 브러시나 대걸레도 씻고 헹구어 소독한 뒤 말려서 보관한다. 청소도구 및 용품들은 업무의 구역에 맞게 구분하여 보관하는 것이 좋다.

[그림 7-1] **청소 도구함 사례**

## 2. 개인위생관리

개인위생관리를 위해서 관리자들은 직원들의 병이나 증상, 비위생적인 버릇 등을 관찰하여 청결한 몸 관리가 이루어질 수 있도록 주의를 기울여야 한다. 직원들이 준수해야 할 기준과 법규 및 절차를 만들어 시행하고, 그에 필요한 시설과 장비를 마련해야 한다.

### (1) 직원들의 건강관리

직원은 식품위생법 40조, 시행규칙 49조에 의거하여 건강 진단을 받아야 하는 자는 "식품 및 식품첨가물을 채취·제조·가공·조리·저장·운반 또는 판매하는데 직접 종사하는 자로 하는데(다만, 영업자 또는 직원 중 완전한 포장된 식품 또는 식품첨가물을 운반 또는 판매하는데 종사하는 자는 제외한다)", 횟수는 연 1회이다.

식품위생법 시행규칙 50조에 의거하여 영업에 종사하지 못하는 질병의 종류는 감염병의 예방 및 관리에 관한 법률 제2조에 의거한 제1군 전염병(콜레라, A형간염, 장티푸스, 파라티푸스, 세균성 이질, 장출혈성 대장균 감염증), 간염병의 예방 및 관리에 관한 법률 제2조에 의거한 제3군 전염병 중 결핵(비전염성인 경우 제외), 피부병 및 기타 화농성질환이 해당된다. 그리고 관리자는 모든 직원들의 건강상태를 매일 작업에 임하기 전에 살펴야 한다.

### (2) 위생적인 복장

직원들이 착용하는 위생모, 위생복, 앞치마 등은 항상 청결해야 하며, 주방에서 착용하는 위생복과 주방을 나와서 입는 외출복은 철저하게 구분하여 착용하여야 한다. 그리고 위생복을 입고 작업하는 장소 이외에는 절대 출입하여서는 안 되며, 직원들이 옷을 갈아입는 장소와 음식을 다루는 장소는 분리되어야 한다. 위생복은 상단에 외출복은 하단에 보관한다([그림 7-2], [그림 7-3]).

직원들의 위생화는 단정하고 편안한 조리작업용 신발로 작업시 미끄러지거나 넘어지는 것을 방지하여야 하며 샌들과 같이 구멍이 있는 신발은 적절하지 않으며, 굽은 되도록 낮은 것을 이용하고, 신발의 밑창이 물을 흡수하는 소재의 경우 미생물의 번식이 일어날 수 있으므로 착용하지 말아야 한다. 문이 있는 신발장을 구비하여 하단에는 평상화를 상단에는 위생화를 두어 교차오염을 방지하여야 한다.

장신구는 작업장 내에서는 반지, 팔찌, 시계, 귀걸이, 목걸이 등의 장신구들은 이물질이 부착되어 있을 가능성이 높기 때문에 사용하는 것을 막아야 하며, 음식을 다루는 장소에서는 장신구의 일부가 빠져 음식에 들어갈 수도 있으므로 절대 착용해서는 안 된다.

음식을 준비하거나 제공할 때에는 흡연이나 껌을 씹는 행위는 절대 해서는 안 된다. 직원들이 흡연할 수 있는 장소를 마련하여 흡연하도록 교육하여 고객에게 흡연으로 인한 피해를 주어서는 안 된다.

음식간을 보는 경우에는 개인그릇을 사용하여 음식물을 덜어내어 간을 보아야 하며, 간보기를 마친 후 사용한 그릇과 수저는 다시 사용하지 말고 씻어야 한다.

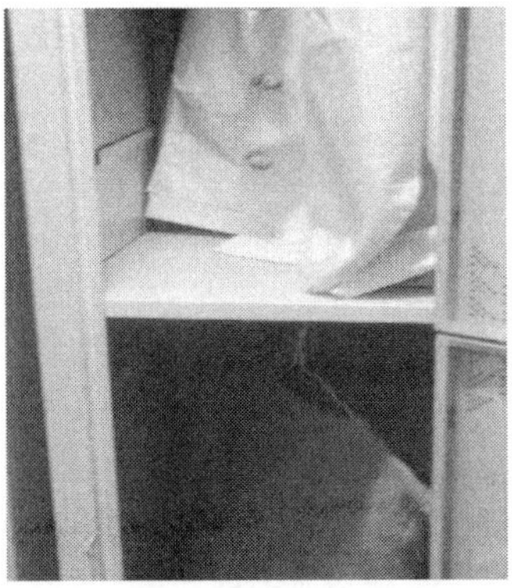

[그림 7-2] **위생복과 외출복이 구분된 옷장 사례** [그림 7-3] **구분되어 관리되는 옷장 사례**

### (3) 올바른 손씻기 실천방법

음식물을 조리하거나 보관·저장하여야 할 때는 반드시 손을 씻은 후 작업하여야 하는데 손을 반드시 씻어야 하는 경우는 다음과 같다.

- 화장실 이용 후
- 코를 풀거나 재채기 등 신체의 일부를 만지고 나서
- 애완동물을 만지고 난 후
- 흡연 후
- 쓰레기 등 오물을 만졌을 때
- 외출에서 돌아왔을 때
- 조리실에 들어가기 전
- 원재료를 다듬거나 세척작업 후
- 기타 손을 오염시킬 수 있는 것을 만졌을 경우
- 귀, 입, 코, 머리와 같은 신체부위를 만지거나 긁은 경우

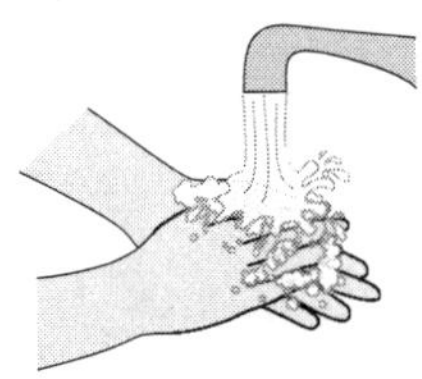

자료출처 : 식품의약품안전청

올바른 손씻는 방법은 비누거품을 충분히 내어 손과 팔을 꼼꼼히 문질러 닦고 미지근하고 깨끗한 물로 헹군다. 손가락 끝, 손가락 사이도 유의해서 깨끗이 씻어야 하며, 손톱 밑을 씻을 때는 손톱용 브러시를 사용하는 것이 바람직하다. 일회용 종이 타월이나 손 건조기를 이용하여 물기를 건조시켜야 한다.

손씻기에 따른 세균의 제거효과는 다음 그림과 같이 흐르는 물로만 씻어도 상당

한 제거효과가 있는데 비누를 사용하여 흐르는 물로 20초 이상 씻고 건조 후 소독을 하는 경우 효과가 더욱 좋다.

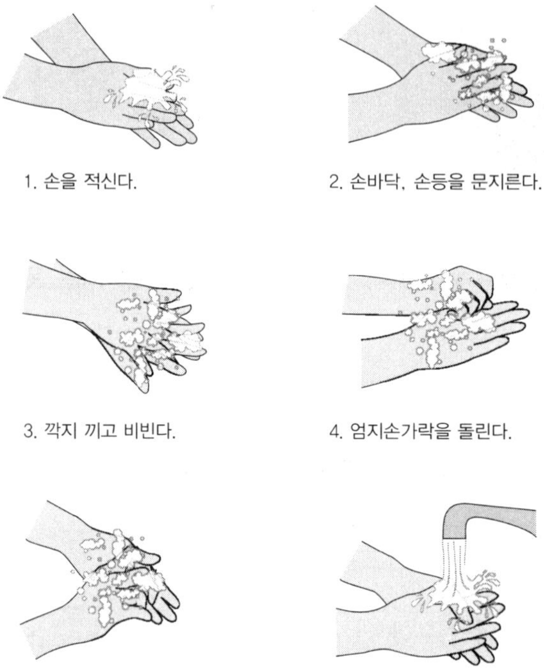

1. 손을 적신다.
2. 손바닥, 손등을 문지른다.
3. 깍지 끼고 비빈다.
4. 엄지손가락을 돌린다.
5. 손톱으로 문지른다.
6. 흐르는 물에 헹군다.

(자료출처 : 식품의약품안전청)

| 씻는 조건 | 방 법 | 균수(마리) | | 제거율 (%) |
|---|---|---|---|---|
| | | 씻기 전 | 씻은 후 | |
| 수돗물 | 담아 놓은 물 | 4,400 | 1,600 | 63.6 |
| | 흐르는 물 | 40,000 | 4,800 | 88.0 |
| 뜨거운 물 | 담아 놓은 물 | 5,700 | 750 | 86.8 |
| | 흐르는 물 | 3,500 | 58 | 98.3 |
| 비누사용 | 흐르는 물(간단히) | 849 | 54 | 93.6 |
| 수돗물 | 흐르는 물(철저히) | 3,500 | 8 | 99.8 |

자료출처 : 식품의약품안전청

[그림 7-4] **손씻는 방법에 관한 실험**

[그림 7-5] **손씻는 시설 사례**

관리자들은 직원들이 필요한 때에 올바른 손씻기를 하도록 교육하고 감독해야 한다. 적절한 손 관리를 위해서 항상 손톱은 짧고 깨끗하게 유지하여 더러운 이물질이 끼지 않도록 주의하고, 매니큐어를 바르거나 장신구는 피해야 한다. 손에 상처가 난 경우에는 치료한 후 밴드로 감싸고, 고무골무를 착용한 후에 일회용장갑이나 장갑을 착용하고 작업에 임해야 한다. 상처가 난 직원은 손의 상처가 완치될 때까지 식품을 다루지 않는 작업을 진행해야 하는데, 이는 상처 난 부위로부터 식품이 오염되어 식중독을 유발할 수 있기 때문이다.

고무장갑과 앞치마는 여러 가지 색깔을 준비하여 다루는 식재료 및 사용하는 장소에 따라 구분하여 사용하여야 하며, 일회용장갑을 사용하기 전에도 반드시 손을 씻어야 한다. 장갑이 더러워지거나 찢어진 경우 장갑을 교체하여야 하며 장갑착용 후 같은 작업을 할 때 적어도 매 4시간 이내로 바꿔 착용하여야 위생적이다. 또한, 직원들이 장갑을 착용한 채로 오염된 접촉면(입 또는 코)을 만지는 경우가 있을 때는 오히려 장갑 착용으로 인하여 다른 미생물이 오염 및 교차오염이 발생할 수 있으므로 주의해야 한다.

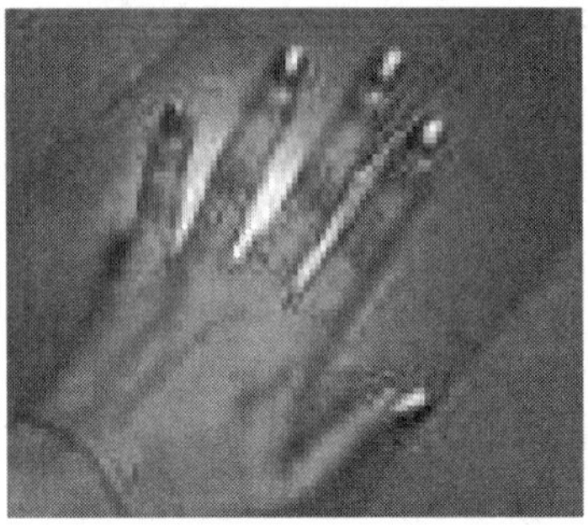

[그림 7-6] **잘못된 매니큐어와 장신구 착용 사례**

[그림 7-7] **고무장갑과 앞치마 구분 보관 사례**

## 개인위생 점검표

양호 : ○
불량 : ×

성명 :

년 월

| 일자 / 점검 | 1 | 2 | 3 | 4 | 5 | 6 | 7 | 8 | 9 | 10 | 11 | 12 | 13 | 14 | 15 | 16 |
|---|---|---|---|---|---|---|---|---|---|---|---|---|---|---|---|---|
| 건강상태 | | | | | | | | | | | | | | | | |
| 두발 /수염 | | | | | | | | | | | | | | | | |
| 손톱청결 | | | | | | | | | | | | | | | | |
| 복장청결 | | | | | | | | | | | | | | | | |
| 복장착용 | | | | | | | | | | | | | | | | |
| 신발소독 | | | | | | | | | | | | | | | | |
| 장신구착용 | | | | | | | | | | | | | | | | |
| 비적절한 향 | | | | | | | | | | | | | | | | |
| 비위생적 행동 | | | | | | | | | | | | | | | | |
| 주머니기물 | | | | | | | | | | | | | | | | |
| 교차오염 방지 | | | | | | | | | | | | | | | | |
| 자재용도별 구별 | | | | | | | | | | | | | | | | |
| 출입자관리 | | | | | | | | | | | | | | | | |
| 손세척 | | | | | | | | | | | | | | | | |
| 검 인 | | | | | | | | | | | | | | | | |

| 일자 / 점검 | 17 | 18 | 19 | 20 | 21 | 22 | 23 | 24 | 25 | 26 | 27 | 28 | 29 | 30 | 31 |
|---|---|---|---|---|---|---|---|---|---|---|---|---|---|---|---|
| 건강상태 | | | | | | | | | | | | | | | |
| 두발/수염 | | | | | | | | | | | | | | | |
| 손톱청결 | | | | | | | | | | | | | | | |
| 복장청결 | | | | | | | | | | | | | | | |
| 복장착용 | | | | | | | | | | | | | | | |
| 신발소독 | | | | | | | | | | | | | | | |
| 장신구착용 | | | | | | | | | | | | | | | |
| 비적절한 향 | | | | | | | | | | | | | | | |
| 비위생적 행동 | | | | | | | | | | | | | | | |
| 주머니기물 | | | | | | | | | | | | | | | |
| 교차오염 방지 | | | | | | | | | | | | | | | |
| 자재용도별 구별 | | | | | | | | | | | | | | | |
| 출입자관리 | | | | | | | | | | | | | | | |
| 손세척 | | | | | | | | | | | | | | | |
| 검 인 | | | | | | | | | | | | | | | |

# 3. 안전한 식품을 위한 위생관리

## 1) 구 매

외식업체는 식품구매에 있어서 식품위생의 안전성을 준수하는 업체를 선정하여 외식업체의 표준납품업체 심사를 받아야 한다.

### 협력업체 관리 체크리스트

협력회사명 : ____________________

협력업체 카테고리 : ____________________

방문 일자 : ____________________

참석 팀원 : ____________________

| 저장 환경 | YES | NO | N/A |
|---|---|---|---|
| 1. 냉각기(Chiller) 온도는 모든 잠재 위해식품에 대해 5℃ 이하이다. | ☐ | ☐ | ☐ |
| 2. 냉동고는 -18℃이어야 한다. | ☐ | ☐ | ☐ |
| 3. 냉각기와 냉동고는 과적재되어 있지 않다. | ☐ | ☐ | ☐ |
| 4. 식품은 바닥과 벽에 떨어져 저장되어 있다. 적절한 식품을 넣어 공기의 순환이 이루어진다. | ☐ | ☐ | ☐ |
| 5. 식품 순환이 적절히 이루어지고 있다. | ☐ | ☐ | ☐ |
| 6. 먼지, 벌레, 쥐, 새들로부터 안전하다. | ☐ | ☐ | ☐ |
| 7. 상한 음식 아이템이나 유통기한이 경과한 식품은 정상적 재고와 함께 보관되지 않는다. | ☐ | ☐ | ☐ |
| 8. 건물과 쓰레기 보관장소는 위생적이다. | ☐ | ☐ | ☐ |
| **제품 품질** | | | |
| 1. 제품의 외관이 전반적으로 신선하고 단단하다. | ☐ | ☐ | ☐ |

| 설비와 수송 | YES | NO | N/A |
|---|---|---|---|
| 1. 운반용 카트와 기타 보관용기는 청결하다. | ☐ | ☐ | ☐ |
| 2. 냉동고와 냉각기 트럭은 정상 온도를 유지한다. | ☐ | ☐ | ☐ |
| 3. 테이블, 도마, 칼은 청결하다. | ☐ | ☐ | ☐ |
| **식품 처리 담당자의 위생상태** | **YES** | **NO** | **N/A** |
| 1. 해당 직원은 식품 위생 관리자 자격증 소유자들인가? | ☐ | ☐ | ☐ |
| 2. 세정제 등을 포함하여 손을 씻을 수 있게 충분한 시설이 제공되어 있는가? | ☐ | ☐ | ☐ |
| 3. 화장실 위생시설이 충분히 제공되어 있는가? | ☐ | ☐ | ☐ |
| 4. 화장실에서 깨끗이 손을 씻을 수 있도록 세정제 등 충분한 시설이 제공되어 있는가? | ☐ | ☐ | ☐ |

| HACCP | YES | NO | N/A |
|---|---|---|---|
| 1. 협력업체가 HACCP 식품 안전 프로그램을 개발 및 적용하고 있는가? | ☐ | ☐ | ☐ |

일반 참고사항 :

팀원 서명

협력업체 서명

## 2) 식품수령

### (1) 검수시 준수사항

- 외식업체는 감염가능성이 배제된 식품만을 수령하도록 한다.
- 유통기간이 충분하고 안전한 식품만을 취급한다.
- 변하기 쉬운 식품의 경우 특별 취급품목으로 나누어 관리한다.
- 냉장차량은 10℃ 이하여야 하고, 냉동차량은 –18℃ 이하여야 한다.
- 식품의 유통기한은 정해진 날짜를 꼭 준수해야 하며, 포장상태의 안전유무를 확인한다
- 냉동식품의 경우 수령시 해동의 여부, 녹은 흔적이 있는지 확인한다.
- 외식업체는 수령직원에게 식품에 대한 식품안전성 교육을 실시하고, 위생 표준 매뉴얼의 가이드라인을 제시한다.
- 캔은 외관이 깨끗해야 하며(녹이 슬지 않고 찌그러지지 않은 것), 병은 파손되지 않아야 한다.
- 식품은 화학제품과 함께 운반하지 않는다.
- 모든 식품에 제조자 이름과 주소가 적힌 라벨의 바코드와 날짜 등을 확인한다.
- 입고된 식품에 쥐·해충의 침입한 흔적이 없는지 확인한다.
- 입고시 모든 식품은 디지털 탐침온도계로 확인하고 확인한 디지털 온도계의 탐칭막대기는 소독하고 청결을 유지한다.

### (2) 식품별 검수방법

① 치즈와 유제품

- 식품의 안전한 온도를 확보한다.
- 10℃ 이하로 관리되는 냉장차량으로 배송되었는지 확인한다.
- 식품 회전 기간이 충분할 수 있도록 유효기간을 두어야 한다.
- 식품은 수령 즉시 안전한 저장공간에 두어야 한다(환경적 요인).
- 식품은 손상되지 않은 상자에 밀봉포장해서 보관해야 한다.

## 식품배송기록지

| 날 짜 | 시 간 | 납품업체 | 식재료 항목 | 온 도 | 포장 표준<br>○ × | 부적절한 식품의 시정조치 | 서 명 |
|---|---|---|---|---|---|---|---|
| | | | | | | | |
| | | | | | | | |
| | | | | | | | |
| | | | | | | | |
| | | | | | | | |
| | | | | | | | |
| | | | | | | | |
| | | | | | | | |
| | | | | | | | |

준수사항 :

· 온도 조절 : 잠재 위해 식품은 5℃ 이하이어야 한다.
· 냉동 식품은 -15℃ 이하여야 한다.
· 포장 표준 : 모든 포장은 상태가 좋아야 한다.
· 유통기한까지 또는 이내에 사용해야 한다.

포장표준기준 :

만족스러운 경우 ○

만족스럽지 못할 경우 ×

② 냉장육과 변질되기 쉬운 식품

- 식품의 안전한 온도를 확보한다.
- 10℃ 이하로 관리되는 냉장차량으로 배송되었는지 확인한다.
- 식품 회전 기간이 충분할 수 있도록 유효기간을 두어야 한다.
- 식품은 수령 즉시 안전한 저장공간에 두어야 한다(환경적 요인).
- 식품은 손상되지 않은 상자에 밀봉포장해서 보관해야 한다.
- 육류, 조류, 어패류 등 다른 종류의 고기는 서로 별도로 저장해야 한다.

③ 캔제품과 건조식품

- 캔류의 유효기간은 최소 4개월 이상이어야 하며, 제조일과 유효기간이 정확하게 표시되어 있어야 한다(파손되거나 외관상 이상이 있으면 즉시 신고해야 한다).
- 제조일자, 유통기간, 성분과 같은 표시사항이 없으면 반품시킨다.
- 밀봉된 제품을 오픈하였을 경우는 최대한 빠른 시간 내에 사용한다.
- 처음의 포장형태로 있는지 외관을 확인하고 저장한다.

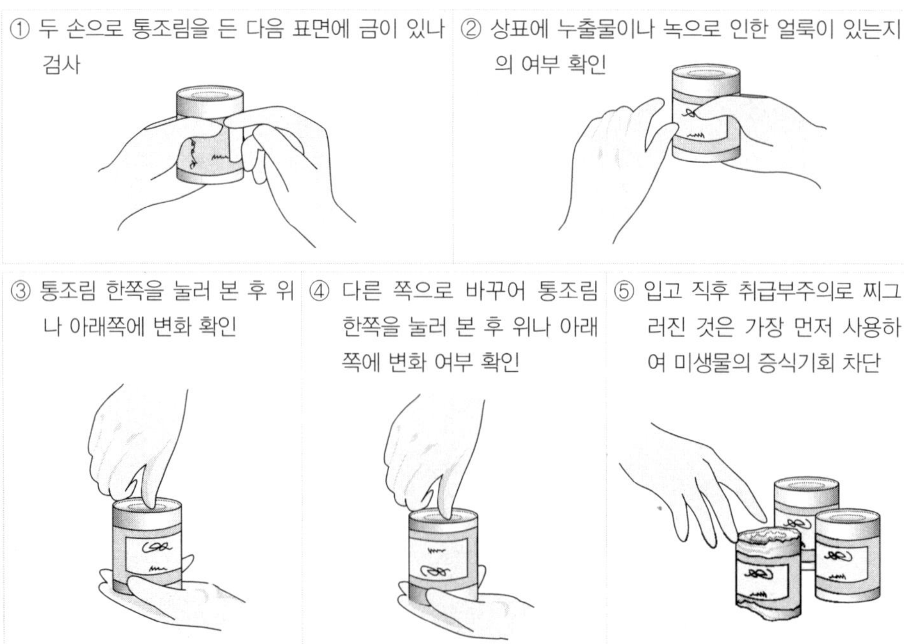


[그림 7-8] **통조림 검수 방법**

## 3) 식품저장

### (1) 저장시 준수사항

- 모든 잠재위해 식품은 5℃ 온도로 유지하며 냉장고에서 보관한다.
- 냉장·냉동고온도는 1일 3회 체크하며 디지털 탐침온도계를 활용하여 기록한다.
- 매일 아침에 얼음물을 이용하여 디지털 탐침온도계의 정확한 온도를 체크한다.
- 냉장고에 보관하는 모든식품은 소독처리된 투명한 뚜껑 있는 용기에 넣어 보관한다.
- 모든 저장식품은 재고 회전을 위하여 자체 라벨을 붙여야 한다.
- 냉장·냉동고에 많은 양의 식품을 넣어두면, 공기순환을 방해하여 냉장·냉동고의 안전한 온도에 지장을 줄 수 있다.
- 냉장·냉동고의 청소는 매일 체크하고 청소해야 한다.
- 냉장·냉동고의 팬에서 물방울이 식품에 떨어지지 않도록 주의해야 한다.
- 냉장·냉동고의 입·출입이 잦아 내부온도에 지장을 주지 않도록 한다.
- 상온창고, 냉장·냉동고에 보관된 식품의 유효기간을 정기적으로 점검한다.
- 유리용기, 캔류 등의 제품은 냉장, 냉동보관하지 않는다(물리적 위해요인 차단).
- 개봉된 식품은 안전한 용기에 덜어 보관하며 개봉된 날짜와 이름을 부착해야 한다.
- 냉동식품의 유통기한은 최대 3개월 이내로 하는 것이 바람직하다.
- 냉동고의 온도에 이상이 있을 경우 식품을 냉장고로 옮겨 해동시키고 48시간 이내에 해동식품을 조리해야 한다. 절대 다시 재냉동시켜서는 안 된다.

TIP **냉동고 보관시 주의점**

냉동식품을 해동했다가 다시 냉동시키는 것은 매우 위험하므로, 식품은 소포장으로 보관한다.

[그림 7-9] 뚜껑 있는 밀폐 용기 보관

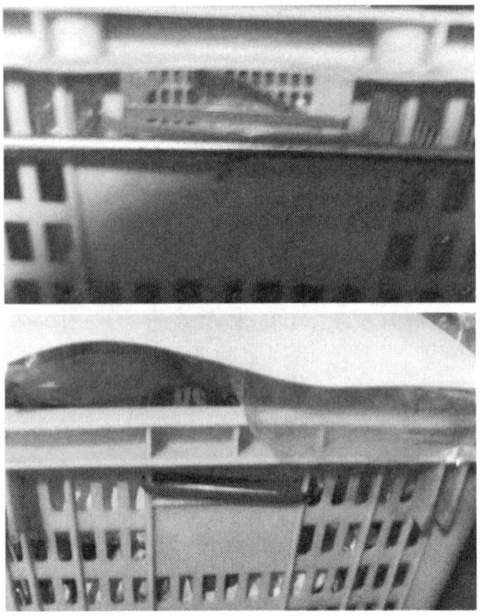

[그림 7-10] 색깔끈 구분으로 식품분리 보관

## (2) 식자재 저장관리 규정

| 구 분 | 온 도 |
|---|---|
| 냉 동 | −18℃ 이하 |
| 냉 장 | 0~10℃ |
| 표 준 | 20℃ |
| 상 온 | 15~25℃ |
| 실 온 | 1~35℃ |
| 미 온 | 30~40℃ |
| 찬 곳 | 0~15℃ |

출처 : 한국식품영양교수협의회(2010), 식품위생관계법규, 식품 등의 기준 및 규격

## (3) 준수사항 및 방법

① 선입선출

- 입고된 물품은 유성매직팬을 사용하여 내용물이 오염되지 않도록 입고 일자를 물품 포장에 기입한다. 모든 저장품은 먼저 입고된 것부터 먼저 꺼내어 사용한다.

- 저장품의 입고 또는 적재시 재고물품(선입고품)을 앞으로 배치하여 선입선출이 용이하도록 한다.

② 식자재 저장고 관리

- 각 사업장에 설치한 창고의 규모는 다르지만 일정한 위치를 정하여 보관, 저장함으로써 관리를 용이하게 하고 식별이 가능토록 한다.
- 창고에 보관, 저장하는 모든 물품은 먼저 입고된 것을 먼저 사용하기로 하여야 하며, 특히 식자재의 경우에는 유통기간 확인 및 준수를 철저히 하여야 한다.
- 사업장의 책임자는 창고관리 책임자를 선임하여 관리하도록 한다.
- 각 사업장의 책임자 혹은 창고관리 책임자는 매일 창고의 재고조사를 실시하여 식자재 재고조사표에 기록하고 익일분 식자재 발주시 참고한다.
- 창고관리 책임자는 주 1회 청소를 실시하여 청결을 유지하여야 한다.

③ 창고정리 방법

가. 창고정리를 할 때는 다음의 원칙을 지켜야 한다.

- 상경 하중의 원칙 : 선반에 물품을 저장할 때 윗부분에는 가벼운 것을 아래쪽에는 무거운 것을 위치시킨다.
- 선입선출의 원칙 : 먼저 입고된 것을 앞쪽에 나중 입고된 것을 뒤쪽에 위치시킨다.
- 정위치 표시에 의한 지정장소에 저장한다.
- 창고의 물품은 업무에 지장을 초래하지 않는 한 최소량을 유지하여야 하며, 소모품의 경우는 품목별로 월 소모량을 파악하여 원활한 발주가 이루어지도록 한다.

나. 식자재 저장고를 정리할 때는 다음의 원칙을 지켜야 한다.

- 상경 하중의 원칙 : 선반에 물품을 저장할 때 윗부분에는 가벼운 것을 아래쪽에는 무거운 것을 위치시킨다.
- 선입선출의 원칙 : 먼저 입고된 것을 앞쪽에 나중 입고된 것을 뒤쪽에 위치시킨다.
- 정위치 표시에 의한 지정장소에 저장한다.
- 식재는 정해진 온도에 정해진 장소에 저장한다.
- 식자재는 품목별로 정해진 위치에 보관 관리한다.

④ 냉장·냉동고 관리지침

가. 청소관리

냉장·냉동고는 관리책임자를 정하여 적정가동 유지를 위한 정기적인 내부 성애 제거, 적정온도 유지, 주 1회 이상 청소 및 소독을 실시하여야 하며, 식품으로부터 유출된 침출액 등에 의해 더러워진 경우에는 그때마다 청소하여야 한다.

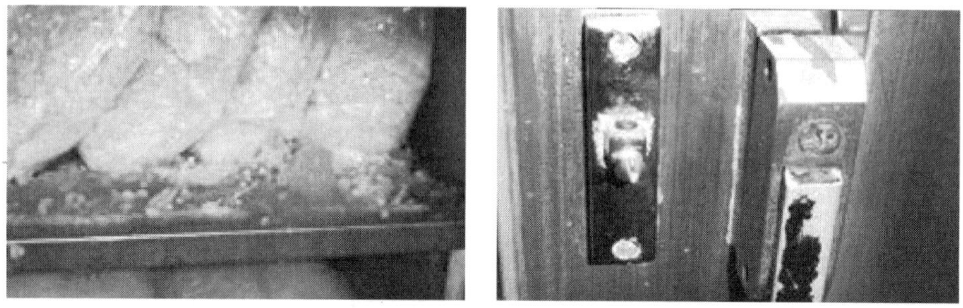

※ 잘못된 사례(냉장고 내 물품포장의 부적절, 냉동고의 손잡이 부식)

나. 온도관리

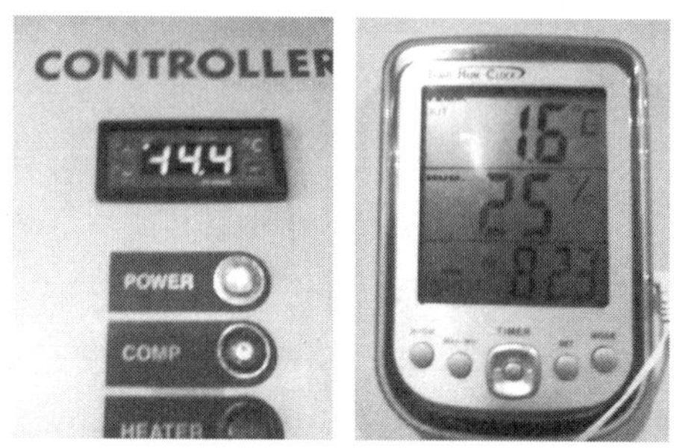


- 냉동고는 −18℃ 이하를 유지하여야 하며, 냉장고는 0~10℃로 유지하되, 통상 5℃ 이하로 유지하는 것이 가장 좋다.
- 시설내부의 온도를 정확히 측정할 수 있는 온도계가 외부에서 보기 쉬운 위치에 설치되도록 하고, 그 온도계의 정상 작동 유무를 확인하기 위하여, 냉장·냉동고 내부에 별도의 온도계를 한 개 더 부착함이 좋다.

다. 사용관리

- 냉동·냉장시설은 가능한 오븐 등 열원 및 직사광선에서 멀리 떨어지게 설치하여야 한다.
- 냉동·냉장고는 용량의 70% 이하로 식품을 보관하는 것이 좋다.
- 냉동·냉장고문의 개폐는 신속하고 필요 최소한으로 하여야 한다.

- 전도사고를 방지하고 식품오염을 방지하기 위하여 바닥은 물기가 없어야 하며, 미끄럼방지용 소재를 바닥에 깔면 좋다(단, 배수가 용이해야 함).
- 냉장·냉동고의 식품보관은 반드시 식힌 다음에 이루어져야 한다(뜨거운 것을 넣으면 내부온도가 상승하여 다른 식품을 부패시킬 우려가 있음).
- 냉장·냉동고에 음식물을 보관할 경우에는 투명비닐 또는 뚜껑으로 덮어, 낙하물질로부터의 오염을 방지하여야 한다.

※ 잘못된 사례(외피포장 제거 후 전용용기에 담아 보관해야 함)

※ 냉장고 식품보관 방법

- 냉장고의 팬 아래부분에는 팬으로부터 물이 떨어질 수 있기 때문에 식자재를 놓아서는 안 된다.
- 냉장·냉동고의 문은 비상시를 대비하여(안쪽에서 문이 닫힌 경우) 내부에서 열 수 있는 구조로 설치되어야 하며, 이중안전장치를 위해 외부로 자신의 위치를 알릴 수 있도록 비상벨을 설치하는 것이 좋다.
- 해동을 위하여 냉동육을 냉장실에 보관하거나, 육류를 주방에서 해동시킬 경우에는 반드시 "해동 중" 표시를 부착하거나 주방에 해동장소를 마련하여 표식을 부착하고 그곳에 보관한다.

※ 해동 중인 식재료 표시 사례

- 냉장제품은 냉동고에, 냉동제품은 냉장고에 잘못 보관하는 사례가 있으므로, 냉장·냉동고에 식품을 보관할 경우에는 반드시 그 제품의 식품표시사항(보관방법)을 확인한 후, 보관하여야 한다.
- 통조림(캔류)은 개봉한 다음, 별도의 깨끗한 용기에 보관한 후, 그 제품의 유통기한을 용기 외부에 표시한다.
- 식품종류별로 각각 다른 냉장고에 보관하는 방법이 가장 이상적이나 그렇지 못할 경우 생선과 유제품은 문에서 떨어진 온도가 가장 낮은 부분에 저장하도록 한다.

※ 캔류 개봉후 보관사례

⑤ 식자재별 보관기준

가. 주식류(쌀, 밀가루, 보리쌀, 식빵, 라면 등)

- 보관요령–건조하면서도 서늘하고 통풍이 잘 되는 용기에 보관한다.
- 주식류의 권장 보관(저장) 기한

| 품 명 | 보관온도(℃) | 습도(%) | 보관기한 | 비 고 |
|---|---|---|---|---|
| 쌀<br>보리쌀<br>밀가루<br>식빵<br>국수 · 건면<br>국수 · 건면<br>라면 | 15~25 | 75 이하 | 3개월<br>〃<br>〃<br>48시간<br>4개월<br>1일<br>3개월 | 곰팡이 발생 전까지 식용은 가능<br><br>이미, 이취없을 때까지 식용 |

나. 유지류(참기름, 들기름, 미강유, 옥수수기름, 콩기름)

- 보관요령－직사광선을 피하고, 서늘한 곳에 위생적인 용기에 담아서 보관한다.
- 유지류의 권장 보관(저장)기한

| 품 명 | 보관온도(℃) | 보관 기한 | | 비고 |
|---|---|---|---|---|
| | | 압 착 | 정 제 | |
| 참기름<br>미강유<br>옥수수기름<br>들기름<br>콩기름 | 15~25 | 1개월(6개월)<br>15일(3개월) | 8개월(1년) | 유색유리병<br>유색유리, 합성수지<br>합성수지제 용기<br>유색유리, 합성수지<br>합성수지제 용기 |

※ (　) 안은 최장 보관 기간임

다. 육류 및 생선류(쇠고기, 돼지고기, 달걀, 생선, 패류, 건어물, 어묵, 두부)

- 보관요령
  - (a) 육류는 도살된 후부터 식용되기까지 모든 단계에서 냉장 또는 냉동상태로 보관한다.
  - (b) 육류를 3~4일 정도 저장하고자 할 때는 냉장고에, 장기간 저장할 때는 냉동시켜 보관한다.

  - (c) 두부는 반드시 찬물에 담갔다가 냉장시키거나, 찬물에 담가 보관하는 것이 좋다.
  - (d) 생선은 내장을 제거한 후 소금물로 깨끗이 씻어 물기를 제거한 다음 다

른 식품과 분리하여 냉장고에 보관한다.

(e) 생선횟감은 깨끗이 씻어 물기를 제거하고 냉장고에 하루 이상 보관해서는 안 된다.

(f) 건어물은 건조하고 서늘한 곳에 보관한다.

(g) 패류는 내용물을 모아서 소금물로 깨끗이 씻은 후 냉장·냉동한다.

(h) 어묵은 냉장상태로 보관하여야 한다.

(i) 달걀은 씻지 않은 상태로 밀폐용기에 담아 냉장 보관한다.

(j) 우유는 냉장고에 보관하여야 하며, 가급적 신속히 취식하여야 한다.

※ 잘못된 사례

라. 육류 및 생선류의 권장 보관기한

| 품 명 | 저장온도(℃) | | 보관기간 | |
|---|---|---|---|---|
| | 냉 장 | 냉 동 | 냉 장 | 냉 동 |
| 쇠고기 | | | 3일(5일) | 1개월(3개월) |
| 생선류 | | | 1일(2일) | 15일(1개월) |
| 두부류 | | | 1일(2일) | 〃 |
| 어묵 | 4 | -12~-18 | 2일(5일) | 〃 |
| 돼지고기 | | | 2일(3일) | 〃 |
| 패류 | | | 1일(2일) | 〃 |
| 달걀 | | | 7일(2주) | 〃 |
| 우유 | | | 2일(2일) | 〃 |

※ ( ) 안은 최장 보관 기간임

마. 채소류(배추, 무, 양파, 파, 오이, 양배추, 시금치, 상추, 콩나물)

- 보관요령

(a) 채소는 반드시 물기를 제거한 후 포장지로 싸서 냉장 보관한다.

(b) 씻은 채소와 씻지 않은 채소가 섞이지 않도록 분리 보관한다.

(c) 3℃ 이하의 냉장 보관은 냉해를 가져올 수 있다.

(d) 양파 및 감자를 오래 보관하여야 할 경우에는 껍질째로 그늘지고 서늘한 곳에 보관한다.

바. 채소류의 권장보관기한

| 품 명 | 저장온도(℃) | 보관기간 | 비 고 |
|---|---|---|---|
| 엽채류(배추, 양배추, 시금치, 상추, 콩나물) | 4~6<br>15~25 | 1일<br>3일 | - 전처리 후 씻은 상태<br>- 씻지 않은 상태 |
| 근채류(무, 양파, 감자) | 4~6<br>15~25 | 2일<br>7~30일 | - 전처리 후 씻은 상태<br>- 씻지 않은 상태 |
| 오이, 호박 | 7~10<br>15~25 | 5일<br>3일 | - 전처리 후 씻은 상태<br>- 씻지 않은 상태 |

사. 조미식품(간장, 된장, 고추장, 고춧가루, 식초)

- 보관요령

(a) 장류가 든 용기의 입구는 그물망을 씌워 곤충의 침입을 막는다.

(b) 고춧가루는 위생적인 용기에 넣어 건조하고 서늘한 곳에 보관한다.

(c) 식초는 신맛 성분이 소실되지 않도록 사용 후 마개를 꼭 닫는다.

(d) 젓갈은 서늘하고 그늘진 곳에 뚜껑을 잘 닫아 보관한다.

(e) 조미식품 사용시 물 및 기타 이물이 들어가지 않도록 주의한다.

- 조미식품의 권장 보관(저장)기한

| 품 명 | 저장온도(℃) | 저장기한 | 비 고 |
|---|---|---|---|
| 간장<br>된장<br>고추장<br>고춧가루<br>식초 | 15~25 | 6개월(1년)<br>1개월(6개월)<br>3개월(6개월)<br>1년(2년) | - 유리제 또는 합성수지제 용기에 넣어진 간장으로 사용 중인 것<br>-합성수지제 또는 옹기류에 넣어져 시판되는 된장으로 사용 중인 것<br>- 서늘하고 통풍이 잘되는 곳<br>- 병 또는 합성수지제 용기에 넣어 서늘하고 직사광선을 피할 수 있는 곳 |
| 젓갈류<br>-양념 안 한 것<br>-양념 한 것 | 15~25 | 6개월(2년)<br>5일(7일) | - 독 또는 합성수지에 넣어 서늘하고 그늘진 곳에 보관<br>- 용기에 넣어진 시판용 |

※ ( ) 안은 최장 보관 기간임

⑥ 식자재의 유통기한

가. 입고되는 모든 식자재와 보관 중인 식자재는 항상 유통기한을 확인하여 유통기한이 초과되는 식자재를 보관하는 일이 없도록 한다.

※ 유통기한 초과 식자재 보관 1차 적발시 영업정지 15일 행정처분

나. 유통기한의 의미는 Expiration Date(섭취가 가능한 날짜)가 아닌 Sell by date 즉 식품의 제조일로부터 소비자에게 판매가 허용되는 기한을 말하며, 이 기한 내에서 적정하게 보관·관리한 식품은 일정 수준의 품질과 안전성이 보장됨을 의미한다.

다. 식품의 제조·가공 영업허가를 받아 생산되는 모든 식품은 유통기한의 표시 대상이 된다. 그러나 아이스크림류, 빙과류, 설탕, 식용얼음, 껌류 및 주류(탁·약주는 제외)는 유통기한의 의무표시 대상이 아니다.

라. 유통기한은 식품의 용기·포장에 지워지지 않는 잉크, 각인 또는 소인으로 잘 보이도록 표시하여야 한다.

마. 조리 후 남은 식자재는 되도록 최초 포장용기에 담아서 보관하고, 여의치 않을 경우에는 제품명과 유통기한을 반드시 표시하도록 한다.

※ 잘못된 사례

바. 식자재 저장의 주요 관리포인트

(a) 조리가 끝난 음식을 잠시 냉장고에 보관할 경우에는 반드시 뚜껑을 덮어 교차오염을 막을 수 있는 상태로 보관하여야 한다.

(b) 조리는 되도록 배식시간에 맞추어 끝날 수 있도록 시간을 조절하여 오염기회를 최소화 하고 배식까지 적정온도를 유지할 수 있도록 보관하여야 한다.

(c) 캔제품을 개봉한 후에 남았을 경우에는 반드시 별도용기에 담은 후 제품명과 유효기간을 표기하여 보관하여야 한다. 캔을 개봉하여 냉장 보관시에는 캔에 녹이 슬고 주석이 용출될 수 있다.

(d) 배식시간이 길고 횟수가 많은 경우에는 조·중·석식용 식자재를 별도로 표시하여 보관한다.

(e) 다음 사항을 유의하여 식자재를 보관한다.

- 냉장제품 중 냉동보관으로 오인하기 쉬운 제품 : 가래떡, 치즈가루
- 냉동제품 중 냉장보관으로 오인하기 쉬운 제품 : 냉동만두, 튀김냉동제품
- 건냉소 보관제품을 냉장·냉동고에 보관하는 경우 : 다시멸치, 김가루, 캔류, 마요네즈
- 냉장·냉동고 보관제품을 외부에 보관하는 경우
- 보관방법에 따라 유통기한이 다른 제품 : 버터(냉장 3개월, 냉동 12개월)
- 특별한 보관방법이 명시되지 않은 제품 : 직사광선을 받지 않는 서늘한 곳에 보관

## 4) 식품준비시 준수사항

- 식품을 다루는 모든 직원은 담당 직무에 필요한 기술과 지식을 교육받는다.
- 식품을 조리하는 공간은 사용 전에 매일 소독한다.
- 식품을 조리하는 모든 도구, 기구들은 매일 소독한다.
- 식품조리를 위해 저온실과 냉장고에서 꺼낸 식품은 최대 4시간 이내에 사용해야 한다.
- 가공식품과 재료식품을 분리 조리한다.

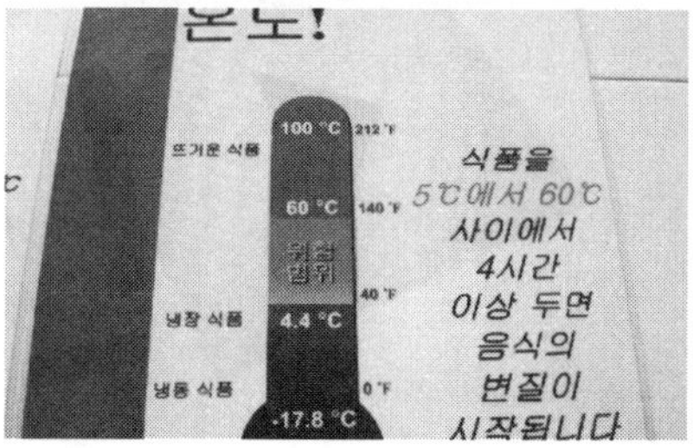

## 냉장고 및 식자재 점검표

| 결재 | 담당자 | 조리장 |
|---|---|---|
| | | |

사업장명 : 200 년 월 일 ~ 월 일

| 점검기준 | 점검기준 | 상 태 | | | | | | |
|---|---|---|---|---|---|---|---|---|
| | | / | / | / | / | / | / | / |
| 1. 냉장고의 온도는 적정한가? | 5℃ 이하 | | | | | | | |
| 2. 냉장고 내 식품의 상태는 양호한가? | 야채류 | | | | | | | |
| | 육류, 생선류 | | | | | | | |
| | 난류, 유제품 | | | | | | | |
| 3. 냉장고의 정리정돈 상태는 양호한가? | 양호, 불량 | | | | | | | |
| 4. 냉장고의 청결상태는 양호한가? | 양호, 불량 | | | | | | | |
| 5. 음식물은 뚜껑을 덮었는가? | 양호, 불량 | | | | | | | |
| 6. 냉동고의 온도는 적정한가? | −18℃ 이하 | | | | | | | |
| 7. 냉동고 내 식품의 상태는 양호한가? | 양호, 불량 | | | | | | | |
| 8. 냉동고 내 정리정돈 상태는 양호한가? | 양호, 불량 | | | | | | | |
| 9. 냉동고의 청결상태는 양호한가? | 양호, 불량 | | | | | | | |
| 10. 냉장 · 냉동고 내의 조명은 양호한가? | 양호, 불량 | | | | | | | |
| 11. 냉장 · 냉동고 내의 청소는 실시하였는가? | 1주일에 1회 이상 | | | | | | | |
| 12. 냉장 · 냉동고 내의 성애는 제거하였는가? | 1주일에 1회 이상 | | | | | | | |
| 13. 유효기간이 경과한 식품은 없는가? | 유, 무 | | | | | | | |
| 14. 창고의 청결상태는 양호한가? | 양호, 불량 | | | | | | | |
| 15. 쌀, 조미료 등 건식자재의 위생상태는 양호한가? | 양호, 불량 | | | | | | | |
| 16. 소모품 및 식자재의 정돈상태는 양호한가? | 양호, 불량 | | | | | | | |
| 17. 냉동, 냉장고 온도계 성능 체크 | 월 1회 실시(편차) | | | | | | | |
| 비고 | | | | | | | | |

## 식품의 저장온도기록

저장 개시 주 :

| 구분 | 월 | | 화 | | 수 | | 목 | | 금 | | 토 | | 일 | |
|---|---|---|---|---|---|---|---|---|---|---|---|---|---|---|
| 일자 | | | | | | | | | | | | | | |
| | AM | PM | AM | PM | AM | PM | AM | PM | AM | PM | AM | PM | AM | PM |
| 1 | | | | | | | | | | | | | | |
| 2 | | | | | | | | | | | | | | |
| 3 | | | | | | | | | | | | | | |
| 4 | | | | | | | | | | | | | | |
| 5 | | | | | | | | | | | | | | |
| 6 | | | | | | | | | | | | | | |
| 7 | | | | | | | | | | | | | | |
| 8 | | | | | | | | | | | | | | |
| 9 | | | | | | | | | | | | | | |
| 10 | | | | | | | | | | | | | | |
| 11 | | | | | | | | | | | | | | |
| 12 | | | | | | | | | | | | | | |
| 13 | | | | | | | | | | | | | | |
| 14 | | | | | | | | | | | | | | |
| 15 | | | | | | | | | | | | | | |
| 초기값 | | | | | | | | | | | | | | |
| 시정조치 | | | | | | | | | | | | | | |

온도 조절
- 저온실과 냉장실은 5℃ 이하여야 한다.
- 냉동실은 − 18℃ 이하여야 한다.
- 저장실이 절대 상한 온도 범위 이내가 아닌 경우에는 총주방장이나 부책임조리장이 식품에 대해 어떠한 시정조치를 취해야 하는지 결정해야 한다.
- 엔지니어 부서에도 가급적 빨리 접촉해야 한다.

- 조리가 완료된 식품은 외부로부터 안전하게 보관한다.
- 재료식품과 가공식품을 다룰 때는 주방용 기구와 도마를 분리해서 사용한다. 또한 도마는 색깔별로 구분해서 사용한다(노랑도마–치즈, 파란도마–야채). 교차오염의 발생 리스크를 최소화할 수 있다. 또한 보관시에는 자외선 살균기에 보관하여 환경적인 위해요소를 차단한다.

- 식중독, 전염병의 의심이 되는 직원이 있을 경우, 즉시 신고하고 조리된 식품은 처분한다.

## 5) 식품의 해동

### (1) 해동방법

- 21℃ 이하 흐르는 물에서(유수해동), 냉장고에서(10℃ 이하 냉장고에서 72시간), 전자레인지를 이용하여 바로 조리한다.

### (2) 준수사항

- 냉장고에 해동전용 선반을 정하고 어떤 제품을 실행하는지 표시한다(그림 참고 : 제품명, 시작일시, 종료일시 기록함).

[그림 7-11] 냉동식품을 해동하는 안전한 방법

● 냉장고 해동모습

● 유수해동의 잘못된 사례

## 6) 음식조리시 준수사항

- 인체에 무해한 식품만을 선택하여 조리한다.
- 조리원은 개인위생을 준수해야 한다.
- 적절한 온도를 유지하여 병원성 세균의 번식을 최소화한다.
- 잠재 위해 요소의 식품 내부온도가 74℃ 이상일 때 안전하다.
- 달걀의 요리는 중심온도가 최소 65℃ 이상에서만 안전하다고 판단할 수 있다.
- 조리된 음식의 보관은 뜨거운 음식의 경우 60℃ 이상에서 보관해야 한다.

## 7) 음식의 냉각

### (1) 냉각방법

- 얇고 넓은 팬에 옮겨서 식힌다.
- 큰 덩어리는 잘라서 식힌다.
- 얼음물에 담가 식힌다.

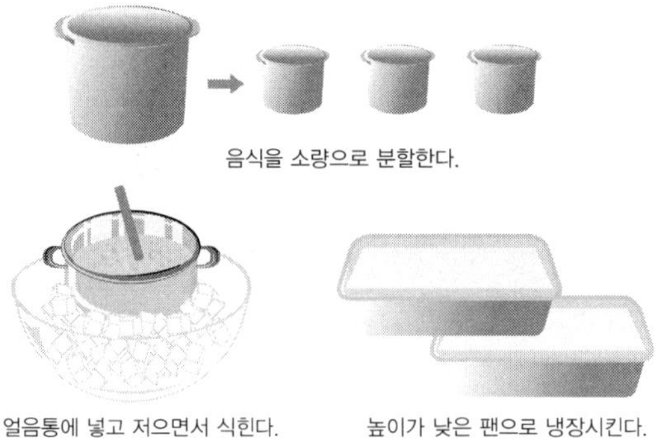


[그림 7-12] **안전하게 식품을 식히는 방법**

### (2) 준수사항

- 조리된 음식을 냉각시킬 경우 60℃에서 21℃로 2시간 이내, 21℃에서 10℃ 이하로 4시간 이내로 냉각시켜 총 6시간 이내로 관리한다.
- 조리된 식품은 위생상 안전한 저장용기에 보관한다. 또한 식품의 이름과 제조일자를 용기에 붙여놓는다.
- 냉장고 내부 온도는 항상 10℃ 이하로 관리한다.
- 냉장, 냉동실에 식품을 보관하였을 경우, 너무 많은 양을 보관하는 경우, 온도관리에 문제가 발생될 수도 있다.
- 급속 냉각기가 있을 경우 급속 냉각기를 사용하여 냉각시키는 것이 좋으나, 냉각시키는 식품의 내부온도를 수시로 확인해야 하며 내용물이 수분이 있는 식품일 경우 잘 저어 주어야 적정온도로 빨리 떨어진다.

## 8) 식품의 재가열 준수사항

- 디지털 탐침온도계를 이용하여 재가열 온도가 74℃ 이상인지 확인한다.
- 식품의 재가열은 한 번만 한다(남은 음식은 폐기한다).
- 재가열한 음식은 다시 냉장, 냉동, 저온 저장하지 않는다.

### 9) 온도유지

부적절한 음식 온도유지로 인한 박테리아 번식을 방지하기 위하여 올바른 온도유지 절차가 필요한데, 찬 음식은 10℃ 이하로 뜨거운 음식은 60℃ 이상으로 유지할 수 있는 시설을 갖추고 담당직원과 관리직원은 식품의 온도유지 과정을 살펴보고 관리해야 한다. 내부적으로 관리 기준을 만들어 실시하여 외식업체 자체 위생시스템의 표준을 확인한다.

### 10) 음식진열(뷔페)

음식을 진열시 다음과 같은 준수사항을 지켜야 한다.

- 한 번 진열된 음식은 다시 진열하지 않는다.
- 아침, 점심, 저녁식사 동안 직원은 잠재 위해 식품의 온도를 측정한다.
- 온도 관리가 필요 없는 식품은 서빙 직전에 꺼내 와야 한다.
- 진열된 음식은 외부환경으로부터 보호받아야 한다(스니즈 가드, 커버, 롤러니드 등).
- 모든 음식 진열도구는 뷔페 진열되기 전에 준비를 한다.
- 진열음식을 관리하는 직원이 식품의 위해요소에 대하여 체크해야 한다.

### 11) 세척·소독과 청소프로그램

소독은 병원성 미생물을 사멸시키거나 완전히 사멸시키지 못하더라도 활성을 억제하여 감염력을 약화시키는 조작이며, 살균은 모든 미생물을 사멸시키는 것으로 영양세포는 사멸되거나 포자는 생존하고, 멸균은 모든 미생물을 대상으로 영양세포뿐 아니라 포자까지도 완전히 사멸시켜 무균상태로 만드는 것을 말한다.

### (1) 청결의 원칙

청결은 때와 음식 찌꺼기를 표면에서 제거한 상태를 말한다.

소독은 미생물을 식기류와 접시류, 장비 그리고 음식이 접촉되는 모든 표면으로부터 안전한 수준으로 감소시키는 것을 말한다.

① 청소 절차의 요소

- 더러운 때의 종류와 상태를 파악한다.
- 물의 종류를 파악한다.
- 물의 온도를 파악한다.
- 청소해야 할 표면을 파악한다.
- 세제의 종류를 파악한다.
- 문지르거나 가해야 하는 압력을 파악한다.

② 청소세제

청소세제는 한 곳에 효과가 있다고 모든 곳에 좋다고 할 수가 없는데 그 이유는 때의 종류, 표면상태, 사용하는 도구가 각각 효과가 다르기 때문이다. 세제의 종류에는 합성세제, 산성세제, 용해제 등이 있다.

가. 합성세제

거의 모든 청소의 필요한 조건에 맞도록 제조된 약알칼리성 세제로 쉽게 헹굴 수 있고 비누거품도 조절이 가능하다.

나. 산성세제

알칼리성 세제를 사용해도 어떤 종류의 때는 효과가 없을 때 특히 기계의 스케일링, 화장실의 얼룩진 녹과 구리 등에 사용한다. 세제에 따라 농도와 종류는 다르며, 사용할 때는 청소하는 표면이나 사용자의 건강을 고려하여야 한다.

다. 용해제

기름용해제를 함유한 알칼리성 세제로 진한 기름때를 제거하는 데 효과적이다.

③ 청소방법

사용한 모든 식기는 올바른 세척절차를 준수하여야 하며, 수작업 세척과 기계세척으로 구분한다. 수작업은 3조씽크를 사용하여야 하고, 기계세척은 시용이 허가된 세제, 적정한 세제량, 세척기 물의 온도 관리가 필요하다. 세척된 식기는 반드시 자연건조하거나 전기소독고를 사용하여 보관한다. 담당직원과 관리직원은 식품의 세척과정을 살펴보고 감독하여 올바른 세척이 이루어지도록 관리한다.

가. 기계 세척

기계로 씻고 소독하는 프로그램의 성공적 요구조건은 다음과 같다.

- 뜨거운 물을 공급하여 충분히 씻고 소독한다(화학소독을 할 경우에는 예외).
- 세정공간을 올바르게 배치하여 오염된 그릇과 세척된 그릇이 교차오염이 되지 않도록 한다.
- 직원은 장비를 사용하고 관리하며 필요한 세제와 다른 화학품을 사용할 수 있어야 한다.
- 세정공간과 세척된 그릇 보관공간을 위생적으로 유지한다.
- 씻고 소독되는 검사를 정기적으로 실시하고 세척기계의 적절한 작동여부를 확인한다.
- 정기적으로 업소의 모든 장비를 검사하고 적절한 절차로 실행되는지를 확인한다.
- 다양한 크기의 그릇을 처리하는 테이블을 마련하여 오염된 식기, 세척된 식기, 식탁용기 등을 처리할 수 있어야 한다.
- 오염된 식기는 기계세척하기 전에 미리 애벌세정을 하여야 한다.
- 세척기는 사용 후 바로 세척을 하도록 하고 여의치 않을 경우 적어도 하루 한 번은 청소를 한다.
- 세척온도를 준수한다(71℃).
- 사용하는 세척기의 서비스 점검양식에 세척 및 린스 단계 온도를 제공한다.
- 세척기에는 주입되는 세제의 상태가 양호한지, 정확한 배율로 희석되어 있는지 확인한다.

TIP ● 세척 ●

| | |
|---|---|
| 위해요소 | 미생물학적 – 부적절한 세척으로 인한 박테리아 번식<br>물리적 – 세척 기계로부터 감염 |
| 관리 | 올바른 세척절차 준수 |
| 허용한도 | 기계는 식품의 안전에 위해요소로 작용되어서는 안 된다.<br>주방용기구 세척기의 린스 사이클 온도는 77℃ 이상이어야 한다.<br>세척기는 물리적으로 적절한 위치에 놓는다. |
| 모니터링절차 | 주방용기구 세척기의 린스 사이클 온도<br>물리적으로 좋은 위치에 놓인 세척기계<br>화학적 세제 사용량과 싱크대 물의 온도<br>식기구와 접시를 씻는 장소 |
| 시정조치 | 기계를 다시 청소, 식기구 세척기 AS 서비스, 직원 재교육<br>서빙한 식사는 처분하고 새로운 음식으로 교체 |
| 검증 | 담당직원과 관리직원은 식품의 세척과정을 살펴보고 감독해야 한다.<br>내부적으로 검사를 실시하여 외식업체 자체 위생시스템의 표준을 확인한다. |

나. 수작업 세척

음식이 접촉되는 이동식 장비를 씻고 헹구고 소독하기에는 최소한 3칸으로 된 싱크대가 마련되고 배수도가 깨끗하고 더러운 장비를 위해 구별되어 있어야 하고 음식 찌꺼기를 긁어내 버릴 수 있는 쓰레기통이나 찌꺼기갈이가 필요하다.

수작업에 의한 세척방법은 다음과 같다.

- 작업표면과 싱크는 매번 사용 전 씻고 소독한다.
- 씻어야 할 용기는 세제의 영향을 감소할 수 있으므로 음식찌꺼기를 긁어내고 미리 물에 담가놓거나 물을 뿌려 깨끗하게 한다.
- 첫 번째 싱크대에 세제를 이용해 적절한 브러시나 수세미를 이용해서 때를 제거한다.
- 두 번째 싱크대에 깨끗한 물을 사용해 따뜻한 물로 헹구어 음식때와 세제를 제거한다.
- 세 번째 싱크대에는 용기를 뜨거운 물에 완전히 담그거나 화학소독제를 사용하여 소독할 표면을 규정된 기간을 준수하여 소독을 한다.

- 자연 건조한다.

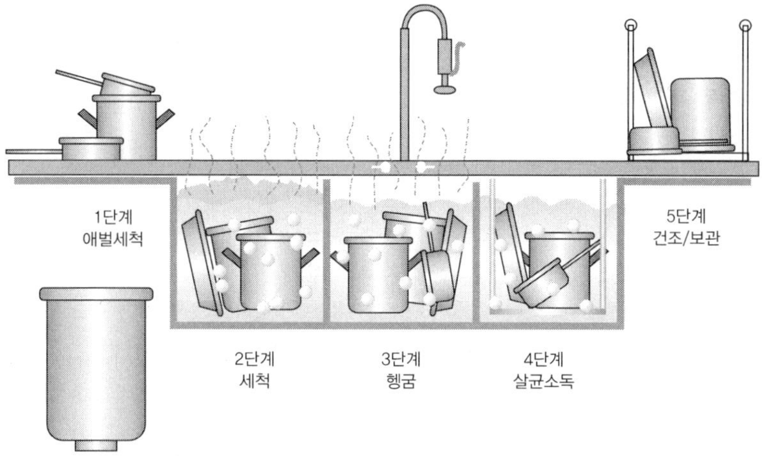


자료 : 식품의약품안전청, 용기포장팀(2006)

[그림 7-13] **수작업에 의한 5단계 세척 및 소독방법**

- 1단계 : 미리 물에 담가 놓거나 물을 뿌려 깨끗하게 한다.
- 2단계 : 세제로 씻는다.
- 3단계 : 헹군다.
- 4단계 : 소독을 한다.
- 5단계 : 자연 건조한다.

④ 소독방법

가. 열을 이용한 소독

대개 열의 온도가 높을수록 위험한 미생물을 제거하는 시간이 짧으므로 적절한 온도를 가하면 소독이 된다. 목적은 음식물이 접촉되는 표면에 위험한 미생물을 거의 모두 제거할 수 있는 온도나 그 이상의 온도로 열을 가한다.

나. 화학품을 이용한 소독

화학품을 사용해서 소독하므로 병균이 발생한 미생물을 제거할 수 있다. 장점으로는 경비 절약과 사용이 용이하므로 외식업체에서 많이 사용한다. 화학소독제는 식품의약품안전청에서 관리하고 있으며 반드시 허가된 제품을 제시한 매뉴얼에 준하여 사용하여야 한다. 가장 많이 사용하는 소독제는 염소 소독제, 아이노다인(요오드 소독제) 등이 있다.

〈표 7-1〉 **소독 · 살균 방법**

| 구분 | | | 내용 |
|---|---|---|---|
| 물리적 소독 살균법 | 가열 | 열탕 (자비) | • 100℃에서 30분 이상 실시<br>• 병원성 미생물은 사멸, 포자 형성균은 사멸되지 않음<br>• 완전 멸균은 기대할 수 없음<br>• 유리 · 도자기 · 금속의 식기나 조리기구, 행주, 옷 등이 이용 |
| | | 간헐 멸균법 | • 상압 증기솥(Koch솥)에서 100℃로 30분~1시간 정도 가열 후 하룻밤 실온방치한 후 다시 100℃에서 30분~1시간 동안 가열하는 조작을 3회 반복<br>• 생활세포를 죽이고 살아남은 포자는 발아시킨 후 다시 다음날 가열하여 죽이는 것을 반복함으로써 멸균시킴<br>• 주로 의약품, 영양물질, 미생물 배지 등 이용 |
| | | 고압 증기법 | • 100℃ 이상의 증기를 이용<br>100℃에서는 사멸되지 않는 내열성의 포자까지도 사멸시키는 방법<br>• 고압멸균기(autoclave, 15파운드의 증기압)를 이용 121.5℃에서 15~20분간 가열(포자도 완전 멸균, 미생물 실험실에서 가장 많이 쓰는 방법)<br>• 병조림이나 통조림에 이용된다. |
| | 광선 조사 | 직사 일광법 | • 결핵균, 티푸스균, 페스트균 등은 10~15초 조사 사멸<br>• 계절, 기후, 장소 등의 요인에 따라 효과 부정적 |
| | | 자외선 조사법 | • 자외선 조사에 의한 파장은 2,537Å<br>• 장점 : 사용이 간편하고 모든 균종에 효과, 균에 대한 내성이 생기지 않음, 조사 후 피조사물에 대한 변화 없음<br>• 단점 : 침투성이 없으므로 자외선이 닿는 표면에만 살균효과, 잔류효과가 없어 조사하고 있는 동안만 효과, 장시간 조사하면 지방의 산패가 일어나고 유기물(특히 단백질), 인체 피부에 조사되면 붉은 반점이 나타나고, 특히 눈에 결막염과 각막염을 일으키기도 한다.<br>• 공기와 물이며 도마나 조리기구의 표면 살균에 이용 |
| | | 방사선 살균법 | • $Co_{60}$ $\gamma$선이 널리 이용, 냉살균(cold sterilization)이라 함<br>• 식품을 포장한 후에도 처리가 가능, 비용이나 에너지 소모량이 적으며, 영양가의 손실이 다른 처리법과 비교해서 별로 손색이 없음<br>• 양파 · 감자의 발아 · 발근억제, 살충 · 살균에 의한 식품의 보존성 연장, 과일 · 채소의 숙도지연, 식중독 억제 등에 이용 |

| 화학적 소독 살균법 | 수은 화합물 | 승홍 | • 자극성과 금속부식성이 강하며, 주로 0.1% 수용액이 사용 |
|---|---|---|---|
| | | 머큐로크롬 | • 착색력이 강하며, 주로 2% 수용액으로 피부나 점막의 소독에 사용 |
| | 할로겐 유도체 | 염소 | • 자극성과 금속 부식성이 있음<br>• 음료수에 사용할 경우에는 잔류염소 0.1~0.2ppm 정도 |
| | | 차아염소산 나트륨 | • 시판 중인 락스의 주성분으로 유효염소량은 4% 정도<br>• 식품첨가물로도 허용되어 음료수나 채소 소독에 이용 |
| | | 표백분 | • 유효염소량은 25~45%, 우물, 수영장 등의 소독에 이용 |
| | | 요오드팅크 | • 상처 부위나 수술대의 소독에 사용 |
| | 방향족 화합물 | 크레졸 | • 소독력이 있고 독성이 약함<br>• 1~2%의 용액을 비누액에 50% 섞어서 사용<br>• 손, 발, 화장실, 축사, 오물통 등의 소독에 이용하며 지방 제거에 효과 |
| 역성비누 | | | • 제4급 암모늄염의 유도체로서 양성비누 또는 역성비누라고 함<br>• 공장의 소독, 종업원의 손을 소독할 때나 용기 및 기구의 소독제로 사용되지만, 결핵균, 간염 바이러스 등에는 전혀 효과가 없다.<br>• 세척력은 약하나 살균력이 강하고, 가용성이며, 냄새가 없고, 자극성 및 부식성은 없으나 유기물이 존재하면 살균효과가 떨어지므로 세제로 씻은 후 사용하는 것이 좋고 일반비누와 병용하면 살균력이 없어짐 |

사용할 때 영향을 주는 요인은 다음과 같다.

- 접촉 : 완전히 담가지는 정해진 시간과 용기와 접촉되어야 한다.
- 선택 : 세제의 능력에 따라 선택한다.
- 농도 : 규정된 적정한 농도를 준수한다.
- 온도 : 용액의 온도는 중요하다.

### (2) 청소프로그램

관리자는 지속적인 훈련과 직원들의 관리를 책임지며 청소프로그램을 적절하게 관리하고 계획표에 따라 실행하는 것이 중요하며, 어떻게 청소를 실행해야 하는지 알고 직원들에게 지시할 때 작업을 잘 실천할 수 있다.

- 청소 프로그램을 계획할 때는 업소 내의 청소가 필요한 장소를 조사하고 청소 절차제품 그리고 장비는 점검을 해야 한다.
- 모든 업무가 정해진 시간에 종료될 수 있게 계획을 한다.
  청소계획표와 각 절차는 확실하게 자세하게 무엇을 청소해야 하며, 누가 청소를 해야 하나 그리고 언제 어떻게 청소를 끝낼 수 있는가를 쉽게 기록한다.
- 청소에 필요한 제품은 적절한 양이 마련되어 있어야 한다.

① 청소 프로그램의 계획은 다음과 같다.

가. 프로그램 계획할 때

- 무엇을 청소해야 하는가?
  청소 프로그램을 만들어 실행해야 할 청소를 계획표에 따라 누가 실행할 것인가를 결정하고 융통성있게 사용한다.
- 누가 청소를 해야 하는가?
  직원 각자의 업무가 청소 프로그램에 의해서 작업을 분배하여 수행하여 책임을 다할 수 있게 하고 전 직원들이 함께 실행하므로 그들의 의견을 반영하여 만든다면 능률을 향상시켜 성공을 가져올 수 있다.
  직원들은 자기들의 맡은바 청소업무를 책임지고 수행하고 청소업무를 교대하여 수행하면서 지루함도 방지하고 힘든 업무를 골고루 나누어 배정할 수 있다.
- 언제 청소를 해야 하는가?
  주기적인 청소업무와 중요한 청소업무의 상위선을 정하여 실행한다.
- 어떻게 청소를 해야 하는가?
  모든 장소와 장비 청소의 절차는 상세하게 적는 것이 중요하며, 절차는 무경험자나 발생하지 않을 위험, 특별한 경고가 필요한 작업에는 각 작업마다 분명하게 기록한다. 모든 직원들에게 작업매뉴얼, 청소지시서, 모든 장비의 MSDS(Material Safety Data Sheet)를 참고하여 활용할 수 있게 한다.

나. 장비의 선택

청소 세제와 청소 도구는 업소에 맞는 각종 청소 장비와 청소 제품을 선택해야 한다. 구입시 효과적이고 다방면으로 사용할 수 있는 기본적인 제품과 적절한 절차, 적절한 도구, 적절한 보관 등을 고려하여야 한다.

② 청소 프로그램을 실행하면서 필요한 관찰은 다음과 같다.

- 프로그램을 시설에 알맞게 적용하고 있는가? 또는 변경이 필요한가?
- 정해진 절차에 따라 업무를 실행할 직원들에게 적절한 도구가 마련되어 있는가?
- 직원들로 하여금 그들이 청소할 시간이 충분한가?
- 청소를 실행하는 직원들의 수가 충분한가? 아니면 일정한 업무에 전문 청소업체를 고용해야 하는가?
- 직원들은 청소, 소독, MSDS 절차에 대해 철저히 훈련되어 있는가?

③ 청소프로그램 실행시 장점은 다음과 같다.

- 항상 동일한 결과를 얻을 수 있다.
- 현재 사용하는 도구나 인력을 최대한 활용한다.
- 공평하게 작업을 분배한다.
- 작업의 책임소재가 분명하므로 각자 맡은바 임무를 성실히 수행한다.
- 직원 결원시에는 다른 직원에게 의뢰가 가능하다.
- 감독의 합리적 기준을 제공해 준다.
- 직원들이 무슨 작업을 해야 하는지 시간의 낭비를 줄일 수 있다.
- 신입 직원이 청소나 위생에 대한 사항을 쉽게 숙지할 수 있다.

청소 프로그램을 지속적으로 관찰하고 관리함으로써 원하는 결과를 얻을 수 있고 상황에 맞게 수정·보완하여야 한다.

## 4. 사고예방과 안전관리

식음료업장을 경영하는 과정에서 안전성은 식품위생의 안전성은 물론 작업환경에 대한 안전성도 확보되어야 한다. 현장에 잘 계획된 사고방지계획과 위생, 그리고 내부관리로 자연적 위험을 제거하고 직원들에게 안전에 대한 훈련과 지속적인 관리를 교육함으로써 식품으로 인한 사고방지와 위급상황시 현명하게 대처하여 식중독 및 안전사고를 방지할 수 있다.

식음료업장은 사고와 부상이 발생하는 많은 위험성을 지니고 있다. 그러므로 안전은 모든 사람의 일이며, 안전은 전반적인 모든 업무에 걸쳐 준수해야 하는 철칙으로 두 개의 원인에 의한다. 첫 번째 환경적 원인을 보면 작업환경에 따른 물리적·화학적 위험, 환기, 급수, 배수, 작업동선에 의한 위험, 각종 시설 및 장비의 위험 등으로 발생할 수 있다. 두 번째 인적 원인으로는 조리원의 잘못된 행동습관, 조리장시설 및 조리 작업시 현장중심의 안전교육 미흡, 조리종사원의 부주의 등으로 발생된다. 사고예방을 위해서는 주변 환경의 위험요소를 제거하고, 위험을 피할 수 있는 직원예방교육을 실시해야 한다.

### 1) 사고 분석

사고는 예방이 가장 중요하지만, 만일 사고가 발생하면 면밀히 분석하여 사고보고서를 작성하고 위험요소를 개선하도록 해야 한다. 이런 보고서는 자주 발생하는 사고 종류를 알 수 있으며 관리자는 다른 업소의 사고를 예로 배울 수도 있다. 발생했던 사고를 조사하여 작업상황과 환경을 관찰하여 안전하지 못한 행동을 발견했을 때 즉시 개선하도록 조치를 취해야 하며 직원들을 교육시켜 동일한 사고가 반복하여 발생되지 않도록 해야 한다.

① 사고의 원인

가. 사람으로 인한 위험

사람의 실수로 인한 사고를 방지하기 위해 위험요인을 교정하고 위험한 상태를 피하는 것이다.

- 불안전한 환경을 제거하지 않은 경우
  박스 밟고 올라가기, 사다리 대신 테이블 사용하기, 바닥에 쏟은 것 그냥 두기, 통로를 장비로 막기 등을 말한다.

- 분명한 위험을 무시하는 경우
  맨손으로 깨진 유리집기, 기계 사용시 안전장치를 사용을 준수하지 않을 때, 무거운 짐을 들어 올릴 때 등을 말한다.
- 작업을 실행할 때 주의를 하지 않은 경우
  사람에게 부딪치는 행위, 자신의 발에 무거운 짐을 떨어뜨리는 경우, 서랍이나 문에 손을 넣고 닫는 행위 등을 말한다.
- 안전하지 않은 행동을 하는 경우
  칼을 사용하지 않을 때 싱크대나 작업대에 놓아두는 행위, 사람의 실수 등을 말한다.

나. 환경으로 인한 위험

환경 자체가 불안전하거나 환경으로 인해 직원으로 하여금 불안전한 행동을 하게 하는 것이다.

- 건축과 건물의 특징
  가파르고 좁은 계단, 바닥의 턱, 바닥의 재질에 따른 미끄러움 등을 말한다.
- 기구와 장비
  보호 장치가 없는 고기 써는 칼날, 좁은 통로 또는 가구와 장비의 배치 때문에 다니는 통로가 좁을 때 등을 말한다.

## 2) 사고의 형태

### (1) 낙하사고

홀은 고객의 이동이 많은 장소의 깔판이나 카펫은 미끄러지지 않도록 가장자리를 바닥에 고정시키고 젖은 바닥이나 물을 쏟거나 음식물을 쏟았을 경우 즉시 청소하여 한다. 청소 후 젖은 바닥임을 알리는 표시를 해둔다.

주방바닥은 건조하게 관리하는 것을 원칙으로 하며 업무 중에는 바쁘더라도 조심스럽게 걷고 항상 주위를 살피도록 한다. 신발은 미끄럽지 않게 일정한 주기로 교체하도록 한다.

기물이 바닥에 방치되어 장애가 되지 않도록 치워두고, 배수로 덮개는 위치를 바로 하여 배수로에 발이나 운반차 바퀴가 걸리거나 빠지지 않도록 주의한다. 맨홀이나 덮개가 미끄러워 넘어지지 않도록 기름때 제거 청소를 매일 실시한다.

### (2) 무거운 것을 들 때 생기는 사고

직원들의 허리부상은 잘못된 행동습관을 고치지 않으면 발생 및 재발의 위험이 높은 부상이므로 평소의 운동도 중요하지만 물건을 들어 올리는 방법을 숙지하고 이를 실천하는 것이 중요하다. 업무 시작 전에 간단한 스트레칭을 한 후 작업시 허리부상을 예방할 수 있다.

작업시 물건을 안정되게 들어 올리는 방법, 물건을 안정되게 옮기기 방법, 주방에서의 각종 조리기기, 접시 등을 운반하는 데 있어서는 정확한 방법을 교육하고 행동으로 나타나게 한다.

### (3) 베이는 사고

주로 많이 발생하는 사고이며, 칼이나 슬라이서, 차퍼(chopper), 그라인더, 믹서, 깨진 유리 등을 부주의하게 다루는 것이 사고의 원인이 되므로 작업을 할 때에는 작업에 맞는 올바른 도구와 방법을 사용하여야 한다.

전기로 작동하는 기기는 제조업체의 사용법을 준수하여 사용한다. 믹서나 그라인더, 커터와 같은 대형기기에는 긴급잠금장치가 있으며 기기가 작동할 때에는 정지장치를 잠금상태로 두었다가 비상시 정지장치 스위치를 켜면 기기가 바로 정지되어 부상의 위험을 줄일 수 있다. 비상정지 스위치는 종업원의 심각한 사고를 막는 장치로 테이프나 다른 장치를 이용해 스위치를 꺼 놓는 것은 불법이므로 직원들에게 주의를 주도록 한다.

사고 후 땀이나 피로 인해 음식이 오염되지 않도록 주의해야 하는데, 사고가 발생한 위치와 주변 기기, 기구 등을 씻고 소독하도록 한다.

### (4) 화상을 당하는 사고

가스 사용시 공기 조절기를 조정하여 불꽃이 너무 크게 일지 않도록 한다. 튀김기름 취급시 특히 주의하고 튀거나 쏟아지는 일이 없도록 한다. 증기를 정면으로 받지 않도록 스티머나 콤비오븐 등의 문을 열 때 문의 뒤에서 열고 증기를 일단 뺀 후 문을 활짝 연다.

화상은 1도 화상은 피부가 붉고 쓰라리고, 2도 화상은 물집이 생기고 붉으며 쓰라리고, 3도 화상은 피부표면이 탔고 감각이 거의 없음으로 분류하는데, 화상의 심각도가 중요하므로 증상에 따라 치료를 해주어야 한다.

[그림 7-14] 작업장 식품안전관리 사례

화학적 화상은 즉각적인 치료가 필요하며, 의료요청을 하고 약품에 대한 정보(MSDS)를 살펴보고 어떤 약품인지 어떤 조치를 취해야 하는지 확인한다. 식기세척기나 소독약품을 다룰 때 직원의 실수에 의해 발생한다.

## 3) 작업태도에 대한 교육훈련

직원들을 위한 위험한 상태방지 또는 행동으로 인한 위험에 대해 안전 프로그램 훈련을 실시할 필요가 있다. 직원들에게 사고는 방지될 수 있다는 인식과 개인이 사고 방지의 의무를 가지고 있다는 점이 교육되어야 한다. 이 교육훈련을 진행할 때는 위생교육도 함께 포함하여 위생에 대한 지시사항이 안전한 행동으로 실행되기를 바라기 때문이다. 이에 관리자는 팸플릿이나 비디오 또는 강의를 통하여 지속적으로 교육을 시켜야 한다.

## 4) 안전관리

종합적인 사고방지 프로그램을 만들고 실행 후 수정·보완해야 한다.

① 안전관리에 대한 조사는 다음과 같다.

- 여러 장소에 분산된 업소의 경우는 모든 업소에서 발생한 사고의 종류를 검토한다.
  어떤 종류의 사고가 가장 많이 발생하는가를 알 수 있다.
  발생되는 사고의 종류를 모든 업장에서 공유할 수 있다.
- 직원들과 상담을 한다.
  사고에 관한 보고서가 없을 경우에 실시하며, 오래 근무한 직원일수록 도움이 된다.
- 작업행동을 관찰한다.
  직원들의 불안전한 행동은 관찰하여 본다.

위험한 환경교정과 안전한 주요점을 준비함으로써 환경을 바꾸고 업소 안의 안전을 높일 수 있다.

직원들이 사용하는 주방기계나 기기의 사용방법을 이해하기 쉽도록 교육하고 사용 매뉴얼을 작업장에 비치하여 직원들 필요시 볼 수 있도록 하며, 매뉴얼을 만들 때는 그림이나 사진으로 만들어 누구나 쉽게 보고 이해할 수 있도록 한다. 교육의 상황에 맞게 시범을 보이고 의견을 나눌 수 있는 현장교육, 강의식 교육, 의견을 수렴하는 토론식 교육 등 상황에 맞게 실시하고 교육시간 동안에 모든 직원들이 적극적으로 참여할 수 있게 격려하거나 작업방법을 개선할 수 있는 아이디어를 제출하도록 한다. 관리자는 직원들에게 안전교육을 실시하고, 직원들의 작업 태도를 관찰하여 배운 대로 작업을 하는지를 확인해야 한다.

### 5) 응급상태 조치

관리자와 직원의 모든 노력에도 불구하고 사고는 발생할 것이며 직원이나 고객이 이로 인해 피해가 생기므로 위급상황 때 조치를 해야 하는 것이 중요하다.

응급시스템을 연락할 때는 119 또는 경찰서의 응급전화를 사용하고 응급상태에 대해 답을(사고, 상처 등 충분한 정보를 제공) 준비해야 하고 파송원에게 처치한 응급치료를 설명한다. 그리고 업소에서는 구급함을 갖추고 모든 직원이 사용방법에 대해 교육훈련되어 있어야 한다.

응급상황 때 실행해야 할 절차는 다음과 같다.

- 당황하지 마라
- 도움이 필요한게 확실할 때 도움을 청해라
- 항상 응급치료를 실행할 준비를 하라
- 피해자를 편하게 해준다.
- 관계없는 사람들을 피해자로부터 멀리 떨어져 있게 하라
- 사고에 대해 기록하라

## 5. 교육과 훈련

직원들에게 안전한 식품제공을 위해 위생에 대한 지식을 교육하여 식음료업장에서 그 지식이 기술과 태도로 나타나도록 훈련 실시함으로써 고객에게 위생적으로 안전한 음식을 제공할 수 있다.

위생교육은 위생적이고 안전한 식품을 고객에게 제공하기 위해 실시한다. 위생의 기본적인 중요성을 종업원에게 인지시키고 식중독 발생이나 음식물의 오염을 방지하기 위해 적절한 개인위생을 실시하도록 교육시킨다. 외식업체의 현장여건을 고려한 체계적이고 효과적인 위생교육이 법적 규제를 통해 지속적으로 이루어져야 하므로 관리자는 직원 대상 위생교육훈련에 있어서 체계적인 교육 및 훈련의 필요성이 있음을 인지하여 정기적이고 강도 높은 위생교육을 소홀히 하지 말아야 할 것과 적절한 교육 후에도 실천여부를 확인할 수 있도록 업소의 지속적인 자체감시를 하는 등의 노력이 필요하다. 이를 개선하기 위해서는 우선 관리자를 비롯한 직원들에게 위생교육의 중요성을 인식하도록 하는 것이 필요하다.

## 1) 교육훈련 계획

교육을 계획할 때에는 직원 성과의 목표 기준을 세우고, 목표 기준에 맞춘 직원 교육을 위해 가이드라인을 제시하고, 훈련시간을 계획하고, 기준에 대한 성과 측정도구를 제시한다.

그리고 주제와 교육받는 사람에 따라 적절한 교육방법을 선택하고 필요한 교육자료, 교육을 진행하는 강사, 교육장소 및 시간을 결정해야 한다. 비디오, 슬라이드, 책, 포스터 등 여러 가지 교육 자료를 이용하여 위생교육을 실시하며, 전문가를 초빙하여 전문적으로 위생교육을 실시하는 경우도 있다.

## 2) 교육훈련 실시

### (1) 교육단계

교육담당자나 관리자는 교육을 받는 직원들의 개인별로 배우는 속도와 능력, 각자의 수행하는 업무가 다르므로 이에 적합한 위생 절차와 위생법규에 관한 지식이 있어야 한다. 그리고 교육받는 사람의 의견을 귀담아 듣는 과정을 통해 직원들을 격려해 주고 적극적인 참여를 유도할 수 있다.

① 교육훈련 프로그램 계획 단계는 다음과 같다.

- 교육생들에게 적절하게 교육할 특정한 주제를 결정한다.
- 배움의 목적을 설정한다.
- 주제와 교육생을 토대로 훈련방법을 선택하고 필요한 교재를 구입한다.
- 강사를 선택한다.
- 훈련모임을 계획한다.
- 각 훈련마다 주제의 적절한 장소를 선택한다.
- 각 훈련마다 교육생을 준비한다.

② 위생교육훈련을 배우는 단계는 다음과 같다.

- 위생교육훈련의 필요성을 인식하고 용납하는 단계
- 무엇을, 어떻게, 왜 하는지에 대한 위생 지식을 습득하는 단계
- 실행, 받기, 의견, 실습, 성공하는 것을 배우고 의견을 공유하는 단계
- 어떻게 하는지 알고, 할 수 있고, 공로를 시상하고, 업무에 도입하여 실행 후 교정해야 할 행동을 주지시키는 단계로 실시한다.

③ 교육효과를 높이기 위해서는 다음과 같이 설계되어야 한다.

- 위생교육에 대한 직원들의 동기를 부여할 수 있도록 교육내용을 설계한다.
- 교육시 그날에 배울 주요 내용을 글이나 그림으로 설명한다.
- 교육의 내용 구성을 이론적인 배경이나 복잡한 과정의 설명을 최소화하고 현장에서 바로 실행할 수 있도록 구성한다.
- 직원이 자주 제기하는 질문 내용을 구성하고 이에 대해 현장에서 적용가능한 부분의 내용으로 구성한다.
- 특정 주제에 관한 토론이나 실연활동을 제공하여 직원들의 참여를 자극할 수 있도록 설계한다.

### (2) 교육훈련방법

① 교육훈련방법

교육훈련방법에는 교육받는 사람수에 따라 일대일 교육과 비용, 주제 등에 따라 가장 효과적인 교육방법을 선택할 수 있는 그룹교육 방법이 있다.

가. 일대일 교육

일대일 교육은 신입사원이나 적은 수의 직원의 재교육이 필요할 때 능률적이다. 직원의 임무와 특정한 처지에 맞게 훈련할 수 있으며, 교육받는 사람의 수준과 교육경력을 고려한 눈높이 맞춤교육을 할 수 있다.

장점으로는 첫째, 각 개인에게 필요한 것을 보충할 수 있다. 둘째, 업무장소에서 실시하므로 특별히 장소가 필요하지는 않다. 셋째, 훈련자가 직원의 발전을 관찰할

수 있다. 넷째, 궁금증에 관한 답을 바로 해결해 줄 수 있다. 다섯째, 훈련받는 사람이 관심이 있는 주제와 흥미를 적용시킬 수 있다.

단점으로는 신입직원의 경우 선배직원의 좋은 점과 나쁜 점을 배울 수 있다. 그러므로 교육을 수행하는 직원 관리가 필요하다.

나. 그룹교육

많은 수의 종업원 대상으로 교육을 실시할 때 효율적인 교육방법이다.

장점으로는 하나의 프로그램을 준비하여 많은 사람에게 적용할 수 있다.

단점으로는 개인의 수준에 따라, 교육 실시 후 교육을 받은 모든 사람이 교육내용을 다 이해하지 못할 수도 있다.

방법으로는 강의, 토론, 역할 연기, 비디오나 다른 시각 자료 등을 이용할 수 있다.

② 교육방법

교육방법은 강의, 주제토론, 사례연구, 시청각교육, 시범, 현장실습, 역할연기법으로 구분하여 각각의 내용과 교육훈련을 실시하고 있다.

가. 강의식

이론적 정보, 지식, 사고방식을 강사의 일방적 설명으로 많은 사람을 상대로 한 가장 널리 보급된 가장 편리한 방법이며, 강사의 열의와 태도가 학습효과를 크게 좌우한다.

장점으로는 시간의 계획과 통제가 용이하여 많은 것을 동시에 하기 쉬우므로 시간이 절약된다. 단점으로는 일방적이고, 하향식이며, 권위주의적이고 피드백이 없다. 주로 오리엔테이션, 회사의 방침, 위생의 개념, 식중독 이론 소개 등 수동적 교육에 이용되고 문제해결능력부여는 곤란하다.

나. 주제토론

문제를 출제하여 그 훈련 조건을 설정한 후에 질문을 하고 직접 토의에 이르는 방식으로 집단의사를 유도하고 의사교환을 통한 결론을 도출하여 목적으로 되어 있는 결론에 도달하도록 관리한다. 장점으로는 적극적인 참여로 민주적, 협조적, 적극적인 사고를 유발하고 주제에 의해 동기가 유발되고 지식과 경험의 자유로운 교환이 가능하다. 단점으로는 체계적인 원칙, 습득 곤란, 진도파악 곤란 등 참가자의 질에 의해 좌우되고 지도자의 적재경험을 구하기 어렵고 동시에 많은 사람들을 상대할 수 없다. 주로 매니저 미팅, 문제해결, 추천판매 방안 등에 이용된다.

다. 사례연구

실제 사례로 선정된 주제의 토론으로 사례해결에 직접 참여하여 해결 과정에서 판단력을 개발하는 것이다. 단기간 사무에서 발생하는 문제에 직면하여 그 해결을 위해 고도의 판단력을 양성할 수 있기에 유효한 방법이다. 장점으로는 적극적인 참여로 흥미가 있고 학습동기가 유발되어 현실적인 문제 학습이 가능하고 생각하는 학습교류가 가능하다. 단점으로는 적절한 사례의 확보가 어렵고 원리원칙의 체계적인 습득과 학습의 진보측정이 어렵다. 주로 고객 불평사항 대처방안, 실행정책 등에 이용된다.

라. 시청각교육

시청각 매체를 이용하여 보다 많은 감각에 호소하는 학습법으로 현실성이 풍부하며 인상이 매우 강하며, 학습속도 효과가 현저하게 높다. 장점으로는 흥미 있는 학습동기부여로 학습의 속도가 빠르며 인상적으로 기억된다. 단점으로는 세부적인 지식, 기능 습득이 부적합하고 경비가 많이 지출되며 교재작성에 노력과 경비가 소요되고 이동에 불편하며 적절한 교재의 확보가 어렵다. 주로 메뉴 및 음료 교육용 사진 파일, 이론차트, OHP 등이 이용된다.

마. 시범

일의 순서 또는 정한 조작을 이해시키기 위하여 현장에서 실제로 사용되고 있는 재료, 기기 설비를 이용하여 실연, 시각적 관찰을 통한 실제 업무의 행동 기술 교육이다. 장점으로는 단순한 강의보다 분위기 변화 부여, 사실성, 흥미 유발, 요점을 납득하기 쉽다. 단점으로는 교육생의 숙지도 파악이 어렵고 다수에게는 부적당하고 비용이 많이 들고 잔일이 많으며 이동이 불편하다. 주로 과정절차, 기구 작동법, 음식·음료 제작 등에 이용된다.

바. 현장실습

실행을 통한 정신적으로 육체적 기술의 일대일 업무교육으로 기능의 완전마스터에 유효하지만 교육생 관리에 문제가 있다. 장점으로는 교육훈련 내용을 즉시 적용하고 유연성과 피드백이 용이하여 흥미를 유발시키며, 요점 파악이 쉽고 습득이 빠르며, 특히 설비비용이 요구되지 않는다. 단점으로는 많은 시간 소요, 장소의 선정, 학습과 작업과의 구별이 문제가 되고 위험성이 있다. 주로 신입사원의 직무기능 교육 등에 이용된다.

사. 역할연기법

상황재현 연기 및 피드백을 통한 교육으로 어떤 역할을 규정하여 이것을 실제로 시켜 봄으로써 이것을 훈련이나 평가에 사용하여 절충능력이나 협조성을 높여 태도의 변용에도 도움을 준다. 장점으로는 공감대 형성에 효과가 있고 흥미를 갖고 적극적으로 참여함으로써 각자의 약점을 알 수 있다. Know와 Do의 차이에 관심을 가지며 발표력이 향상된다. 단점으로는 주제이탈 상황을 야기하고 다른 방법과 병용하지 않으면 의미가 없고 정도가 높은 의사결정과 거리감이 있고 훈련장소의 확보가 어렵다. 주로 팀워크, 인사법, 고객접근법, 의사소통 기술 향상, 고객 불편사항 해결능력 향상 등에 이용된다.

### (3) 효과적인 실행

① 한 번에 실시하는 교육은 주요 내용에만 집중하여 주제를 벗어나지 않도록 간단명료하게 한다.

② 참석자들에게 즐거운 경험을 주어 배운 것보다 더 많이 더 오래 기억나게 한다. 시청각자료 이용, 집단역할훈련, 간단한 놀이나 포상으로 교육시간을 즐겁게 하고 교육효과를 강화하는 데 효과적이다.

③ 의견을 발표할 수 있는 질문을 하거나, 소집단 토론, 게임, 퀴즈나 시범에 적극 참여를 유도한다.

④ 시각자료를 적극적으로 활용한다.

### (4) 교육훈련 참가자

교육훈련의 성공을 위해서는 프로그램에 참여하는 직원들의 학습동기, 능력 및 교육내용의 유용성에 대한 직원들의 기대나 태도가 무엇보다 중요하다고 볼 수 있다.

교육훈련프로그램에 참여하는 직원의 학습동기 및 교육훈련내용의 유용성에 대한 직원의 태도(성취욕구)에 따라 교육훈련 성공여부에 영향을 준다. 교육훈련은 교육 참가 직원의 동기, 능력이나 성격이 중요하므로 직원으로 하여금 교육훈련 프로그램의 선택의사가 반드시 반영되도록 하여 학습에 대한 동기부여를 높이는 것이 중요한 방법이다.

교육훈련자의 자질도 교육훈련의 학습 및 전이를 결정하는 데 있어서 중요한 사항이다. 훈련자는 과정에 대한 전반적인 개요를 제공하고 개념적 이해를 강조하며, 교육훈련의 내용을 이해하기 쉽게 전달하고 사전에 충분한 준비를 하여, 교육받는 직원들을 대우하고 직원들의 질문에 명확하게 답변하며, 직원들이 교육훈련의 목표를 달성할 수 있도록 격려하는 것 등이 필요하다.

그리하여 교육의 성과는 단순히 교육 중에 교육담당자의 노력만으로, 혹은 양질의 교육훈련 내용만으로 달성되는 것은 아니므로 직원들이 교육훈련에 임하기 전에 교육의 취지나 배경, 그리고 목적을 분명하게 인식하지 못하는 경우가 있는데, 교육의 필요성을 별로 느끼지 못하는 이들에게 아무리 좋은 교육내용을 훌륭한 강사가 전달한다고 할지라도 교육효과를 얻는다는 것은 쉬운 일이 아니다. 직원들의 성격, 동기부여, 교육훈련 성취욕구, 자기유능감 등을 말하며 이런 요소들을 지속적으로 관리하여 교육훈련에 반영하여야 한다.

## 3) 교육의 평가

위생교육이 종료된 후에는 교육 목적의 달성여부를 파악하는 것이 중요하다. 교육을 실시할 때는 교육을 받는 사람들의 수준에 맞게 실시하고 그리고 그들에게 위생교육의 목적을 전달하고 이를 실행할 수 있도록 동기를 부여했는지 알아보는 것이 중요하다. 교육 중, 교육 후, 업무 실행 때 종업원의 태도를 관리·관찰하고 지속적으로 관리를 해야 한다.

교육효과를 평가하기 위해서는 교육이 끝난 후 직원이 수행하는 업무를 관찰하여 교육받은 대로 업무를 수행하는지 확인하여 잘 수행하면 칭찬을 하고 그렇지 않으면 올바른 방법을 지도하여 잘 수행할 수 있게 유도한다. 교육의 성과를 측정하기 위해 사전·사후 시험을 실시한다. 교육훈련의 계획, 실시 후에는 반드시 사후관리가 필요하며 교육훈련 평가의 결과를 인사고과에 반영함으로써 관리를 한다. 사후관리는 교육훈련의 평가 결과를 다음 교육훈련 내용에 반영되도록 하고 종업원들에게는 교육에 대한 의욕을 느끼게 하는 요인이 된다. 대부분의 기업에서는 단지 교육훈련을 실시하는 것에만 역점을 두어 진행하고 있는데 평가는 차기 교육의 동기유발 요인으로 중요하며 피드백되어 필요성 분석에서 도움을 주기 때문에 지속적으로 관리되어야 한다.

### 4) 교육훈련의 장점

① 잘 훈련된 직원은 고객이 기대하는 품질 좋은 서비스와 음식을 제공할 수 있으며 만족한 고객은 단골고객이 되므로 향상된 고객만족을 추구할 수 있다.

② 직원의 이직률 감소는 회사의 비용절감과 직원들의 삶의 질 향상으로 귀결되므로 잘 훈련된 직원의 훌륭한 서비스로 인해 최고의 고객만족을 실천할 수 있다.

③ 잘 훈련된 직원은 신입직원에 비해 실수를 적게 하므로 전체비용을 줄이는 비용절감의 효과를 준다.

④ 훈련된 직원은 사고를 효과적으로 처리할 수 있는 능력이 있으므로 사고 감소의 효과를 준다.

⑤ 교육훈련은 직원이 더욱 효율적으로 일을 하므로 항상 제공되는 음식의 품질을 향상시킨다.

# PART 8

# HACCP

1. 정 의
2. 구조 및 체계
3. HACCP 적용절차
4. 선행요건프로그램 운영
5. HACCP 시스템
6. 선행요건프로그램 적용기준(집단급식소, 식품접객업소, 도시락류 포함)
7. 12절차 7원칙
8. HACCP 적용 시 우대조치
9. 교육훈련
10. 미생물 분석방법

# 제8장 HACCP



## 1. 정 의

위해요소중점관리기준(HACCP)은 일명 "해썹"이라 명하며 우리나라의 식품의약품안전청에서는 이를 "식품위해요소중점관리기준"으로 번역하고 있다.

HACCP는 **H**azard **A**nalysis **C**ritical **C**ontrol **P**oint의 약자로 위해요소중점관리기준이다. HACCP는 위해요소분석 HA와 중요관리점 CCP로 구성되어 있으며 그 뜻은 다음과 같다.

HACCP이란 식품의 원재료부터 제조, 가공, 보존, 유통, 조리단계를 거쳐 최종소비자가 섭취하기 전까지의 각 단계에서 발생할 우려가 있는 위해요소를 규명하고 이를 중점적으로 관리하기 위한 중요관리점을 결정하여 자율적이며 체계적이고 효율적으로 관리하여 식품의 안전성을 확보하기 위한 과학적인 위생관리체계라고 할 수 있다.

### 1) 용어의 정의

- 위해요소(Hazard) : 식품위생법 제4조(위해식품 등의 판매 등 금지)의 규정에서 정하고 있는 인체의 건강을 해할 우려가 있는 생물학적, 화학적 또는 물리적 인자나 조건을 말한다.
- 위해요소분석(Hazard Analysis : HA) : 식품안전에 영향을 줄 수 있는 위해

요소와 이를 유발할 수 있는 조건이 존재하는지 여부를 판별하기 위해 필요한 정보를 수집하고 평가하는 일련의 과정을 말한다.

- 중요관리점(Critical Control Points : CCP) : 위해요소중점관리기준을 적용하여 식품의 위해요소를 예방·제거하거나 허용수준 이하로 감소시켜 당해 식품의 안전성을 확보할 수 있는 중요한 단계·과정 또는 공정을 말한다.
- 한계기준(Critical Limit) : 중요관리점에서의 위해요소 관리가 허용 범위 이내로 충분히 이루어지고 있는지 여부를 판단할 수 있는 기준이나 기준치를 말한다.
- 모니터링(감시, Monitoring) : 중요관리점에 설정된 한계기준을 적절히 관리하고 있는지 여부를 평가하기 위하여 수행하는 일련의 계획된 관찰이나 측정을 하는 행위 등을 말한다.
- 개선조치(Corrective Action) : 모니터링 결과 중요관리점의 한계기준을 이탈할 경우에 취하는 일련의 조치를 말한다.
- 검증(Verification) : 위해요소중점관리계획이 적절한지 여부를 정기적으로 평가하는 일련의 활동(적용방법과 절차, 확인 및 기타 평가 등을 수행하는 행위를 포함한다)을 말한다.
- 문서화 및 기록유지(Documentation & Record Keeping) : 영업장에서 HACCP관리가 효율적으로 운영될 수 있도록 HACCP관리 계획을 문서화하고, HACCP관리계획에 의해 발생하는 기록들을 보관, 유지하는 것을 말한다.
- HACCP관리계획(HACCP Plan) : 식품의 원료 구입에서부터 최종 판매에 이르는 전 과정에서 위해가 발생할 우려가 있는 요소를 사전에 확인하여 허용 수준 이하로 감소시키거나 제거 또는 예방할 목적으로 HACCP적용 원칙에 따라 제조·가공·조리(유통단계 포함) 공정관리를 위하여 작성된 문서나 도표 또는 계획을 말한다.
- 선행요건 : 해당 영업장에 HACCP을 적용하기 위하여 선행되어야 하는 일반 위생관리 기준을 말한다.
- HACCP 팀장 : HACCP 적용 체계의 확립과 운영 등에 관한 총괄적인 관리 책임과 권한이 있는 영업자 또는 종업원을 말한다.

- HACCP 팀원 : HACCP 적용 체계의 확립과 운영을 주도적으로 담당할 수 있도록 해당 분야별로 책임과 권한을 부여한 종업원을 말한다.

## 2) 역 사

### (1) 국외 현황

- 1960년대 미국항공우주국(NASA)은 미생물학적으로 100% 안전한 우주식량을 제조하기 위하여 Pillsbury와 나탁(NATICK)연구소와 공동으로 HACCP을 실시하였다.
- 1971년 미국식품보호위원회에서 처음으로 공표되었다.
- 1987년 미국과학협회(NAS)의 식품보호위원회로부터 HACCPDML 채택을 권고받아 미국 농무부 식품안전검사국, 미 수산국, 미FDA, 미육군 Natick 기술개발 연구소와 대학연구소 민간연구소 전문가로 이루어진 식품 미생물기준 전국자문위원회(NACMF)를 설치하여 검토하였다.
- 1989년 HACCP의 지침이 설정되어 HACCP의 7가지 원칙을 제시하였다.
- 1993년 제20차 Codex(국제식품규격위원회) 위생분과위원회 HACCP을 식품위생 일반원칙으로 채택하여 각국에 도입할 것을 권고하였다.
- 1996년 유럽연합 EU 지역 내로 수입되는 모든 수산식품에 HACCP을 의무화하였다.
- 1997년 미국 FDA 국내·외 수산식품에 강제 적용하였다.
- 현재는 선진 외국에서 이제도를 도입하여 활용하고 있다.

### (2) 국내현황

- 1995년 12월 HACCP제도 도입 근거를 마련하였다(식품위생법 32조의 2).
- 1996년 12월 HACCP적용업소 지정·운영을 위한 세부운영 규정을 마련하였다(식품위해요소중점관리기준 고시).

- 1997년부터 2002년 어육가공품, 냉동수산식품, 냉동식품, 빙과류, 도시락류, 집단급식소·식품접객업소 조리식품, 비가열음료, 레트로트식품 HACCP 적용 기준을 마련하였다.
- 2002년 의무적용에 대한 법적 근거를 마련하였다(식품위생법 제32조의 2).
- 2003년 의무적용대상업소 지정-어묵류 등 6개 식품제조·가공업소(식품위생법 시행규칙 제43조의 2)(부록 3, p. 328 참조)
- 2005년 김치·절임식품, 저산성통조림식품, 두부류 또는 묵류, 빵류, 소스류, 건포류, 특수영양식품 HACCP 적용기준 마련(예정)
- 2006년 12월부터 2014년 12월까지 매출액 및 종업원수에 따른 단계별 의무적용〈부록 3, p. 328~330 참조〉
- 2011년 식품접객업(일반음식점, 휴게음식점, 제과점)은 알기 쉽게 HACCP을 적용하도록 관리기준 마련〈부록 4, p. 331~335 참조〉

## 2. 구조 및 체계

HACCP는 식품을 위생적으로 생산할 수 있는 시설·설비 즉 GMP(우수제조기준)의 여건하에서 SSOP(표준위생관리기준)를 준수하였을 때 효과적으로 작동한다.

HACCP시스템은 기본적으로 위생관리 GMP와 SSOP가 선행되어야 HACCP시스템이 효과적으로 수행된다는 전제하에 중점적으로 관리하여야 할 점을 파악하여 집중하는 시스템이기 때문에 GMP와 SSOP의 적절한 설계·관리가 성공적인 HACCP시스템 구축의 기본이다.

그러므로 GMP와 SSOP가 선행되지 않고서는 HACCP시스템이 효율적으로 가동될 수 없으므로 GMP와 SSOP를 HACCP 적용을 위한 선행요건프로그램이라고 이해하면 된다.

HACCP 계획을 효율적으로 운영하기 위해서는 효과적인 선행요건프로그램이 작성되고 운영되어야 한다.

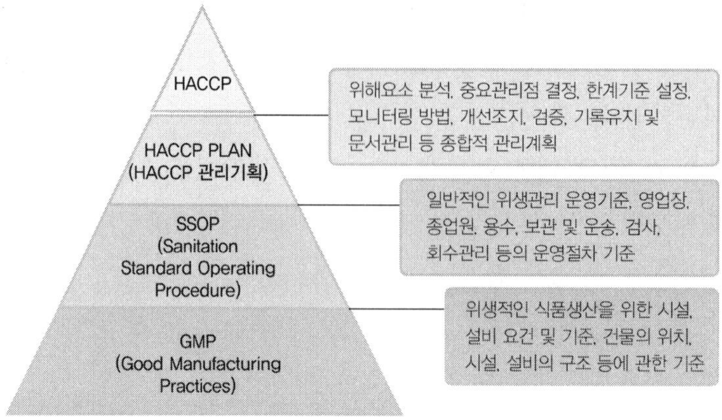


자료 : HACCP 적용 가이드라인, 식품의약품안전청, 2005.

[그림 8-1] HACCP 시스템의 구성

## 3. HACCP 적용절차

### 1) HACCP 시스템구축

#### (1) HACCP 추진팀 구성 및 역할분담

HACCP 시스템의 확립과 운용을 주도적으로 담당할 HACCP팀을 구성해야 한다. 품질, 생산, 공무, 연구개발 등 다양한 분야의 직원으로 구성하고 팀장 및 팀원별로 각각 구체적이고 실질적인 역할을 분담한다.

#### (2) 현장위생점검 및 시설·설비 개보수

식품을 위생적으로 생산·조리하기 위한 기본적인 위생시설·설비 및 위생관리 현황을 점검하며 기본적인 GMP, SSOP 구축 및 운영을 위하여 문제점을 개선·보완해야 한다.

### (3) 선행요건프로그램 관리기준

영업장 관리, 위생 관리, 제조시설·설비 관리, 냉장·냉동설비 관리, 용수 관리, 보관·운송 관리, 검사 관리, 회수프로그램 관리를 포함하는 선행요건프로그램 관리 기준서를 작성한 다음 현장 적용 후 문제점·개선점을 파악하고 기준서를 보완한다.

### (4) 제품설명서, 공정흐름도 등 작성

제품성분, 규격, 유통기한, 사용용도 등을 포함한 제품설명서를 작성한다.

제조·가공·조리공장도, 작업장 평면도, 공조시설 계통도, 용수 및 배수처리 계통도 등을 작성 한다.

### (5) 위해요소 분석, HACCP 관리계획 수립

원료별, 제조공정별 발생 가능한 위해요소들에 대한 위해평가를 실시한다.

중요관리점, 한계기준, 모니터링 방법, 기준이탈시 개선조치 방법 등을 포함하는 HACCP 관리계획을 수립한다.

### (6) HACCP관리기준서 작성

HACCP팀 구성, 제품설명서, 공정흐름도, 위해요소분석, 중요관리점 결정, 한계기준 설정, 모니터링 방법의 설정, 개선조치, 검증, 교육훈련, 기록유지 및 문서화 등을 포함하는 HACCP 관리기준서를 작성한다.

### (7) HACCP 교육훈련 및 시범적용

현장 종업원, 관리자, HACCP팀 등을 대상으로 수립된 HACCP 관리계획에 대한 교육훈련 후 현장에 1개월 이상 시범적용한다.

설계 수립된 계획이 현장에 적용하였을 경우 효과적으로 적용·운영되는지 반드시 확인한다(최초 검증실시).

### (8) HACCP의 본가동

최초검증 결과를 HACCP 관리계획에 반영하고, 문제점을 개선하여 HACCP시스템을 본격적으로 운영한다.

1개월간의 운영실적을 첨부하여 지방식품의약품안전청에 HACCP 적용업소 지정을 신청한다.

## 2) HACCP 적용업소 지정신청 절차

### (1) 법적 근거

식품위생법 제48조 및 시행규칙 제63조에 의한다.

### (2) 지정신청방법

HACCP을 적용하고자 하는 식품 및 영업장 특성에 맞는 HACCP 관리 계획을 수립하여 1 개월 이상 시범적용한 후 지방식품의약품안정청(식품안전과)에 'HACCP 적용업소 지정 신청서'를 제출한다.

### (3) 구비서류

- 영업장(신고)증 사본
- HACCP 적용식품의 최근 1년간 생산실적
- 1개월 이상 HACCP 적용·운영 실적

### (4) 처리기한

지정 신청일로부터 60일(법정 공휴일 및 보완기간 제외)

## (5) 처리절차

- 제출된 신청서의 서류검토결과 보완사항이 있을 경우 신청자에게 보완 통보한다.
- 비고시 식품의 경우 비고시 심의회의 개최한다(업소가 자체적으로 마련한 HACCP 적용기준의 적정성 및 타당성을 심의한다).
- 서류검토 및 비고시 심의 완료시 신청자에게 현장심사일자를 통보한다.
- 현장심사는 '식품위해요소중점관리기준' 중 실시상황평가표에 의거 실시한다.
  〈부록 5 HACCP 실시상황평가표, p. 336 참조〉
  〈부록 6 선행요건관리, p. 337~344 참조〉
  〈부록 7 HACCP 관리, p. 345~350 참조〉
  〈부록 8 식품별 평가사항, p. 351~352 참조〉
- 고시식품 : 식품의약품안전청에서 연구사업을 통하여 HACCP 적용기준을 마련하여 고시한 식품이다.
- 비고시 식품 : 고시식품을 제외한 모든 식품을 말한다.

**TIP 고시품목**

①어·육가공품 중 어묵류 ②냉동수산식품 중 어류·연체류·패류·갑각류·조미가공품 ③냉동식품 중 기타 빵 및 떡류·면류·일반가공식품의 기타가공품 ④빙과류 ⑤집단급식소·식품접객업소의 조리식품 ⑥즉석섭취식품 ⑦비가열음료 ⑧레토르트식품 ⑨김치절임식품 중 김치류·절임류·젓갈류 ⑩특수용도식품 중 영아용조제식, 성장기용조제식, 영·유아용곡류조제식, 기타 영·유아식(주스류) ⑪두부류 또는 묵류, 유바 ⑫저산성통·병조림 중 굴통조림 ⑬건포류 ⑭드레싱 ⑮빵 또는 떡류 중 빵, 케이크류·생식류·고춧가루 면류 중 익힌 것, 익히지 않은 것, 유탕면류 신선편의식품 단순 전처리 식품(자연 상태의 농·임산물 또는 박피 등을 거친 1차 가공품을 이용하여 세척, 절단 등의 가공 공정을 거쳐 포장한 식품), 기타가공품(자연 상태의 농·임산물 또는 박피·세척·절단 등의 가공 공정을 거친 1차 가공품에 식품첨가물을 사용하여 소독 등의 공정을 거쳐 포장한 식품이거나, 자연 상태의 농·임산물 또는 박피·세척·절단 등의 가공 공정을 거친 1차 가공품을 이용하여 가열(삶은 공정 포함)·건조 등의 가공 공정을 거쳐 포장한 나물류 등), 냉장수산물가공품(수산물을 내장 제거, 세척, 절단 등의 가공 공정을 거쳐 냉장한 상태의 식품)

자료출처 : HACCP기술지원센터

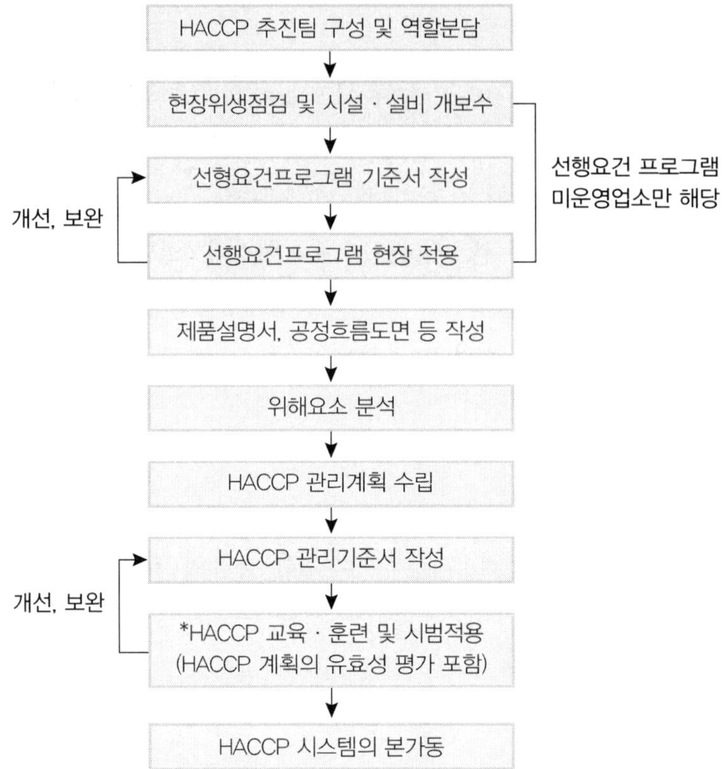


* HACCP 교육 · 훈련(부록 9, p. 353~354 참조)

[그림 8-2] HACCP 추진절차

## 4. 선행요건프로그램 운영

HACCP을 적용하고자 하는 업소의 영업자는 식품위생법 등 관련 법적 요구사항을 준수하면서 위생적으로 식품을 제조·가공·조리하기 위한 기본시스템을 갖추기 위하여 작업기준 및 위생관리 기준을 포함하는 선행요건 프로그램을 먼저 개발하여 시행하여야 한다.

선행요건프로그램에 포함되어야 할 사항은 영업장·종업원·제조시설·냉동설비·용수·보관·검사·회수관리 등 영업장을 위생적으로 관리하기 위해 기본적이고 필수적인 위생관리 내용이다.

영업자는 이들 분야별로 작업담당자, 작업내용, 실시빈도, 실시상황의 점검 및 기록방법을 정하여 구체적인 관리기준서를 작성하여 종업원이 준수하도록 시행하고 이에 대한 기록을 보관·유지하여야 한다.

### 1) 선행요건프로그램 개발

외식업소에서는 제조·조리 공정 및 환경 등에서 발생 가능한 위해로부터 식품이 오염되거나 변질되는 것을 방지하기 위하여 기본적인 위생관리 방법, 절차 등을 규정한 선행요건프로그램을 개발하여야 한다.

프로그램은 영업장관리, 위생관리, 제조시설·설비 관리, 냉장·냉동 설비관리, 용수관리, 보관·운송관리, 검사관리, 회수프로그램 관리 등 8개 분야로 구성하여 분야별로 개별 관리기준서를 작성하여야 한다.

관리기준서에는 최초 완성시 위생관리 책임자의 서명과 승인일자를 기입하여야 하며, 이후 수정·개정이 되었을 경우 그 이력을 지속적으로 기록·유지하여야 한다.

기준서 내용에는 위생관리 방법, 관리활동 확인을 위해 필요한 모니터링의 실시빈도와 방법, 실시 책임자 및 실시 결과의 기록관리에 관한 사항이 규정되어야 한다.

선행요건프로그램은 해당 작업장에 적용되는 모든 법률적 요구사항을 충족하고 위생관리가 효과적으로 이루어질 수 있도록 작성·운영되어야 한다.

### 2) 선행요건프로그램 적용

최초로 수립된 선행요건프로그램을 조리장에 우선 적용해 보고 그 효과성을 평가하기 위한 검증인 유효성 평가 결과 해당 기준서가 법률적 요구사항을 포함한 기본적인 위생 안전성을 확보할 수 있음을 확인하여야 하며 필요한 경우 수정·보완하여야 한다.

### 3) 선행요건프로그램 유지·관리

선행요건프로그램이 제조·가공 공정 및 제조환경 등에서 위해물질에 의한 식품의 직접적인 오염 또는 변질을 효과적으로 예방할 수 있는지 직원들이 관리기준에 따라 적절하게 실행하고 있는지 등을 확인·평가하기 위하여 정기적으로 검증을 실시하여야 한다.

검증결과를 근거로 선행요건프로그램이 효율적으로 실시될 수 있도록 관련규정을 개정하거나 시설, 설비, 기구, 작업방법 또는 담당자를 변경하거나 직원 교육을 실시하여야 한다.

### 4) 개선조치

선행요건프로그램의 유지 또는 시행이 식품의 안전성을 확보할 수 없다고 판단될 경우 적절한 개선조치를 취하여야 한다. 개선조치는 오염된 식품의 적절한 처리, 위생상태의 개선, 식품의 직접적인 오염 또는 변질의 재발 방지방법, 선행요건프로그램 시행의 적절한 개선 등의 조치가 포함되어야 한다.

### 5) 기록·유지관리

선행요건프로그램의 운영, 모니터링 활동, 개선조치 등을 문서화하고 그 기록을 유지하여야 하며 기록에는 선행요건프로그램 책임자의 서명과 일자를 기입하여야 하고 관계법령에 특별히 규정된 것을 제외하고는 2년간 보존하여야 한다.

## 5. HACCP 시스템

HACCP 시스템을 적용하여 해당 식품의 안전성을 확보하기 위해서는 제조·조리공정/단계별로 유입 가능한 생물학적, 화학적 또는 물리적 위해요소의 유입 정도를 파악하고 해당 위해요소를 안전한 수준까지 감소시키거나 완전히 제거할 수 있도록 HACCP 관리체계를 구축하여야 한다. HACCP 관리체계의 구축을 위해서는 선행요건프로그램을 개발하여 시행하면서 이를 토대로 해당 식품에서의 중요한 위해요소를 중점적으로 관리함으로써 안전한 식품이 공급될 수 있도록 식품별 HACCP 관리계획 HACCP Plan을 개발하여야 한다. HACCP 관리계획을 개발하기 위하여 미리 수행하여야 하는 5가지 준비단계와 단계별로 적용되는 7가지 HACCP 적용원칙은 [그림 8-3]과 같다.

[그림 8-3] HACCP 적용원칙

# 6. 선행요건프로그램 적용기준*
(집단급식소, 식품접객업소, 도시락류 포함)

## 1) 영업장관리

### (1) 작업장

① 영업장은 독립된 건물이나 해당 영업신고를 한 업종외의 용도로 사용되는 시설과 분리(벽·층 등에 의하여 별도의 방 또는 공간으로 구별되는 경우를 말한다. 이와 같다) 되어야 한다.

② 작업장(출입문, 벽, 천장 등)은 누수, 외부의 오염물질이나 해충·설치류 등의 유입을 차단할 수 있도록 밀폐 가능한 구조이어야 한다.

③ 작업장은 청결구역(청결구역은 식품의 특성에 따라 청결구역과 준 청결구역으로 세분할 수 있다.)과 일반구역으로 분리하고, 제품의 특성과 공정에 따라 분리, 구획, 또는 구분할 수 있다.

- 영업장은 오염물질 발생원으로부터 영향을 받자 아니하는 곳에 위치하여야 한다.
- 영업장의 내부 먼지나 해충 등 유입을 방지하여야 한다.
- 영업장 주변을 청결하게 관리한다.
- 청결구역과 일반구역으로 나누고 교차오염 방지를 위하여 벽 등으로 분리한다.
  - 청결구역은 식품의 특성에 따라 청결구역과 준 청결구역으로 세분할 수 있다.
  - 분리 : 벽·층에 의해 공간으로 구별되는 경우
    구획 : 칸막이, 이동 가능한 벽, 커튼 등에 의해 구별되는 경우
    구분 : 선, 줄 등에 의해 구별되는 경우

* 부록 6, p. 337~344, 부록 11, p. 375~379 참조

## (2) 건물 바닥, 벽, 천장

④ 원료처리실, 제조·가공·조리실 및 내포장실의 바닥, 벽, 천장, 출입문, 창문 등은 제조·가공·조리하는 식품의 특성에 따라 내수성 또는 내열성 등의 재질을 사용하거나 이러한 처리를 하여야 하고, 바닥은 파여 있거나 갈라진 틈이 없어야 하며, 작업특성상 필요한 경우를 제외하고 마른 상태를 유지하여야 한다. 이 경우 바닥, 벽, 천장 등에 타일 등과 같이 홈이 있는 재질을 사용한 때에는 홈에 먼지, 곰팡이, 이물 등이 끼지 아니 하도록 청결하게 관리하여야 한다.

- 재질은 내수성·내열성·내약품성·항균성·내부식성 등 이여야 한다.
- 바닥은 파여 있거나 갈라진 틈이 없고 마른 상태를 유지하여야 한다.
- 천장은 청소가 용이한 구조로 가능한 밝은 색으로 처리한다.
- 내벽은 바닥면에서 1.5m 까지 밝은 색 으로 내수성·내열성 등의 자재로 설비하거나 세균방지용 페인트로 도색을 한다.
- 내벽과 바닥과의 경계면 등은 가능한 곡선으로 처리한다.

## (3) 배수 및 배관

⑤ 작업장은 배수가 잘 되어야 하고 배수로에 퇴적물이 쌓이지 아니 하여야 하며, 배수구, 배수관 등은 역류가 되지 아니 하도록 관리하여야 한다.

⑥ 배관과 배관의 연결부위는 인체에 무해한 재질이어야 하며, 응결수가 발생하지 아니 하도록 단열재 등으로 보온 처리하거나 이에 상응하는 적절한 조치를 취하여야 한다.

- 배수로 및 배관은 퇴적물이 쌓이지 않도록 적절한 모양과 폭으로 기울기를 갖으며 청결구역에서 일반구역으로 흐르게 설치한다.
- 배수구는 곤충이나 설치류 등의 유입과 악취 및 폐수의 역류를 방지할 수 있도록 설치한다.
- 배관의 연결부위는 인체에 무해한 재질로 설치한다.
- 배관은 가능한 작업장내부로 노출되거나 조리라인을 통과하여 지나가지 않도록 설치한다.

- 배관은 필요시 청소가 용이하고 응결수가 발생하지 않도록 단열재 등으로 보온처리를 한다.

### (4) 출입구

⑦ 작업장의 외부로 연결되는 출입문에는 먼지나 해충 등의 유입을 방지하기 위한 완충구역이나 방충이중문 등을 설치하여야 한다.

⑧ 작업장의 출입구에는 구역별 복장 착용방법을 게시하고, 개인위생관리를 위한 세척, 건조, 소독 설비 등을 구비하고, 작업자는 세척 또는 소독 등을 통해 오염 가능성 물질 등을 제거한 후 작업에 임하여야 한다.

- 작업장 외부로 연결되는 출입문에는 먼지나 곤충 등의 유입을 방지하기 위한 완충구역이나 방충이중문 등을 설치한다.
- 출입문은 내수성·내부식성 재질로 청소가 용이하고 밀폐 가능한 구조이여야 한다.
- 작업장 출입구에는 작업실 특성에 따라 세척 또는 건조·소독 설비 등을 구비하여야 한다.

### (5) 통로

⑨ 작업장 내부에는 종업원의 이동경로를 표시하여야 하고 이동경로에는 물건을 적재하거나 다른 용도로 사용하지 아니 하여야 한다.

### (6) 창

⑩ 창의 유리는 파손 시 유리조각이 작업장내로 흩어지거나 원·부자재 등으로 혼입되지 아니하도록 하여야 한다.

- 내수성·내부식성 재질로 청소가 용이한 구조로 밀폐 가능하도록 설치한다.
- 유리는 파손시 비산·혼입되지 않는 재질을 사용하거나 코팅 등의 처리를 해야 한다.

## (7) 채광 및 조명

⑪ 선별 및 검사구역 작업장 등은 육안확인에 필요한 조도(540룩스 이상)를 유지 하여야 한다.

⑫ 채광 및 조명시설은 내부식성 재질을 사용하여야 하며, 식품이 노출되거나 내포장 작업을 하는 작업장에는 파손이나 이물 낙하 등에 의한 오염을 방지하기 위한 보호장치를 하여야 한다.

- 내부식성 재질로 청소가 용이하고 파손이나 이물 낙하 등에 의한 오염을 방지하도록 적절한 보호 방치를 하고 청결히 관리한다.
- 작업의 특성에 적합한 조도 유지 및 색을 오인할 수 있는 조명 사용을 자제한다.
  - 선별 및 검사구역 : 540룩스 이상
  - 일반 작업구역 : 220룩스 이상
  - 기타 부대시설 : 110룩스 이상(창고, 화장실, 탈의실 포함)

## (8) 부대시설

■ 화장실

⑬ 화장실, 탈의실 등은 내부 공기를 외부로 배출할 수 있는 별도의 환기시설을 갖추어야 하며, 화장실 등의 벽과 바닥, 천장, 문은 내수성, 내부식성의 재질을 사용하여야 한다. 또한 화장실의 출입구에는 세척, 건조, 소독 설비 등을 구비하여야 한다.

- 정화조를 갖춘 수세식으로 설치하고 작업장 외부로 배출할 수 있는 별도의 환기시설을 구비한다.
- 벽과 바닥은 내수성·내부식성 재질로 청소가 용이하여야 하며, 손을 사용하지 않고 개폐가 가능한 뚜껑 있는 휴지통을 비치하여야 한다.
- 가능한 한 손을 직접 접촉하지 않고 물을 사용할 수 있는 세척시설과 건조시설을 설치하여야 한다.(접촉식 세척시설의 경우 손 소독시설을 구비하여야 한다.)

- 문은 가능한 손을 사용하지 않고 개폐가 가능한 구조로 하거나 화장실 외부에 손 소독 장치를 설치하여야 한다.

■ 탈의실, 휴게실 등

⑭ 탈의실은 외출복장(신발 포함)과 위생복장(신발 포함)간의 교차오염이 발생하지 아니 하도록 구분·보관하여야 한다.

- 작업장에 영향을 미치지 않는 장소에 설치하여야 한다.
- 작업장 외부로 통하는 환기시설과 외출복장(신발 포함)과 위생복장(신발 포함)간의 교차오염이 발생하지 않도록 구분·보관하여야 한다.

## 2) 위생관리

### (1) 작업 환경 관리

■ 동선계획 및 공정간 오염방지

⑮ 식자재의 반입부터 배식 또는 출하에 이르는 전 과정에서 교차오염 방지를 위하여 물류 및 출입자의 이동 동선을 설정하고 이를 준수하여야 한다.

⑯ 청결구역과 일반구역별로 각각 출입, 복장, 세척·소독기준 등을 포함하는 위생수칙을 설정하여 관리하여야 한다.

- 식자재의 반입으로부터 배식 또는 출하에 이르는 전 과정에서 발생할 수 있는 교차오염 방지를 위하여 물류 및 출입자의 이동 동선에 대한 계획을 수립·운영하여야 한다.
- 청결구역과 일반구역별로 각각 출입, 복장, 세척·소독 기준 등을 포함하는 위생 수칙을 설정·관리하여야 한다.

■ 온도·습도 관리

⑰ 작업장은 제조·가공·조리·보관 등 공정별로 온도관리를 하여야 하고, 이를 측정할 수 있는 온도계를 설치하여야 한다. 필요한 경우, 제품의 안전성 및 적합성 확보를 위하야 습도관리를 하여야 한다.

- 작업장은 원·부자재·제품 등의 특성에 따라 부패나 변질이 일어나지 않도록 적정한 온도 및 습도를 유지하여야 한다.
- 온·습도 관리를 위한 공조 시설의 필터나 망 등은 주기적으로 세척 또는 교체하고 응결수가 발생하지 않도록 관리하여야 한다.

### (2) 환기시설 관리

⑱ 작업장 내에서 발생하는 악취나 이취, 유해가스, 매연, 증기 등을 배출할 수 있는 환기시설, 후드 등을 설치하여야 한다.

⑲ 외부로 개방된 흡·배기구, 후드 등에는 여과망이나 방충망, 개폐시설 등을 부착하고 관리계획에 따라 청소 또는 세척하거나 교체하여야 한다.

- 악취나 이취, 유해가스, 매연, 증기 등을 배출하는데 충분한 용량으로 설치하며, 분진이 발생하는 공정의 경우 이를 제거하는 장치를 설치하여야 한다.
- 외부로 개방된 흡·배기구 등에는 여과망이나 방충망 등을 부착하고 주기적으로 청소 또는 세척하거나 교체하여야 한다.
- 후드는 스테인레스스틸 재질로 적정 각도를 유지하며, 열기기보다 큰 크기로 제작 설치
- 볶음이나 튀김 등에 사용되는 후드시설은 유분을 여과하는 필터를 반드시 부착하여 정기적으로 유지·관리하여야 한다.
- 닥트와 배기후드의 연결부분에는 외부의 오염물질이 역류하지 않도록 자동 개폐 시설을 설치하여야 한다.

■ 방충·방서 관리

⑳ 작업장의 방충·방서관리를 위하여 해충이나 설치류 등의 유입이나 번식을 방지할 수 있도록 관리하여야 하고, 유입 여부를 정기적으로 관리 하여야 한다.

㉑ 작업장 내에서 해충이나 설치류 등의 구제를 실시할 경우에는 정해진 위생수칙에 따라 공정이나 식품의 안전성에 영향을 주지 아니 하는 범위 내에서 적절한 조치를 취한 후 실시하며, 작업종료 후 식품취급시설 또는 식품에 직·간접적으로 접촉한 부분은 세척 등을 통해 오염물질을 제거하여야 한다.

- 작업장은 해충이나 설치류 등의 유입·번식을 방지할 수 있도록 청결히 관리하고 방제 대책을 수립하여 유입여부를 정기적으로 확인하여야 한다.
- 구제작업 시 적절한 보호 조취를 취한 후 실시하며, 작업 종료후 직·간접적으로 접촉한 시설 또는 식품에 대하여 충분한 세척을 실시하여야 한다.

### (3) 개인위생 관리

㉒ 작업장 내에서 작업 중인 작업장의 종업원 등은 위생복·위생모·위생화 등을 항시 착용하여야 하며, 개인용 장신구 등 을 착용하여서는 아니 된다.

- 영업자 및 종업원에 대한 건강진단 실시하여야 한다.
- 식품매개 질병 보균자난 전염성 상처나 피부병, 염증, 설사 등의 증상을 가진 종업원의 식품을 직접 제조·가공 또는 취급하는 작업 금지하여야 한다.
- 작업장내의 지정된 장소이외에서 음식물 등(식수를 포함한다)의 섭취 또는 비위생적인 행위를 금지하여야 한다.
- 작업 중 오염 가능성이 있는 물품 등과 접촉하였을 경우 세척 또는 소독 등 필요한 조취를 취한 후 작업 실시하여야 한다.

### (4) 작업위생 관리

■ 교차오염의 방지

㉓ 칼과 도마 등의 조리 기구나 용기, 앞치마, 고무장갑 등은 원료나 조리과정에서의 교차오염을 방지하기 위하여 식재료 특성 또는 구역별로 구분하여 사용하여야 한다.

㉔ 식품 취급 등의 작업은 바닥으로부터 60cm 이상의 높이에서 실시하여 바닥으로부터의 오염을 방지하여야 한다.

- 조리 기구나 용기는 용도별로 구분하여 사용하고 수시로 세척·소독하여야 한다.
- 식품 취급 등의 작업은 바닥으로부터 60cm 이상의 높이에서 실시하여야 한다.

– 앞치마, 고무장갑 등의 구분 사용 및 매 작업 종료시 세척·소독을 실시하여야 한다.
– 조리가 완료된 식품과 세척·소독된 배식기구·용기 등 위생관리 하여야 한다.

■ 전처리

㉕ 해동은 냉장해동(10℃ 이하), 전자레인지 해동 또는 흐르는 물에서 실시한다.

㉖ 해동된 시품은 즉시 사용하고 즉시 사용하지 못할 경우 조리 시까지 냉장 보관하여야 하며, 사용 후 남은 부분을 재동결하여서는 아니 된다.
– 외포장 제거와 다듬기 작업 등은 전처리구역에서 실시하여야 한다.
– 해동은 냉장해동(10℃ 이하), 전자레인지 해동, 또는 흐르는 물(21℃ 이하)에서 실시하여야 한다.
– 해동된 식품은 즉시 사용, 즉시 사용하지 못할 경우 조리시까지 냉장보관, 사용 후 잔량 재동결 금지하여야 한다.

■ 조리

㉗ 가열 조리 후 냉각이 필요한 식품은 냉각 중 오염이 일어나지 아니 하도록 신속히 냉각하여야 하며, 냉각온도 및 시간기준을 설정·관리하여야 한다.

㉘ 냉장 식품을 절단 소분 등의 처리를 할 때에는 식품의 온도가 가능한 한 15℃를 넘지 아니하도록 한번에 소량씩 취급하고 처리 후 냉장고에 보관하는 등의 온도관리를 하여야 한다.
– 식품별 특성에 맞는 가열온도 및 시간 기준, 재가열 온도 및 시간 기준, 튀김류 온도기준(180℃ 이하)을 설정·관리하여야 한다.
– 가열 조리 후 냉각이 필요한 식품은 냉각 중 오염이 일어나지 않도록 신속히 냉각, 냉각온도 및 시간기준 설정·관리하여야 한다.
– 냉장 식품의 절단 소분 등의 처리시 식품의 온도가 가능한 한 15℃를 넘지 않도록 한번에 소량씩 취급하여야 한다.

■ 완제품 관리

㉙ 조리된 음식은 배식 전까지의 보관온도 및 조리 후 섭취 완료시까지의 소요시

간 기준을 설정·관리하여야 하며, 유통제품의 경우에는 적정한 유통기한 및 보존 조건을 설정·관리하여야 한다.

- 조리된 음식은 배식 전까지의 보관온도 및 조리 후 섭취 완료시까지의 소요 기준을 설정·관리하여야 한다.
  - 28℃ 이하의 경우 : 조리 후 2~3시간 이내 섭취 완료
  - 보온(60℃ 이상) 유지 시 : 조리 후 5시간 이내 섭취 완료
  - 제품의 품온을 5℃ 이하 유지 시 : 조리 후 24시간 이내 섭취 완료
- 유통제품의 경우에는 적정한 유통기한 및 보존 조건을 설정·관리하여야 한다.

■ 배식

㉚ 냉장식품과 온장식품에 대한 배식 온도관리기준을 설정·관리하여야 한다.

- 냉장보관 : 냉장식품 5℃ 이하
- 온장보관 : 온장식품 60℃ 이상

㉛ 위생장갑 및 청결한 도구(집게, 국자 등)를 사용하여야 하며, 배식중인 음식과 조리 완료된 음식을 혼합하여 배식하여서는 아니된다.

■ 검식

㉜ 영양사는 조리된 식품에 대하여 배식하기 직전에 음식의 맛, 온도, 이물, 이취, 조리상태 등을 확인하기 위한 검식을 실시하여야 한다. 다만, 영양사가 없는 경우 조리사가 검식을 대신할 수 있다.

- 영양사나 조리사는 조리된 식품에 대하여 배식하기 직전에 음식의 맛, 온도, 이물, 이취 조리 상태 등을 확인하기 위한 검식을 실시하여야 한다.

■ 보존식

㉝ 조리한 식품은 소독된 보존식 전용용기 또는 멸균 비닐봉지에 매회 1인분 분량을 -18℃ 이하에서 144시간 이상 보관하여야 한다. 다만, 보존기간 중 휴무일이 있는 경우에는 그 기간 만큼 연장하여 보관하여야 한다.

- 조리한 식품은 소독된 보존식 전용용기 또는 멸균 비닐봉지에 매회 음식종료별로 100g 이상을 -18℃ 이하에서 144시간 이상 보관. 다만, 보관기간 중 휴무일이 있는 경우에는 그 기간 만큼 연장하여 보관하여야 한다.

### (5) 폐기물 관리

㉞ 폐기물·폐수처리시설은 작업장과 격리된 일정장소에 설치·운영하여야 하며, 폐시물 등의 처리용기는 밀폐 가능한 구조로 침출수 및 냄새가 누출되지 아니 하여야 하고, 관리계획에 따라 폐기물 등을 처리·반출하고, 그 관리기록을 유지하여야 한다.

- 처리용기는 밀폐 가능한 구조로 침출수 및 냄새가 누출되지 않아야 하며, 수시로 세척 및 소독 실시하여야 한다.
- 폐기물·폐수처리 시설은 작업장과 격리된 일정 장소에 설치·운영하고, 정기적으로 폐기물 등을 처리·반출하여야 한다.

### (6) 세척 또는 소독

㉟ 영업장에는 기계·설비, 기구·용기 등을 충분히 세척하거나 소독할 수 있는 시설이나 장비를 갖추어야 한다.

㊱ 세척·소독 시설에는 종업원에게 잘 보이는 곳에 올바른 손 세척방법 등에 대한 지침이나 기준을 게시하여야 한다.

㊲ 영업자는 다음 각 호의 사항에 대한 세척 또는 소독 기준을 정하여야 한다.

- 종업원
- 위생복, 위생모, 위생화 등
- 작업장 준비
- 작업실 내부
- 칼, 도마 등 조리도구
- 냉장·냉동설비
- 용수저장시설
- 보관·운반시설
- 운송차량, 운반도구 및 용기
- 모니터링 및 검사장비
- 환기시설(필터, 방충망 등 포함)

- 폐기물 처리 용기
- 세척, 소독도구
- 기타 필요사항

㊳ 세척 또는 소독 기준은 다음의 사항을 포함하여야 한다.

- 세척·소독 대상별 세척·소독 부위
- 세척·소독 방법 및 주기
- 세척·소독 책임자
- 세척·소독 기구의 올바른 사용 방법
- 세제 및 소독제(일반명칭 및 통용명칭) 이 구체적인 사용 방법

㊴ 세제·소독제, 세척 및 소독용 기구나 용기는 정해진 장소에 보관·관리되어야 한다.

㊵ 세척 및 소독의 효과를 관리계획에 따라 확인하여야 한다.

– 영업장에 종업원이나 기계·설비, 기구·용기 등을 세척하거나 소독할 수 있는 충분한 시설이나 장비 구비하여야 한다.

– 올바른 손 세척 방법 등에 대한 지침이나 기준 제시하여야 한다.

– 종업원 복장, 작업장, 식품취급시설, 냉장·냉동설비, 용수저장시설, 보관·운반시설, 모니터링 및 검사 장비 등에 대한 세척 또는 소독 기준 설정·관리하여야 한다.

  - 세척·소독 대상별 세척·소독 부위, 세척·소독 방법 및 주기
  - 세척·소독 책임자 및 세척·소독 기구의 올바른 사용방법
  - 세척·소독제(일반명칭 및 통용명칭)의 구체적인 사용 방법

– 세제·소독제, 세척 및 소독용 기구나 용기는 정해진 장소에 위생적으로 보관·관리 하여야 한다.

– 분해 청소 가능한 기구는 세척·소독시 마다 분해청소하고, CIP(Cleaning in plice) 시스템 적용 시설 및 기구의 경우 해당 프로그램에 따라 실시하여야 한다.

– 세제 및 소독제에 의한 식품 오염이 발생되지 않도록 필요한 보호조치 실시하여야 한다.

– 세척 및 소독 효과의 주기적으로 확인을 하여야 한다.

### 3) 제조시설·설비관리

㊶ 조리장에는 주방용 식기류를 소독하기 우한 자외선 또는 전기 살균소독기를 설치하거나 열탕세척 소독시설(식중독을 일으키는 병원성미생물 등이 살균될 수 있는 시설이어야 한다)을 갖추어야 한다.

㊷ 식품과 직접 접촉하는 부분은 내수성 및 내부식성 재질로 세척이 쉽고 열탕·증기·살균제 등으로 소독·살균이 가능한 것이어야 한다.

㊸ 모니터링 기구 등은 사용 전후에 지속적인 세척·소독을 실시하여 교차오염이 발생하지 아니하여야 한다.

㊹ 식품취급시설·설비는 정기적으로 점검·정비를 하여야 하고 그 결과를 보관하여야 한다.

- 식품을 조리하는데 필요한 충분한 기계·기구류 등 조리장비를 구비하여야 한다.
- 식기류를 소독하기 위한 자외선 또는 전기 살균소독기를 설치하거나 열탕세척 소독시설 구비하여야 한다.
- 인체에 무해한 내수성·내부식성 재질로 세척이 쉽고 열탕·증기·살균제 등으로 소독·살균이 가능하여야 하며, 청소가 용이한 구조이여야 한다.
- 식기세척기는 세척, 헹굼 기능이 자동적으로 이루어지며, 최종 헹굼수의 온도가 식판의 살균에 적합한 온도(식판온도 71℃이상)를 유지하여야 한다.
- 온도를 높이거나 낮추는 처리시설에는 온도변화를 측정·기록하는 장치를 설비·구비·관리하여야 한다.

### 4) 냉장·냉동 시설·설비관리

㊺ 냉장·냉동·냉각실은 냉장 식재료 보관, 냉동 식재료의 해동, 가열 조리된 식품의 냉각과 냉장보관에 충분한 용량이 되어야 한다.

㊻ 냉장시설은 내부의 온도를 10℃ 이하, 냉동시설은 -18℃로 유지하여야 하고, 외부에서 온도변화를 관찰할 수 있어야 하며, 온도 감응 장치의 센서는 온도가 가장 높게 측정되는 곳에 위치하도록 한다.

– 냉장·냉동·냉각시설은 적업 특성에 적합한 용량 및 충분한 기능 유지하여야 한다.

– 냉장시설은 내부의 온도를 10℃ 이하(완제품의 유통단계는 제외), 냉동시설은 -18℃이하로 유지하여야 한다.

– 외부에서 온도변화를 관찰할 수 있어야 하며, 온도 감응 장치의 센서는 온도가 가장 높게 측정되는 곳에 위치하도록 한다.

– 정기적으로 점검·정비·청소를 실시하며 그 결과를 기록·유지하여야 한다.

## 5) 용수관리

㊼ 식품 제조·가공·조리에 사용되거나, 식품에 접촉할 수 있는 시설·설비, 기구·용기, 종업원 등의 세척에 사용되는 용수는 수돗물이나 「먹는물 관리법」 제5조의 규정에 의한 먹는물 수질기준에 적합한 지하수이어야 하며, 지하수를 사용하는 경우 취수원은 화장실, 폐기물·폐수처리시설, 동물사육장 등 기타 지하수가 오염될 우려가 없도록 관리하여야 하며, 필요한 경우 용수 살균 또는 소독장치를 갖추어야 한다.

㊽ 가공·조리에 사용되거나, 식품에 접촉할 수 있는 시설·설비, 기구·용기, 종업원 등의 세척에 사용되는 용수는 다음 각호에 따른 검사를 실시하여야 한다.

가. 지하수를 사용하는 경우에는 먹는물 수질기준 전 항목에 대하여 연1회 이상(음료류 등 직접 마시는 용도는 반기 1회 이상) 검사를 실시하여야 한다.

나. 먹는물 수질기준에 정해진 미생물학적 항목에 대한 검사는 월1회 이상 실시하여야 하며, 미생물학적 항목에 대한 검사는 간이검사키트를 이용하여 자체적으로 실시할 수 있다.

㊾ 저수조, 배관 등은 인체에 유해하지 아니한 재질을 사용하여야 하며, 외부로부터의 오염물질 유입을 방지하는 잠금장치를 설치하여야 하고, 누수 및 오염

여부를 정기적으로 점검하여야 한다.

㊿ 저수조는 반기별 1회 이상 「수도시설의 청소 및 위생관리 등에 관한 규칙」 에 따라 청소와 소독을 자체적으로 실시하거나, 「수도법」 에 따른 저수조청소업자에게 대행하여 실시하여야 하며, 그 결과를 기록·유지하여야 한다.
- 지하수 취수원의 위치는 오염 우려 장소로부터 20미터 이상 떨어진 곳 이여야 한다.
- 식품제조·가공에 사용되는 용수는 수돗물이나 먹는 물 수질기준에 적합한 지하수이어야 한다.(지하수의 경우 수살균장치 설치하여야 한다.)
- 먹는물 수질기준 전 항목 검사는 연1회 이상(음료류 등 직접마시는 용도의 경우는 반기1회 이상), 미생물학적 항목 검사는 월1회 이상 실시하여야 한다.
- 용수저장탱크, 배관 등은 인체에 유해하지 않은 재질을 사용하며 외부로부터의 오염물질 유입을 방지하는 잠금장치를 설치하여야 한다.
- 용수 저장탱크는 청소와 검사가 용이하도록 설계되어야 하고 반기별1회 이상 청소와 소독을 실시하고 그 결과를 기록·유지하여야 한다.
- 식품에 직접 접촉되는 시설·설비표면, 기구, 용기, 손세척 등에 사용되는 용수는 먹는물의 수질 기준에 적합하여야 한다.

(51) 비음용수 배관은 음용수 배관과 구별되도록 표시하고 교차되거나 합류되지 않아야 한다.
- 식품과 직접 접촉하거나 식품원료로 사용하는 얼음, 스팀 등은 먹는물 수질기준에 적합한 음용수를 이용하여 위생적으로 제조·취급·보관하여야 한다.

## 7) 보관·운송관리

■ 구입 및 입고

(52) 검사성적서로 확인하거나 자체적으로 정한 입고기준 및 규격에 적합한 원·부자재만을 구입하여야 한다.

(53) 부적합한 원·부재는 적절한 절차를 정하여 반품 또는 폐기처분 하여야 한다.

(54) 입고검사를 위한 검수공간을 확보하고 검수대에는 온도계 등 필요한 장비를

갖추고 청결을 유지하여야 한다.

55 원·부자재 검수는 납품시 즉시 실시하여야 하며, 부득이 검수가 늦어질 경우에는 원·부자재별로 정해진 냉장·냉동 온도에서 보관하여야 한다.

– 원료 및 원·부자재 입고검사 기준 마련·실시하여야 한다.
– 부적합한 원·부자재의 반품 또는 폐기처분 절차 설정·실행 하여야 한다.
– 검수별 별도 구획하고 검수장비 구비하여야 한다.(필요시 먼지 제거시설 포함한다.)
– 원·부자재 검수는 납품시 즉시 실시, 검수가 늦어질 경우에는 원·부자재별로 정해진 냉장·냉동 온도에서 보관하여야 한다.

■ 운송

56 운송차량(지게차 등 포함)으로 인하여 제품이 오염되어서는 아니된다.

57 운송차량은 냉장의 경우 10℃이하, 냉동의 경우 -18℃이하를 유지할 수 있어야 하며, 외부에서 온도변화를 확인할 수 있도록 임의조작이 방지된 온도 기록 장치를 부착하여야 한다.

58 운반중인 식품은 비식품 등과 구분하여 교차오염을 방지하여야 한다.

59 운송차량, 운반도구 및 용기는 관리계획에 따라 세척·소독을 실시하여야 한다.

– 운송차량(지게차 등 포함)은 세척 및 소독이 용이한 구조이여야 한다.
– 운송차량의 적정 온도 유지 및 외부 온도 기록 장치 부착·확인하여야 한다.
– 바로 먹을 수 있는 식품과 생산식품과 분리 및 운반식품의 위생적으로 취급하여야 한다.
– 운송차량, 운반도구 및 용기의 추기적인 세척·소독 실시하여야 한다.

■ 보관

60 원료 및 완제품은 선입선출 원칙에 따라 입고·출고상황을 관리·기록하여야 한다.

61 원·부자재 및 완제품은 구분 관리하고 바닥이나 벽에 밀착되지 아니 하도록 적재·관리 하여야 한다.

62 원·부자재에는 덮개나 포장을 사용하고, 날 음식과 가열조리 음식을 구분 보관하는 등에 교차오염이 발생하지 아니 하도록 하여야 한다.

⑥③ 검수기준에 부적합한 원·부자재나 보관 중 유통기한이 경과한 제품, 포장이 손상된 제품 등은 별도의 지정된 장소에 명확하게 식별되는 표식을 하여 보관하고 반송, 폐기 등의 조치를 취한 후 그 결과를 기록·유지하여야 한다.

⑥④ 유독성 물질, 인화성 물질 비식용 화학물질은 식품취급 구역으로부터 격리된 환기가 잘되는 지정된 장소에서 구분하여 보관·취급 되어야 한다.

- 선입선출 원칙에 따른 입·출고상황 관리·기록하여야 한다.
- 원·부자재 및 완제품의 명호가한 구분 및 바닥, 벽으로부터의 이격 보관 하여야 한다.
- 날 음식과 가열조리 음식의 구분 보관하여야 한다.
- 부적합품의 별도 구분 및 반송, 폐기 등의 조치방법 설정 및 기록·유지 하여야 한다.
- 비식용 화학물질의 구분 보관·취급하여야 한다.

## 7) 검사관리

■ 제품검사

⑥⑤ 제품검사는 자체 실험실에서 검사계획에 따라 실시하거나 검사기관과의 협약에 의하여 실시하여야 한다.

⑥⑥ 검사결과에는 다음 내용이 구체적으로 기록되어야 한다.

- 검체명
- 제조연월일 또는 유통기한(품질유지기한)
- 검사연월일
- 검사항목, 검사기준 및 검사결과
- 판정결과 및 판정연월일
- 검사자 및 판정자의 서명날인
- 기타 필요한 사항

- 원·부자재 및 완제품에 대한 정기적인 제품검사 실시 및 기록·유지하여야 한다.

– 제품검사는 자체 실험실 또는 검사기관과의 협약에 의하여 실시하여야 한다.
– 자체 실험실의 충분한 검사시설 및 장비를 구비하여야 한다.

■ 시설·설비 기구 등 검사

⑰ 냉장·냉동 및 가열처리 시설 등의 온도측정 장치는 연1회 이상, 검사용 장비 및 기구는 정기적으로 교정하여야 한다. 이 경우 자체적으로 교정검사를 하는 때에는 그 결과를 기록·유지 하여야 하고, 외부공인 국가교정기관에 의뢰하여 교정하는 경우에는 그 결과를 보관하여야 한다.

⑱ 작업장의 청정도 유지를 위하여 공중낙하 세균 등을 관리계획에 따라 측정·관리하여야 한다. 다만, 식품이 노출되지 아니 하거나, 식품을 포장된 상태로 취급하는 작업장은 그러하지 아니할 수 있다.
– 온도측정 장치의 연1회 이상 교정하여야 한다.
– 작업장의 청정도 유지를 위한 정기적인 공중낙하 세균 등의 검사·관리하여야 한다.
– 시설 및 기구의 청결 관리, 정기적인 검사 및 기록·유지하여야 한다.
– 검사용 장비 및 기구에 대한 정기적인 교정 및 기록·유지하여야 한다.

## 8) 회수 프로그램(시중에 유통·판매 되는 포장제품에 한함)

⑲ 영업자는 당해제품의 유통경로, 소비 대상과 판매처의 범위를 파악하여 제품회수에 필요한 업소명과 연락처 등을 기록·보관하여야 한다.

⑳ 부적합품이나 반품된 제품의 회수를 위한 구체적인 회수절차나 방법을 기술한 회수프로그램을 수립·운영하여야 한다.

㉑ 부적합의 원인규명이나 확인을 위한 제품별 생산장소, 일시, 제조라인 등 해당 시설내의 필요한 정보를 기록·보관하고 제품추적을 위한 코드표시 또는 로트관리 등의 적정한 확인방법을 강구하여야 한다.
– 당해제품의 유통 경로와 소비 대상, 판매처의 범위를 파악하여야 한다.
– 구체적인 회수절차나 방법을 기술한 회수프로그램을 수립·운영하여야 한다.

– 생산장소, 일시, 제조라인 등 해당시설내의 필요한 정보를 기록·보관하여야 한다.
– 제품추적을 위한 코드표시 또는 로트관리 등의 적절한 확인 방법을 강구하여야 한다.

## 7. 12절차 7원칙

HACCP 관리계획을 개발하기 위한 5가지 예비단계는 HACCP팀 구성, 제품설명서 작성, 제품의 용도 확인, 공정흐름도 작성, 공정흐름도의 현장 확인이며, 7가지 적용 원칙은 위해요소분석, 중요관리점 결정, 중요관리점에 대한 한계기준 설정, 중요관리점에 대한 모니터링 체계 확립, 개선조치 방법 설정, 검증절차 및 방법 설정, 문서 및 기록유지방법 설정이다.

### 1) HACCP 팀 구성(절차 1)

HACCP Plan을 주도적으로 담당할 HACCP팀을 구성하는 것으로 HACCP 도입과 성공적인 운영은 최고경영자의 실행의지가 결정적인 영향을 미치므로 HACCP팀을 구성할 때는 최고경영자의 직접적인 참여를 포함시키는 것이 바람직하며, HACCP 시스템 도입의 성공을 위해서는 해당 제품에 대한 충분한 지식과 기술을 갖고 있고 조직 전체를 선도할 수 있는 전문가팀으로 팀을 구성하는 것이 중요하다.

HACCP 팀장은 업소의 최고책임자(영업자 또는 공장장)가 되는 것으로 한다.

팀장의 책무

- 종업원이 맡은 업무를 효과적으로 수행할 수 있도록 선행요건관리 및 HACCP 관리 등에 관한 교육·훈련 계획을 수립·실시하여야 한다.
- 원·부재료 공급업체 등 협력업체의 시설·설비, 제조·가공공정, 종업원의 위생

관리를 정기적으로 지도·감독하고, 위생관리교육과 식품안전취급관련 기록을 확인하여야 한다.

- 원·부자재 공급원이나 제조·가공 또는 조리공정 변경 등의 사유 발생시 HACCP관리계획의 재필요성을 수시로 검토하여야 하며, 개정이력 및 개선조치 등 중요 사항에 대한 기록을 보유지하여야 한다.

HACCP 팀원은 작업공정에서 사용되는 시설·설비 및 기술, 실제 작업상황, 위생, 품질보증 그리고 작업공정에 대한 자세한 지식이 있어야 하므로 작업공정에 관련된 제조·작업 책임자, 시설·설비의 공무관계 책임자, 보관 등 물류관리업무 책임자, 식품위생관련품질관리업무 및 종사자 보건관리 책임자 등으로 구성한다. 그리고 식품위생학, 식품미생물학, 공중보건학, 식품공학 분야의 기술 및 지식을 갖고 있으면 좋으며, 관련규정에 준하는 HACCP 교육을 이수하고 일정한 자격을 갖추도록 한다.

HACCP 팀에는 필요시 외부전문가를 포함시킬 수 있다. 자체적으로 취약하다고 판단되는 부문에 대해서는 외부전문가를 활용하여 이들의 전문지식 도움을 받을 수 있다.

인적자원 관리를 하기 위한 HACCP 팀원 이력표를 작성하는데, HACCP 팀원 이력표에는 각 팀원의 성명, 부서명, 직책·직위, 학위·전공 분야, 실무경력, HACCP 교육·훈련 참가실적 등에 대해 작성한다(그림 8-4, 표 8-1).

HACCP팀 각 부서의 팀장 및 담당자에 대한 책임과 권한을 구체적으로 작성한다.

HACCP을 수행하는 부서별 또는 개인별 책임과 권한은 서로 중복되거나 누락되지 않도록 해야 하며, 관리자와 현장작업자로 구분하여 업무와 관련된 위임사항이나 업무인수·인계사항에 대하여 구체적인 절차와 확인방법을 기술한다. 특히 인수·인계 내용과 이에 대한 확인 날인을 할 수 있도록 하고 비상시 인력을 대체하고자 할 때는 평소 HACCP 교육을 받은 인력을 배치할 수 있도록 한다. 이를 위해 대체 인력에 대한 교육계획도 수립하고 시행하여야 한다.

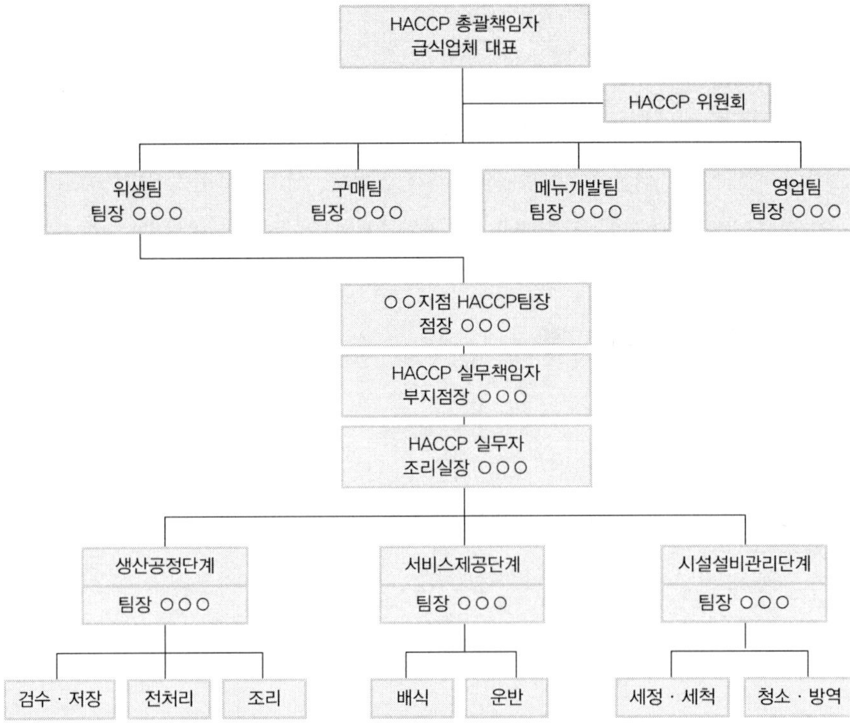


[그림 8-4] HACCP 조직도

〈표 8-1〉 **이력표**

| 성 명 | 부서명 | 직 위 | 학위/전공 | 실무경력 | | | 비 고 |
|---|---|---|---|---|---|---|---|
| | | | | 입사 전 | 입사 후 | 전체 | |
| *** | ○○ 지점 | 점장 | 대학원졸/외식경영학 | 2년 | 9년 | 11년 | HACCP 팀장과정교육이수 |
| ^^^ | 실무책임자 | 부지점장 | 대졸/호텔경영학 | | 9년 | 9년 | HACCP 팀장과정교육이수 |
| @@@ | 실무자 | 과장 | 대학원재학/조리학 | | 8년 | 8년 | HACCP 팀장과정교육이수<br>조리사자격증(한식, 양식) |
| +++ | 생산공정팀 | 과장 | 전문대졸/조리학 | 3년 | 7년 | 10년 | HACCP 팀장과정교육이수<br>조리사자격증(한식, 양식) |
| === | 서비스제공팀 | 주임 | 전문대졸/외식경영학 | 1년 | 6년 | 7년 | HACCP 팀장과정교육이수 |
| OOO | 세정팀 | 주임 | 전문대졸/관광학 | | 6년 | 6년 | HACCP 팀장과정교육이수 |

## 2) 제품설명서 작성(절차 2)

HACCP의 대상이 되는 식품을 선정한다.

업소에서 취급하는 식품의 종류, 특성, 원료, 성분, 제조 및 유통방법 등을 포함하는 제품에 대한 전반적인 취급내용이 기술되어 있는 제품설명서를 작성하는 것이다.

제품설명서 내용은 다음과 같다.

- 제품명
- 제품유형
- 성상
- 품목제조보고연월일
- 작성자 및 작성연월일
- 성분(또는 식자재)배합비율 및 제조(또는 조리)방법
- 제조(포장)단위
- 완제품의 규격
- 제품용도 및 유통(또는 배식)기간
- 포장방법 및 재질
- 표시사항
- 보관 및 유통(또는 배식)상의 주의사항

제품설명서는 식품별로 작성함을 원칙으로 하며, 각 식품의 특성이 같거나 비슷하여 식품유형별로 작성하여도 무방하다고 판단되는 경우 식품을 묶거나 식품유형별로 작성할 수 있다.

〈표 8-2〉 **제품 설명서 예시(식품제조가공업)**

<table>
<tr><td>1. 제품명</td><td colspan="3"></td></tr>
<tr><td>2. 식품 유형 및 성상</td><td colspan="3"></td></tr>
<tr><td>3. 품목제조보고 연월일</td><td colspan="3"></td></tr>
<tr><td>4. 작성자 및 작성연월일</td><td colspan="3"></td></tr>
<tr><td>5. 성분배합비율</td><td colspan="3"></td></tr>
<tr><td>6. 제조(포장)단위</td><td colspan="3"></td></tr>
<tr><td rowspan="5">7. 완제품의 규격</td><td>구 분</td><td>법적규격</td><td>사내규격</td></tr>
<tr><td>성상</td><td></td><td></td></tr>
<tr><td>생물학적 항목</td><td></td><td></td></tr>
<tr><td>화학적 항목</td><td></td><td></td></tr>
<tr><td>물리적 항목</td><td></td><td></td></tr>
<tr><td>8. 보관 · 유통상의 주의사항</td><td colspan="3"></td></tr>
<tr><td>9. 제품용도 및 유통기한</td><td colspan="3"></td></tr>
<tr><td>10. 포장방법 및 재질</td><td colspan="3"></td></tr>
<tr><td>11. 표시사항</td><td colspan="3"></td></tr>
</table>

**〈표 8-3〉 제품설명서 예시(급식업)**

| 제품설명서 | | | | | |
|---|---|---|---|---|---|
| 제품명 | | 제품번호 | | 작성연월일 | |
| 제품유형 | | 제품용도 | | 작성자 | |
| 성분배합비율(1인분기준) | | | | | |
| 재료명 | 1인분량(g) | 비고 | 메뉴사진 | | |
| | | | | | |
| | | | | | |
| | | | | | |
| | | | | | |
| | | | | | |
| | | | 완제품의 규격 | | |
| 조리방법 | | | 배식량(g/dish) | | |
| | | | 배식용기 재질 | | |
| | | | 열량(kcal/dish) | | |
| | | | 단백질(g/dish) | | |
| | | | 성상 | | |
| | | | 이물 | | |
| | | | 일반세균수 | | |
| | | | 대장균군 | | |
| | | | 대장균 | | |
| | | | 살모넬라균 | | |
| | | | 황색포도상구균 | | |
| | | | 장염비브리오균 | | |
| | | | 리스테리아 | | |
| | | | | | |
| | | | | | |
| 조리시 주의사항 | | | | | |
| 배식시 주의사항 | | | | | |
| 기타 | | | | | |

〈표 8-4〉 **제품설명서 예시**

| 공정명 | 조리공정#1(비가열공정) |
|---|---|
| 제품의 유형 | 1. 비빔국수류 |
| 제품명 | 1. 비빔국수 |
| 작성자 | ○○○ |
| 년 · 월 · 일 | * * * * 년 ** 월 **일 |
| 재료의 구성 및 배합비율 | 건소면150g, 오이30g, 당근10g, 적채5g, 우불채20g,<br>계란30g, 양배추30g, 고추장15g, 고춧가루5g, 사이다5g,<br>대파5g, 마늘2g, 참기름1g, 통깨0.5g |
| 조리방법 | ① 식재료를 검수기준에 의해 검수한다.<br>② 전처리하여 씻는다(전처리공정에 따라).<br>③ 오이, 당근, 적채, 양배추는 채썰어 준비한다.<br>④ 계란은 삶아서 반으로 자른다.<br>⑤ 우불채는 밑간을 한 후 볶아 고명으로 준비한다.<br>⑥ 끓는 물에 면을 넣고 3~4분 정도 삶아 면이 투명해지면 건져내어 잘 헹군다(3회 정도).<br>⑦ 탕그릇에 면을 담고 ③④⑤의 고명을 얹고 비빔양념장을 넣는다. |
| 완제품규격 | ① 이취가 나지 않으며 고유의 색과 맛이 있어야 한다.<br>② 생물학적 위해요소 : 대장균(음성)<br>살모넬라균(음성)<br>황색포도상구균(음성)<br>③ 물리적 위해요소 : 이물질(불검출) |
| 보관 · 배식상의 규격 | 고명은 냉장보관(5℃ 이하)하고 면은 즉시 조리한다. |
| 제품의 용도 | ○○○ |
| 포장방법 및 재질 | 면기 |
| 배식기간 | 조리완료 후 5시간 이내 |
| 기타 | 면류는 퍼짐을 방지하기 위해 자주 조금씩 삶는 것이 좋다. |

## 3) 해당식품의 사용 용도 확인(절차 3)

해당식품의 의도된 사용방법 및 대상 소비자를 파악하는 것이다. 해당식품이 누구에게 어떻게 사용되는가를 예측하는 것이 필요하다. 해당 식품을 그대로 섭취하는지, 아니면 가열조리 후 섭취할 것인가의 여부, 조리 가공방법 및 다른 식품의 원료로 사용되는가의 여부 등의 예측 가능한 사용방법과 범위를 명확히 하여야 한다. 즉, 누구를 대상으로 조리(제조)한 것인지를 밝히자는 것이다.

음식물을 제공하는 시설에서는 조리한 식품 등이 누구에게 제공되는지를 파악해 두는 것이 중요하다. 어른(성인)이 주체인지, 유아나 어린이에게 제공되는 것인지, 병약자나 노인 등 저항력이 약한 사람에게 제공되는 것인지를 명확히 파악하는 것이 중요하다. 이 자료는 식품의 위험도 평가와 위해요소의 한계기준 결정과 HACCP Plan을 수립하는 데 중요한 자료가 된다.

### 4) 공정흐름도 작성(절차 4)

#### (1) 공정흐름도 작성

식품제조·가공 부문은 대상제품의 단일공정에 대한 위해요소를 관리하는데 비하여 외식부문은 수많은 메뉴가 동시에 복합적으로 처리되므로 다양한 모든 메뉴에 대하여 식재료 반입에서 배식까지 조리공정 흐름도를 작성하는 것은 현실적으로 불가능한 일이다. 따라서 FDA에서 제시한 공정접근법(Process approach)에 따라 급식소에서 제공되는 다양한 메뉴를 조리공정에 따라 크게 세 가지로 분류(조리공정I : 가열공정이 전혀 없는 조리공정 또는 가열처리하지 않은 재료가 일부 사용되는 조리공정, 조리공정II : 원부재료를 가열조리한 후 수작업을 요하는 조리공정, 조리공정III : 가열조리공정)하여 그룹별로 묶어서 조리 공정흐름도를 작성하여 공정별 또는 작업별로 위해요소를 관리해 나가는 것이 효과적이다.

조리공정 Ⅰ : 가열공정이 전혀 없는 조리공정 또는 가열처리한 재료가 일부 사용되는 조리공정
조리공정 Ⅱ : 원 · 부재료를 가열조리한 후 수작업을 요하는 조리공정
조리공정 Ⅲ : 가열조리공정

〈표 8-5〉 조리공정에 따른 그룹별 메뉴 예시

| 조리공정(대분류) | 조리방법(소분류) | 메뉴명 |
| --- | --- | --- |
| 공정 I | 생채류 | 단무지무침, 도리지무침, 도라지오이생채, 도토리묵무침, 메밀묵무침, 무말랭이무침, 물미역초무침, 무생채, 무초절이, 미나리초무침, 미역초무침, 사과오이초무침, 삼색냉채, 상추겉절이, 어묵초무침, 오이생채, 오이지무침, 오이피클무침, 오징어젓무침, 오징어채무침, 오징어포어묵무침, 창란젓무침, 물파래무침, 해파리냉채, 배추겉절이 기타 생채 무침류 |
|  | 쌈 류 | 모듬쌈, 상추쌈 |
|  | 빵 류 | 햄샌드위치 |
|  | 샐러드류 | 과일샐러드, 떡샐러드, 옥수수샐러드, 채소샐러드 |
|  | 음료 과일 | 과일화채, 과일쉐이크, 배화채, 프루트펀치, 과일 |
|  | 소스류 | 겨자소스, 마늘소스, 양겨자소스, 요구르트소스, 타르타르소스, 프렌치드레싱 |
| 공정 II | 밥 류 | 김치볶음밥, 김밥, 비빔밥, 볶음밥, 초밥, 콩나물비빔밥, 치킨밥, 콩나물밥, 주먹밥 |
|  | 국 류 | 미역오이냉국, 오이냉국, 청포묵국 |
|  | 볶음류 | 호박숙회, 잡채, 콩나물잡채 |
|  | 조림류 | 달걀장조림 |
|  | 무침류 | 고춧잎무침, 골뱅이무침, 근대무침, 김무침, 노각무침, 돌나물무침, 비름나물, 숙주나물무침, 숙주미나림무침, 쑥갓무침, 시금치무침, 열무된장무침, 오징어무침, 취나물무침, 콩나물냉채, 콩나물무침, 건파래무침, 팽이버섯무침, 호배추무침, 맛살냉채, 삼색나물, 탕평채 |
|  | 찜 류 | 편육 |
|  | 쌈 류 | 다시마쌈, 양배추쌈 |
|  | 전 류 | 달걀김말이, 감자전, 부추전, 빈대떡, 애호박새우살전, 장떡, 해물파전, 해물완자전 |
|  | 면 류 | 물냉면, 국수장국, 만둣국, 스파게티, 잔치국수 |
|  | 샐러드류 | cold : 감자범벅, 닭살샐러드, 모듬샐러드, 양배추샐러드(베이컨), 양상추샐러드(계란), 요구르트샐러드, 참치채소샐러드, 콩샐러드, 햄마카로니샐러드 |
|  | 음료, 과일 | 보리수단, 수정과, 식혜 |
|  | 소스류 | cold : 간장소스, 건포도소스, 다우전드아일랜드드레싱, 미트소스, 사과소스, 참깨소스, 크림소스, 탕수육소스, 토마토소스, 화이트소스 |

| 공정 | 분류 | 메뉴 |
|---|---|---|
| 공정 Ⅲ | 밥 류 | 감자밥, 고구마밥, 밤밥, 보리밥, 삼색채소밥, 새우볶음밥, 쇠고기덮밥, 쇠고기버터라이스, 약식, 영양밥, 오곡밥, 오징어카레라이스, 옥수수밥, 완두콩밥, 율무밥, 자장밥, 잡곡밥, 차수수밥, 차조밥, 찰밥, 채소밥, 카레라이스, 콩밥, 팥밥, 해시라이스, 현미밥, 현미쑥쌀밥 |
| | 국 류 | 감자국, 감자미역국, 건새우시금치국, 근대된장국, 김국, 김칫국, 김치만둣국, 냉이국, 달걀파국, 당면국, 들깨무채국, 미역된장국, 미역수제비국, 배추된장국, 버섯국, 북어국, 새알미역국, 쇠고기감자국, 쇠고기무국, 쇠고기미역국, 쇠고기콩나물국, 쑥국, 아욱국, 어묵국, 열무된장국, 오징어국, 왜된장국, 유부국, 유부된장국, 조개국, 참치미역국, 콩가루배추국, 콩나물국, 콩나물된장국, 토란국, 해물모듬국, 홍합무국, 홍합미역국 |
| | 찌개류 | 굴두부찌개, 김치전골, 김치찌개, 동태찌개, 두부고추장찌개 Ⅰ Ⅱ, 두부명란젓찌개, 두부새우젓찌개, 북어고추장찌개, 쇠고기낙지전골, 쇠고기된장찌개, 쇠고기두부찌개, 쇠고기스튜, 순두부찌개, 어묵김치찌개, 조기찌개, 청국장찌개, 치킨스튜, 콩나물된장찌개, 콩비지찌개, 해물찌개, 햄모듬찌개 |
| | 탕 류 | 갈비탕, 곰탕, 닭개장, 감자탕, 두부달걀탕, 민어매운탕, 사골우거지탕, 설렁탕, 쇠갈비감자탕, 알탕, 어묵매운탕, 우거지갈비탕, 우럭매운탕, 육개장, 추어탕, 해물탕 |
| | 찜 류 | 깻잎찜, 달걀찜, 닭찜, 떡돼지갈비찜, 떡쇠고기찜, 돼지갈비찜, 돼지LA갈비찜, 사태찜, 쇠고기LA갈비찜, 해물콩나물찜 |
| | 죽 류 | 닭죽, 쇠고기양송이죽, 애호박죽, 채소죽, 팥죽, 호박죽, 홍합미역죽 |
| | 전 류 | 생선전, 연근전 |
| | 볶음류 | 가지볶음, 감자멸치볶음, 감자채볶음, 중국식닭볶음, 건새우채소볶음, 건새우케첩볶음, 껍질콩맛살볶음, 고구마줄기볶음, 꽈리고추볶음, 고추장볶음, 김치볶음, 낙지볶음, 닭볶음, 맛살채소볶음, 닭카레볶음, 떡잡채볶음, 떡볶음, 도라지나물, 돼지고기두루치기, 돼지고기자장볶음, 돼지고기케첩볶음, 돼지고기튀김채소볶음, 돼지불고기, 두부양념볶음, 마늘쫑볶음, 마늘쫑오징어볶음, 마카로니케첩볶음, 마파두부, 멸치볶음, 멸치풋고추볶음, 무나물, 미역줄기볶음, 버섯잡채, 베이컨채소볶음, 부추잡채, 생새우볶음, 소세지볶음, 쇠고기양송이버섯볶음, 쇠고기채소볶음, 쇠불고기, 스파게티, 스크램블드에그, 양송이오믈렛, 어묵잡채, 어묵채소볶음, 오이갑장과, 오이버섯볶음, 오징어떡볶음, 오징어채소볶음, 잔멸치채소볶음, 쥐어채볶음, 참치볶음, 취나물볶음, 치즈오믈렛, 해물볶음 Ⅰ, 햄채소볶음, 호박볶음, 프랑크소시지케첩볶음, 오징어채볶음 |
| | 조림류 | 갈치무조림, 감자어묵조림, 감자조림, 건갈치조림, 건꼴두기풋고추조림, 고등어무조림, 곤약콩조림, 꽁치무조림, 돼지갈비엿장조림, 돼지고기감자조림, 돼지고기장조림, 두부고기조림, 두부완자조림, 두부튀김조림, 메추리알케첩조림, 미트볼케첩조림, 밤초, 밤떡초, 북어(반건태)조림, 북어포조림, 삼치무조림, 삼치튀김조림, 생땅콩조림, 소시지어묵케첩조림, 쇠갈비무조림, 어묵조림, 어묵멸치풋고추조림, 연근조림, 오징어고추조림, 오징어땅콩조림, 오징어무조림, 우엉조림, 우엉콩조림, 장똑똑이, 장어조림, 쥐치포조림, 콩조림, 풋고추감자조림, 풋고추멸치조림, 홍합초 |
| | 튀김류 | 가지탕수, 감자튀김, 게맛살튀김, 고구마돼지고기강정, 고구마맛탕, 고구마튀김, 꽁치양념구이, 꽁치커틀릿, 다시마튀각, 닭강정, 닭다리튀김, 대구튀김, 떡강정, 돼지고기양념튀김, 만두탕수, 만두튀김, 멸치튀김, 미역자반튀김, 바나나탕수, 뱅어포튀김, 비프스테이크, 새우튀김, 어묵탕수, 연근튀김, 오징어링튀김, 오징어탕수, 옥수수채소튀김, 완자탕수, 참치강정, 채소멸치튀김, 채소볼탕수, 콩빠오치킨, 콩튀김, 탕수육, 포크커틀릿, 폭찹 |
| | 면류 | 국수전골, 닭칼국수, 떡국, 수제비, 우동, 해물칼국수 |
| | 수프류 | 감자수프, 쇠고기수프, 채소수프, 크림수프 |

출처 : 학교급식위생관리지침서, 교육부, 2000

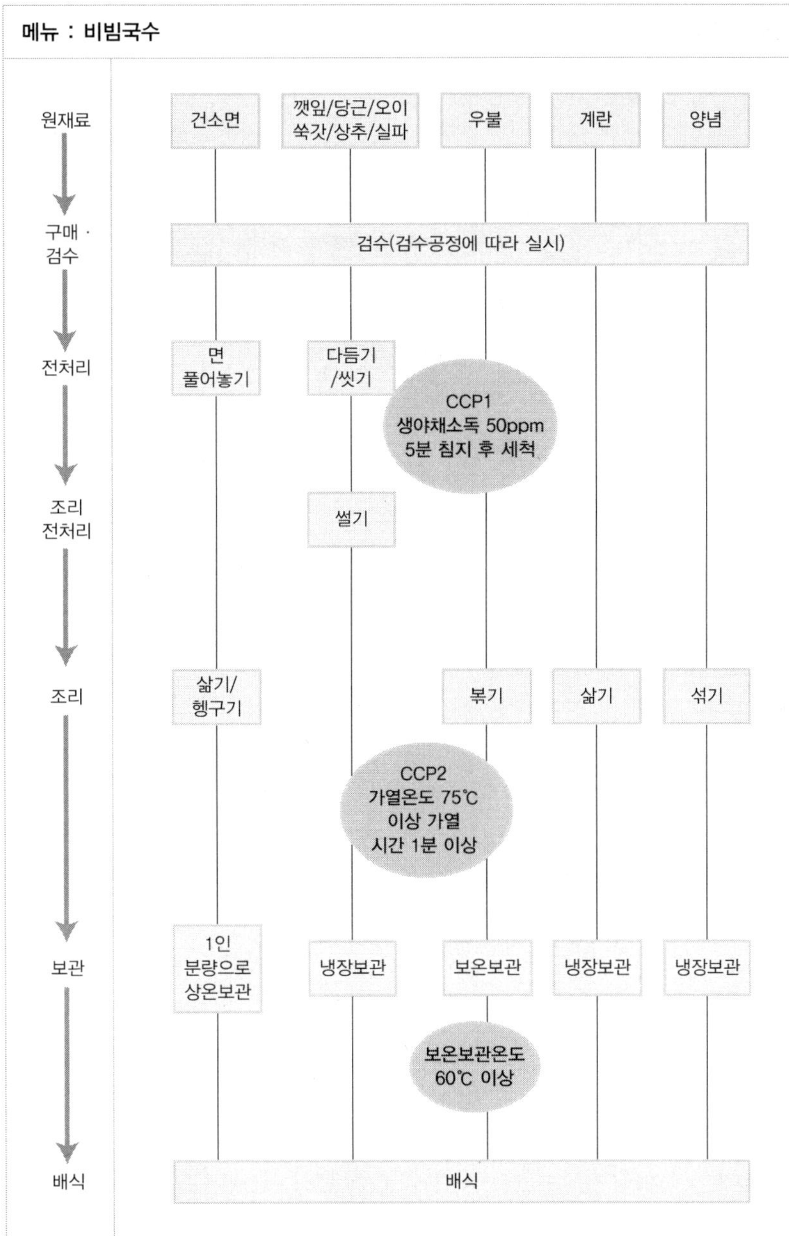


[그림 8-5] **조리공정도-조리공정 #1**

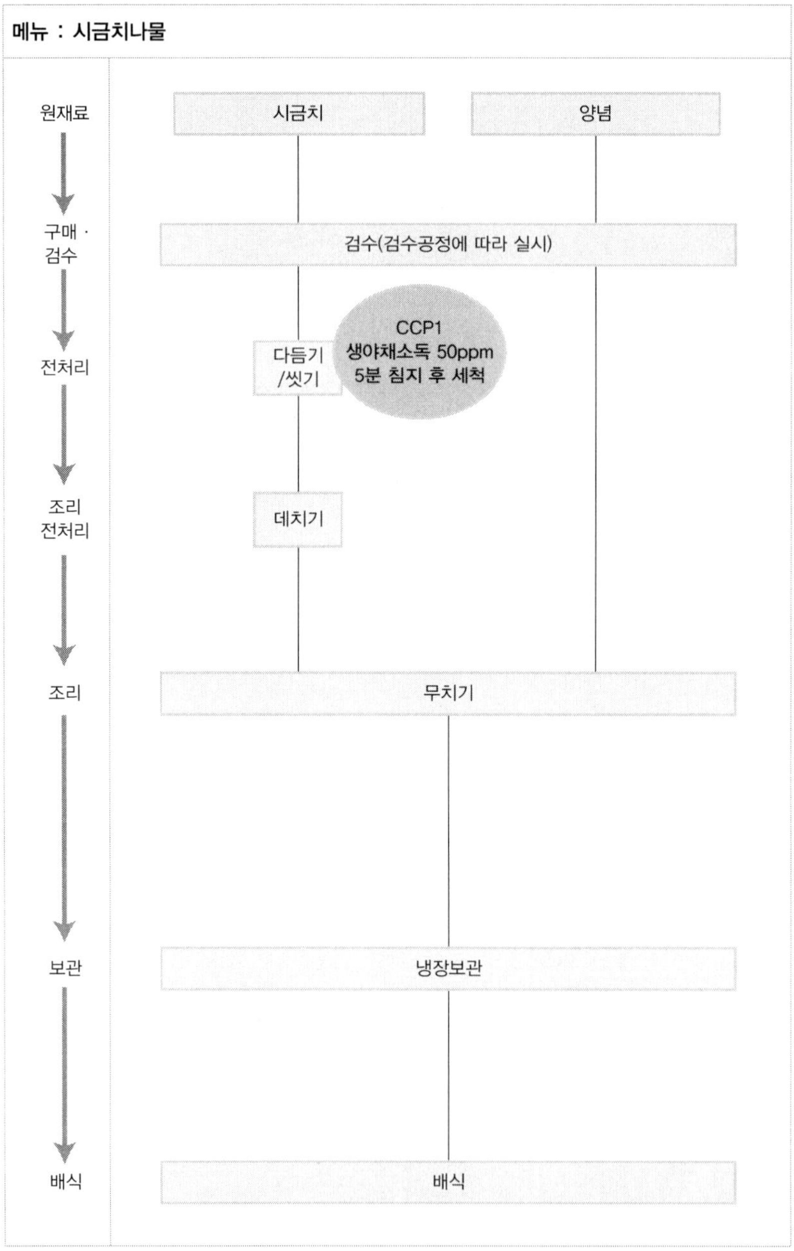


[그림 8-6] 조리공정도-조리공정 #2

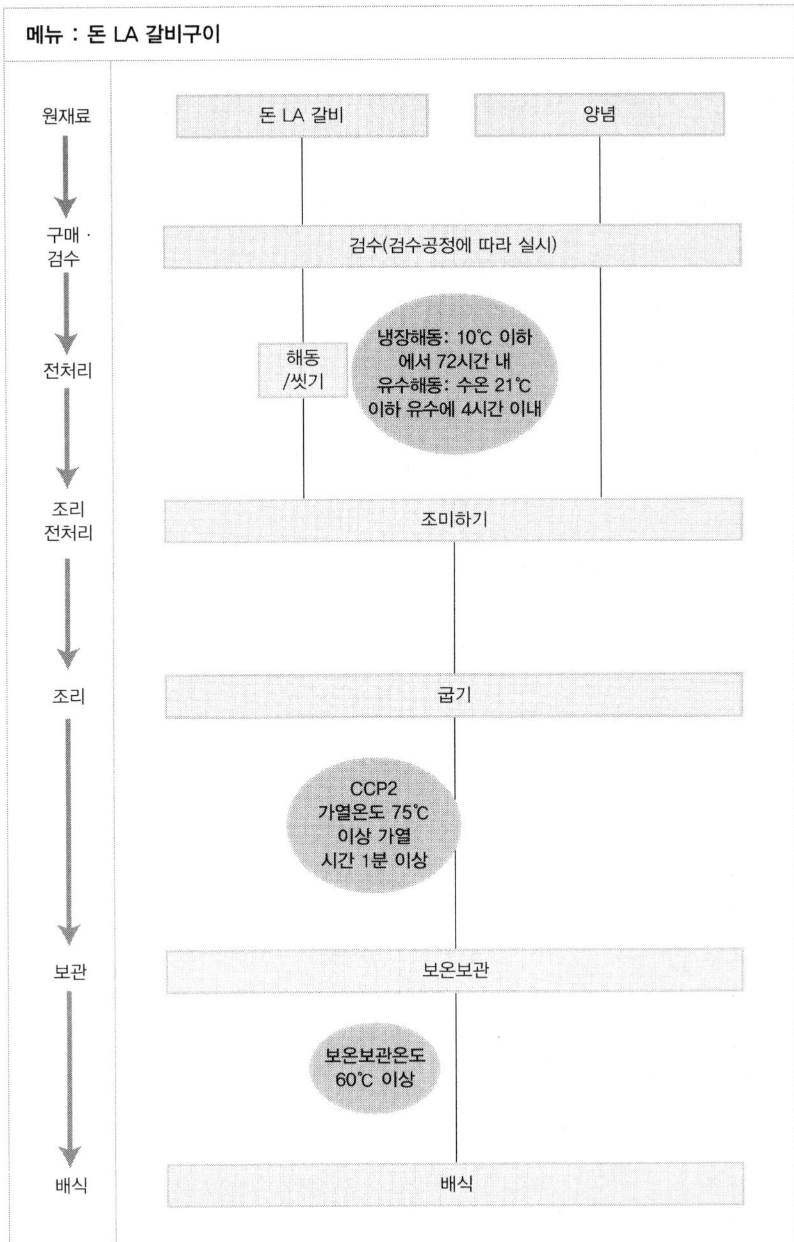


[그림 8-7] 조리공정도-조리공정 #3

### (2) 작업장 공정흐름도 작성

외식업소에서 사용되는 모든 원·부재료를 입고에서부터 저장, 전처리, 조리, 배식, 세척까지 전 과정의 흐름을 파악하고, 탈의실, 샤워실 및 식당을 포함한 업소 내에서의 작업자 이동경로를 파악하여, 외부환경, 작업장 구획·기기설비 및 배치·제품의 흐름경로 등의 내용을 포함하는 것으로 최종 조리음식에 대한 작업장 내에서의 잠재적 교차오염 가능성을 파악하기 위하여 작성되는 것이다. 외식조직의 경우 작업장평면도 작성시 일반구역과 청결구역을 구분하여 작성하고, 작업실명, 기계·기구의 구조와 배치, 작업자와 제품(식재료 및 조리음식)의 이동경로, 탈의실, 휴게실, 사무실, 세척실 등 부대시설의 위치와 에어커튼, 에어샤워, 손세척 시설 등의 위생설비의 위치, 문·창문의 위치 등을 표시해야 한다.

공정흐름도는 전체 영업장 평면도, 작업장 평면도(작업특성별 구획, 작업장명 표

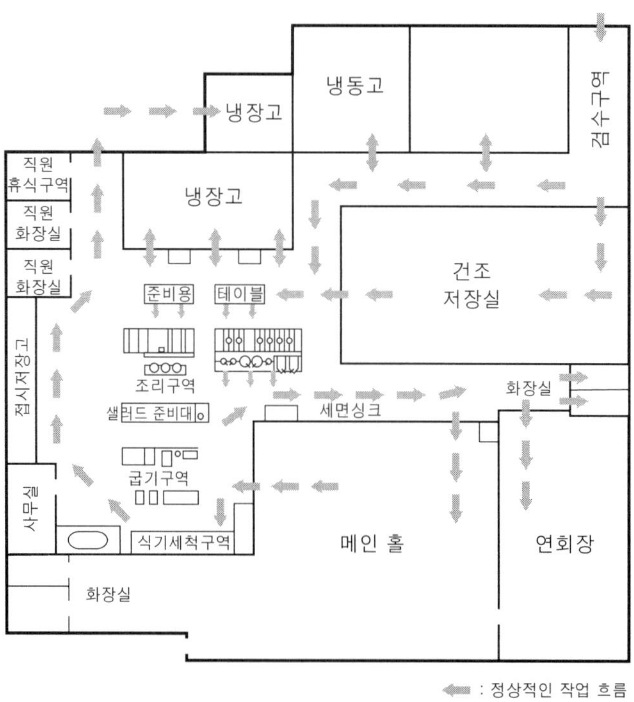


출처 : National Restaurant Association, 2006

[그림 8-8] **효과적으로 설계된 주방**

탕으로 작성), 위생설비 배치도(세척·소독조의 위치 등), 환기(또는 공조)시설 배치도, 용수/배수처리 계통도(구획에 따른 이동방향 표시) 등을 작성한다.

이러한 공정흐름도와 평면도는 원료의 입고에서부터 완제품의 출하에 이르는 해당식품의 공급이 필요한 모든 공정별로 위해요소의 교차오염 또는 2차 오염 증식 등의 가능성을 파악하는데 도움을 준다.

### 5) 공정흐름도 현장 확인(절차 5)

작성된 공정흐름도 및 평면도가 현장과 일치하는지를 검증하는 것이다. 공정흐름도 및 평면도가 실제 작업공정과 동일한지 여부를 확인하기 위하여 HACCP팀은 작업현장에서 공정별 각 단계를 직접 확인하면서 검증하여야 한다. 공정흐름도와 평면도의 작성목적은 각 공정 및 작업장 내에서 위해요소가 발생할 수 있는 모든 조건 및 지점을 찾아내기 위한 것이므로 정확성을 유지하는 것이 매우 중요하다. 따라서 현장검증 결과, 변경이 필요한 경우에는 해당 공정흐름도나 평면도를 수정하여야 한다. 정확한 공정흐름도 및 평면도가 완성되면 본격적으로 HACCP Plan 개발을 시작할 수 있다.

### 6) 위해요소 분석(절차 6, 원칙 1)

위해요소분석이란 식품안전에 영향을 줄 수 있는 위험요소의 정보를 수집하고 파악하는 것이다.

위해요소를 크게 3가지로 분류하면 다음과 같다.

#### (1) 생물학적 위해요소(Biological hazard : B)

식품에 내재하면서 인체의 건강을 해할 우려가 있는 위해요소는 세균(bacteria), 곰팡이(fungi), 효모(yeast), 바이러스(virus), 미생물과 기생충 등을 포함한다. 위해요소는 원료의 생산 및 유통과정에서 작업장 안으로 유입될 수 있으며, 작업장 환경, 종업원, 식품성분, 제조·가공과정 그 자체에 의하여 오염될 수도 있다.

식품에서 발생할 수 있는 위해요소는 다음과 같다.

미생물 : *Clostridium botulinum, Clostridium perfrigens, Bacillus cereus, Brucella abortis, B. suis, Campylobacter spp., Listeria monocytogenes,* 병원성 *Escherichia coli(E. coli O157 : H7, EHEC ; EIEC ; TEC ; EPEC) Salmonella spp.(S. typhimurium, S.enteriditis), Shigella spp.(S. dysenteriae), Staphylococcus aureus, Streptococcus pyogenes, Vibrio cholerae, Vibrio parahaemolyticus, V. vulnificus, Yersinia enterocoltica*

바이러스 : *Hepatitis A*와 *E, Norwalk virus group, Rotavirus*

원생동물 및 기생충 : *Cryptosporidium parvum, Diphyllobothrium latum, Entamoeba histolytica, Giardia lamblia, Ascaris lumbricoides Taenia solium, T. saginata, Trichinella spiralis*

예방조치 방법은 다음과 같다.

– 시설기준에 적합하게 개·보수를 한다.
– 원료 협력업체로부터 시험성적서를 수령한다.
– 입고되는 원료를 검사한다.
– 보관, 가열, 포장 등의 가공조건(온도, 시간 등)을 준수한다.
– 시설·설비, 종업원 등에 대한 적절한 세척·소독을 실시한다.
– 공기 중에 식품노출을 최소화한다.
– 종업원에 대한 위생교육을 실시한다.

### (2) 화학적 위해요소(Chemical hazard ; C)

식품에 내재하면서 자연적으로 존재하는 위해요소와 식품의 제조·가공·포장·보관·유통·조리 등의 과정에서 오염되는 위해요소이며, 유해한 화학물질은 급성질병 및 만성질병으로 나타난다. 자연적으로 존재하는 위해요소는 천연독소로 버섯독, 복어독, Mycotoxin 등이며, 식품의 생산 및 가공 중에 오염되는 위해요소는 의도적 또는 비의도적으로 첨가되거나 오염되는 독성물질이나 유해물질로는 중금속, 동물의약품, 허용 외 식품첨가물, 잔류농약, 윤활제, 세척제, 페인트 및 코팅제제와 식품생산시설, 장비, 기구 등에 사용되는 화학물질을 말한다. 식품원료에 문제가 되는 위해요소는 항생물질, 동물용 의약품의 잔류물과 중금속 등 환경 오염물질의 잔류이다.

예방조치 방법은 다음과 같다.

- 원료 협력업체로부터 시험성적서를 수령한다.
- 입고되는 원료를 검사한다.
- 승인된 화학물질만 사용한다.
- 화학물질을 적절히 식별표시하여 보관한다.
- 화학물질 사용기준을 준수한다.
- 화학물질을 취급하는 종업원을 적절하게 훈련시킨다.

### (3) 물리적 위해요소(Physical hazard ; P)

정상적으로 원료에서는 발견될 수 없는 것으로 식품을 소비하는 사람에게 건강상의 장애를 유발할 수 있는 돌, 뼈, 유리파편, 금속조각, 플라스틱 조각 등 이물질을 말한다. 발생요인으로는 오염된 원료, 잘못 설계되거나 불충분하게 유지된 시설 및 장비, 오염된 포장재료, 종업원의 부주의 등과 관련이 있다.

예방조치 방법은 다음과 같다.

- 시설기준에 적합한 개·보수를 한다.
- 원료 협력업체로부터 시험성적서를 수령하고 확인한다.
- 입고되는 원료를 검사한다.
- 육안선별, 금속검출기 등을 이용한다.
- 종업원을 훈련시킨다.

위해요소 분석을 수행하기 위한 마지막 단계는 파악된 잠재적 위해요소의 발생원인과 각 위해요소를 안전한 수준으로 예방하거나 완전히 제거 또는 허용 가능한 수준까지 감소시킬 수 있는 예방조치 방법이 필요할 수 있으며, 어떤 한 가지 예방조치방법으로 여러 가지 위해요소가 통제될 수도 있다. 예방조치 방법은 현재 작업장에서 시행되고 있는 것만 기재한다.

위해요소 분석시 활용할 수 있는 기본자료는 해당식품 관련 역학조사자료, 업소 자체 오염실태조사자료, 작업환경조건, 종업원 현장조사, 보존시험, 미생물시험, 관련규정, 관련연구자료 등이 있으며, 기존의 작업공정에 대한 정보도 이용할 수 있다. 이러한 정보는 위해요소와 관련된 목록 작성뿐만 아니라 HACCP 계획의 특별검증, 한계기준 이탈시 개선조치방법 설정, 예측하지 못한 위해요소가 발생한 경우의 대처방법 모색 등에도 활용될 수 있다.

### (4) 위해요소 분석

① 식자재에 따른 위해요소 분석(표 8-9 예시)

가. 위해요소분석 목록표를 작성한다.

나. 목록표는 5가지 사항을 작성한다.

(공정, 위해요소, 발생원인, 위해도평가, 예방조치)

② 조리작업 공정별 위해요소 분석(표 8-10 예시)

가. 평상시 위해요소 관리는 일반위생 관리기준에 의거 수행한다.

나. 각각의 공정별 위해요소 목록표를 작성한다.

다. 목록표에는 5가지의 위해 사항을 작성한다.

(공정, 위해요소, 발생원인, 위해도평가, 관리방법)

라. 작업 공정별 식품입고부터 세척까지 부분별로 세분화하여 작성한다.

③ 메뉴에 따른 위해요소 분석(표 8-11 예시)

가. 위해요소분류에 따른 분석을 실시한다.

나. 조리공정별 위해요소분석 목록표를 작성한다.

(공정, 위해종류, 위해요소, 발생원인, 위해도평가, 관리기준, 관리방법)

### (5) 위해 평가

잠재적 위해요소의 건강과 식품안전성에 대한 위해도를 결정하기 위한 기준을 말한다. 위해요소의 심각성과 발생가능성을 평가하여 분류하고 이를 종합 평가한 다음, 그 결과에 따라 중요 관리점 결정도에 투입할 대상으로 선정할 것인가를 결정하게 된다.

① 위해도 판단 기준

가. 심각성 평가

파악된 잠재적 위해요소의 심각성은 인체에 건강장애를 일으킬 수 있는 정도에 따라 무증상 또는 잠재성 감염은 낮음, 만성적 건강장애는 보통, 급성적 건강장애/사망은 높음 등으로 결정된다. 심각성은 최종 소비자의 보건과 관련해서 최악의 상황을 기준으로 결정된다.

심각성의 평가기준은 FAO(1998년) 자료에 의하면 위해요소의 인체에 미치는 심각성에 따른 구분으로 〈표 8-6〉과 같다.

〈표 8-6〉 **심각성 평가기준**

| 심각성 | | 위해의 종류 |
|---|---|---|
| 높음 | 생물학적 | *Clostridium Botulinum, Salmonella Listeria monocytogenes, E.coli O157:H7, Vibrio cholerae Vibrio vunificus* 등 |
| | 화학적 | Paralytic shellfish poisoning, amnestic shellfish poisoning 등 |
| | 물리적 | 유리조각, 금속성이물 등 |
| 보통 | 생물학적 | *Brucella spp., Campylobacter spp., Salmonella spp., Shigella spp., Streptococcus type A., Yersinia Yersinia enterocolitica,* hepatitis A virus 등 |
| | 화학적 | Mycotoxins, ciguatera toxin, 잔류농약, 중금속 등 |
| | 물리적 | 경질이물(돌, 모래, 경질 플라스틱 등) |
| 낮음 | 생물학적 | *Bacillus spp., Clostridium perfringens, Staphylcoccus aureus,* Norwalk virus, most parasites 등 |
| | 화학적 | Histamine-like substances, 식품첨가물 등 |
| | 물리적 | 연질이물(머리카락, 먼지, 비닐 등) |

자료출처 : FAO(1998)

나. 발생 가능성 평가

잠재적 위해요소의 발생 가능성은 해당식품에서 나타날 수 있는 발생 가능성, 즉, 최종 소비자가 해당 위해요소에 노출될 수 있는 가능성이다. 각 위해요소의 발생 가능성 정보는 국내외의 발생 사례 및 문헌상의 발생 가능성 조사 자료에 근거하여야 한다. 실질적인 발생 가능성 평가는 작업장에서의 위생관리수준, 제품의 형태 및 용도, 대상소비자 규제요건 만족도, 클레임·반품·불량 발생상황 등과 같은 기록에 의존되며, 연간 발생건수에 따라 정량적인 구분이 이루어질 수 있다. 업소의 관리목표도 이러한 평가에 영향을 주는 요인이 된다.

〈표 8-7〉 **발생가능성 평가기준 예시**

| 발생가능성 | 예 1 | 예 2 |
|---|---|---|
| 높음 | 4회 이상/연간 | 4회 이상/월 |
| 보통 | 2회 이상/연간 | 2회 이상/월 |
| 낮음 | 1회 미만/연간 | 1회 미만/월 |

② 위해도의 종합평가

가. 심각성 구분

- 낮음 : 해당식품에서 위해사실이 미확인이거나 낮은 것으로 알려진 위해를 말한다.
- 보통 : 심각성 구분이 낮음 혹은 높음에 해당되지 않는 경우 모두 포함한다.
- 높음 : 보건상의 위험이 높은 위해. 식중독 및 급성질병 발생, 전파, 영구장애 유발, 치사율이 높은 경우를 말한다.

나. 발생 가능성 구분

- 낮음 : 작업장에서 식품의 오염 또는 변질, 기준일탈 위험을 일으킬 수 있는 결함이 발견되지 않은 상태이거나, 예상되는 식품의 오염 또는 변질 가능성이 낮은 결함사항을 말한다.

- 보통 : 발생 가능성 구분이 낮음이거나 혹은 높음에 해당되지 않는 경우를 말한다.
- 높음 : 식품의 오염 또는 변질, 한계기준 일탈 가능성이 높은 결함사항

③ 위해도 평가

심각성 및 발생 가능성의 구분에 의한 분류에서 경결함(3) 이상에 해당되는 것으로 평가되는 위해요소는 결정도에서 CCP 여부를 확인해야 할 대상으로 선정한다.

〈표 8-8〉 **위해도 평가**

| 발생가능성 | 높음(3) | 경결함(3) | 중결함(6) | 치명함(9) |
|---|---|---|---|---|
| | 보통(2) | 불만족(2) | 경결함(4) | 중결함(6) |
| | 낮음(1) | 만족(1) | 불만족(2) | 경결함(3) |
| 구 분 | | 낮음(1) | 보통(2) | 높음(3) |
| | | 심각성 | | |

## 7) 중요관리점 결정(절차 7, 원칙 2)

### (1) CCP의 정의 및 사전준비

CCP란 위해요소중점관리기준을 적용하여 식품의 위생상 위해 발생을 방지하기 위하여 관리를 할 수 있는 절차, 조작 공정을 말하며 [그림 8-9] CCP결정도를 거쳐 결정한다.

① CCP의 사전준비

- CCP는 식품의 생산과 반입, 제조가공, 저장 등 식품제조의 전 과정에서 적절한 곳에 설정되어야 한다.
- CCP에 열거된 위해요소 중 예방조치가 일반적 위생관리 프로그램에 해당한다

고 판단된 이외의 것은 그 위해요소를 조정할 수 있는 하나 이상의 CCP를 제조 가공 공정 중에 설정하여 검토한다.

- 발생빈도와 중요성, 적절한 모니터링 방법이 설정될 수 있는가의 여부 등 CCP의 결정방법에 따라 그 위해요소를 CCP로 관리할지 여부를 결정한다.

### (2) CCP 결정의 필요성 및 결정방법

위해요소의 발생한 극히 중요한 공정 또는 포인트 등을 CCP로 선정하지 않은 경우 즉 공정의 관리계획 중에서 CCP가 포함되어 있지 않은 경우에는 관리상태가 적절한 것처럼 보여도 실제로는 문제가 있는 제품을 제조할 우려가 있다.

### (3) 식품의 제조·가공·조리공정에서 중요관리점이 될 수 있는 사례는 다음과 같다. 〈표 8-12〉 CCP결정도 적용 결과 예시 참조

- 미생물 성장을 최소화 할 수 있는 냉각공정
- 병원성 미생물을 사멸시키기 위하여 특정 시간 및 온도에서 가열처리
- pH 및 수분활성도의 조절 또는 배지 첨가 같은 제품성분 배합
- 캔의 충전 및 밀봉 같은 가공처리
- 금속검출기에 의한 금속이물 검출공정 등

〈표 8-9〉 **식자재별 위해 평가 예시**

| 구 분 | | 위 해 | 발생원인 | 위해도 평가 | | | | 예 방 조 치 |
|---|---|---|---|---|---|---|---|---|
| | | | | 심각성 | 발생 가능성 | 종합 평가 | 위해도 판정 | |
| 육류 (원료성) | 생물학적 (B) | L. monocytogenes,<br>병원성 E. coli,<br>E. coli O157 : H7 | 도축장에서의 오염에 의한 병원균 오염 | 3 | 1 | 3 | HA | • 식품공전 및 미생물관리절차서 등에 따른다.<br>• 품질인증서 수령<br>• 검수시 위생상태 및 제품검사<br>• 보관, 조리 등의 관리기준 준수<br>• 해동법 준수<br>• 장비, 작업자 등에 대한 적절한 세척 · 소독 |
| | | Salmonella spp,<br>Campylobacter jejuni | | 2 | 1 | 2 | | |
| | | Staphylococcus aureus,<br>Clostridium perfringens,<br>Bacillus cereus | | 1 | 1 | 1 | | |
| | 화학적 (C) | 항생물질, Aflatoxin, 살균제 | 생산자의 사용기준 미준수에 의한 항생물질 및 농약잔류 | 1 | 1 | 1 | | • 품질인증서 수령 |
| | 물리적 (P) | 머리카락, 포장비닐,<br>주사침, 산탄파편, 털 등<br>유해성 이물 | 생산자의 관리불량에 의한 혼입 | 1 | 1 | 1 | | • 검수시 무작위 육안검사 |
| 육류 (가공제품) | 생물학적 (B) | L. monocytogenes,<br>병원성 E. coli,<br>Clostridium botulinum | 부적절한 온도/시간관리에 의한 병원균 생존 | 3 | 1 | 3 | HA | • 식품공전 및 미생물관리절차서에 따른다.<br>• 품질인증서 수령<br>• 검수시 위생상태 및 제품검사<br>• 보관, 조리 등의 관리기준 준수<br>• 해동법 준수<br>• 장비, 작업자 등에 대한 적절한 세척 · 소독 |
| | | Salmonella spp,<br>Campylobacter jejuni | | 2 | 1 | 2 | | |
| | | Staphylococcus aureus,<br>Clostridium perfringens | | 1 | 1 | 1 | | |
| | 화학적 (C) | Antibiotics,<br>Sulphonamides | 생산자의 사용기준 미준수 | 1 | 1 | 1 | | • 품질인증서 수령 |
| | 물리적 (P) | 머리카락, 포장비닐 등<br>유해성 이물 | 생산자의 관리불량에 의한 혼입 | 1 | 1 | 1 | | • 검수시 무작위 육안검사 |

〈표 8-10〉 **공정별 위해 평가 예시**

| 공정명 | | 공정번호 | 위해 요소 | | 발생원인 | 위해도 평가 | | | | 관리방법 |
|---|---|---|---|---|---|---|---|---|---|---|
| | | | 위해구분 | 위해명칭 | | 심각성 | 발생가능성 | 종합평가 | 위해도판정 | |
| 메뉴구성 및 구매 | 협력업체 | ① | 생물학적(B) | 대장균군 | ① 승인되지 않은 협력업체 또는 시험성적서 등 구비서류를 미비치한 식자재의 입고로 인한 병원성 세균 유입 | 3 | 1 | 3 | HA | ① 납품업체 허가사항 확인(영업허가증, 수입원증, 등급판정서, 원산지증명서, 시험성적서 등) 수령 및 확인 |
| | | | | E. Coli 0157 : H7, | | 3 | 1 | 3 | HA | |
| | | | | 리스테리아 모노사이토제네스(*Listeria monocytogenes*) | | 3 | 1 | 3 | HA | |
| | | | | 살모넬라(*Salmonella spp.*) | | 2 | 1 | 2 | | |
| | | | | 비브리오(*Vibrio parahaemlyticus*) | | 2 | 1 | 2 | | |
| | | | | 진균류(효모, 곰팡이) | | 2 | 1 | 2 | | |
| | | | | 황색포도상구균(*Staphylococcus aureus*) | | 1 | 1 | 1 | | |
| | | | | 바실러스 세레우스(*Bacillus cereus*) | | 1 | 1 | 1 | | |
| | | | | 기생충(란) | | 1 | 1 | 1 | | |
| | | | 화학적(C) | 잔류농약, 멜라민, GMO, 트랜스지방 중금속(납, 카드뮴) | ① 승인되지 않은 협력업체 또는 시험성적서 등 구비서류를 미비치한 식자재의 입고로 인한 잔류농약 등 위해 유입 | 1 | 1 | 1 | | ① 납품업체 허가사항 확인 |
| | | | 물리적(P) | 끈, 머리카락, 곤충사체, 금속성이물 | ① 작업자 부주의에 의한 원료 자체오염<br>② 원료 가공자의 취급 부주의 | 1 | 1 | 1 | | ① 협력업체 위생교육 |
| | 부적절한 식자재 | ② | 생물학적(B) | 대장균군 | ① 금지 식자재 및 품질규격 미달, 부적합 식자재를 메뉴에 구성 또는 구매하므로 인한 병원성 세균 유입 | 3 | 1 | 3 | HA | ① 본사 메뉴파트 점검 및 메뉴회의를 통한 메뉴구성 |
| | | | | E. Coli 0157 : H7, | | 3 | 1 | 3 | HA | |
| | | | | 리스테리아 모노사이토제네스(*Listeria monocytogenes*) | | 3 | 1 | 3 | HA | |
| | | | | 살모넬라(*Salmonella spp.*) | | 2 | 1 | 2 | | |
| | | | | 비브리오(*Vibrio parahaemlyticus*) | | 2 | 1 | 2 | | |
| | | | | 진균류(효모, 곰팡이) | | 2 | 1 | 2 | | |
| | | | | 황색포도상구균(*Staphylococcus aureus*) | | 1 | 1 | 1 | | |
| | | | | 바실러스 세레우스(*Bacillus cereus*) | | 1 | 1 | 1 | | |
| | | | | 기생충(란) | | 1 | 1 | 1 | | |
| | | | 화학적(C) | 잔류농약, 멜라민, GMO, 트랜스지방 중금속(납, 카드뮴) | ① 금지 식자재 및 품질규격 미달 식자재를 메뉴에 구성 또는 구매하므로 잔류농약 등 위해유입 | 1 | 1 | 1 | | ① 시험성적서, 본사 메뉴파트 점검 및 메뉴회의를 통한 메뉴구성 제한메뉴 확인 |
| | | | 물리적(P) | 끈, 머리카락, 곤충사체, 금속성 이물 | ① 작업자 부주의에 의한 원료 자체오염<br>② 원료 가공자의취급 부주의 | 1 | 1 | 1 | | ① 협력업체 위생교육 |

〈표 8-11〉 **조리공정 위해 평가 예시(조리공정 #2)**

| 관리공정 | 위해종류 | 위해 | 발생원인 | 위해도평가 | | | | 관리(한계)기준 | 관리방법 |
|---|---|---|---|---|---|---|---|---|---|
| | | | | 심각성 | 발생가능성 | 종합평가 | 위해도여부 | | |
| 원재료 | B | 대장균군,<br>E. Coli 0157 : H7,<br>*Listeria monocytogenes* | - 부적합한 업체 선정(비위생적인 준비작업) | 3 | 1 | 3 | HA | 협력업체 현황조사서 | 협력업체 지도 보고서 |
| | | *Salmonella. spp.,*<br>*Vibrio parahaemlyticus,*<br>*Yeast&mold* | | 2 | 1 | 2 | | | |
| | | *Staphylococcus aureus,*<br>*Bacillus cereus,*<br>기생충(란) | | 1 | 1 | 1 | | | |
| | C | 잔류농약, 멜라민, GMO, 트랜스지방, 중금속(납, 카드뮴) | - 발아부위 식자재 사용<br>- 식용버섯, 패류독소 | 1 | 1 | 1 | | | |
| | P | 끈, 머리카락, 곤충사체, 금속성 이물 | - 협력업체의 위생 관리 미흡<br>- 원재료를 통한 유입 | 1 | 1 | 1 | | | |
| 검수 | B | 대장균군,<br>E. Coli 0157 : H7,<br>*Listeria monocytogenes* | - 선도 저하, 부패<br>- 유통기간 초과로 인한 선도 저하<br>- 세균의 증식<br>- 검수장, 검수기구의 오염에 의한 위해 | 3 | 1 | 3 | HA | 변색, 이취가 없을 것<br>병원성 미생물검사<br>세척, 소독관리 | 검수관리지침<br>미생물관리<br>절차서<br>검수관리절차서 |
| | | *Salmonella. spp.,*<br>*Vibrio parahaemlyticus,*<br>*Yeast&mold* | | 2 | 1 | 2 | | | |
| | | *Staphylococcus aureus,*<br>*Bacillus cereus,*<br>기생충(란) | | 1 | 1 | 1 | | | |
| | C | 솔라닌, 무스카리닌, 베네로핀,<br>식시톡신, 트랜스지방 | - 발아부위 식자재 사용<br>- 식용버섯, 패류독소 | 1 | 1 | 1 | | | |
| | P | 비닐, 종이, 끈, 머리카락, 곤충사체, 금속성 이물, 유리조각 | - 이물질에 의한 위해 | 1 | 1 | 1 | | | |

| | | | | | | | | | |
|---|---|---|---|---|---|---|---|---|---|
| 전처리<br>면풀기<br>세척<br>썰기 | B | 대장균군,<br>E. Coli 0157 : H7,<br>*Listeria monocytogenes* | - 부적절한 세척에 의한 세균의 증식<br>- 조리기구, 기기로부터 교차오염 | 3 | 1 | 3 | HA | 세척관리<br>칼, 도마<br>등 분리 | CCP1<br>전처리<br>소독공정<br>일지 |
| | B | *Salmonella. spp.,*<br>*Vibrio parahaemlyticus,*<br>*Yeast&mold* | | 2 | 1 | 2 | | | |
| | B | *Staphylococcus aureus,*<br>*Bacillus cereus,*<br>기생충(란), 노로바이러스 | | 1 | 1 | 1 | | | |
| | C | 잔류농약, 소독 잔유물 | - 생채소류의 부적절한 헹굼에 의한 소독제의 잔존 | 1 | 1 | 1 | | | |
| | C | 솔라닌, 무스카리닌,<br>베네로핀, 식시톡신, | - 발아부위 식자재 사용<br>- 작업자의 미제거<br>- 식용버섯, 패류독소 | 1 | 1 | 1 | | | |
| | P | 비닐, 종이, 끈, 머리카락,<br>곤충사체, 금속성 이물,<br>유리조각 | - 부적절한 세척 및 헹굼 횟수에 의한 이물질의 잔존<br>- 조명기구, 거울, 시계 등 파손 | 1 | 1 | 1 | | | |
| 삶기 | B | 대장균군,<br>E. Coli 0157 : H7,<br>*Listeria monocytogenes* | - 부적절한 가열<br>- 조리종사자의 손에 의한 2차오염<br>- 불결한 조리기구에 의한 2차오염 | 3 | 1 | 3 | HA | 온도시간<br>관리<br>조리종사<br>자 손소독<br>위생장갑<br>사용<br>조리기구<br>세척소독 | 조리공정<br>확인 |
| | B | *Salmonella. spp.,*<br>*Vibrio parahaemlyticus,*<br>*Yeast&mold* | | 2 | 1 | 2 | | | |
| | B | *Staphylococcus aureus,*<br>*Bacillus cereus,*<br>*Clostridium perfringens* | | 1 | 1 | 1 | | | |
| | P | 머리카락, 포장지,<br>끈 조각, 유리조각 | - 작업자 부주의<br>- 조명기구, 거울, 시계 등 파손 | 1 | 1 | 1 | | | |

| | | | | | | | | | |
|---|---|---|---|---|---|---|---|---|---|
| 보온<br>보관<br>냉장<br>보관 | B | 대장균군,<br>E. Coli 0157 : H7,<br>*Listeria monocytogenes* | - 부적절한 보관온도에 의한 세균<br>- 낙하균에 의한 식품의 오염<br>- 식품혼재 보관에 따른 교차오염 | 3 | 1 | 3 | HA | 저장온도 확인<br>낙하균 검사<br>식재별 덮개 사용 | CCP3/4<br>배식전 보관 및 배식관리<br>미생물 관리 절차 |
| | B | *Salmonella. spp.,*<br>*Vibrio parahaemlyticus,*<br>*Yeast&mold* | | 2 | 1 | 2 | | | |
| | B | *Staphylococcus aureus,*<br>*Bacillus cereus,*<br>*Clostridium perfringens* | | 1 | 1 | 1 | | | |
| | P | 머리카락, 끈 조각, 유리 조각 | - 개인위생관리 미흡으로 인한 머리카락 등 이물질 유입 | 1 | 1 | 1 | | | |
| 배식 | B | 대장균군,<br>E. Coli 0157 : H7,<br>*Listeria monocytogenes* | - 부적절한 배식온도 및 시간에 의한 세균의 증식<br>- 조리종사자의 손에 의한 2차오염<br>- 조리종사자의 질환에 의한 오염<br>- 불결한 배식기구에 의한 2차오염 | 3 | 1 | 3 | HA | 배식온도,<br>유통시간 | CCP3/4<br>배식전 보관 및 배식관리<br>개인위생 점검 일지<br>배식위생 점검 일지 |
| | B | *Salmonella. spp.,*<br>*Vibrio parahaemlyticus,*<br>*Yeast&mold* | | 2 | 1 | 2 | | | |
| | B | *Staphylococcus aureus,*<br>*Bacillus cereus,*<br>*Clostridium perfringens* | | 1 | 1 | 1 | | | |
| | P | 머리카락, 끈 조각, 유리 조각 | - 개인위생관리 미흡으로 인한 머리카락 등 이물질 유입 | 1 | 1 | 1 | | | |

| 제품의 규격 | 생물학적 | | | 물리적 | |
|---|---|---|---|---|---|
| | 위해요소 | 법적 규정 | 사내규격 | 위해요소 | 관리규정 |
| | 일반세균 | - | 〈$10^6$/g | 이물질 | 불검출 |
| | 대장균군 | - | 〈$10^3$/g | | |
| | 대장균 | Negative | Negative | | |
| | 살모넬라균 | Negative | Negative | | |
| | 황색포도상구균 | 〈$10^2$/g | 〈$10^2$/g | | |
| | 비브리오균 | Negative | Negative | | |

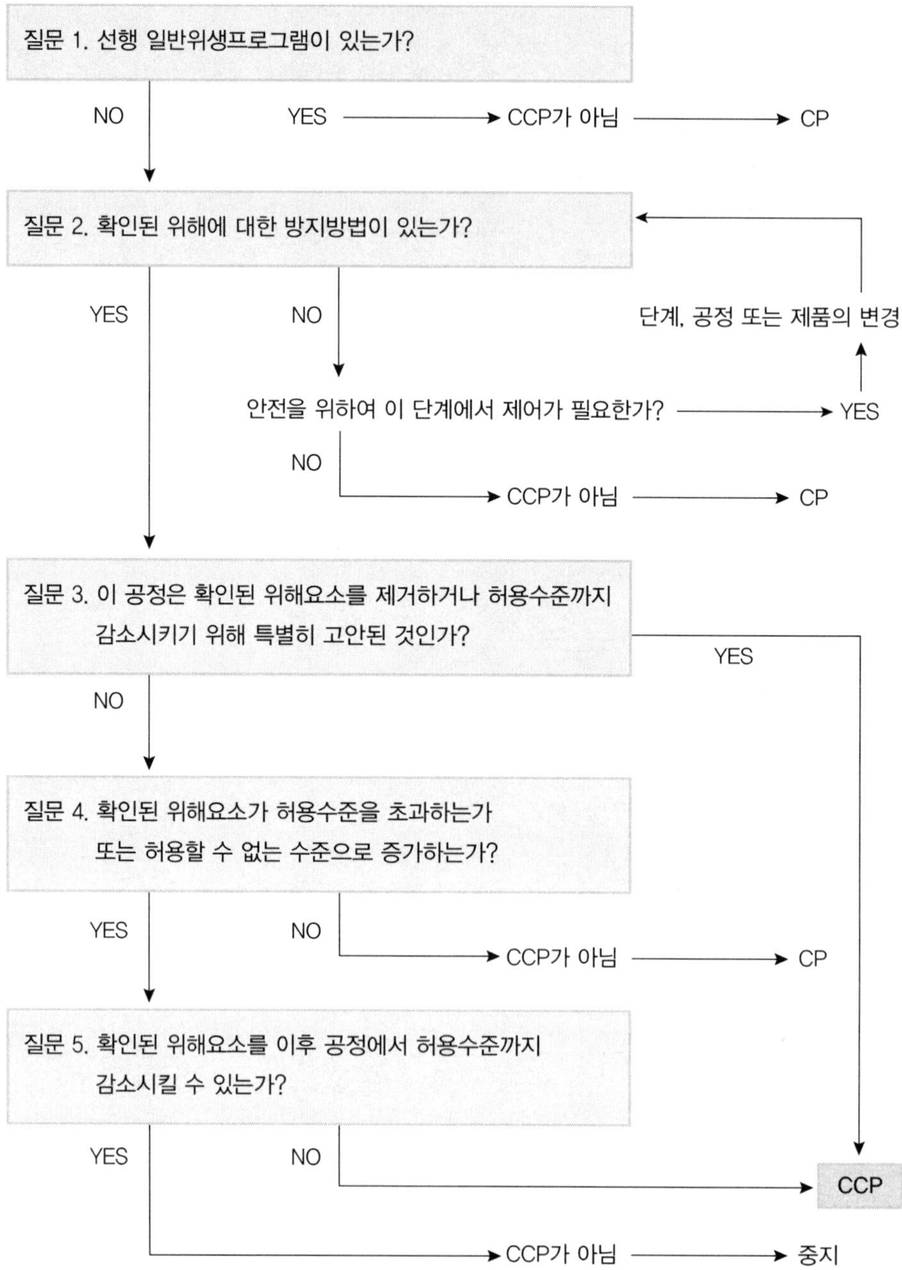


[그림 8-9] CCP결정도(Decision tree of Critical Control Point)

〈표 8-12〉 CCP결정도 적용 결과 예시

| 구분 | | 위해요소 | 질문1 | 질문2 | 질문3 | 질문4 | 질문5 | CCP/CP | 비고 |
|---|---|---|---|---|---|---|---|---|---|
| 저장 | 상온 보관 | 보관창고의 불결한 위생에 의한 2차 오염 | YES | | | | | CP | 원자재위생/위생점검일지 |
| 저장 | 상온 보관 | 식재 및 비식재 사용혼동에 의한 위생사고 | YES | | | | | CP | 원자재위생 관리절차서 |
| 저장 | 상온 보관 | 해충 및 쥐에 의한 제품오염 | YES | | | | | CP | 원자재위생/위생점검일지 |
| 전처리 | 씻기 | 생채소, 과일의 부적절한 세척 및 소독에 의한 미생물 잔존 (조리공정 #3 야채 제외) | NO | YES | YES | | | CCP1 | |
| 전처리 | 씻기 | 청결하지 못한 물의 사용 | YES | | | | | CP | 용수관리 절차서 |
| 전처리 | 씻기 | 세척 후 바닥방치에 의한 2차오염 | NO | YES | NO | NO | | CP | 조리공정/위생점검일지 |
| 전처리 | 기기/기구 위생 | 불결한 작업대 및 싱크대로부터의 2차오염 | YES | | | | | CP | 조리공정/위생점검일지 |
| 전처리 | 기기/기구 위생 | 칼, 도마 등 조리기구로부터의 2차 오염 | YES | | | | | CP | 조리공정/위생점검일지 |
| 전처리 | 종사자 | 조리종사자로부터의 오염 | YES | | | | | CP | 개인위생/위생점검일지 |
| 전처리 | 해동 | 부적절한 해동방법 및 시간에 의한 미생물 증식 | YES | | | | | CP | 조리공정/해동일지 |
| 전처리 | 해동 | 해동 후 재동결에 의한 오염 | YES | | | | | CP | 조리공정/해동일지 |
| 전처리 | 해동 | 청결하지 못한 해동수 사용으로 인한 2차오염 | YES | YES | | | | CP | 용수관리 절차서 |
| 전처리 | 해동 | 해동 후 장시간 실온방치에 의한 미생물 증식 | YES | | | | | CP | 조리공정위생 관리절차서 |
| 조리 | 조리 공정 #1 무치기/버무리기/혼합하기 | 조리종사자의 손에 의한 2차오염 | YES | | | | | CP | 개인위생/위생점검일지 |
| 조리 | 조리 공정 #1 무치기/버무리기/혼합하기 | 비위생적인 조리습관에 의한 미생물 오염 | YES | | | | | CP | 조리공정/검식일지 |

| | | | | | | | | | |
|---|---|---|---|---|---|---|---|---|---|
| 조리 | 조리 공정 #1 무치기/버무리기/혼합하기 | 불결한 보관용기의 사용에 의한 2차 오염 | YES | | | | | CP | 조리공정/위생점검일지 |
| | | 위생적으로 청결하지 않은 양념의 사용 | NO | YES | NO | NO | | CP | 조리공정/위생점검일지 |
| | 조리 공정 #2 데치기/무치기/성형하기 | 부적절한 가열온도 및 시간에 의한 미생물 잔존 | NO | YES | YES | | | CCP2 | |
| | | 조리종사자의 손에 의한 2차오염 | YES | | | | | CP | 개인위생/위생점검일지 |
| | | 비위생적인 조리습관에 의한 미생물 오염 | NO | YES | NO | NO | | CP | 조리공정/검식일지 |
| | | 불결한 보관용기의 사용에 의한 2차 오염 | YES | | | | | CP | 조리공정/위생점검일지 |
| | | 위생적으로 청결하지 않은 양념의 사용 | NO | YES | NO | NO | | CP | 조리공정/위생점검일지 |
| | 조리 공정 #3 볶기, 삶기 끓이기 찌기 조리기 굽기 부치기 튀기기 데치기 | 부적절한 가열온도 및 시간에 의한 미생물 잔존 | NO | YES | YES | | | CCP2 | |
| | | 조리종사자의 손에 의한 2차오염 | YES | | | | | CP | 개인위생/위생점검일지 |
| | | 비위생적인 조리습관에 의한 미생물 오염 | NO | YES | NO | NO | | CP | |
| | | 불결한 보관용기의 사용에 의한 2차 오염 | YES | | | | | CP | 조리공정/위생점검일지 |
| | | 위생적으로 청결하지 않은 양념의 사용 | YES | | | | | CP | 조리공정/위생점검일지 |

### 8) 중요관리점에 대한 한계기준 설정(절차 8, 원칙 3)

결정된 중요관리점을 관리할 수 있는 한계기준(Critical Limit : CL)를 설정해야 하며, 한계기준은 CCP에서 관리되어야 할 생물학적, 화학적 또는 물리적 위해요소를 예방, 제거 또는 허용가능한 안전한 수준까지 감소시킬 수 있는 최대치 또는 최소치를 말한다. 한계기준은 안전성을 보장할 수 있는 과학적 근거에 기초하여 설정되어야 한다. 한계기준은 현장에서 쉽게 확인 가능하도록 육안관찰이나 간단한 측정으로 확인할 수 있는 수치 또는 특정지표로 나타내야 하며 온도 및 시간, 습도(수분), 수분활성도(Aw) 같은 제품특성, 염소, 염분농도 같은 화학적 특성, pH, 금속검출기 감도, 관련서류 확인 등을 이용한다.

한계기준을 설정할 때에는 법적 요구조건과 연구논문이나 식품관련 전문서적, 전문가 조언, 생산공정의 기본자료 등 여러 가지 조건을 고려해야 한다. 한계기준이 초과되어서는 안 되는 양 또는 수준인 상한기준과 안전한 식품을 취급하는 데 필요한 최소량인 하한기준을 설정할 수 있다.

① 한계기준의 설정 절차는 다음과 같다.

- 결정된 CCP별로 생산식품의 위해요소로부터 안전성을 보증하기 위하여 어떤 법적 한계기준이 있는지를 확인한다.
- 법적인 한계기준이 없을 경우 생산식품의 안전성 한계기준을 자체적으로 마련하며 필요시 외부전문 기관의 도움을 받는다.
- 설정한 한계기준에 관한 문헌 등 근거자료를 유지보관한다.

〈표 8-13〉 **중요관리점의 한계기준예시**

| 공정명 | CCP | 위해요소 | 위해요인 | 한계기준 |
|---|---|---|---|---|
| 가열 | CCP-1B | 리스테리아모노사이토제니스, E Coli O157:H7 | 가열온도 및 가열 시간 미준수로 병원성 미생물 잔존 | 85-120℃, 3-5분 (품온 80℃-110℃, 품온 유지시간 3-5분) 등 |
| 세척 | CCP-1BCP | 리스테리아모노사이토제니스, E Coli O157:H7<br>돌, 흙, 모래, 잔류농약 | 세척방법 미준수로 병원성 미생물, 잔류농약, 이물 잔존 | 63-6단 세척<br>가수량 3배-4배,<br>세척시간 5분-10분 등 |
| 소독 | CCP-1BC | 리스테리아모노사이토제니스, E Coli O157:H7, 잔류염소 | 소독농도 및 소독 시간, 소독수 교체주기 미준수로 병원성 미생물 잔존 헹굼방법, 시간 미준수로 소독제 잔류 | 소독농도: 50-100ppm<br>소독시간: 1분-1분 30초<br>소독수 교체주기 : 10Kg 당 40-50분<br>헹굼방법 : 흐르는 물<br>헹굼시간 : 30-40분 등 |
| 금속검출 | CCP-1P | 금속 Fe 2mm, SUS 2.0mm이상 불검출, 쇳가루 | 금속검출기 감도 불량으로 이물 잔존 | 금속 Fe 2mm, SUS 2.0mm 이상 불검출, 쇳가루 불검출 등 |

자료 : HACCP기술지원센터

### 9) 중요관리점에 대한 모니터링 체계 확립(절차 9, 원칙 4)

중요관리점을 효율적으로 관리하기 위한 모니터링 체계를 수립해야 한다. 모니터링은 중요관리점이 한계기준을 벗어나지 않고 안정적으로 운영관리되도록 하기 위해서 현장에서 식품을 제조·가공·조리하는 현장 담당자가 주기적으로 측정 또는 관찰하는 사전에 계획된 활동이다.

모니터링 체계를 수립하여 시행함으로써 작업과정에서 발생되는 위해요소의 추적이 용이하고, CCP에서 발생한 한계기준 이탈 시점이 확인가능하며, 문서화된 기록을 남김으로써 검증 및 식품사고 발생시 증빙자료로 활용될 수 있다.

모니터링 활동은 연속적으로 수행해야 하며, 연속적인 모니터링이 불가능한 경우 비연속적인 모니터링의 절차와 주기(빈도)는 CCP가 한계기준 범위 내에서 관리될 수 있도록 정확하게 설정되어야 한다. 모니터링 결과 한계기준을 이탈한 경우에는 신속하고 정확한 판단에 의하여 개선조치가 이루어져야 하는데, 일반적으로 물리적·화학적 모니터링이 미생물학적 모니터링 방법보다 신속한 결과를 얻을 수 있으므로 우선적으로 적용된다〈표 8-16〉.

**〈표 8-14〉 중요관리점의 모니터링 방법 예시**

| 공정명 | CCP | 한계기준 | 모니터링 방법 | | | |
|---|---|---|---|---|---|---|
| | | | 대상 | 방 법 | 주기 | 담당자 |
| 가열 | CCP-1B | 가열온도 : 85℃ −120℃, 시간 : 3-5분<br>(품온80℃-110℃, 유지시간 3-5분) | 가열<br>시간, 온도 | 1. 가열기의 정상작동 유무를 확인한다<br>2. 가열기에서 가열 온도(품온)와 가열 시간(품온 유지시간)을 모니터링 일지에 기록한다.<br>3. 모니터링 일지를 HACCP 팀장에게 승인받는다. | 작업 전 후/ 2시간 마다 등 | 공정담당<br>(이순신) |
| 세척 | CCP-1BCP | 3-6단 세척, 가수량 3배-4배,<br>세척시간 5분-10분 | 세척<br>방법 | 1. 세척기의 정상작동 유무를 확인한다<br>2. 세척방법에 따라 세척시간, 횟수, 가수량 등을 모니터링 일지에 기록한다.<br>3. 모니터링 일지를 HACCP 팀장에게 승인받는다. | 작업 전 후/ 2시간 마다 등 | 공정담당<br>(김유신) |

| | | | | | | |
|---|---|---|---|---|---|---|
| 소독 | CCP-1BC | 소독농도 50-100ppm, 소독시간 1분-1분 30초, 소독수 교체주기, 헹굼방법, 헹굼시간 | 소독 농도, 시간, 소독수 교체 주기 헹굼 방법, 시간 | 1. 소독기의 정상작동 유무를 확인한다<br>2. 소독농도, 소독시간, 소독수 교체주기, 헹굼방법, 헹굼시간을 모니터링 일지에 기록한다.<br>3. 모니터링 일지를 HACCP 팀장에게 승인받는다. | 작업 전 후/ 2시간 마다 등 | 공정담당 (서희) |
| 금속 검출 | CCP-1P | 금속 Fe 2mm, SUS 2.0mm이상 불검출, 쇳가루 불검출 | 금속 검출기 감도 | 1. 금속검출기에 테스트피스를 좌, 우, 중간에 통과시켜 검출여부를 CCP-4P 모니터링일지에 기록하고 HACCP팀장에게 보고한다<br>2. 제품의 상, 중, 하에 테스트피스를 첨가하여 금속검출기를 통과시켜 검출여부/ 통과되는 공정품의 검출여부를 CCP-4P 모니터링일지에 기록하고 HACCP팀장에게 보고한다 | 작업 전 후/ 2시간 마다 등 | 공정담당 (장영실) |

자료 : HACCP기술지원센터

## 10) 개선조치 방법설정(절차 10, 원칙 5)

HACCP 계획은 식품으로 인한 위해요소가 발생되기 이전에 문제점을 미리 파악하고 시정하는 예방체계이므로, 모니터링 결과 한계기준을 벗어났을 경우 취해야 할 개선조치 방법을 사전에 설정하여 신속한 대응조치가 이루어질 수 있도록 하여야 한다.

모니터링을 결과 한계기준 또는 관리기준을 위반했을 경우 관리상태가 적절하지 못한 원인을 조사하여 담당자로 하여금 적절한 상태로 조치하도록 하며 기준을 위반한 공정에서 처리된 대상에 대한 조치방법을 명확히 한다.

개선조치에서 가장 중요한 것은 한계기준에 부적합한 상품을 최대한 빠른 시간에 한계기준에 적합하도록 조치해야 한다. 개선조치 담당자는 한계기준을 위반한 경우와 안전성을 보증할 수 없는 제품에 한하여 애매한 근거를 들어 제조, 보관 등을 시켜서는 안 된다. 현장근무자가 어떤 실수를 할 경우에는 신속히 공정을 멈추고 문제점을 수정하는 등의 작업조건을 만든다.

① 개선조치 방법 설정은 다음과 같다.

- 이탈된 제품을 관리하는 책임자는 누구이며, 기준 이탈시 모니터링 담당자는 누구에게 보고하여야 하는가?
- 이탈의 원인이 무엇인지 어떻게 결정할 것인가?
- 이탈의 원인이 확인되면 어떤 방법을 통하여 원래의 관리 상태로 복원시킬 것인가?
- 한계기준이 이탈된 식품은 어떻게 조치할 것인가?
- 한계기준 이탈시 조치해야 할 모든 작업에 대한 기록·유지 책임자는 누구인가?
- 개선조치 계획에 책임 있는 사람이 없을 경우 누가 대신할 것인가?
- 개선조치는 언제든지 실행가능한가?

② 취해야 할 개선조치사항은 다음과 같다.

- 공정상태의 원상복귀
- 한계기준 이탈에 의해 영향을 받은 관련식품에 대한 조치사항
- 이탈에 대한 원인규명 및 재발방지 조치
- HACCP 계획의 변경 등이 포함

③ 개선조치방법은 다음과 같다.

- 각 CCP별로 가장 적합한 개선조치 절차를 파악한다.
- 각 CCP별로 잠재적 위해요소의 심각성에 따라 차등화하여 개선조치방법을 결정한다.
- 개선조치 결과의 기록서식을 결정한다.
- 개선조치 담당자를 지정하고 교육·훈련시킨다.

④ 개선조치 완료 후 확인해야 할 사항은 다음과 같다.

- 한계기준 이탈의 원인이 확인되고 제거 되었는가?
- 개선조치 후 CCP는 잘 관리되고 있는가?
- 한계기준 이탈의 재발을 방지할 수 있는 조치가 마련되어 있는가?
- 한계기준 이탈로 인해 오염되었거나 건강에 위해를 주는 식품이 유통되지 않도록 개선조치 절차를 시행하고 있는가?

〈표 8-15〉 **개선조치 방법 예시**

| 공정명 | CCP | 개선조치 방법 |
|---|---|---|
| 가열 | CCP-1B | 1. 한계기준 〔가열 온도(품온), 가열시간(품온 유지시간) 등)〕 이탈 시<br>○ 공정 담당자는 즉시 작업을 중지한다.<br>○ 해당 제품은 즉시 재가열하고 CCP 모니터링 일지에 이탈사항과 개선조치사항을 기록하고 생산관리팀장, HACCP팀장에게 보고한다.<br>○ 해당로트 제품을 품질관리 팀장에게 공정품 검사를 의뢰한다.<br>2. 기기 고장인 경우<br>○ 공정 담당자는 즉시 작업을 중지하고 공정품을 보류한 뒤 CCP 모니터링 일지에 이탈사항을 기록하고 공무팀에 수리를 의뢰한다.<br>○ 수리완료 후 공정품은 재가열한다.<br>○ CCP 모니터링 일지에 개선조치사항을 기록하고 생산관리팀장, HACCP팀장에게 보고한다.<br>○ 해당로트 제품을 품질관리 팀장에게 공정품 검사를 의뢰한다. |
| 세척 | CCP-1BCP | 1. 한계기준( 세척횟수, 시간, 가수량 등) 이탈 시<br>○ 공정 담당자는 즉시 작업을 중지한다.<br>○ 해당 제품은 즉시 재 세척하고 CCP 모니터링 일지에 이탈사항과 개선조치사항을 기록하고 생산관리팀장, HACCP팀장에게 보고한다.<br>○ 해당로트 제품을 품질관리 팀장에게 공정품 검사를 의뢰한다.<br>2. 기기 고장인 경우<br>○ 공정 담당자는 즉시 작업을 중지하고 공정품을 보류한 뒤, CCP 모니터링 일지에 이탈사항을 기록하고 공무팀에 수리를 의뢰한다.<br>○ 수리완료 후 공정품은 재 세척한다.<br>○ CCP 모니터링 일지에 개선조치사항을 기록하고 생산관리팀장, HACCP팀장에게 보고한다.<br>○ 해당로트 제품을 품질관리 팀장에게 공정품 검사를 의뢰한다. |
| 소독 | CCP-1BC | 1. 한계기준(소독농도, 소독시간, 소독수 교체주기, 헹굼방법, 헹굼시간 등) 이탈 시<br>○ 공정 담당자는 즉시 작업을 중지한다.<br>○ 소독농도를 보정화고 해당 제품은 재 소독/교체 및 재 헹굼하고 CCP 모니터링 일지에 이탈사항과 개선조치사항을 기록하고 생산관리팀장, HACCP팀장에게 보고한다.<br>○ 해당로트 제품을 품질관리 팀장에게 공정품 검사를 의뢰한다.<br>2. 기기 고장인 경우<br>○ 공정 담당자는 즉시 작업을 중지하고 공정품을 보류한 뒤, CCP 모니터링 일지에 이탈사항을 기록하고 공무팀에 수리를 의뢰한다.<br>○ 수리완료 후 공정품은 재 소독한다.<br>○ CCP 모니터링 일지에 개선조치사항을 기록하고 생산관리팀장, HACCP팀장에게 보고한다.<br>○ 해당로트 제품을 품질관리 팀장에게 공정품 검사를 의뢰한다. |

| | | |
|---|---|---|
| 금속 검출 | CCP-1P | 1. 제품에 금속 혼입될 경우<br>ㅇ 공정 담당자는 즉시 작업을 중지한다.<br>ㅇ 해당 제품을 재 통과하여 확인하고 혼입이 확인 될 경우 CCP 모니터링 일지에 이탈사항과 개선조치사항을 기록하고 생산관리팀장, HACCP팀장에게 보고한다.<br>ㅇ 해당로트 제품을 품질관리 팀장에게 공정품 검사를 의뢰한다.<br>2. 기기 고장인 경우<br>ㅇ 공정 담당자는 즉시 작업을 중지하고 공정품을 보류한 뒤, CCP 모니터링 일지에 이탈사항을 기록하고 공무팀에 수리를 의뢰한다.<br>ㅇ 수리완료 후 CCP 모니터링 일지에 개선조치사항을 기록하고 생산관리팀장, HACCP팀장에게 보고한다.<br>ㅇ 해당로트 제품은 재통과시킨다.<br>3. 감도 저하의 경우<br>ㅇ 공정 담당자는 즉시 작업을 중지하고 공정품을 보류한 뒤, CCP 모니터링 일지에 이탈사항을 기록하고 기기 감도를 측정하여 한다.<br>ㅇ 감도 확인 후 CCP 모니터링 일지에 개선조치사항을 기록하고 생산관리팀장, HACCP팀장에게 보고한다.<br>ㅇ 해당로트 제품을 품질관리 팀장에게 공정품 검사를 의뢰한다. |

자료 : HACCP기술지원센터

## 11) 검증절차 및 방법설정(절차 11, 원칙 6)

검증은 HACCP 계획의 효과성 및 실행여부를 정기적으로 확인·평가하는 활동으로 효과성이라 함은 수립된 HACCP 계획이 해당식품의 안전성을 확보하는 데 충분히 효과적인지를 의미하며, 실행여부라 함은 HACCP 계획에서 설정한 모니터링 절차 및 개선조치 등이 실제로 이행되는지를 의미한다.

이와 같은 검증활동은 HACCP 계획을 수립하여 최초로 현장에 적용할 때, 해당식품과 관련된 새로운 정보가 발생되거나 원료·제조공정 등의 변동에 의해 HACCP 계획이 변경될 때 실시하여야 한다. 또한 이외에도 전반적인 재평가를 위한 검증을 연 1회 이상 실시하여야 한다.

### (1) 검증의 구성

검증(Verification)은 HACCP 계획에 대한 유효성평가(Validation)와 HACCP 계

획의 실행성 검증(Implementation)의 두 가지로 구성된다.

① HACCP 계획의 유효성 평가

HACCP 계획이 올바르게 수립되어 있는지 확인하는 것으로 발생가능한 모든 위해요소를 확인·분석하고 있는지, CCP가 적절하게 설정되어 있는지 등을 과학적·기술적 자료의 수집과 평가를 통해 확인하는 검증의 한 요소이다.

② HACCP 계획의 실행성 검증

HACCP 계획이 설계한 대로 이행되고 있는지를 확인하는 것으로 작업자가 정해진 주기로 모니터링을 올바르게 수행하고 있는지, 기준 이탈시 개선조치를 적절하게 하고 있는지, 검사·모니터링 장비를 정해진 주기에 따라 검·교정하고 있는지 등을 확인하는 것이다. 이와 같은 검증활동은 선행요건프로그램의 검증활동과 병행하거나 분리하여 실시할 수 있다.

### (2) 검증의 분류

① 검증주체에 따른 분류

가. 내부검증

사내에서 자체적으로 검증원을 구성하여 실시하는 검증이다.

나. 외부검증

정부 또는 적격한 제3자가 검증을 실시하는 경우를 말한다. HACCP 적용업소에 대하여 연 1회 실시하는 식품의약품안전청 사후 조사·평가가 포함된다.

〈별표 5, pp. 330~337, 별표 7, pp. 341~342, 별표 10, pp. 350~352 참조〉

② 검증주기에 따른 분류

가. 최초검증

HACCP 계획을 수립하여 최초로 현장에 적용할 때 실시하는 HACCP 계획의 유효성평가(Validation)를 말한다.

나. 일상검증

일상적으로 발생되는 HACCP 기록문서 등에 대하여 검토, 확인하는 것을 말한다.

다. 특별검증

새로운 위해정보의 발생시, 해당식품의 변동시, HACCP 계획의 문제점 발생시 실시하는 검증을 말한다.

라. 정기검증

정기적으로 HACCP 시스템의 적절성을 재평가하는 검증을 말한다.

### (3) 검증의 실시시기

HACCP 관리계획의 최초실행과정, 즉 해당 계획서가 작성된 이후 현장에 적용하면서 실제로 해당 계획이 효과가 있는지 확인하기 위하여 최초검증(유효성평가)을 반드시 실시하고 문제점을 개선·보완한 이후 본격적으로 HACCP 관리계획을 적용하여야 하며, 적어도 연 1회 이상 정기검증을 실시하여야 한다.

- 특별검증(재평가)을 실시하는 경우
  - 해당 식품과 관련된 새로운 안전성 정보가 있을 때
  - 해당 식품이 식중독, 질병 등과 관련될 때
  - 설정된 한계기준이 맞지 않을 때
  - HACCP 계획의 변경시
- 신규 원료 사용 및 변경, 원료 공급업체의 변경, 제조·조리 공정의 변경, 신규 또는 대체장비 도입, 작업량의 큰 변동, 섭취대상의 변경, 공급체계의 변경, 종업원의 대폭 교체
- 일상검증을 실시하는 경우 : 일상적으로 발생되는 HACCP 관련 기록들에 대한 주기를 정하여 실시한다.
  - 위해를 제거 또는 감소시키기 위한 공정이 제대로 이행되었는지 확인
  - CCP 모니터링 기록 등을 해당제품이 출고되기 이전에 반드시 확인

- HACCP 계획의 유효성 및 실행성 확인을 하는 경우 : 필요한 경우, 특정부분에 대하여 주, 월, 반기 등의 주기를 정하여 실시한다.

### (4) 검증내용

① 유효성 평가

수립된 HACCP 계획이 해당식품이나 제조·조리라인에 HACCP 계획이 올바르게 수립되어 효과가 있는지 확인하는 과정으로 미생물 또는 잔류 화학물질검사 등이 이용된다.

- 발생가능한 모든 위해요소를 확인·분석하였는지 여부
- 제품설명서, 공정흐름도의 현장 일치 여부
- CP, CCP 결정의 적절성 여부
- 한계기준이 안전성을 확보하는데 충분한지 여부
- 모니터링 체계가 올바르게 설정되어 있는지 여부 등이 해당된다.

② 실행성 검증

HACCP 계획 수립 후 효과적으로 이행되고 있는지 여부를 확인하는 과정이다.

- 작업자가 CCP 공정에서 정해진 주기로 측정이나 관찰을 수행하는지 확인하기 위한 현장 관찰 활동
- 한계기준 이탈시 개선조치를 취하고 있으며, 개선조치가 적절한지 확인하기 위한 기록의 검토
- 개선조치 실제 실행여부와 개선조치의 적절성 확인을 위하여 기록의 완전성·정확성 등을 자격 있는 사람이 검토하고 있는지 여부
- 검사·모니터링 장비의 주기적인 검·교정 실시여부 등이 해당된다.

### (5) 검증의 실행

① 검증주체

HACCP 시스템의 검증은 사내 자체적으로 검증원의 자격요건 등을 정하고 검증

팀을 구성하여 실시하거나 검증의 객관성을 유지하기 위해 제3자인 외부전문가를 통하여 검증을 실시할 수 있다.

② 검증계획의 수립

HACCP팀은 연간 검증계획을 수립하고 이를 근거로 검증실시 이전에 검증종류, 검증원, 검증항목, 검증일정 등을 포함한 검증실시계획을 수립하여야 한다.

③ 검증활동

검증활동을 크게 기록의 검토, 현장조사, 시험·검사로 분류할 수 있다.

가. 기록의 검토

- 검토되어야 할 기록 : 현행 HACCP 계획 이전, HACCP 검증보고서(선행요건 프로그램 포함), 모니터링 활동(검·교정기록 포함), 개선조치 사항 등
- 평가 : 위해요소분석 결과, CCP, 한계기준, 모니터링 방법, 개선조치 방법이 적절하게 설정되어 충분한 효과가 있는지 검토한다.

나. 현장조사

검증의 한 부분인 실행성을 확인하고 이들 통하여 HACCP 계획이 효과적으로 운영될 수 있는 수준으로 선행요건프로그램이 유지되고 있음을 확인할 수 있다.

- 평가 : 제조·가공·조리공정흐름도, 작업장 평면도 등이 작성된 기준서와 일치하는지를 확인, 모니터링 담당자와의 면담 및 기록 확인을 통하여 제대로 수행하고 있는지 조사를 한다.
- 현장 조사시 검증자 확인 사항
  - 설정된 CCP의 유효성
  - 담당자의 CCP 운영
  - 한계기준
  - 감시활동 및 기록관리 활동에 대한 이해
  - 한계기준 이탈시 담당자가 취해야 할 조치사항에 대한 숙지상태
  - 모니터링 담당 종업원의 업무수행상태 관찰
  - 공정중의 모니터링 활동 기록의 일부 확인

다. 시험·검사

HACCP 계획의 효율적 운영여부를 검증하는 방법으로는 미생물 실험, 이화학적 검사를 실시한다.

### (6) HACCP 검증 보고서 작성

검증 결과는 반드시 문서화되어 영업자에 의해 검토 또는 승인되어야 하며, 해당 문서에는 검증의 종류, 검증원, 검증일자, 검증결과, 개선·보완내용 및 조치결과를 포함하여야 한다.

### (7) HACCP 계획의 검증방법

HACCP 계획의 검증은 현행 계획의 운영현황을 파악하고 개선의 필요성을 구체적으로 제시하기 위한 것으로, 위해요소 분석결과와 관리방법, CCP의 선정, 모니터링 활동, 개선조치 및 기록 관리의 검토를 포함한다. 주요항목의 검증시 고려해야 할 사항은 다음과 같다.

① 위해요소 분석결과의 검증

- 선행요건 프로그램은 최종 위해요소 분석 수행시와 동일한 신뢰수준을 유지하면서 운영·관리되고 있는가?
- 제품설명서, 유통경로, 용도와 소비자 등이 정확히 기술되어 있으며, 작업장 평면도, 공조시설계통도, 용수 및 배수처리계통도 등이 현장과 일치하는가?
- 예비단계에서 수집된 위해관련 정보가 충분하고, 정확한가?
- 원료별, 공정별 발생가능성과 심각성을 고려하여 평가한 위해평가 결과가 동일한 수준으로 판단되는가?
- 위해요소를 관리하기 위한 예방조치 방법이 이 식품 및 공정에 가장 적합한 방법인가?
- 관리방법이 신뢰할 수 없거나 또는 효과적이지 않다는 것을 나타내는 모니터링 기록이나 개선조치 기록이 있는가?

- 보다 효과적으로 관리할 수 있는 새로운 정보가 있는가?

② CCP의 검증

- 현황 CCP가 위해요소 관리를 위한 공정상의 최적의 선택인가?
- 생산제품, 제조·조리공정, 작업장 환경 변화 등으로 인하여 현행 CCP가 위해를 관리하기에 충분하지 않은가?
- CCP에서 관리되는 위해요소가 더 이상 심각한 위해가 아니거나 또는 다른 CCP에서 보다 효과적으로 관리되고 있는가?

③ 한계기준의 평가

- 설정된 한계기준이 과학적인 근거를 충분히 가지고 있는가?
- 관련된 새로운 위해관련 정보가 있는가?
- 이러한 정보가 기존의 한계기준을 변경하도록 요구되는가?
- 한계기준에 대한 재평가를 수행하고 변경여부 결정 근거가 있는가?
  - 한계기준 변경시 생산·조리제품에 대한 응용연구결과
  - 문헌보고 내용
  - 식품안전 관련 관계 법령변경 등 모든 정보·자료

④ 감시(모니터링)활동의 재평가

- 개별 CCP에서의 감시활동 내용이 정확한가?
- 감시활동은 해당공정이 한계기준 내에서 운영되고 있는지를 판정할 수 있는가?
- 감사활동은 관리활동이 보증될 수 있는 충분한 빈도로 실시되고 있는가?
- 안정적인 관리상태 유지를 위하여 공정조정 혹은 개선조치가 얼마나 자주 요구되는가?
- 보다 좋은 감시방법이 있는가?
- 감시도구 및 장비가 제대로 기능을 발휘하고 있으며, 교정된 상태를 유지하는가?
- 빈번한 일탈현상이 자동화된 감시체계에 따른 문제점으로 밝혀진 경우에는 수동 감시체계로 변환되도록 요구할 수 있는가?

⑤ 개선조치의 평가

현행 개선조치가 모니터링 활동 내지는 한계기준 이탈 현상을 개선하고 관리하는 게 적절한가를 평가하는 것으로 대부분 개선조치 보고서와 개선조치에 관한 HACCP 감사보고서에서 관련 자료를 얻을 수 있다. 재평가 과정에서 이루어진 HACCP 계획의 모든 개정사항도 역시 개선조치를 검토할 때 고려되어야 한다〈표 8-17, 표 8-18, 표 8-19〉.

■ HACCP 관리계획(HACCP Plan)

HACCP 관리계획의 용어 정의는 식품의 원료 구입에서부터 최종 판매에 이르는 전 과정에서 위해가 발생할 우려가 있는 요소를 사전에 확인하여 허용수준 이하로 감소시키거나 제거 또는 예방할 목적으로 HACCP적용 원칙에 따라 제조·가공·조리(유통단계 포함) 공정관리를 위하여 작성된 문서나 도표 또는 계획을 말한다.

〈표 8-16〉 **공정별 HACCP 계획 예시(모니터링)**

| 작업단계 | 구분 | 위 해 | CCP/CP | 관리(한계)기준 | 모니터링 방법 | | | | 개선조치 | 기록일지확인 |
|---|---|---|---|---|---|---|---|---|---|---|
| | | | | | 대 상 | 방 법 | 빈 도 | 관리 및 기록자 | | |
| 메뉴구성 및 구매 | 납품업체 | 승인되지 않은 납품업체, 시험성적서 등 서류 미비된 식자재 입고로 인한 병원성 세균유입 | CP | 승인된 납품업체, 시험성적서 등 구비서류가 비치된 식자재 사용 | 납품업체 | 승인된 납품업체 list 확인 | 구매시 | 구매 담당자 | 반품 | 시험성적서 확인<br>승인된 납품업자 list |
| | 납품업체 | 승인되지 않은 납품업체, 시험성적서 등 서류 미비된 식자재 입고로 인한 잔류농약 등 위해유입 | CP | 승인된 납품업체, 시험성적서 등 구비서류가 비치된 식자재 사용 | 납품업체 | 납품업체 허가사항 | 구매시 | 구매 담당자 | 반품 | 시험성적서 확인 |
| | 부적절한 식자재 | 금지 식자재 및 품질규격 미달, 부적합 식자재를 메뉴에 구성 또는 구매로 인한 병원성 세균유입 | CP | 승인된 납품업체, 시험성적서 등 구비서류가 비치된 식자재 사용 | 납품업체 | 승인된 납품업체 | 구매시 | 구매 담당자 | 반품 | 시험성적서 확인 |
| | 부적절한 식자재 | 금지 식자재 및 품질규격 미달, 부적합 식자재를 메뉴에 구성 또는 구매함의 잔류농약 등 유입 | CP | 승인된 납품업체, 시험성적서 등 구비서류가 비치된 식자재 사용 | 납품업체 | 승인된 납품업체 | 구매시<br>검수시 | 구매 담당자 | 반품 | 검수일지 |
| | 식재료 | 한 가지 이상의 메뉴에 과도한 시간, 노동투입으로 인한 타메뉴의 위생적인 조리관리미흡에 따른 병원성 세균 증식 | CP | 한 가지 이상 메뉴구성 금지 | 영양사 | 조리 형태별 공정도 | 메뉴 구성시 | 메뉴 관리팀 | 메뉴 제외 | 메뉴회의록 확인 |

〈표 8-17〉 **공정별 HACCP 계획 예시(개선조치, 이탈 및 검증)**

| 작업단계 | 구분 | 위해 | CCP/CP | 관리(한계)기준 | 이탈관리 사항 | | | | 개선조치 | 검증 | | |
|---|---|---|---|---|---|---|---|---|---|---|---|---|
| | | | | | 대상 | 주기 | 관리자 | 기록서식 | | 방법 | 주기 | 관리자 |
| 메뉴구성 및 구매 | 협력업체 | 승인되지 않은 협력업체 시험성적서 등 서류 미비한 식자재 입고로 인한 병원성 세균유입 | CP | 승인된 협력업체, 시험성적서 등 구비서류가 비치된 식자재 사용 | 협력업체 | 구매시 | 구매담당자 | 검수일지 | 반품 | 기록확인 | 1년 | 위생관리팀 구매팀 |
| | 협력업체 | 승인되지 않은 협력업체 시험성적서 등 서류 미비한 식자재 입고로 인한 잔류농약 등 위해유입 | CP | 승인된 협력업체, 시험성적서 등 구비서류가 비치된 식자재 사용 | 협력업체 | 구매시 | 구매담당자 | 검수일지 | 반품 | 기록확인 | 1년 | 위생관리팀 구매팀 |
| | 부적절한 식자재 | 금지 식자재 및 품질규격 미달, 부적합 식자재를 메뉴에 구성 또는 구매로 인한 병원성 세균 유입 | CP | 승인된 협력업체, 시험성적서 등 구비서류가 비치된 식자재 사용 | 협력업체 | 구매시 | 구매담당자 | 검수일지 | 반품 메뉴제외 | 기록확인 현장확인 | 1년 | 위생관리팀 구매팀 |
| | 부적절한 식자재 | 금지 식자재 및 품질규격 미달, 부적합 식자재를 메뉴에 구성 또는 구매함의 잔류농약 등 유입 | CP | 승인된 협력업체, 시험성적서 등 구비서류가 비치된 식자재 사용 | 협력업체 | 구매시 | 구매담당자 | 검수일지 | 반품 메뉴제외 | 기록확인 현장확인 | 1년 | 위생관리팀 구매팀 |
| | 조리시간노동력 | 한 가지 이상의 메뉴에 과도한 시간, 노동투입으로 인한 타메뉴의 위생적인 조리관리미흡에 따른 병원성 세균 증식 | | 한 가지 이상 메뉴구성 금지 | 영양사 | 메뉴편성 및 조리형태별 공정도 | 메뉴구성시 | 메뉴관리팀 | 메뉴제외 | 기록확인 현장확인 | 1년 | 메뉴관리팀 |

〈표 8-18〉 **공정별 HACCP 계획 예시(CCP)**

| 구 분 | | | CP/CCP | 위 해 | 한계기준 | 모니터링 방법 | | | | 개선조치 | 검증방법 |
|---|---|---|---|---|---|---|---|---|---|---|---|
| | | | | | | 대 상 | 방 법 | 빈 도 | 관리 및 기록자 | | |
| 전처리 | | 세척 및 소독 | CCP 1 | 채소류, 과일류 등 부적절한 세척 및 소독에 의한 세균 잔존·증식 | 염소소독(50ppm 희석) – 5분 침지, 유수에 3회 이상 헹굼 | 생식자재 제공식품 | 염소T/P소독액 농도 확인 및 헹굼수 청정도 육안검사 | 매 소독시 | 소독 담당자/ HACCP 팀장, 영양사 | * 소독농도조정<br>농도미달시–소독제 추가<br>농도초과시–수돗물 추가<br>소독액농도 재확인(50ppm)<br>* 헹굼 횟수 증가, 마지막 헹굼수 청정도 확인 | 소독 식자재 미생물검사, 농도지(T/P) 적정성 확인<br>기록지 확인 |
| 조리 | 생물학적 | 가열 조리 | CCP 2 | 부적절한 가열온도 및 시간에 의한 세균 잔존 및 증식 | 가열식품의 중심온도 75℃에서 1분 이상 가열 | 가열식품 [조리공정 #3 중분류 국류, 소스류, 밥류(잡곡밥류)는 제외] | 한 batch당 3개 이상 온도측정, 측정시간 기록 | 매 가열시 | 가열조리 담당자/ HACCP 팀장, 영양사 | 온도 미달시 : 75℃ 이상 확인<br>후 1분 이상 가열 | 가열완료식품 미생물검사, 온도계 검교정 기록지 확인 |
| 배식 | | 배식 전 보관 및 배식 관리 | CCP 3/4 | 장시간 방치로 인한 세균의 증식 | 5℃ 이하 보냉식품, 60℃ 이상 보온식품 5시간 이내 배식완료 5℃ 이상 60℃ 미만 상온보관 식품 조리완료 후 3시간 이내 배식완료 | 조리 완료식품 | 온도 및 공정완료시간 측정 | 배분완료 및 배식시 | HACCP 팀장, 영양사 | 5℃ 이하 60℃ 이상 보관기준에서 기준온도 이탈시 재가열 사용, 폐기 | 배식완료식품 미생물검사 온도계 검교정 기록지 확인 |

〈표 8-19〉 **공정별 HACCP 계획 예시(CCP)**

| 공정 | CCP | 위해요소 | 위해요인 | 한계기준 | 모니터링 방법 | | | | 개선조치방법 |
|---|---|---|---|---|---|---|---|---|---|
| | | | | | 대상 | 방법 | 주기 | 담당 | |
| 가열 | CCP-1B | 리스테리아모노사이토제니스, E Coli O157:H7 | 가열온도 및 가열 시간 미준수로 병원성 미생물 잔존 | 85 ℃-120℃, 3-5분 (품온80 ℃-110 ℃, 품온유지시간:3-5분)) | 가열시간, 온도, 품온 | 1. 가열기의 정상작동 유무를 확인한다<br>2. 가열기에서 가열 온도와 시간을 모니터링 일지에 기록한다.<br>3. 모니터링 일지를 HACCP 팀장에게 승인받는다. | 매 작업시 | 공정담당 | 1. 가열 온도, 시간 이탈 시<br>O 공정 담당자는 즉시 작업을 중지한다.<br>O 해당 제품은 즉시 재가열하고 CCP 모니터링 일지에 이탈사항과 개선조치사항 을 기록하고 생산관리팀장, HACCP 팀장에게 보고한다.<br>O 해당로트 제품을 품질관리 팀장에게 공정품 검사를 의뢰한다.<br>2. 기기 고장인 경우<br>O 공정 담당자는 즉시 작업을 중지하고 공정품을 보류한 뒤 CCP 모니터링 일지 에 이탈사항을 기록하고 공무팀에 수리를 의뢰한다.<br>O 수리완료 후 공정품은 재가열한다.<br>O CCP 모니터링 일지에 개선조치사항을 기록하고 생산관리팀장, HACCP팀장에게 보고한다.<br>O 해당로트 제품을 품질관리 팀장에게 공정품 검사를 의뢰한다. |
| 세척 | CCP-1BCP | 리스테리아모노사이토제니스, E Coli O157:H7 돌, 흙, 모래, 잔류농약 | 세척방법 미준수로 병원성 미생물, 잔류농약, 이물잔존 | 3-6단 세척, 가수량 3-4배, 세척시간 5분-10분 | 세척방법 | 1. 세척기의 정상작동 유무를 확인한다<br>2. 세척방법에 따라 세척시간, 횟수, 가수량을 모니터링 일지에 기록한다.<br>3. 모니터링 일지를 HACCP 팀장에게 승인받는다. | 매 작업시 | 공정담당 | 1. 세척횟수, 시간, 가수량 이탈 시<br>O 공정 담당자는 즉시 작업을 중지한다.<br>O 해당 제품은 즉시 재 세척하고 CCP 모니터링 일지에 이탈사항과 개선조치사항을 기록하고 생산관리팀장, HACCP 팀장에게 보고한다.<br>O 해당로트 제품을 품질관리 팀장에게 공정품 검사를 의뢰한다.<br>2. 기기 고장인 경우<br>O 공정 담당자는 즉시 작업을 중지하고 공정품을 보류한 뒤, CCP 모니터링 일지에 이탈사항을 기록하고 공무팀에 수리를 의뢰한다.<br>O 수리완료 후 공정품은 재 세척한다.<br>O CCP 모니터링 일지에 개선조치사항을 기록하고 생산관리팀장, HACCP팀장에게 보고한다.<br>O 해당로트 제품을 품질관리 팀장에게 공정품 검사를 의뢰한다. |

자료 : HACCP기술지원센터

## 12) 문서화 및 기록유지(절차 12, 원칙 7)

HACCP 체계를 문서화하는 효율적인 기록유지 방법을 설정해야 한다. 기록유지는 HACCP 체계의 필수적인 요소이며, 기록유지가 없는 HACCP 체계의 운영은 비효율적이며 운영근거를 확보할 수 없기 때문에 HACCP 계획의 운영에 대한 기록의 개발 및 유지가 요구되며, 보관은 2년이다.

HACCP 체계에 대한 기록유지 방법 개발에 접근하는 방법 중의 하나는 이전에 유지관리하고 있는 기록을 검토하는 것이다. 가장 좋은 기록유지 체계는 필요한 기록내용을 알기 쉽고 단순하게 통합하는 것이다. 따라서 기록유지방법을 개발할 때에는 최적의 기록담당자 및 검토자, 기록시점 및 주기, 기록의 보관 기간 및 장소 등을 고려하여 가장 이해하기 쉬운 단순한 서식을 개발하여야 한다.

모니터링의 기록양식은 명칭, 기록일시, 제품명, 관찰결과, 관리기준, 담당자, 개선조치 등이 명확히 나타나야 하며, 일반적 위생관리사항, 제품의 성상에 관한 사항, 위해요소분석의 과정, 중요관리점, 관리기준, HACCP 계획일람표, 개선조치의 구체적인 내용 등이 문서화되어야 한다.

### (1) 기록관리 규정

① 업무 수행 절차 및 방법

가. 기록의 보존연한의 설정

- 각 팀장은 기록이 발생되면 기록의 보존연한(보관기간+보존기간)을 파일링 시스템 관리규정에 따라 기록 관리대장에 설정하여 승인한다.
- 기록 보관기간은 기록발생 시점으로부터 익년 12월 말까지이며 발생된 기록은 보관기간 동안 사무실에서 보관하는 것을 원칙으로 하되 필요시 팀장이 보관기간을 연장할 수 있다.
- 담당자는 기록 파일이 작성되면 기록관리 대장에 등록하여 기록 보관한다.

나. 기록의 번호 부여 및 파일링 방법

- 유통사업부의 기록 분류번호는 파일링시스템 관리 규정의 번호 부여 방법

에 따른다.

- 유통사업부의 기록은 파일 에이드를 이용한 BOX식 방법의 파일링시스템에 따라 캐비닛에 보관한다.
- 전자매체로 발생된 품질기록은 전자매체 문서 및 기록관리 규정에 의거하여 관리한다.

다. 품질기록의 보관 위치

- 각 팀의 기록 담당자는 파일링시스템 관리 규정에 따라 파일에이드에 파일번호를 부여하고 부서명, 파일위치를 지정한다.

라. 품질기록의 보관 및 보존

- 각 팀 또는 사업장별로 보존서고를 선정 운영하며 사무실 보관기간이 경과한 기록은 매년 말 정리하여 보존서고로 이전 관리하며 손상방지를 위하여 실내에서는 소화설비를 비치하여 보존한다. 별도 전자매체 기록은 전자매체 문서 및 기록관리 규정에 따르며 필름과 사진 등의 품질기록은 앨범 속에 보관하여 관리한다.
- 기록은 FAX 원본, 연필로 작성된 상태로 보관해서는 안 되며 직사광선으로 인한 손상방지를 할 수 있는 캐비닛에 보관한다.

마. 기록의 검색, 열람 및 보관

- 기록의 검색이 용이하도록 캐비닛의 고유번호를 부여하고 동일내용의 파일에는 동일색상의 스티커를 부착하여 검색이 용이하도록 하고 기록 목록표를 비치한다.
- 기록의 열람은 부서원 누구나 쉽게 열람할 수 있도록 하되 대외비 기록은 팀장의 승인을 득한 후 열람해야 한다. 고객이 평가를 위해 계약서에 따라 요구하는 기록은 제출될 수 있다.
- 모든 기록은 기록 관리대장에 등록하고 보관위치, 보존연한(보관기간+보존기간), 담당자를 설정하고 각각의 기록파일에 색인표를 부착하여 표시한다.

바. 기록의 폐기

- 보존기간이 경과한 기록은 세절기를 이용하여 폐기하며 필요에 따라 팀장이 보존기간을 연장할 수 있다.
- 폐기된 기록은 기록 관리대장에서 삭제하고 팀장은 서명과 함께 폐기일자를 표기한다.

## 8. HACCP 적용 시 우대조치

HACCP 지정된 업소는 아래와 같이 우대조치를 받을 수 있다.

- 식품위생법 제48조 제11항 및 시행규칙 제68조에 따른 출입검사 및 수거 등 완화
- HACCP 적용식품 표시 또는 HACCP 적용업소 지정 사실에 대한 광고 허용〈부록 12, p. 381 참조〉
- 조세특례제한법에 의한 세제 감면
- 국가를 당사자로 하는 계약에 관한 법률에 따른 우대
- 기타 HACCP활성화 및 식품 안전성 제고에 필요하다고 인정되는 사항

## 9. 교육훈련

HACCP 적용업소 영업자 및 종업원은 HACCP 적용업소 지정일로부터 6개월 이내에 신규교육훈련을 이수하여야 하며, HACCP 적용업소로 지정받기 위하여 지정일 이전에 신규교육훈련을 이수한 영업자 및 종업원은 신규교육훈련을 받은 것으로 본다.

HACCP 지정시 신규교육훈련은 HACCP 교육훈련기관에서 실시하는 교육을 영

업자는 2시간, HACCP 팀장은 16시간, HACCP 팀원, 기타 종업원은 4시간을 받아야 한다. 다만, HACCP 팀원, 기타 종업원 교육훈련은 자체 내부교육을 실시하여도 된다.

HACCP 지정후 정기교육훈련은 HACCP팀장 교육훈련(팀원 대체가능), HACCP 팀원, 기타 종업원 교육훈련을 연 1회 4시간 이상 HACCP 교육훈련기관에서 교육훈련을 받아야 한다. 다만, HACCP 팀원 및 기타 종업원 교육훈련은 자체 내부교육을 실시하여도 된다. 정기교육훈련 개시일은 지정일로부터 1년이 경과된 시점을 기준으로 하거나 지정연도의 차기연도를 기준으로 실시하여도 된다.〈부록 9, p. 353~354 참조〉

그 밖의 식품의약품안전청장이 식품위해사고의 발생 및 확산이 우려되어 영업자 및 종업원에게 명하는 교육훈련은 8시간이내 실시되어야 한다.(식품위생법 시행규칙 64조에 의거)

교육훈련의 내용은 위해요소중점관리기준 원칙과 절차, 식품위생제도 및 식품위생 관련법령, 위해요소중점관리기준의 적용방법, 위해요소중점관리기준 조사·평가 및 자체평가, 위해요소중점관리기준과 관련된 식품위생에 관한 사항이 포함되어야 한다.

연간 교육훈련 계획은 HACCP 팀원, 종업원, 모니터링 담당자, 검증요원, 사내강사 등 대상을 고려하여 교육훈련목적, 내용, 강사, 방법 등을 고려하여 교육훈련 계획을 수립한다.

## 10. 미생물 분석방법

### 1) 검사관리규정

시료채취 방법(食品公典 제2. 검체의 채취 및 취급방법에 준하여 실시)

① 시료채취

각 시료는 2차 오염을 방지하기 위하여 무균적으로 멸균시료병이나 멸균 비닐팩에 채취한 후 Ice Box로 운반하여 신속히 실험에 사용한다.

② 시료의 전처리

모든 시료는 Clean Bench에서 무균적으로 처리하며, 모든 검체는 멸균한 시약스푼이나 멸균한 가위를 이용한다. 무균적으로 채취된 시료 25g에 225*ml* 0.85% 멸균 NaCl 용액을 가한 후 스토마커를 이용하여 균질화하여 이 중 1*ml*을 시험원액으로 사용한다. 액상검체인 경우에는 강하게 탕하여 균질화하고 고형 및 반고형인 검체는 균질기(Stomacher)를 이용하여 적당량의 희석액과 혼합하여 균질화한 것을 검체로 한다.

칼, 도마 및 식기 등에서 검체를 채취할 때에는 0.85% NaCl 용액 10*ml*을 넣은 Corning Tube에 일정면적 탈지면을 넣어 121℃에서 15분간 멸균하여 실온에서 냉각한 후, 검체 채취장소에서 멸균된 핀셋으로 이 멸균 탈지면을 취하여 조리기구 및 용기, 조리원 손을 일정면적 닦아내어 Corning Tube에 다시 넣고 세게 진탕하여 부착균의 현탁액을 조제하여 이를 시험용액으로 한다.

## 2) 일반세균

멸균된 가위와 칼 등으로 무균적으로 채취된 검체 25g에 225*ml* 0.85% 멸균 NaCl 용액을 가한 후 스토마커를 이용하여 균질화한다. 이 중 1*ml*을 취하여 9*ml* 0.85% 멸균 NaCl 용액을 접종하여 단계별로 희석한다.

각 단계 희석액 1*ml*씩을 멸균 페트리디쉬 2매 이상씩 무균적으로 취하여 약 43~45℃로 유지한 PCA(Plate Count Agar) 배지 약 15*ml*를 무균적으로 분주하고 페트리디쉬 뚜껑에 부착하지 않도록 주의하면서 회전한 후 냉각 응고시켜 분주한 페트리디쉬는 거꾸로 하여 35±1℃ 배양기에 배양한다. 24~48시간 배양한 후 생성된 집락수를 계산한다.

## (1) 대장균군

대장균군의 측정은 식품공전 중 데속시콜레이트유당한천배지(Deoxycholate Lactose Agar)에 정량법에 따라 실험한다. 검체에 대한 희석액은 일반세균수와 같은 방법으로 조제한 후, 각 단계 희석액 1㎖씩을 멸균한 일회용 페트리디쉬 2매 이상씩에 무균적으로 취하여 약 43~45℃로 유지한 Deoxycholate Lactose Agar 15㎖를 페트리디쉬에 도말 후 응고시킨 후 일반세균수와 같은 방법으로 조제한 각 단계 희석액 1㎖씩을 도말봉으로 도말한다. 페트리디쉬는 거꾸로 하여 35±1℃에서 48시간 배양하여 형성된 전형적인 암적색의 집락수와 의심스러운 집락수를 계산한다. 또한 대장균군용 3M petrifilm에 희석액 1㎖씩 접종하여 35±1에서 24시간 배양한 후 기포발생 적색 집락수를 계산한다.

① 대장균

무균적으로 채취된 검체 25g에 멸균된 가위와 칼 등으로 잘 혼합한 후 225㎖ 0.85% 멸균 NaCl 용액을 가한 후 스토마커를 이용하여 균질화한다. 이 중 1㎖을 취하여 10㎖ EC broth(durham관)에 접종하여 44.5℃ water bath에서 24~48시간 배양 후 기포발생을 확인한다. 발효관에서 가스발생이 인정되었을 때에는 1백금을 취하여 EMB Agar에 도말하여 녹색의 metallic sheen을 띠는 집락을 선택하여 Nutrient agar에 접종 후 35±1℃에서 24시간 배양한다.

이 배양된 집락은 API 20E Kit(Bio merieux)을 사용하여 대장균 양성으로 판정한다.

가. E. coli O157 : H7

- 증균배양 : 무균적으로 채취한 검채 25g에 증균용 액체배지인 modified EC 배지 225㎖를 가한 후 스토마커를 이용하여 균질화하여 멸균된 삼각 플라스크에 옮겨 35℃에서 24시간 증균배양한다.
- 분리배양 : 증균배양액을 MacConkey Sorbitol 한천배지에 접종하여 35℃에서 18~24시간 배양하여, Sorbitol을 분해하지 않는 무색집락을 취하여 EMB 한천배지에 접종하고 35℃에서 24시간 배양한 후 녹색의 금속성 광택이 확인된 집

락은 확인시험을 한다. 또한, 이와 동시에 Minilyser를 사용하여 E. coli O157을 스크리닝 한 후 PCR test로 E. coli : H7을 동정한다.

- 확인시험 : EMB 한천배지에서 녹색의 금속성 광택을 보이는 집락을 Nutrient Agar에 옮겨 35℃에서 24시간 배양한 후 그람음성간균임을 확인하고 API 20E kit으로 동정한다. 즉 대장균으로 확인 동정된 균 중에서 O157이 확인된 균은 H7의 혈청형시험을 한다.

② 살모넬라

- 증균배양 : 상기의 시료전 처리방법으로 조제된 검액 1㎖를 증균용 액체배지인 Selenite Broth배지 10㎖에 접종하여 35℃에서 24시간 증균배양한다.
- 분리배양 : 증균된 균액을 분리용 배지인 MacConkey Agar에 도말하여 35℃에서 24시간 배양하여 무색의 유당 비분해균의 집락을 확인한다.
- 확인시험 : 분리용 배지에서 의심되는 집락을 선택하여 Nutrient Agar에 옮겨 35℃에서 24시간 배양한 후 분리된 균을 그람염색법에 따라 염색하여 검경한 결과, 그람음성간균을 확인하고 API 20E kit을 사용하여 동정하여 재확인한다. 또한 배양된 균을 TSI Agar에 첨자이식하고 35℃에서 24시간 배양하여 생물학적 성상을 검사한다. 즉, 유당은 분해되지 않으며, 포도당은 분해하여 배지면이 황색으로 변하고, 가스를 발생하여 배지 천자부는 갈라지며, 유화수소를 발생하여 천자한 자리 근처가 검은색으로 변한다.

③ 장염비브리오균

- 증균배양 : 상기의 시료전 처리방법으로 조제된 검액 1㎖를 증균용 액체배지인 Alkaline peptone수 10㎖에 접종하여 35℃에서 24시간 증균배양한다.
- 분리배양 : 증균된 균액을 분리용 배지인 TCBS Agar에 도말하여 35℃에서 24시간 배양한다.
- 확인시험 : 분리배지상에서 직경 2~4mm인 청록색의 Sucrose 비분해 집락이 확인된 경우에는 이 집락을 대상으로 추정 및 확인 시험을 한다. 의심되는 집락을 백금이로 취하여 TSI 한천배지의 사면과 고층부, LIM배지, Nutrient Agar에 각각 접종 후 37℃에서 18~24시간 배양한다.

장염비브리오균은 TSI 한천배지에서 포도당 발효(고층부가 황색), 가스비생성(고층부는 기포, 균열비 확인), Lactose, Sucrose 비분해(사면부가 적색), 황화 수소비생성(고층부가 흑생화되지 않음)을 확인하고, LIM배지에서는 Lysine Decarboxylase 양성(고층부가 적색), Indole 생성(시약 중층이 적색), 운동성 양성(고층부 전체가 혼탁)을 확인하며, Nutrient Agar에서는 Oxidase 시험에서 양성을 보인다. 이 확인 시험에서 확인된 집락은 API 20E kit으로 동정하여 재확인한다.

④ 리스테리아균

- 증균배양 : 1차 증균배지로서 우유, 유제품, 가공식품 및 수산물의 검체에 대해서는 Listeria enrichment broth를 사용하고, 식육 및 가금류의 검체는 UVM-modified listeria enrichment broth를 사용한다. 무균적으로 채취한 검체 25g에 Listeria enrichment broth 또는 UVM-modified listeria enrichment broth 225㎖를 스토마커로 균질화하여 멸균된 삼각플라스크에 옮겨 증균 배양액 1㎖를 취하여 Fraser listeria broth 10㎖에 접종하여 30℃에서 24시간 2차 증균배양한다.
- 분리배양 : 2차 증균액을 Oxford agar에 도말하여 30℃에서 24시간 배양한 후 의심집락이 확인되면 이를 0.6% yeast extract가 포함된 Tryptic soy agar에 도말하여 30℃에서 24시간 배양한다.
- 확인시험 : 분리배양된 집락은 API listeria kit으로 동정하여 재확인하는 것과 동시에 확인 시험을 실시한다. 즉 그람염색 후 그람양성간균이 확인되면 hemolysis, motility, catalase, CAMP test와 mannitol, rhamnose, xylose의 당분해실험을 실시한 결과 $\beta$-hemolysis를 나타내고, catalase 양성, motility 양성을 나타내며 CAMP test 결과 Staphylococcus aureus에서 양성, Phodococcus equi에서 음성으로 나타나는 동시에 당분해시험 결과 mannitol 비분해, rhamnose 분해, xylose 비분해의 결과를 보일 경우 Listeria monocytogenes 양성으로 판정한다.

### 3) 진균시험법

이스트와 곰팡이를 측정하는 것으로 진균수의 측정방법은 일반세균 측정법에 준하여 시험한다. 다만, 배지는 PDA 배지를 사용하여 25도에서 5~7일간 배양한 후 발생된 집락수를 계산하고 그 평판집락수에 희석배수를 곱하여 진균수로 한다.

### 4) 공중낙하균

작업장의 작업환경 평가를 위하여 측정한 공중낙하균 항목으로는 일반세균수, 황색포도상구균이며 작업장 내의 측정장소로는 전처리대, 조리대, 세척대, 냉장고, 홀 등이다. 각 낙하균의 측정을 위하여 해당 미생물에 대한 배지를 분주하여 고화시킨 일회용 멸균 페트리디쉬를 준비하여 각 낙하균의 측정 위치에서 15분간 뚜껑을 열어 방치한다. 뚜껑을 닫고 각각의 배양조건, 즉 일반세균수와 황색포도상구균은 35℃에서 48시간 3일간 배양한 다음 형성된 집락수를 계측하여 Plate당 집락수로 표시한다.

### 5) 기구, 장비의 표면 미생물 오염도 측정(Swab Contact Method)

#### (1) 원리

측정하고자 하는 기계, 기구, 용기, 작업대의 표면, 내면, 틈 등에 대한 일정 면적을 미리 멸균한 생리식염수 또는 완충용액 등으로 적신 적당한 크기의 멸균가아제 또는 탈지면으로 잘 Swabing 하여 Corning Tube에 넣고 일정량의 침출액을 가하여 흔들어 주거나 진탕한 후에 현탁액을 시료로 하여 배양하고 균수를 측정한다.

### (2) 배지

측정하고자 하는 해당 미생물 배지를 사용한다.

### (3) 방법

미리 멸균한 소량의 생리식염수 또는 적당한 침출액을 가아제 또는 탈지면에 적시고 핀셋으로 집어 눌러 여분의 침출액을 제거한 후 시험하려는 장소의 일정면적(가로, 세로 5cm 내외)을 전후 좌우로 몇 번 문지른다. 이 때 가아제의 문지른 면을 문지를 때마다 바꾼다. 채취된 가아제를 Corning Tube에 넣고 진탕하여 부착균의 현탁액을 시료액으로 한다.

### (4) 배양

시료 1*ml*와 각 희석액 1*ml*를 페트리디쉬 2장에 분주하고 측정하고자 하는 해당 배지를 혼합하고 고형화시킨다. 확산집락 방지와 전형적인 색 생성을 위해 동일 배지로 Coating 한다. 배양은 세균용으로 35도/24~48 시간, 진균용은 20~25도/5~7일간 배양한다.

식중독 세균 측정은 Swabing 한 가아제를 해당 미생물 증균, 선택용 배지에 접종하고 사내미생물시험법에 의거 실시한다.

### (5) 판정

배양 완료 후 세균 및 진균 평판에 증식한 집락수를 계측하고 사용한 페트리디쉬를 나누어 각각 평균을 구한다. 평판 1개당 30~100개의 집락이 되도록 희석배수를 정한다. 판정은 표면을 문지른 단위 면적에 대해서 침출에 사용한 양에 알맞은 희석배수로 구하고 이 희석배수에 진균 및 세균의 평균치를 곱하여 균수로 한다.

### 6) 기 타

상기 미생물 시험법에 기재되어 있지 않는 경우는 식품공전(실험메뉴얼) 등을 참고한다. 만약 상기 시험방법에도 없는 경우에는 타법령에 정해져 있거나 공인시험방법에 따라 시험을 실시한다.

#### (1) 간이 미생물 검사 및 기준

① 검사계획 수립

분기별 1회 실시하며 접객용 음용수의 경우는 월 1회 실시한다.

② 검사항목 설정

검사 및 시험대상에 대한 검사 항목을 설정한다. 이 과정은 기존의 검사항목에 변화가 있을 경우에만 해당된다.

〈표 8-20〉 **간이 미생물 검사항목과 검사도구**

| 구 분 | 검사항목 | 검사도구 |
|---|---|---|
| 식집기류(도마, 칼 등) | 대장균, 살모넬라균, 황색포도상구균 | FOOD STAMP 사용 |
| 조리자의 손 | 대장균, 살모넬라균, 황색포도상구균 | |
| 어패류 | 비브리오불니피쿠스균 | |
| 접객용 음용수 | 일반세균, 대장균(E. coli) | PETRI FILM 사용 |
| 식품 | 대장균, 일반세균, 황색포도상구균 | |

③ 판정기준 수립

검사항목에 따른 판정기준을 수립한다. 이 과정 역시 법적 기준이 변경되거나 검사항목에 변화가 있을 경우에만 해당된다. 검사도구에 따른 판정은 다음과 같다.

〈표 8-21〉 **배양도구별 판정방법**

| 배양도구 | 구 분 | 양성반응판별 | 비고 |
|---|---|---|---|
| FOOD STAMP | 대장균(E. coli)용 | – 밤색의 배지 표면에 금속 광택성 청녹색의 집락이 발육되어 있다. | |
| | 살모넬라용 | – 녹색의 배지 표면에 흑색의 집락이 발육되어 있다. | |
| | 살모넬라용 | – 옅은 분홍색의 배지 표면에 진한 노란색의 집락이 퍼지지 않고 또렷하게 발육되어 있다 | |
| | 비브리오 블니피쿠스균용 | – 비브리오블니피쿠스균은 녹색의 배지 노란색의 집락이 발육되어 있다. | |
| PETRI FILM | 대장균군용 (coli form) | – 대장균군은 붉은색으로 염색되며, 균에 바로 붙어서 균의 대사산물인 가스가 집적되므로 붉은색으로 염색된 균+가스인 균만대장균군으로 간주하며 가스방울이 없이 붉은색만을 나타내는 균은 기타 잡균으로 분류한다. | 색깔 및 형태는 카탈로그 참조 |
| | 대장균용 (E. coli) | – 푸른색으로 염색된 균+가스인 경우 대장균으로 판정한다. | |
| | 일반세균용 | – 붉은색으로 염색되며 크기에 관계없이 모두 헤아린다.<br>– 세균수가 250개를 넘을 경우 한 개의 사각형 안에 있는 세균수를 세어 20을 곱하면 전체 균수가 근사치로 계산된다. | |
| | 황색포도상구균용 | 붉은색 균체의 둘레가 핑크색으로 되어 있다. | |

④ 검사도구 사용방법

가. FOOD STAMP에 의한 검사

- 대상 : 식집기류(칼, 도마 등), 조리자의 손, 어패류
- 검사항목 : 대장균, 살모넬라균, 황색포도상구균, 비브리오블니피쿠스균
- 방법
  - FOOD STAMP는 검사항목에 따라 그 종류가 다르므로, 검사항목별로 준비한다.
  - FOOD STAMP의 표면을 아래로 향하게 한 후 검사대상 가까이에서 뚜껑을 연다. 이는 낙하균으로 인한 오염을 방지하기 위함이다.
  - 검사대상 표면을 FOOD STAMP로 3회 채취한다(도장을 찍듯이 누른다).
  - 표면을 아래로 향하게 한 상태에서 뚜껑을 덮는다.

– 뚜껑을 덮은 후 뒤집어서 37±1℃에서 24~48 시간 배양기에서 배양한다(실온배양의 경우 72시간 이상).

– 배양 후 반응여부를 살핀다.

나. PETRI FILM

- 대상 : 접객용 음용수(정수기수), 행주
- 검사항목 : 일반세균, 대장균군, 대장균
- 방법

– 시료 채취용 easy swap, ST(Swab Test)-tube, 멸균병, 멸균주사기, 멸균 피펫팁 등을 준비한다.

– FOOD STAMP와 마찬가지로 검사하고자 하는 균별로 PETRI FILM을 준비한다.

– 식수통에 담겨 있는 물을 멸균병에 담아 멸균된 주사기 또는 피펫팁을 사용하여 1㎖를 채취한다.

– PETRI FILM의 덮개를 열고 일반세균은 중앙에 분주하고, 그 외 균은 내부원 안쪽에 수직으로 분주한다(접종과정에서 기포발생 방지).

– 상부필름을 빨리 놓게 되면 기포가 생겨서 결과가 불명확해지므로 부드럽게 위에서 아래로 덮고 누름판으로 살짝 눌러 원형 형태로 굳힌다(30초~60초 정도).

– 배양기에서 배양한다(20장 정도 쌓고 배양시켜도 무방하다).

〈표 8-22〉 PETRI FILM 검사조건

| 검사항목 | 배양온도 | 배양기간 |
|---|---|---|
| 일반세균 | 37℃ | 24~48시간 |
| 대장균군 | 32℃ | 24시간 |
| 대장균 | 32℃~35℃ | 24~48시간 |
| 황색포도상구균 | 35℃<br>62℃<br>35℃ | 24시간<br>1시간<br>3시간 |
| 비브리오 | 35℃~37℃ | 24시간 |

다. 결과산출

배지 표면의 반응여부를 확인한 후 적·부 판정을 내린다. 세균검사 결과표에 판정사항을 표시한다.

라. 결과통보

세균검사결과표의 원본은 위생분석실에서 보관하며, 사본은 각 영업장으로 송부한다.

마. 사후관리

세균검사 결과 불합격된 항목의 경우에는 재검을 실시하여 그 원인을 찾아 개선이 가능하도록 관리한다.

### 7) 미생물 관리기준

#### (1) 원·부재료

① 축산물, 수산물

장염비브리오 : 음성

리스테리아 : 음성

② 섭취시 가열조리 없는 가공식품

대장균 : 음성

병원성대장균 : 음성

살모넬라 : 음성

황색포도상구균 : 음성

장염비브리오 : 음성

③ 냉동식품(비가열섭취냉동식품, 냉동전 가열식품)

일반세균 : 100,000 CFU/g 이하

대장균군 : 10 CFU/g 이하

④ 냉동식품(냉동전 비가열식품)

일반세균 : 3,000,000 CFU/g 이하
대장균 : 음성

⑤ 살균제품

대장균군 : 음성
세균 : 음성
효모, 곰팡이 : 음성

⑥ 멸균제품

세균수 : 음성

### (2) 완제품

① 가열식품

일반세균 : 100,000 CFU/g 이하
효모, 곰팡이 : 음성
대장균 : 음성
병원성대장균 O-157 : 음성
살모넬라 : 음성
황색포도상구균 : 음성
장염비브리오 : 음성
리스테리아 : 음성

### (3) 비가열식품

대장균군 : 100 CFU/g 이하
대장균 : 음성
병원성대장균 O-157 : 음성
살모넬라 : 음성

황색포도상구균 : 음성
장염비브리오 : 음성
리스테리아 : 음성

### (4) 접객용 음용수 및 얼음

일반세균 : 100 CFU/*ml* 이하
대장균 : 음성/250*ml*
살모넬라 : 음성/250*ml*
여시니아(음용수) : 음성/250*ml*(필요에 따라 이질균 검사 : 음성)

### (5) 기타

① 기기, 장비, 식품취급자 손
일반세균 : 10,000 CFU/g 이하
대장균군 : 음성
대장균 : 음성
식중독균 : 음성

② 행주
일반세균 : 10,000 CFU/g 이하
대장균군 : 음성
대장균 : 음성
식중독균 : 음성

③ 공중낙하균
오염구역 : 100 CFU/plate/5분 이하
준청결구역 : 50 CFU/plate/5분 이하
청결구역 : 30 CFU/plate/5분 이하

## 8) 관리기준 이탈시 조치사항

### (1) 완제품

① 부적합 판정시 담당자가 판단하여 재검사를 실시하거나 예상되는 오염 및 증식원인과 자체 원인조사를 명시한 보고서를 HACCP 팀장에 보고하고, 현장책임자 및 구매팀장에게 통보하여 개선조치 시킨다.

② 동일 품목이 연속 2회 이상 부적합 판정시 검사 담당자는 공정별 분석검사와 원인조사를 실시하여 개선시킨다.

### (2) 농·수·축산물

검사 결과를 HACCP 팀장에게 보고하고 부적합 발생시 구매팀장에게 통보하여 관련 납품업체를 개선조치 시키도록 한다.

### (3) 접객용 음용수 및 얼음

① 검사결과를 HACCP 팀장에게 보고한다.

② 부적합판정시 개선조치서를 현장책임자에게 통보하고 해당 정수기 필터 교체와 제빙기에 대한 세척 및 소독을 실시한다.

③ 재검사를 시시하여 개선여부를 최종 확인한다.

## 9) 장비, 도구 용기, 기물, 행주 및 식품취급자 손

① 검사결과를 종합하여 HACCP 팀장에게 보고한다.

② 부적합 판정시 현장책임자에게 통보하고 책임자에게 경고조치 후 개선시킨다.

## 10) 공중낙하균

① 검사결과를 종합하여 HACCP 팀장에게 보고한다.

② 부적합 판정시 현장책임자에게 통보하고 책임자에게 경고조치 후 개선시킨다.

# 부 록

1. 노로바이러스 식중독 예방 수칙
2. 노로바이러스 확산 방지를 위한 대응 요령
3. 식품위해요소중점관리기준 [1]
4. 식품접객업소(일반음식점 · 휴게음식점 · 제과점)
5. HACCP 실시상황평가표(제10조 관련)
6. 선행요건관리
7. HACCP 관리
8. 식품별 평가사항
9. 식품위해요소중점관리기준 [2]
10. 식품위생법
11. 선행요건 적용기준
12. HACCP 적용품목심벌(제24조 관련)

# 부록 1 노로바이러스 식중독 예방 수칙

# 부록 2 노로바이러스 확산 방지를 위한 대응 요령

## 감염원 제거

### 구토물

- 구토물 등 눈에 보이는 감염원을 맨손이나 대걸레로 처리하지 말고 소독액을 묻힌 기구들을 이용하여 제거한 다음 5,000㎎/ℓ 염소 소독액을 이용하여 소독 실시

  ※ 사용한 걸레, 장갑 등은 쓰레기봉투에 잘 밀봉하여 폐기하고, 감염원 주위는 집중적으로 청소와 소독 실시

### 화장실

- 화장실이 분변에 오염되어 있을 경우 시설내로의 오염 확대 방지를 위해 변기, 출입문손잡이, 수도꼭지 등을 세정 · 소독

  ※ 구토물 제거를 위한 청소방법과 동일하게 청소 등 처리

## 급식·조리관리

- 식당 영업자는 종사자의 건강상태를 매일 점검하고, 건강상태가 좋지 않은 자는 음식물 조리작업에 참여 금지
- 노로바이러스 감염 종사자의 경우 회복된 후에도 48시간 이내 작업 금지
- 샐러드류나 어패류 등 날로 먹는 식단은 피하고 가열 조리한 식단으로 구성, 가열 조리시 음식물의 중심 온도를 85℃ 1분 이상 가열 조리
- 오염이 의심되는 기구 · 용기와 사람들의 접촉이 많은 작업도구, 문고리, 손잡이 등은 염소계 살균소독제를 이용하여 살균 · 소독
- 조리종사자들은 반드시 염소 소독액을 사용하여 손목부터 손가락 사이까지 깨끗이 씻고 식품에 조리하는 손이 직접 닿지 않도록 1회용 장갑 등을 사용

# 부록 3 식품위해요소중점관리기준 [1]

**식품의약품안전처고시 제2013-260호(제2013. 12. 31. 개정)**

제4조(적용품목 및 시기 등)

① 이 기준은 법 제48조 제1항에 따라 식품별 기준이 고시된 다음 각 호의 어느 하나에 해당하는 식품이나 이외의 식품에 대하여 적용할 수 있다.

1. 어육가공품 중 어묵류
2. 냉동수산식품중 어류·연체류·패류·갑각류·조미가공품
3. 냉동식품 중 기타 빵 또는 떡류·면류·일반가공식품의 기타 가공품
4. 빙과류
5. 집단급식소·식품접객업소의 조리 식품
6. 도시락류
7. 비가열음료
8. 레토르트식품
9. 김치절임식품 중 김치류·절임류·젓갈류
10. 특수영양식품 중 영아용(성장기용) 조제식, 영·유아용 곡류조제식, 기타 영·유아식(주스류)
11. 두부류 또는 묵류
12. 저산성 통·병조림 중 굴통조림
13. 건포류
14. 드레싱
15. 빵 또는 떡류 중 빵, 케이크류
16. 생식류
17. 고춧가루

18. 면류 중 국수·냉면·당면·유탕면류

19. 신선편의식품

20. 단순 전처리 식품(자연 상태의 농·임산물 또는 박피 등을 거친 농·임산물을 세척, 절단 등의 가공 공정을 거쳐 포장한 식품을 말한다)

21. 기타 가공품 〔자연 상태의 농·임산물 또는 박피·세척·절단 등의 가공 공정을 거친 농·임산물을 식품첨가물을 사용하여 소독 등의 공정을 거쳐 포장한 식품이거나, 자연 상태의 농·임산물 또는 박피·세척·절단 등의 가공 공정을 거친 농·임산물을 가열(삶은 공정 포함)·건조 등의 공정을 거쳐 포장한 나물류 등을 말한다〕

22. 냉장수산물가공품(수산물을 내장 제거, 세척, 절단 등의 가공 공정을 거쳐 냉장한 식품을 말한다)

23. 기타 식품판매업소 판매식품

24. 식품접객업소(일반음식점·휴게음식점·제과점)의 조리·제조식품

25. 식품소분업소의 소분식품(HACCP 적용 품목을 소분한 경우에 한한다.)

26. 과자류

27. 음료류

28. 다류

29. 주류(탁주)

30. 건강기능식품

31. 집단급식소식품판매업소의 단순전처리식품(자연 상태의 농·임산물 또는 박피 등을 거친 농·임산물을 세척, 절단 등의 가공 공정을 거쳐 포장한 식품을 말한다.)

② 식품별 기준이 고시된 제1항 각 호의 식품 중 다음 각 호의 1에 해당하는 식품을 제조·가공하는 자는 법 제48조 제2항 및 같은 법 시행규칙(이하 "시행규칙"이라 한다) 제62조 제1항의 규정에 따라 이 고시에서 정하는 위해요소중점관리기준을 적용·준수하여야 한다. 다만, 생산제품이 해당 지역 내에서만 유통되는 도서지역의 영업자이거나, 생산제품을 모두 국외로 수출하는 영업자는 제외한다.

1. 어육가공품 중 어묵류
2. 냉동수산식품 중 어류·연체류·조미가공품
3. 냉동식품중 피자류·만두류·면류
4. 빙과류
5. 비가열음료
6. 레토르트식품
7. 김치류 중 배추김치

③ 제2항의 규정에 의한 의무 적용 시기는 업소별로 연매출액과 종업원수에 기초하여 다음 각 호와 같이 단계별로 시행한다.

1. 연매출액 20억원 이상이면서 종업원수가 51인 이상인 업소 : 2006년 12월 1일부터(제2항제7호의 경우 2008년 12월 1일부터)
2. 연매출액 5억원 이상이면서 종업원수가 21인 이상인 업소 : 2008년 12월 1일부터(제2항제7호의 경우 2010년 12월 1일부터)
3. 연매출액 1억원 이상이면서 종업원수가 6인 이상인 업소 : 2010년 12월 1일부터(제2항제7호의 경우 2012년 12월 1일부터)
4. 연매출액 1억원 미만 또는 종업원수가 5인 이하인 업소 : 2012년 12월 1일부터(제2항제7호의 경우 2014년 12월 1일부터)

④ 제3항의 규정에 의한 의무 적용 시기는 연매출액을 기준으로 하여 종업원수의 요건을 동시에 충족하는 시기를 말하며, 연매출액 산정은 해당 사업장에서 제조·가공하는 의무 적용 대상 식품의 전년도 1년간의 총 매출액을 기준으로 하고, 종업원수는 「근로기준법」에 의한 영업장 전체의 상시근로자를 기준으로 한다.

⑤ 제4항의 규정에도 불구하고 신규영업 또는 휴업 등으로 1년간 매출액을 산정할 수 없는 경우에는 매출액 산정이 가능한 최근 3월의 매출액을 기준으로 1년간 매출액을 산정하여 의무적용시기를 정할 수 있다. 다만, 의무적용 대상업소 중 기준 준수에 필요한 시설·설비 등의 개·보수를 위하여 일정기간이 필요하다고 요청하여 식품의약품안전처장이 인정하는 경우에는 1년이 범위 내에서 의무적용을 유예할 수 있다.

# 부록 4 식품접객업소(일반음식점·휴게음식점·제과점)

1. 조리장은 외부의 오염물질이나, 해충·설치류 등의 유입을 차단할 수 있도록 밀폐 또는 위생적으로 관리하는 등 식품위생법에서 정한 시설기준에 적합하게 관리하여야 한다.

2. 포충등, 쥐덫, 바퀴벌레 포획도구 등에 포획된 개체수를 정해진 주기에 따라 확인하고 관리하여야 한다.

3. 종업원은 조리장 출입 시 이물제거 도구 등을 이용하여 이물을 제거하여야 하고, 개인장신구 등 휴대품을 소지하여서는 아니된다.

4. 종업원은 조리장 출입 시 손·위생화 등을 세척·소독하여야 하며, 청결한 위생복장을 착용하여야 한다.

5. 종업원을 대상으로 정해진 주기에 따라 위생교육을 실시하여야 한다.

6. 작업장 내부는 정해진 주기에 따라 청소하여야 한다.

7. 조리시설의 식품과 직접 닿는 부분, 식품과 직접 접촉되는 조리도구 등은 정해진 주기에 따라 청소·소독을 실시하여야 한다.

8. 파손되거나 정상적으로 작동하지 아니하는 조리시설을 사용하여서는 아니된다.

9. 냉장·냉동 창고의 온도를 적절히 관리하여야 한다.

10. 냉장·냉동 창고의 온도계는 정해진 주기에 따라 검·교정을 실시하여야 한다.

11. 저수조는 정해진 주기에 따라 청소·소독을 철저히 하고 화장실은 영업장에 영향을 주지 아니하도록 위생적으로 관리하여야 한다.

12. 식품과 직접 접촉되는 모니터링 도구(온도계 등)는 사용 전·후 세척·소독을 실시하여야 한다.

13. 조리하는 원·부재료 입고 시 시험성적서를 확인하거나 검사를 실시하여야 한다.

14. 음식물을 조리 및 보관과정 중에 교차오염 및 미생물 증식을 방지하기 위하여 적절한 관리를 하여야 한다.

15. 식품안전과 관련된 소비자 불만, 이물 혼입 등 발생시 개선조치를 실시하고, 그 결과를 기록·유지하는 등 식품위생법에서 정하는 준수사항을 지켜야 한다.

1) 지정평가표

| 평가내용 | 평가결과 (해당 □에 V 표시) | |
|---|---|---|
| ■ 선행요건 관리 | | |
| 1. 조리장은 외부의 오염물질이나, 해충 · 설치류 등의 유입을 차단할 수 있도록 밀폐 또는 위생적으로 관리하는 등 식품위생법에서 정한 시설기준에 적합하게 관리하여야 한다. | 적합 □ | 부적합 □ |
| 2. 포충등, 쥐덫, 바퀴벌레 포획도구 등에 포획된 개체수를 정해진 주기에 따라 확인하고 관리하여야 한다. | 적합 □ | 부적합 □ |
| 3. 종업원은 조리장 출입 시 이물제거 도구 등을 이용하여 이물을 제거하여야 하고, 개인장신구 등 휴대품을 소지하여서는 아니된다. | 적합 □ | 부적합 □ |
| 4. 종업원은 조리장 출입 시 손 · 위생화 등을 세척 · 소독하여야 하며, 청결한 위생복장을 착용하여야 한다. | 적합 □ | 부적합 □ |
| 5. 종업원을 대상으로 정해진 주기에 따라 위생교육을 실시하여야 한다. | 적합 □ | 부적합 □ |
| 6. 작업장 내부는 정해진 주기에 따라 청소하여야 한다. | 적합 □ | 부적합 □ |
| 7. 조리시설의 식품과 직접 닿는 부분, 식품과 직접 접촉되는 조리도구 등은 정해진 주기에 따라 청소 · 소독을 실시하여야 한다. | 적합 □ | 부적합 □ |

| 평 가 내 용 | 평 가 결 과<br>(해당 □에 V 표시) | |
|---|---|---|
| 8. 파손되거나 정상적으로 작동하지 아니하는 조리시설을 사용하여서는 아니된다. | 적합 □ | 부적합 □ |
| 9. 냉장 · 냉동 창고의 온도를 적절히 관리하여야 한다. | 적합 □ | 부적합 □ |
| 10. 냉장 · 냉동 창고의 온도계는 정해진 주기에 따라 검 · 교정을 실시하여야 한다. | 적합 □ | 부적합 □ |
| 11. 저수조는 정해진 주기에 따라 청소 · 소독을 철저히 하고 화장실은 영업장에 영향을 주지 아니하도록 위생적으로 관리하여야 한다. | 적합 □ | 부적합 □ |
| 12. 식품과 직접 접촉되는 모니터링 도구(온도계 등)는 사용 전 · 후 세척 · 소독을 실시하여야 한다. | 적합 □ | 부적합 □ |
| 13. 조리하는 원 · 부재료 입고 시 시험성적서를 확인하거나 검사를 실시하여야 한다. | 적합 □ | 부적합 □ |
| 14. 음식물을 조리 및 보관과정 중에 교차오염 및 미생물 증식을 방지하기 위하여 적절한 관리를 하여야 한다. | 적합 □ | 부적합 □ |
| 15. 식품안전과 관련된 소비자 불만, 이물 혼입 등 발생시 개선조치를 실시하고, 그 결과를 기록 · 유지하는 등 식품위생법에서 정하는 준수사항을 지켜야 한다. | 적합 □ | 부적합 □ |
| ■ HACCP 관리 | | |
| 16. 중요관리점(CCP)을 결정하고, 한계기준을 설정하여 관리하여야 한다. | 적합 □ | 부적합 □ |
| 17. 모니터링을 정해진 주기에 따라 실시하고, 그 결과를 기록 · 유지하여야 한다. | 적합 □ | 부적합 □ |
| 18. 모니터링 기구 · 장비 등은 매년 유지 · 보수하거나 검 · 교정을 실시하여야 한다. | 적합 □ | 부적합 □ |
| 19. 한계기준 이탈시 개선조치를 실시하고, 그 결과를 기록 · 유지하여야 한다. | 적합 □ | 부적합 □ |
| 20. 중요관리점(CCP)에 대한 관리상황을 정해진 주기에 따라 검증하고, 그 결과를 기록 · 유지하여야 한다. | 적합 □ | 부적합 □ |
| 〈판정기준〉<br>지정평가: 각 항목에 대한 적합항목의 개수가 17개 이상일 경우에는 적합, 15개에서 16개 이하이면 보완, 14개 이하이면 부적합으로 판정한다. 다만, 평가제외 항목이 있을 경우 평가제외 항목을 제외한 총 항목 대비 준수항목을 백분율로 환산하여 85%(소수첫째자리 반올림 처리) 이상일 경우에는 적합, 71%에서 84% 이하는 보완, 70% 이하이면 부적합으로 판정한다. | 적합<br>항목수 | 적합항목<br>비율(%) |
| | 적합/보완/부적합 | |

## 2) 사후관리용

| 평가내용 | 평가결과 (해당 □에 V 표시) |
|---|---|
| ■ 선행요건 관리 | |
| 1. 조리장은 외부의 오염물질이나, 해충 · 설치류 등의 유입을 차단할 수 있도록 밀폐 또는 위생적으로 관리하는 등 식품위생법에서 정한 시설기준에 적합하게 관리되고 있는가? | 준수 □ 미준수 □ |
| 2. 포충등, 쥐덫, 바퀴벌레 포획도구 등에 포획된 개체수를 정해진 주기에 따라 확인하고 있는가? | 준수 □ 미준수 □ |
| 3. 종업원은 조리장 출입 시 이물제거 도구 등을 이용하여 이물을 제거하여야 하고, 개인장신구 등 휴대품을 소지하지 않고 있는가? | 준수 □ 미준수 □ |
| 4. 종업원은 조리장 출입 시 손 · 위생화 등을 세척 · 소독하여야 하며, 청결한 위생복장을 착용하고 있는가? | 준수 □ 미준수 □ |
| 5. 종업원을 대상으로 정해진 주기에 따라 위생교육을 실시하고 있는가? | 준수 □ 미준수 □ |
| 6. 작업장 내부는 정해진 주기에 따라 청소하고 있는가? | 준수 □ 미준수 □ |
| 7. 조리시설의 식품과 직접 닿는 부분, 식품과 직접 접촉되는 조리도구 등은 정해진 주기에 따라 청소 · 소독을 실시하여고 있는가? | 준수 □ 미준수 □ |
| 8. 파손되거나 정상적으로 작동하지 아니하는 조리시설을 사용하고 있는가? | 준수 □ 미준수 □ |
| 9. 냉장(10℃ 이하) · 냉동(−18℃ 이하) 창고의 온도를 적절히 관리하고 있는가? | 준수 □ 미준수 □ |
| 10. 냉장 · 냉동 창고의 온도계는 정해진 주기에 따라 검 · 교정을 실시하고 있는가? | 준수 □ 미준수 □ |
| 11. 저수조는 정해진 주기에 따라 청소 · 소독을 철저히 하고 화장실은 영업장에 영향을 주지 아니하도록 위생적으로 관리되고 있는가? | 준수 □ 미준수 □ |
| 12. 식품과 직접 접촉되는 모니터링 도구(온도계 등)는 사용 전 · 후 세척 · 소독을 실시하여고 있는가? | 준수 □ 미준수 □ |
| 13. 조리하는 원 · 부재료 입고 시 시험성적서를 확인하거나 검사를 실시하고 있는가? | 준수 □ 미준수 □ |
| 14. 음식물을 조리 및 보관과정 중에 교차오염 및 미생물 증식을 방지하기 위하여 적절한 관리를 하고 있는가? | 준수 □ 미준수 □ |

| 평 가 내 용 | 평 가 결 과 (해당 □에 V 표시) | |
|---|---|---|
| 15. 식품안전과 관련된 소비자 불만, 이물 혼입 등 발생시 개선조치를 실시하고, 그 결과를 기록 · 유지하는 등 식품위생법에서 정하는 준수사항을 지키고 있는가? | 준수 □ | 미준수 □ |
| ■ HACCP 관리 | 준수 □ | 미준수 □ |
| 16. 중요관리점(CCP)을 결정하고, 한계기준을 설정하여 관리하고 있는가? | 준수 □ | 미준수 □ |
| 17. 모니터링을 정해진 주기에 따라 실시하고, 그 결과를 기록 · 유지하고 있는가? | 준수 □ | 미준수 □ |
| 18. 모니터링 기구 · 장비 등은 매년 유지 · 보수하거나 검 · 교정을 실시하고 있는가? | 준수 □ | 미준수 □ |
| 19. 한계기준 이탈시 개선조치를 실시하고, 그 결과를 기록 · 유지하고 있는가? | 준수 □ | 미준수 □ |
| 20. 중요관리점(CCP)에 대한 관리상황을 정해진 주기에 따라 검증하고, 그 결과를 기록 · 유지하고 있는가? | 준수 □ | 미준수 □ |
| 〈판정기준〉<br>정기 조사 · 평가: 각 항목에 대한 준수항목의 개수가 17개 이상일 경우에는 적합, 16개 이하이면 부적합으로 판정한다. 다만, 평가제외 항목이 있을 경우 평가제외 항목을 제외한 총 항목 대비 준수항목을 백분율로 환산하여 85%(소수첫째자리 반올림 처리) 이상일 경우에는 적합, 84% 이하이면 부적합으로 판정한다. | 준수 항목수 | 준수항목 비율(%) |
| | | |
| | 준수/미준수 | |

# 부록 5 HACCP 실시상황평가표(제10조 관련)

## Ⅰ. 공통사항

### 1. 회사(사업장)현황

<table>
<tr><td rowspan="6">신청인</td><td colspan="4">(1) 영업허가(신고)번호</td><td colspan="4">(2) 영업허가(신고)<br>연 월 일</td></tr>
<tr><td colspan="4">(3) 회사명</td><td colspan="4">(4) 전화번호</td></tr>
<tr><td rowspan="2">(5) 소재지</td><td>본 사</td><td colspan="6"></td></tr>
<tr><td>공 장<br>(사업장)</td><td colspan="6">※ 집단급식소 중 위탁운영의 경우 그 이름과 소재지, 신고번호를 기재</td></tr>
<tr><td colspan="4">(6) 대표자 성명</td><td colspan="4">(7) 생년월일</td></tr>
<tr><td colspan="4">(8) HACCP 적용<br>식품(유형)</td><td colspan="4">(9) 지하수 사용<br>(○ / ×)</td></tr>
<tr><td>HACCP<br>팀 장</td><td colspan="4">(10) 직 위</td><td colspan="4">(11) 성 명</td></tr>
<tr><td rowspan="3">면 적<br>(m²)</td><td colspan="4">(12) 작업장<br>(조리장)</td><td colspan="4">(13) 보관소</td></tr>
<tr><td colspan="4">(14) 실험실</td><td colspan="4">(15) 기 타</td></tr>
<tr><td colspan="8">(16) 합 계</td></tr>
<tr><td>작업장<br>(조리장)<br>의 종류</td><td>(17) 원료처리실</td><td>(18)<br>제조가공실<br>(조리실)</td><td>(19)<br>충전실</td><td>(20)<br>포장실</td><td>(21)<br>검사실</td><td>(22)<br>보일러실</td><td>(23) 일반 · 청결<br>구역 구분</td><td>(24)<br>기 타</td></tr>
<tr><td>평 가<br>(○/×)</td><td></td><td></td><td></td><td></td><td></td><td></td><td></td><td></td></tr>
<tr><td rowspan="2">작업인원<br>(명)</td><td colspan="4">(25) 제조(조리)<br>관리부서</td><td colspan="4">(26) 검 사<br>관리부서</td></tr>
<tr><td colspan="4">(27) 기 타<br>작업원</td><td colspan="4">(28) 합 계</td></tr>
</table>

# 부록 6 선행요건관리

## 지정 및 사후관리용(집단급식소, 식품접객업소, 도시락 제조·가공업소용)

| 평 가 내 용(배점) | 평가 결과 (0~3점) | 비 고 |
|---|---|---|
| **영업장 관리** | | |
| · 작업장 | | |
| 1. 영업장은 독립된 건물이거나 해당 영업신고를 한 업종외의 용도로 사용되는 시설과 분리(벽 · 층 등에 의하여 별도의 방 또는 공간으로 구별되는 경우를 말한다. 이하 같다)되어야 한다. (0~3점) | | |
| 2. 작업장(출입문, 창문, 벽, 천장 등)은 누수, 외부의 오염물질이나 해충 · 설치류 등의 유입을 차단할 수 있도록 밀폐 가능한 구조이어야 한다. (0~3점) | | |
| 3. 작업장은 청결구역(식품의 특성에 따라 청결구역은 청결구역과 준청결구역으로 구별할 수 있다)과 일반구역으로 분리하고, 제품의 특성과 공정에 따라 분리, 구획 또는 구분할 수 있다. (0~3점) | | |
| · 건물 바닥, 벽, 천장 | | |
| 4. 원료처리실, 제조 · 가공 · 조리실 및 내포장실의 바닥, 벽, 천장, 출입문, 창문 등은 제조 · 가공 · 조리하는 식품의 특성에 따라 내수성 또는 내열성 등의 재질을 사용하거나 이러한 처리를 하여야 하고, 바닥은 파여 있거나 갈라진 틈이 없어야 하며, 작업 특성상 필요한 경우를 제외하고는 마른 상태를 유지하여야 한다. 이 경우 바닥, 벽, 천장 등에 타일 등과 같이 홈이 있는 재질을 사용한 때에는 홈에 먼지, 곰팡이, 이물 등이 끼지 아니하도록 청결하게 관리하여야 한다.(0~3점) | | |
| · 배수 및 배관 | | |
| 5. 작업장은 배수가 잘 되어야 하고 배수로에 퇴적물이 쌓이지 아니 하여야 하며, 배수구, 배수관 등은 역류가 되지 아니 하도록 관리하여야 한다. (0~3점) | | |
| 6. 배관과 배관의 연결부위는 인체에 무해한 재질이어야 하며, 응결수가 발생하지 아니하도록 단열재 등으로 보온 처리하거나 이에 상응하는 적절한 조치를 취하여야 한다. (0~1점) | | |
| · 출입구 | | |

| 평 가 내 용(배점) | 평가 결과 (0~3점) | 비 고 |
|---|---|---|
| 7. 작업장 외부로 연결되는 출입문에는 먼지나 해충 등의 유입을 방지하기 위한 완충구역이나 방충이중문 등을 설치하여야 한다. (0~1점) | | |
| 8. 작업장의 출입구에는 구역별 복장 착용 방법을 게시하여야 하고, 개인위생관리를 위한 세척, 건조, 소독 설비 등을 구비하여야 하며, 작업자는 세척 또는 소독 등을 통해 오염가능성 물질 등을 제거한 후 작업에 임하여야 한다. (0~2점) | | |
| · 통 로 | | |
| 9. 작업장 내부에는 종업원의 이동경로를 표시하여야 하고 이동경로에는 물건을 적재하거나 다른 용도로 사용하지 아니 하여야 한다. (0~1점) | | |
| · 창 | | |
| 10. 창의 유리는 파손 시 유리 조각이 작업장내로 흩어지거나 원 · 부자재 등으로 혼입되지 아니 하도록 하여야 한다. (0~1점) | | |
| · 채광 및 조명 | | |
| 11. 선별 및 검사구역 작업장 등은 육안확인에 필요한 조도(540룩스 이상)를 유지하여야 한다. (0~1점) | | |
| 12. 채광 및 조명시설은 내부식성 재질을 사용하여야 하며, 식품이 노출되거나 내포장 작업을 하는 작업장에는 파손이나 이물 낙하 등에 의한 오염을 방지하기 위한 보호장치를 하여야 한다. (0~1점) | | |
| · 부대시설 | | |
| – 화장실 | | |
| 13. 화장실, 탈의실 등은 내부 공기를 외부로 배출할 수 있는 별도의 환기시설을 갖추어야 하며, 화장실 등의 벽과 바닥, 천장, 문은 내수성, 내부식성의 재질을 사용하여야 한다. 또한, 화장실의 출입구에는 세척, 건조, 소독 설비 등을 구비하여야 한다. (0~1점) | | |
| – 탈의실, 휴게실 등 | | |
| 14. 탈의실은 외출복장(신발 포함)과 위생복장(신발 포함)간의 교차 오염이 발생하지 아니 하도록 구분 · 보관하여야 한다. (0~1점) | | |
| **위생관리** | | |
| · 작업 환경 관리 | | |
| – 동선 계획 및 공정간 오염방지 | | |
| 15. 식자재의 반입부터 배식 또는 출하에 이르는 전 과정에서의 교차오염 방지를 위하여 물류 및 출입자의 이동 동선을 설정하고 이를 준수하여야 한다. (0~2점) | | |
| 16. 청결구역과 일반구역별로 각각 출입, 복장, 세척 · 소독 기준 등을 포함하는 위생 수칙을 설정하여 관리하여야 한다. (0~3점) | | |

| 평 가 내 용(배점) | 평가 결과 (0~3점) | 비 고 |
|---|---|---|
| - 온도 · 습도 관리 | | |
| 17. 작업장은 제조 · 가공 · 조리 · 보관 등 공정별로 온도관리를 하여야 하고, 이를 측정할 수 있는 온도계를 설치하여 야 한다. 필요한 경우, 제품의 안전성 및 적합성 확보를 위하여 습도관리를 하여야 한다. (0~1점) | | |
| - 환기시설 관리 | | |
| 18. 작업장내에서 발생하는 악취나 이취, 유해가스, 매연, 증기 등을 배출할 수 있는 환기시설, 후드 등을 설치하여야 한다. (0~1점) | | |
| 19. 외부로 개방된 흡 · 배기구, 후드 등에는 여과망이나 방충망 , 개폐시설 등을 부착하고 관리계획에 따라 청소 또는 세척하거나 교체하여야 한다. (0~1점) | | |
| - 방충 · 방서 관리 | | |
| 20. 작업장의 방충 · 방서관리를 위하여 해충이나 설치류 등의 유입이나 번식을 방지할 수 있도록 관리하여야 하고, 유입 여부를 정기적으로 확인하여야 한다. (0~1점) | | |
| 21. 작업장내에서 해충이나 설치류 등의 구제를 실시할 경우에는 정해진 위생 수칙에 따라 공정이나 식품의 안전성에 영향을 주지 아니 하는 범위 내에서 적절한 보호 조치를 취한 후 실시하며, 작업 종료 후 식품취급시설 또는 식품에 직 · 간접적으로 접촉한 부분은 세척 등을 통해 오염물질을 제거하여야 한다. (0~1점) | | |
| · 개인 위생 관리 | | |
| 22. 작업장내에서 작업중인 종업원 등은 위생복 · 위생모 · 위생화 등을 항시 착용하여야 하며, 개인용 장신구 등을 착용하여서는 아니 된다. (0~2점) | | |
| · 작업위생관리 | | |
| - 교차오염의 방지 | | |
| 23. 칼과 도마 등의 조리 기구나 용기, 앞치마, 고무장갑 등은 원료나 조리과정에서의 교차오염을 방지하기 위하여 식재료 특성 또는 구역별로 구분하여 사용하여야 한다. (0~3점) | | |
| 24. 식품 취급 등의 작업은 바닥으로부터 60㎝ 이상의 높이에서 실시하여 바닥으로부터의 오염을 방지하여야 한다. (0~1점) | | |
| - 전처리 | | |
| 25. 해동은 냉장해동(10℃ 이하), 전자레인지 해동, 또는 흐르는 물에서 실시하여야 한다. (0~1점) | | |
| 26. 해동된 식품은 즉시 사용하고 즉시 사용하지 못할 경우 조리시까지 냉장 보관하여야 하며, 사용 후 남은 부분을 재동결하여서는 아니 된다. (0~1점) | | |
| - 조 리 | | |

| 평 가 내 용(배점) | 평가 결과 (0~3점) | 비 고 |
|---|---|---|
| 27. 가열 조리 후 냉각이 필요한 식품은 냉각 중 오염이 일어나지 아니 하도록 신속히 냉각하여야 하며, 냉각온도 및 시간기준을 설정 · 관리하여야 한다. (0~1점) | | |
| 28. 냉장 식품을 절단 소분 등의 처리를 할 때에는 식품의 온도가 가능한 한 15℃를 넘지 아니 하도록 한번에 소량씩 취급하고 처리 후 냉장고에 보관하는 등의 온도 관리를 하여야 한다. (0~1점) | | |
| – 완제품 관리 | | |
| 29. 조리된 음식은 배식 전까지의 보관온도 및 조리 후 섭취 완료시까지의 소요시간기준을 설정 · 관리하여야 하며, 유통제품의 경우에는 적정한 유통기한 및 보존 조건을 설정 · 관리하여야 한다. (0~1점)<br>· 28℃ 이하의 경우 : 조리 후 2~3시간 이내 섭취 완료<br>· 보온(60℃ 이상) 유지시 : 조리 후 5시간 이내 섭취 완료<br>· 제품의 품온을 5℃ 이하 유지시 : 조리 후 24시간 이내 섭취 완료 | | |
| – 배 식 | | |
| 30. 냉장식품과 온장식품에 대한 배식 온도관리기준을 설정 · 관리하여야 한다. (0~2점)<br>· 냉장보관 : 냉장식품 10℃ 이하<br>(다만 신선편의식품, 훈제연어는 5℃ 이하 보관 등 보관온도 기준이 별도로 정해진 식품의 경우에는 그 기준을 따른다.)<br>· 온장보관 : 온장식품 60℃ 이상 | | |
| 31. 위생장갑 및 청결한 도구(집게, 국자 등)를 사용하여야 하며, 배식중인 음식과 조리 완료된 음식을 혼합하여 배식하여서는 아니 된다. (0~1점) | | |
| – 검 식 | | |
| 32. 영양사는 조리된 식품에 대하여 배식하기 직전에 음식의 맛, 온도, 이물, 이취, 조리 상태 등을 확인하기 위한 검식을 실시하여야 한다. 다만, 영양사가 없는 경우 조리사가 검식을 대신할 수 있다. (0~1점) | | |
| – 보존식 | | |
| 33. 조리한 식품은 소독된 보존식 전용용기 또는 멸균 비닐봉지에 매회 1인분 분량을 –18℃ 이하에서 144시간이상 보관하여야 한다. 다만, 보관기간 중 휴무일이 있는 경우에는 그 기간만큼 연장하여 보관하여야 한다. (0~3점) | | |
| · 폐기물 관리 | | |
| 34. 폐기물 · 폐수처리시설은 작업장과 격리된 일정장소에 설치 · 운영하여야 하며, 폐기물 등의 처리용기는 밀폐 가능한 구조로 침출수 및 냄새가 누출되지 아니 하여야 하고, 관리계획에 따라 폐기물 등을 처리 · 반출하고, 그 관리기록을 유지하여야 한다. (0~1점) | | |
| · 세척 또는 소독 | | |

| 평 가 내 용(배점) | 평가 결과 (0~3점) | 비 고 |
|---|---|---|
| 35. 영업장에는 기계 · 설비, 기구 · 용기 등을 충분히 세척하거나 소독할 수 있는 시설이나 장비를 갖추어야 한다. (0~1점) | | |
| 36. 세척 · 소독 시설에는 종업원에게 잘 보이는 곳에 올바른 손 세척 방법 등에 대한 지침이나 기준을 게시하여야 한다. (0~1점) | | |
| 37. 영업자는 다음 각 호의 사항에 대한 세척 또는 소독 기준을 정하여야 한다. (0~3점)<br>· 종업원<br>· 위생복, 위생모, 위생화 등<br>· 작업장 주변<br>· 작업실별 내부<br>· 칼, 도마 등 조리도구<br>· 냉장 · 냉동설비<br>· 용수저장시설<br>· 보관 · 운반시설<br>· 운송차량, 운반도구 및 용기<br>· 모니터링 및 검사 장비<br>· 환기시설(필터, 방충망 등 포함)<br>· 폐기물 처리용기<br>· 세척, 소독도구<br>· 기타 필요사항 | | |
| 38. 세척 또는 소독 기준은 다음의 사항을 포함하여야 한다. (0~3점)<br>· 세척 · 소독 대상별 세척 · 소독 부위<br>· 세척 · 소독 방법 및 주기<br>· 세척 · 소독 책임자<br>· 세척 · 소독 기구의 올바른 사용 방법<br>· 세제 및 소독제(일반명칭 및 통용명칭)의 구체적인 사용 방법 | | |
| 39. 세제 · 소독제, 세척 및 소독용 기구나 용기는 정해진 장소에 보관 · 관리되어야 한다. (0~1점) | | |
| 40. 세척 및 소독의 효과를 관리계획에 따라 확인하여야 한다. (0~1점) | | |
| **제조 · 가공 · 조리 시설 · 설비 관리** | | |
| 41. 조리장에는 주방용 식기류를 소독하기 위한 자외선 또는 전기 살균소독기를 설치하거나 열탕세척 소독시설(식중독을 일으키는 병원성미생물 등이 살균될 수 있는 시설이어야 한다)을 갖추어야 한다. (0~2점) | | |
| 42. 식품과 직접 접촉하는 부분은 내수성 및 내부식성 재질로 세척이 쉽고 열탕 · 증기 · 살균제 등으로 소독 · 살균이 가능한 것이어야 한다. (0~1점) | | |

| 평 가 내 용(배점) | 평가 결과 (0~3점) | 비 고 |
|---|---|---|
| 43. 모니터링 기구 등은 사용 전후에 지속적인 세척 · 소독을 실시하여 교차 오염이 발생하지 아니 하여야 한다. (0~1점) | | |
| 44. 식품취급시설 · 설비는 정기적으로 점검 · 정비를 하여야 하고 그 결과를 보관하여야 한다. (0~1점) | | |
| **냉장 · 냉동 시설 · 설비 관리** | | |
| 45. 냉장 · 냉동 · 냉각실은 냉장 식재료 보관, 냉동 식재료의 해동, 가열 조리된 식품의 냉각과 냉장보관에 충분한 용량이 되어야 한다. (0~1점) | | |
| 46. 냉장시설은 내부의 온도를 10℃ 이하(다만 신선편의식품, 훈제연어는 5℃ 이하 보관 등 보관온도 기준이 별도로 정해진 식품의 경우에는 그 기준을 따른다.), 냉동시설은 −18℃로 유지하여야 하고, 외부에서 온도변화를 관찰할 수 있어야 하며, 온도 감응 장치의 센서는 온도가 가장 높게 측정되는 곳에 위치하도록 한다. (0~1점) | | |
| **용수관리** | | |
| 47. 식품 제조 · 가공 · 조리에 사용되거나, 식품에 접촉할 수 있는 시설 · 설비, 기구 · 용기, 종업원 등의 세척에 사용되는 용수는 수돗물이나 「먹는물 관리법」 제5조의 규정에 의한 먹는물 수질기준에 적합한 지하수 이어야 하며, 지하수를 사용하는 경우 취수원은 화장실, 폐기물 · 폐수처리시설, 동물사육장 등 기타 지하수가 오염될 우려가 없도록 관리하여야 하며, 필요한 경우 용수 살균 또는 소독장치를 갖추어야 한다. (0~3점) | | |
| 48. 가공 · 조리에 사용되거나, 식품에 접촉할 수 있는 시설 · 설비, 기구 · 용기, 종업원 등의 세척에 사용되는 용수는 다음 각호에 따른 검사를 실시하여야 한다.<br>가. 지하수를 사용하는 경우에는 먹는물 수질기준 전 항목에 대하여 연1회 이상(음료류 등 직접 마시는 용도의 경우는 반기 1회 이상)검사를 실시하여야 한다.<br>나. 먹는물 수질기준에 정해진 미생물학적 항목에 대한 검사를 월1회 이상 실시하여야 하며, 미생물학적 항목에 대한 검사는 간이검사키트를 이용하여 자체적으로 실시할 수 있다. (0~3점) | | |
| 49. 저수조, 배관 등은 인체에 유해하지 아니한 재질을 사용하여야 하며, 외부로부터의 오염물질 유입을 방지하는 잠금장치를 설치하여야 하고, 누수 및 오염여부를 정기적으로 점검하여야 한다. (0~1점) | | |
| 50. 저수조는 반기별 1회 이상 「수도시설의 청소 및 위생관리 등에 관한 규칙」에 따라 청소와 소독을 자체적으로 실시하거나, 「수도법」에 따른 저수조청소업자에게 대행하여 실시하여야 하며, 그 결과를 기록 · 유지하여야 한다. (0~1점) | | |
| 51. 비음용수 배관은 음용수 배관과 구별되도록 표시하고, 교차되거나 합류되지 아니 하여야 한다. (0~1점) | | |
| **보관 · 운송관리** | | |
| · 구입 및 입고 | | |

| 평 가 내 용(배점) | 평가 결과 (0~3점) | 비 고 |
|---|---|---|
| 52. 검사성적서로 확인하거나 자체적으로 정한 입고기준 및 규격에 적합한 원 · 부자재만을 구입하여야 한다. (0~1점) | | |
| 53. 부적합한 원 · 부자재는 적절한 절차를 정하여 반품 또는 폐기처분 하여야 한다. (0~1점) | | |
| 54. 입고검사를 위한 검수공간을 확보하고 검수대에는 온도계 등 필요한 장비를 갖추고 청결을 유지하여야 한다. (0~1점) | | |
| 55. 원 · 부자재 검수는 납품시 즉시 실시하여야 하며, 부득이 검수가 늦어질 경우에는 원 · 부자재별로 정해진 냉장 · 냉동 온도에서 보관하여야 한다. (0~1점) | | |
| · 운 송 | | |
| 56. 운송차량 (지게차 등 포함)으로 인하여 제품이 오염되어서는 아니 된다. (0~1점) | | |
| 57. 운송차량은 냉장의 경우 10℃ 이하, 냉동의 경우 −18℃ 이하를 유지할 수 있어야 하며, 외부에서 온도변화를 확인할 수 있도록 임의조작이 방지된 온도 기록 장치를 부착하여야 한다. (0~1점) | | |
| 58. 운반중인 식품은 비식품 등과 구분하여 취급하여 교차오염을 방지하여야 한다. (0~1점) | | |
| 59. 운송차량, 운반도구 및 용기는 관리계획에 따라 세척 · 소독을 실시하여야 한다. (0~1점) | | |
| · 보 관 | | |
| 60. 원료 및 완제품은 선입선출 원칙에 따라 입고 · 출고상황을 관리 · 기록하여야 한다. (0~1점) | | |
| 61. 원 · 부자재 및 완제품은 구분 관리하고 바닥이나 벽에 밀착되지 아니 하도록 적재 · 관리 하여야 한다. (0~1점) | | |
| 62. 원 · 부자재에는 덮개나 포장을 사용하고 날 음식과 가열조리 음식을 구분 보관하는 등 교차오염이 발생하지 아니 하도록 하여야 한다. (0~1점) | | |
| 63. 검수기준에 부적합한 원 · 부자재나 보관 중 유통기한이 경과한 제품, 포장이 손상된 제품 등은 별도의 지정된 장소에 명확하게 식별되는 표식을 하여 보관하고 반송, 폐기 등의 조치를 취한 후 그 결과를 기록 · 유지하여야 한다. (0~1점) | | |
| 64. 유독성 물질, 인화성 물질 비식용 화학물질은 식품취급 구역으로부터 격리된 환기가 잘되는 지정된 장소에서 구분하여 보관 · 취급 되어야 한다. (0~1점) | | |
| **검사관리** | | |
| · 제품검사 | | |
| 65. 제품검사는 자체 실험실에서 검사계획에 따라 실시하거나 검사기관과의 협약에 의하여 실시하여야 한다. (0~1점) | | |

| 평 가 내 용(배점) | | 평가 결과 (0~3점) | 비 고 |
|---|---|---|---|
| 66. 검사결과에는 다음 내용이 구체적으로 기록되어야 한다. (0~1점)<br>· 검체명<br>· 제조연월일 또는 유통기한(품질유지기한)<br>· 검사연월일<br>· 검사항목, 검사기준 및 검사결과<br>· 판정결과 및 판정연월일<br>· 검사자 및 판정자의 서명날인<br>· 기타 필요한 사항 | | | |
| · 시설 · 설비 · 기구 등 검사 | | | |
| 67. 냉장 · 냉동 및 가열처리 시설 등의 온도측정 장치는 연 1회 이상, 검사용 장비 및 기구는 정기적으로 교정하여야 한다. 이 경우 자체적으로 교정검사를 하는 때에는 그 결과를 기록 · 유지하여야 하고, 외부 공인 국가교정기관에 의뢰하여 교정하는 경우에는 그 결과를 보관하여야 한다. (0~1점) | | | |
| 68. 작업장의 청정도 유지를 위하여 공중낙하 세균 등을 관리계획에 따라 측정 · 관리하여야 한다. 다만, 식품이 노출되지 아니하거나, 식품을 포장된 상태로 취급하는 작업장은 그러하지 아니할 수 있다. (0~1점) | | | |
| **회수 프로그램 관리(시중에 유통 · 판매되는 포장제품에 한함)** | | | |
| 69. 영업자는 당해제품의 유통 경로, 소비 대상과 판매처의 범위를 파악하여 제품 회수에 필요한 업소명과 연락처 등을 기록 · 보관하여야 한다. (0~1점) | | | |
| 70. 부적합품이나 반품된 제품의 회수를 위한 구체적인 회수절차나 방법을 기술한 회수 프로그램을 수립 · 운영하여야 한다. (0~1점) | | | |
| 71. 부적합품의 원인규명이나 확인을 위한 제품별 생산장소, 일시, 제조라인 등 해당시설내의 필요한 정보를 기록 · 보관하고 제품추적을 위한 코드표시 또는 로트관리 등의 적절한 확인 방법을 강구하여야 한다. (0~1점) | | | |
| ※ 종합 평가 | 점수 합계 | 〈판정기준〉<br>**지정평가** : 각 항목에 대한 취득점수의 합계가 85점 이상일 경우에는 적합, 71점 이상에서 84점 이하는 보완, 70점 이하이면 부적합으로 판정한다. 다만, 평가 제외 항목이 있을 경우 평가제외 항목을 제외한 총 점수 대비 취득점수를 백분율로 환산하여 85%(소수첫째자리 반올림 처리) 이상일 경우에는 적합, 71%에서 84% 이하는 보완, 70% 이하이면 부적합으로 판정한다. | |
| | 점(%) | **정기 조사 · 평가** : 각 항목에 대한 취득점수의 합계가 85점 이상일 경우에는 수정 · 보완하도록 조치하되, 84% 이하이면 부적합으로 판정한다. 다만, 평가 제외 항목이 있을 경우 평가제외 항목을 제외한 총 점수 대비 취득점수를 백분율로 환산하여 85%(소수첫째자리 반올림 처리) 이상일 경우에는 적합, 84% 이하이면 부적합으로 판정한다. | |

# 부록 7 HACCP 관리

## 지정평가표(식품제조·가공업소, 건강기능식품제조업소, 집단급식소, 식품접객업소, 집단급식소, 식품판매업소용)

| 평가항목 | 평 가 내 용(배점) | 평가 결과 (0~10점) | 비 고 |
|---|---|---|---|
| 3-1. HACCP팀 | 1. HACCP팀을 구성하고 팀원별 책임과 권한 및 인수인계 방법을 부여하고 있는가? (0~5)<br>2. 팀구성원이 HACCP의 개념과 원칙, 절차 등과 각자의 역할에 대하여 충분히 이해하고 있는가? (0~5)<br>3. 팀장은 HACCP팀에 주도적으로 참여하고 있으며, 각 팀원은 적극적으로 참여하여 활동하고 있는가? (0~5) | | |
| | 소 계(0~15) | | |
| 3-2. 제품설명서 및 공정흐름도 | 1. 제품설명서가 구체적으로 기술되어있는가? (0~5)<br>2. 공정흐름도를 작성하고 있는가? (0~5)<br>3. 공정흐름도가 현장과 일지하는가? (0~5) | | |
| | 소 계(0~15) | | |
| 3-3. 위해요소분석 | 1. 발생가능한 위해요소를 충분히 도출하고, 발생원인을 구체적으로 기술하고 있는가? (0~10)<br>2. 도출된 위해요소에 대한 위해평가기준(심각성, 발생가능성 등) 및 평가결과의 활용원칙이 제시되어 있는가? (0~10)<br>3. 개별 위해요소에 대한 위해평가가 적절하게 이루어졌는가? (0~5)<br>4. 도출된 위해요소를 관리하기 위한 현실성 있는 예방조치 및 관리방법을 도출하였는가? (0~10)<br>5. 위해요소분석을 위한 과학적인 근거자료를 제시하고 있는가? (0~5)<br>6. 위해요소분석에 대한 개념과 절차를 잘 이해하고 있는가? (0~5) | | |
| | 소 계(0~45) | | |

| 평가항목 | 평 가 내 용(배점) | 평가 결과 (0~10점) | 비 고 |
|---|---|---|---|
| 3-4. 중요관리점의 결정 및 한계기준의 설정 | 1. CCP결정도(Decesion Tree)에 따라 CCP가 적절하게 결정되었는가? (0~10)<br>2. 팀원은 제시된 CCP결정도의 개념을 잘 숙지하고 있는가? (0~5)<br>3. 한계기준의 관리항목과 기준이 구체적으로 설정되어 있으며, 설정된 한계기준은 도출된 위해요소를 관리하기에 충분한가? (0~10)<br>4. CCP 모니터링 담당자가 설정된 한계기준을 숙지하고 있는가? (0~10)<br>5. 한계기준 설정을 위해 활용한 유효성 평가자료는 현장의 특성을 반영하고 있는가? (0~10) | | |
| | 소 계(0~45) | | |
| 3-5. CCP의 모니터링 및 개선조치 | 1. 모니터링 방법은 한계기준을 충분히 관리할 수 있도록 설정되어 있는가? (0~10)<br>2. 모니터링 담당자가 모니터링 절차에 따라 지정위치에서 모니터링하고 있는가? (0~10)<br>3. 모니터링 담당자가 훈련을 통하여 자신의 역할을 잘 숙지하고 있는가? (0~5)<br>4. 모니터링에 사용되는 장비는 적절히 교정하여 관리하고 있는가? (0~5)<br>5. 개선조치 절차 및 방법은 수립되어 있으며 책임과 권한에 따라 자신의 역할을 잘 숙지하고 있는가? (0~5)<br>6. 개선조치를 신속하고 구체적으로 실시하고 있으며 그 결과를 적절히 기록유지하고 있는가? (0~10) | | |
| | 소 계(0~45) | | |
| 3-6. HACCP 시스템 검증 | 1. 검증업무 절차 및 검증계획이 적절히 수립되어 있는가? (0~10)<br>2. 검증계획에 따라 HACCP 관리계획수립 후 최초 검증을 적절히 실시하였는가? (0~5)<br>3. 검증결과, 부적합 사항에 대한 개선조치 등 사후관리가 수행되었는가? (0~5) | | |
| | 소 계(0~20) | | |

| 평가항목 | 평 가 내 용(배점) | 평가 결과 (0~10점) | 비 고 |
|---|---|---|---|
| 3-7. 교육 · 훈련 | 1. HACCP 시스템의 효율적 운영을 위한 교육 · 훈련절차 및 계획이 확립되어 있는가? (0~10)<br>2. 교육 · 훈련은 교육 · 훈련계획 및 절차에따라 실시되고 그 기록이 유지되고 있는가? (0~5) | | |
| | 소 계(0~15) | | |
| 종 합 평 가(0~200) | | | |

※ **판정기준**

① 평가항목의 배점에 대한 점수는 아래 평가점수표에 따라 부여한다.

**〈평가점수표〉**

| 구 분 | 배 점 | |
|---|---|---|
| | 0~5 | 0~10 |
| 평가점수 | 0 | 0 |
| | 1 | 2 |
| | 2 | 4 |
| | 3 | 6 |
| | 4 | 8 |
| | 5 | 10 |

② 종합평가는 총점수 200점 중 170점 이상을 적합, 160점 이상 169점 이하는 보완, 159점 이하이면 부적합으로 판정한다.

③ 제②항에도 불구하고 3~5항목이 27점 미만이면 부적합으로 판정한다.

## 사후관리용(식품제조·가공업소, 건강기능식품제조업소, 집단급식소, 식품접객업소, 집단급식소식품판매업소용)

| 평가항목 | 평 가 내 용(배점) | 평가 결과<br>(0~10점) | 비 고 |
|---|---|---|---|
| **3-1.<br>HACCP팀** | 1. 팀구성원이 HACCP의 개념과 원칙, 절차 등과 각자의 역할에 대하여 충분히 이해하고 있는가? (0~5)<br>2. 팀장은 HACCP팀에 주도적으로 참여하고 있으며, 각 팀원은 적극적으로 참여하여 활동하고 있는가? (0~5)<br>3. 팀구성원 교체 또는 변동시 인수인계가 철저히 이루어지고 있는가? (0~5) | | |
| | 소 계(0~15) | | |
| **3-2.<br>제품설명서 및 제조공정 설비도면** | 1. 제품설명서 및 공정흐름도를 기준서에 반영하고 있는가? (0~10)<br>2. 공정흐름도 및 제조공정 설비도면이 현장과 일치하는가? (0~5) | | |
| | 소 계(0~15) | | |
| **3-3.<br>위해요소분석** | 1. 위해요소분석과 관련된 새로운 정보의 지속적인 수집 및 보완이 이루어지고 있는가? (0~5)<br>2. 발생가능한 위해요소에 변경사항이 있는 경우 잠재적인 위해요소를 충분히 도출하여 위해요소분석을 실시하고 있는가? (0~5)<br>3. 위해요소분석을 위한 과학적인 근거자료를 제시하고 있는가? (0~5)<br>4. 위해요소분석에 대한 개념과 절차를 잘 이해하고 있는가? (0~5) | | |
| | 소 계(0~20) | | |
| **3-4.<br>중요관리점의 결정 및 한계기준** | 1. 팀원은 제시된 CCP결정도의 개념을 잘 숙지하고 있는가? (0~5)<br>2. 한계기준이 도출된 위해요소를 관리하기에 충분한가? (0~10)<br>3. 한계기준 설정을 위해 활용한 유효성 평가자료는 현장 특성의 반영하고 있는가? (0~5) | | |
| | 소 계(0~20) | | |

| 평가항목 | 평 가 내 용(배점) | 평가 결과 (0~10점) | 비 고 |
|---|---|---|---|
| 3-5. CCP의 모니터링 및 개선조치 | 1. 모니터링 한계기준을 충분히 관리할 수 있도록 설정되어 있는가? (0~10) | | |
| | 2. 모니터링 담당자가 모니터링 절차에 따라 지정위치에서 모니터링하여 기록 · 유지하고 있는가? (0~10) | | |
| | 3. 모니터링 담당자가 훈련을 통하여 자신의 역할을 잘 숙지하고 있는가? (0~5) | | |
| | 4. 모니터링에 사용되는 장비는 적절히 교정하여 관리하고 있는가? (0~10) | | |
| | 5. 개선조치 절차 및 방법은 수립되어 있으며 책임과 권한에 따라 자신의 역할을 잘 숙지하고 있는가? (0~5) | | |
| | 6. 개선조치를 실시하고 있으며 그 결과를 적절히 기록유지하고 있는가? (0~10) | | |
| | 소 계(0~50) | | |
| 3-6. HACCP 시스템 검증 | 1. 검증대상에 따른 검증계획, 방법, 주기는 적절하게 확립되어 있는가? (0~10) | | |
| | 2. 검증요원은 검증절차, 방법 및 역할을 잘 숙지하고 있는가? (0~10) | | |
| | 3. 검증계획 및 절차에 따라 검증을 실시하고 있는가? (0~10) | | |
| | 4. 검증결과, 부적합 사항에 대한 개선조치 등 사후관리가 수행되고 있는가? (0~10) | | |
| | 5. 검증결과를 주기적으로 검토, 분석하여 HACCP시스템 운영에 반영하고 있는가? (0~10) | | |
| | 소 계(0~50) | | |
| 3-7. 교육 · 훈련 | 1. HACCP 시스템의 효율적 운영을 위한 교육 · 훈련절차 및 계획이 확립되어 있는가? (0~10) | | |
| | 2. 교육 · 훈련은 교육 · 훈련계획 및 절차에 따라 실시되고 그 기록이 유지되고 있는가? (0~10) | | |
| | 3. HACCP팀원은 교육 · 훈련결과를 주기적으로 검토, 분석하여 HACCP 시스템 운영에 반영하고 있는가? (0~10) | | |
| | 소 계(0~30) | | |
| 종 합 평 가(0~200) | | | |

| 평 가 항 목 | 평 가 내 용(배점) | 평가 결과 (0~10점) | 비 고 |
|---|---|---|---|

※ **판정기준**

① 평가항목의 배점에 대한 점수는 아래 평가점수표에 따라 부여한다.

**〈평가점수표〉**

| 구 분 | 배 점 | |
|---|---|---|
| | 0~5 | 0~10 |
| 평가점수 | 0 | 0 |
| | 1 | 2 |
| | 2 | 4 |
| | 3 | 6 |
| | 4 | 8 |
| | 5 | 10 |

② 종합평가는 총점수 200점 중 170점 이상을 적합으로 판정한다.

③ 제2항에도 불구하고 3~5항목이 30점 미만이면 부적합으로 판정한다.

# 부록 8 식품별 평가사항

## 집단급식소·식품접객업소 조리 식품, 도시락류

<table>
<tr><th>구분<br>순위</th><th colspan="2">평 가 내 용</th><th rowspan="2">적부판정<br>(O/×)</th><th rowspan="2">비 고</th></tr>
<tr><th></th><th>내 용</th><th>기 준</th></tr>
<tr><td>1</td><td>식자재의 검수기록을 관리하고 있으며 검수기준에 의하여 적절히 납품처 검사성적서 확인 또는 자체검사를 정기적으로 실시하고 있는가?</td><td>– 운반차량 청결상태 : 기록확인<br>– 운반차량 온도유지<br>· 냉장 : 10℃ 이하<br>· 냉동 : –18℃ 이하<br>– 관능검사<br>· 색택 : 고유의 색 유지<br>· 이미, 이취 : 없어야 함<br>· 이물 : 불검출<br>· 변질 : 없어야 함<br>– 유통기한 : 기한 준수 확인<br>– 포장상태 : 파손이 없어야 함<br>– 표시사항 : 식품위생법 충족<br>– 검수설비 구비<br>· 온도계 · 저울 및 검수대 구비<br>· 검수설비 청결유지<br>· 검수실 조도 : 540룩스 이상<br>– 시험성적서 수령과 검사 : 기록유지<br>· 가공품 : 신규품목 입고시와 1년에 1회 이상 재수령<br>· 농수축산물 : 구입처 확인과 생산자 필요시 확인<br>· 자체검사 : 매입고시</td><td></td><td></td></tr>
<tr><td>2</td><td>선별 및 세척공정은 적절히 관리하고 있는가?</td><td>– 세척상태 : 육안확인<br>– 세척수 및 소독제 적정 사용여부</td><td></td><td></td></tr>
</table>

| 순위 \ 구분 | 평가 내용 | | 적부판정 (O/×) | 비 고 |
|---|---|---|---|---|
| | 내 용 | 기 준 | | |
| 3 | 조리된 음식의 분할은 적절히 관리하고 있는가? | – 분할기구 · 용기 청결관리<br>– 분할식품 보관의 온도 및 청결관리<br>– 분할방법의 위생성 | | |
| 4 | 조리된 음식의 배송은 적절히 관리하고 있는가? | – 배송 온도 및 시간 : 기록유지<br>– 배송 차량의 청결상태 : 기록유지 | | |
| 5 | 사용된 식기 등의 세척은 위생적으로 관리하고 있는가? | – 세척온도 : 적정여부 확인<br>– 세척상태 : 관능검사 확인<br>(잔류세제 · 소독상태 및 청결여부)<br>– 보관상태 : 육안확인 | | |
| 6 | 객장은 위생적으로 관리하고 있는가? | – 위생상태 : 기록유지 | | |
| 7 | 조리장 온도는 적정하게 유지하고 있는가? | 28℃ 이하 유지(조리중에 있는 종사자의 위치 10곳의 작업대 높이에서 측정한 온도의 평균값) | | |
| 8 | 급식능력이 적정한가? | 조리종사자수 대비 급식능력과 종사자의 결원을 대비한 자체급식 관리기준 마련이행 여부 | | |
| 9 | 기타 필요하다고 인정되는 사항 | | | |

# 부록 9 식품위해요소중점관리기준 [2]

식품의약품안전처고시 제2013-260호(제2013. 12. 31. 개정)

제17조(교육훈련 등)

① 식품의약품안전처장은 시행규칙 제64조 제1항의 규정에 따라 HACCP 관리를 효과적으로 수행하기 위하여 HACCP 적용업소 영업자 및 종업원에 대하여 HACCP 교육훈련을 실시하여야 하며, 기타 HACCP 적용업소로 지정을 받고자 하는 자, HACCP 평가를 수행할 자와 식품위생관련 공무원에 대하여 HACCP 교육 훈련을 실시할 수 있다.

② 식품의약품안전처장은 제1항의 규정에 의한 교육훈련을 위탁 실시하기 위하여 이에 필요한 시설·강사·교육과정 등을 갖춘 기관, 단체 또는 법인 중에서 별표 4의 교육훈련기관 지정 기준에 따라 HACCP 교육훈련기관(이하 "교육훈련기관"이라 한다)으로 지정할 수 있다.

③ HACCP 적용업소 영업자 및 종업원은 시행규칙 제64조 제1항 제1호의 규정에 의하여 HACCP 적용업소 지정일로부터 6월 이내에 신규교육훈련을 이수하여야 한다. 다만, HACCP 적용업소로 지정을 받기 위하여 지정일 이전에 신규교육훈련을 이수한 영업자 및 종업원은 신규교육훈련을 받은 것으로 본다.

④ HACCP 적용업소 영업자 및 종업원이 받아야 하는 신규교육훈련시간은 다음 각호와 같다. 다만, 영업자가 제2호의 HACCP 팀장교육을 받은 경우에는 영업자 교육을 받은 것으로 본다.

1. 영업자 교육 훈련 : 2시간
2. HACCP 팀장 교육 훈련 : 16시간

3. HACCP 팀원, 기타 종업원 교육 훈련 : 4시간

⑤ 제4항 제1호 및 제2호에 해당하는 자는 식품의약품안전처장이 지정한 교육 훈련 기관에서 교육 훈련을 받아야 하고, 제4항 제3호에 해당하는 자는 시행규칙 제64조 제2항의 규정에 의한 교육 훈련내용이 포함된 교육계획을 수립하여 자체적으로 실시할 수 있다.

⑥ 시행규칙 제64조 제1항 제2호에 따라 HACCP 적용업소의 HACCP 팀장, HACCP 팀원 및 기타 종업원은 식품의약품안전청장이 지정한 교육훈련기관에서 연 1회 4시간 이상의 정기교육훈련을 받아야 한다. 다만, HACCP 팀장 교육훈련은 부득이한 사유가 있는 경우 HACCP 팀원이 대신 받을 수 있으며, HACCP 팀원 및 기타 종업원 교육훈련은 시행규칙 제64조 제2항에서 규정한 내용이 포함된 교육훈련 계획을 수립하여 자체적으로 실시할 수 있다.

1. 삭 제 〈2009. 3. 27〉

2. 삭 제 〈2009. 3. 27〉

⑦ 제4항 또는 제6항에서 규정한 교육훈련을 받아야 하는 HACCP 적용업소 중 위탁급식업소와 계약을 맺고 급식을 운영하는 집단급식소의 경우 HACCP 적용 운영주체인 위탁급식업소 영업자나 설치신고자가 영업자 신규 교육훈련을 이수할 수 있다.

⑧ 정기교육훈련 개시일은 지정일로부터 1년이 경과된 시점을 기준으로 하거나 지정연도의 차기 연도를 기준으로 하여 실시할 수 있다.

# 부록 10 식품위생법

## 제1장 총칙

**제1조(목적)** 이 법은 식품으로 인하여 생기는 위생상의 위해(危害)를 방지하고 식품영양의 질적 향상을 도모하며 식품에 관한 올바른 정보를 제공하여 국민보건의 증진에 이바지함을 목적으로 한다.

**제2조(정의)** 이 법에서 사용하는 용어의 뜻은 다음과 같다.〈개정 2011.6.7., 2013.5.22., 2013.7.30., 2015.2.3., 2016.2.3.〉

1. "식품"이란 모든 음식물(의약으로 섭취하는 것은 제외한다)을 말한다.
2. "식품첨가물"이란 식품을 제조·가공·조리 또는 보존하는 과정에서 감미(甘味), 착색(着色), 표백(漂白) 또는 산화방지 등을 목적으로 식품에 사용되는 물질을 말한다. 이 경우 기구(器具)·용기·포장을 살균·소독하는 데에 사용되어 간접적으로 식품으로 옮아갈 수 있는 물질을 포함한다.
3. "화학적 합성"이란 화학적 수단으로 원소(元素) 또는 화합물에 분해 반응 외의 화학 반응을 일으켜서 얻은 물질을 말한다.
4. "기구"란 다음 각 목의 어느 하나에 해당하는 것으로서 식품 또는 식품첨가물에 직접 닿는 기계·기구나 그 밖의 물건(농업과 수산업에서 식품을 채취하는 데에 쓰는 기계·기구나 그 밖의 물건은 제외한다)을 말한다.
   가. 음식을 먹을 때 사용하거나 담는 것
   나. 식품 또는 식품첨가물을 채취·제조·가공·조리·저장·소분[(小分): 완제품을 나누어 유통을 목적으로 재포장하는 것을 말한다. 이하 같다]·운반·진열할 때 사용하는 것
5. "용기·포장"이란 식품 또는 식품첨가물을 넣거나 싸는 것으로서 식품 또는 식품첨가물을 주고받을 때 함께 건네는 물품을 말한다.
6. "위해"란 식품, 식품첨가물, 기구 또는 용기·포장에 존재하는 위험요소로서 인체의 건강을 해치거나 해칠 우려가 있는 것을 말한다.
7. "표시"란 식품, 식품첨가물, 기구 또는 용기·포장에 적는 문자, 숫자 또는 도형을 말한다.
8. "영양표시"란 식품에 들어있는 영양소의 양(量) 등 영양에 관한 정보를 표시하는 것을 말한다.
9. "영업"이란 식품 또는 식품첨가물을 채취·제조·가공·조리·저장·소분·운반 또는 판매하거나 기구 또는 용기·포장을 제조·운반·판매하는 업(농업과 수산업에 속하는 식품 채취업은 제외한다)을 말한다.
10. "영업자"란 제37조제1항에 따라 영업허가를 받은 자나 같은 조 제4항에 따라 영업신고를 한 자 또는 같은 조 제5항에 따라 영업등록을 한 자를 말한다.
11. "식품위생"이란 식품, 식품첨가물, 기구 또는 용기·포장을 대상으로 하는 음식에 관한 위생을 말한다.
12. "집단급식소"란 영리를 목적으로 하지 아니하면서 특정 다수인에게 계속하여 음식물을 공급하는 다음 각 목의 어느 하나에 해당하는 곳의 급식시설로서 대통령령으로 정하는 시설을 말한다.
    가. 기숙사
    나. 학교

다. 병원
라. 「사회복지사업법」 제2조제4호의 사회복지시설
마. 산업체
바. 국가, 지방자치단체 및 「공공기관의 운영에 관한 법률」 제4조제1항에 따른 공공기관
사. 그 밖의 후생기관 등

13. "식품이력추적관리"란 식품을 제조·가공단계부터 판매단계까지 각 단계별로 정보를 기록·관리하여 그 식품의 안전성 등에 문제가 발생할 경우 그 식품을 추적하여 원인을 규명하고 필요한 조치를 할 수 있도록 관리하는 것을 말한다.
14. "식중독"이란 식품 섭취로 인하여 인체에 유해한 미생물 또는 유독물질에 의하여 발생하였거나 발생한 것으로 판단되는 감염성 질환 또는 독소형 질환을 말한다.
15. "집단급식소에서의 식단"이란 급식대상 집단의 영양섭취기준에 따라 음식명, 식재료, 영양성분, 조리방법, 조리인력 등을 고려하여 작성한 급식계획서를 말한다.

**제3조(식품 등의 취급)** ① 누구든지 판매(판매 외의 불특정 다수인에 대한 제공을 포함한다. 이하 같다)를 목적으로 식품 또는 식품첨가물을 채취·제조·가공·사용·조리·저장·소분·운반 또는 진열을 할 때에는 깨끗하고 위생적으로 하여야 한다.

② 영업에 사용하는 기구 및 용기·포장은 깨끗하고 위생적으로 다루어야 한다.

③ 제1항 및 제2항에 따른 식품, 식품첨가물, 기구 또는 용기·포장(이하 "식품등"이라 한다)의 위생적인 취급에 관한 기준은 총리령으로 정한다.〈개정 2010.1.18., 2013.3.23.〉

## 제2장 식품과 식품첨가물

**제4조(위해식품등의 판매 등 금지)** 누구든지 다음 각 호의 어느 하나에 해당하는 식품등을 판매하거나 판매할 목적으로 채취·제조·수입·가공·사용·조리·저장·소분·운반 또는 진열하여서는 아니 된다.〈개정 2013.3.23., 2015.2.3., 2016.2.3.〉

1. 썩거나 상하거나 설익어서 인체의 건강을 해칠 우려가 있는 것
2. 유독·유해물질이 들어 있거나 묻어 있는 것 또는 그러할 염려가 있는 것. 다만, 식품의약품안전처장이 인체의 건강을 해칠 우려가 없다고 인정하는 것은 제외한다.
3. 병(病)을 일으키는 미생물에 오염되었거나 그러할 염려가 있어 인체의 건강을 해칠 우려가 있는 것
4. 불결하거나 다른 물질이 섞이거나 첨가(添加)된 것 또는 그 밖의 사유로 인체의 건강을 해칠 우려가 있는 것
5. 제18조에 따른 안전성 심사 대상인 농·축·수산물 등 가운데 안전성 심사를 받지 아니하였거나 안전성 심사에서 식용(食用)으로 부적합하다고 인정된 것
6. 수입이 금지된 것 또는 「수입식품안전관리 특별법」 제20조제1항에 따른 수입신고를 하지 아니하고 수입한 것
7. 영업자가 아닌 자가 제조·가공·소분한 것

**제5조(병든 동물 고기 등의 판매 등 금지)** 누구든지 총리령으로 정하는 질병에 걸렸거나 걸렸을 염려가 있는 동물이나 그 질병에 걸려 죽은 동물의 고기·뼈·젖·장기 또는 혈액을 식품으로 판매하거나 판매할 목적으로 채취·수입·가공·사용·조리·저장·소분 또는 운반하거나 진열하여서는 아니 된다.〈개정 2010.1.18., 2013.3.23.〉

**제6조(기준·규격이 정하여지지 아니한 화학적 합성품 등의 판매 등 금지)** 누구든지 다음 각 호의 어느 하나에 해당하는 행위를 하여서는 아니 된다. 다만, 식품의약품안전처장이 제57조에 따른 식품위생심의위원회(이하 "심의위원회"라 한다)의 심의를 거쳐 인체의 건강을 해칠 우려가 없다고 인정

하는 경우에는 그러하지 아니하다.〈개정 2013.3.23., 2016.2.3.〉

1. 제7조제1항 및 제2항에 따라 기준·규격이 정하여지지 아니한 화학적 합성품인 첨가물과 이를 함유한 물질을 식품첨가물로 사용하는 행위
2. 제1호에 따른 식품첨가물이 함유된 식품을 판매하거나 판매할 목적으로 제조·수입·가공·사용·조리·저장·소분·운반 또는 진열하는 행위

[제목개정 2016.2.3.]

**제7조(식품 또는 식품첨가물에 관한 기준 및 규격)** ① 식품의약품안전처장은 국민보건을 위하여 필요하면 판매를 목적으로 하는 식품 또는 식품첨가물에 관한 다음 각 호의 사항을 정하여 고시한다.〈개정 2013.3.23., 2016.2.3.〉

1. 제조·가공·사용·조리·보존 방법에 관한 기준
2. 성분에 관한 규격

② 식품의약품안전처장은 제1항에 따라 기준과 규격이 고시되지 아니한 식품 또는 식품첨가물의 기준과 규격을 인정받으려는 자에게 제1항 각 호의 사항을 제출하게 하여「식품·의약품분야 시험·검사 등에 관한 법률」제6조제3항제1호에 따라 식품의약품안전처장이 지정한 식품전문 시험·검사기관 또는 같은 조 제4항 단서에 따라 총리령으로 정하는 시험·검사기관의 검토를 거쳐 제1항에 따른 기준과 규격이 고시될 때까지 그 식품 또는 식품첨가물의 기준과 규격으로 인정할 수 있다.〈개정 2013.3.23., 2013.7.30., 2016.2.3.〉

③ 수출할 식품 또는 식품첨가물의 기준과 규격은 제1항 및 제2항에도 불구하고 수입자가 요구하는 기준과 규격을 따를 수 있다.

④ 제1항 및 제2항에 따라 기준과 규격이 정하여진 식품 또는 식품첨가물은 그 기준에 따라 제조·수입·가공·사용·조리·보존하여야 하며, 그 기준과 규격에 맞지 아니하는 식품 또는 식품첨가물은 판매하거나 판매할 목적으로 제조·수입·가공·사용·조리·저장·소분·운반·보존 또는 진열하여서는 아니 된다.

**제7조의2(권장규격 예시 등)** ① 식품의약품안전처장은 판매를 목적으로 하는 제7조 및 제9조에 따른 기준 및 규격이 설정되지 아니한 식품등이 국민보건상 위해 우려가 있어 예방조치가 필요하다고 인정하는 경우에는 그 기준 및 규격이 설정될 때까지 위해 우려가 있는 성분 등의 안전관리를 권장하기 위한 규격(이하 "권장규격"이라 한다)을 예시할 수 있다.〈개정 2013.3.23.〉

② 식품의약품안전처장은 제1항에 따라 권장규격을 예시할 때에는 국제식품규격위원회 및 외국의 규격 또는 다른 식품등에 이미 규격이 신설되어 있는 유사한 성분 등을 고려하여야 하고 심의위원회의 심의를 거쳐야 한다.〈개정 2013.3.23.〉

③ 식품의약품안전처장은 영업자가 제1항에 따른 권장규격을 준수하도록 요청할 수 있으며 이행하지 아니한 경우 그 사실을 공개할 수 있다.〈개정 2013.3.23.〉

[본조신설 2011.6.7.]

**제7조의3(농약 등의 잔류허용기준 설정 요청 등)** ① 식품에 잔류하는「농약관리법」에 따른 농약,「약사법」에 따른 동물용 의약품의 잔류허용기준 설정이 필요한 자는 식품의약품안전처장에게 신청하여야 한다.

② 수입식품에 대한 농약 및 동물용 의약품의 잔류허용기준 설정을 원하는 자는 식품의약품안전처장에게 관련 자료를 제출하여 기준 설정을 요청할 수 있다.

③ 식품의약품안전처장은 제1항의 신청에 따라 잔류허용기준을 설정하는 경우 관계 행정기관의 장에게 자료제공 등의 협조를 요청할 수 있다. 이 경우 요청을 받은 관계 행정기관의 장은 특별한 사유가 없으면 이에 따라야 한다.

④ 제1항 및 제2항에 따른 신청 절차·방법 및 자료제출의 범위 등 세부사항은 총리령으로 정한다.

[본조신설 2013.7.30.]

**제7조의4(식품등의 기준 및 규격 관리계획 등)** ① 식품의약품안전처장은 관계 중앙행정기관의 장과의 협의 및 심의위원회의 심의를 거쳐 식품등의 기준 및 규격 관리 기본계획(이하 "관리계획"이라 한다)을 5년마다 수립·추진할 수 있다.〈개정 2016.2.3.〉

② 관리계획에는 다음 각 호의 사항이 포함되어야 한다.

1. 식품등의 기준 및 규격 관리의 기본 목표 및 추진방향
2. 식품등의 유해물질 노출량 평가
3. 식품등의 유해물질의 총 노출량 적정관리 방안
4. 식품등의 기준 및 규격의 재평가에 관한 사항
5. 그 밖에 식품등의 기준 및 규격 관리에 필요한 사항

③ 식품의약품안전처장은 관리계획을 시행하기 위하여 해마다 관계 중앙행정기관의 장과 협의하여 식품등의 기준 및 규격 관리 시행계획(이하 "시행계획"이라 한다)을 수립하여야 한다.

④ 식품의약품안전처장은 관리계획 및 시행계획을 수립·시행하기 위하여 필요한 때에는 관계 중앙행정기관의 장 및 지방자치단체의 장에게 협조를 요청할 수 있다. 이 경우 협조를 요청받은 관계 중앙행정기관의 장 등은 특별한 사유가 없으면 이에 따라야 한다.

⑤ 관리계획에 포함되는 노출량 평가·관리의 대상이 되는 유해물질의 종류, 관리계획 및 시행계획의 수립·시행 등에 필요한 사항은 총리령으로 정한다.

[본조신설 2014.5.28.]

**제7조의5(식품등의 기준 및 규격의 재평가 등)** ① 식품의약품안전처장은 관리계획에 따라 식품등에 관한 기준 및 규격을 주기적으로 재평가하여야 한다.

② 제1항에 따른 재평가 대상, 방법 및 절차 등에 필요한 사항은 총리령으로 정한다.

[본조신설 2014.5.28.]

## 제3장 기구와 용기·포장

**제8조(유독기구 등의 판매·사용 금지)** 유독·유해물질이 들어 있거나 묻어 있어 인체의 건강을 해칠 우려가 있는 기구 및 용기·포장과 식품 또는 식품첨가물에 직접 닿으면 해로운 영향을 끼쳐 인체의 건강을 해칠 우려가 있는 기구 및 용기·포장을 판매하거나 판매할 목적으로 제조·수입·저장·운반·진열하거나 영업에 사용하여서는 아니 된다.

**제9조(기구 및 용기·포장에 관한 기준 및 규격)** ① 식품의약품안전처장은 국민보건을 위하여 필요한 경우에는 판매하거나 영업에 사용하는 기구 및 용기·포장에 관하여 다음 각 호의 사항을 정하여 고시한다.〈개정 2013.3.23.〉

1. 제조 방법에 관한 기준
2. 기구 및 용기·포장과 그 원재료에 관한 규격

② 식품의약품안전처장은 제1항에 따라 기준과 규격이 고시되지 아니한 기구 및 용기·포장의 기준과 규격을 인정받으려는 자에게 제1항 각 호의 사항을 제출하게 하여 「식품·의약품분야 시험·검사 등에 관한 법률」 제6조제3항제1호에 따라 식품의약품안전처장이 지정한 식품전문 시험·검사기관 또는 같은 조 제4항 단서에 따라 총리령으로 정하는 시험·검사기관의 검토를 거쳐 제1항에 따라 기준과 규격이 고시될 때까지 해당 기구 및 용기·포장의 기준과 규격으로 인정할 수 있다.〈개정 2013.3.23., 2013.7.30., 2016.2.3.〉

③ 수출할 기구 및 용기·포장과 그 원재료에 관한 기준과 규격은 제1항 및 제2항에도 불구하고 수입자가 요구하는 기준과 규격을 따를 수 있다.

④ 제1항 및 제2항에 따라 기준과 규격이 정하여진 기구 및 용기·포장은 그 기준에 따라 제조하여야 하며, 그 기준과 규격에 맞지 아니한 기구 및 용기·포장은 판매하거나 판매할 목적으로 제조·

수입·저장·운반·진열하거나 영업에 사용하여서는 아니 된다.

## 제4장 표시

**제10조(표시기준)** ① 식품의약품안전처장은 국민보건을 위하여 필요하면 다음 각 호의 표시에 관하여 기준을 정하여 고시할 수 있다.〈개정 2013.3.23., 2016.2.3.〉

1. 판매를 목적으로 하는 식품 또는 식품첨가물의 표시
2. 제9조제1항에 따라 기준과 규격이 정하여진 기구 및 용기·포장의 표시
3. 삭제 〈2011.6.7.〉

② 제1항에 따라 표시에 관한 기준이 정하여진 식품등은 그 기준에 맞는 표시가 없으면 판매하거나 판매할 목적으로 수입·진열·운반하거나 영업에 사용하여서는 아니 된다.

③ 제1항제1호에 따른 표시의 기준에는 다음 각 호의 사항이 포함되어야 한다.〈신설 2016.2.3.〉

1. 제품명, 내용량, 원재료명, 영업소 명칭 및 소재지
2. 소비자 안전을 위한 주의사항
3. 제조연월일, 유통기한 또는 품질유지기한
4. 그 밖에 식품 또는 식품첨가물에 대한 소비자의 오인·혼동을 방지하기 위하여 표시가 필요한 사항으로서 총리령으로 정하는 사항

④ 제1항제2호에 따른 표시의 기준에는 다음 각 호의 사항이 포함되어야 한다.〈신설 2016.2.3.〉

1. 재질, 영업소 명칭 및 소재지
2. 소비자 안전을 위한 주의사항
3. 그 밖에 해당 기구 또는 용기·포장에 대한 소비자의 오인·혼동을 방지하기 위하여 표시가 필요한 사항으로서 총리령으로 정하는 사항

**제11조(식품의 영양표시 등)** ① 식품의약품안전처장은 총리령으로 정하는 식품의 영양표시에 관하여 필요한 기준을 정하여 고시할 수 있다.〈개정 2010.1.18., 2013.3.23.〉

② 식품을 제조·가공·소분 또는 수입하는 영업자가 식품을 판매하거나 판매할 목적으로 수입·진열·운반하거나 영업에 사용하는 경우에는 제1항에 따라 정하여진 영양표시 기준을 지켜야 한다.

③ 식품의약품안전처장은 국민들이 제1항에 따른 영양표시를 식생활에서 활용할 수 있도록 교육과 홍보를 하여야 한다.〈개정 2013.3.23.〉

**제11조의2(나트륨 함량 비교 표시 등)** ① 식품을 제조·가공하거나 「수입식품안전관리 특별법」에 따라 수입·판매하는 영업자는 총리령으로 정하는 식품의 나트륨 함량을 동일하거나 유사한 유형의 식품의 나트륨 함량과 비교하여 소비자가 알아보기 쉽게 색상과 모양을 이용하여 표시하여야 한다.

② 식품의약품안전처장은 제1항에 따른 나트륨 함량 비교 표시 기준 및 방법 등을 정하여 고시하여야 한다.

[본조신설 2015.5.18.]

[시행일 : 2016.12.28.] 제11조의2

**제12조** 삭제 〈2010.2.4.〉

**제12조의2(유전자재조합식품등의 표시)** ① 생물의 유전자 중 유용한 유전자만을 취하여 다른 생물체의 유전자와 결합시키는 등의 유전자재조합기술을 활용하여 재배·육성된 농산물·축산물·수산물 등을 주요 원재료로 하여 제조·가공한 식품 또는 식품첨가물(이하 "유전자재조합식품등"이라 한다)은 유전자재조합식품임을 표시하여야 한다.

② 제1항에 따라 표시하여야 하는 유전자재조합식품등은 표시가 없으면 판매하거나 판매할 목적으로 수입·진열·운반하거나 영업에 사용하여서는 아니 된다.

③ 제1항에 따른 표시의무자, 표시대상 및 표시방법 등에 필요한 사항은 식품의약품안전처장이 정한다.〈개정 2013.3.23.〉

[본조신설 2011.6.7.]

**제12조의2(유전자변형식품등의 표시)** ① 다음 각 호의 어느 하나에 해당하는 생명공학기술을 활용하여 재배·육성된 농산물·축산물·수산물 등을 원재료로 하여 제조·가공한 식품 또는 식품첨가물(이하 "유전자변형식품등"이라 한다)은 유전자변형식품임을 표시하여야 한다. 다만, 제조·가공 후에 유전자변형 디엔에이(DNA, Deoxyribonucleic acid) 또는 유전자변형 단백질이 남아 있는 유전자변형식품등에 한정한다.〈개정 2016.2.3.〉

1. 인위적으로 유전자를 재조합하거나 유전자를 구성하는 핵산을 세포 또는 세포 내 소기관으로 직접 주입하는 기술
2. 분류학에 따른 과(科)의 범위를 넘는 세포융합기술

② 제1항에 따라 표시하여야 하는 유전자변형식품등은 표시가 없으면 판매하거나 판매할 목적으로 수입·진열·운반하거나 영업에 사용하여서는 아니 된다.〈개정 2016.2.3.〉

③ 제1항에 따른 표시의무자, 표시대상 및 표시방법 등에 필요한 사항은 식품의약품안전처장이 정한다. 〈개정 2013.3.23.〉

[본조신설 2011.6.7.]

[제목개정 2016.2.3.]

[시행일 : 2017.2.4.] 제12조의2

**제12조의3(표시·광고의 심의)** ① 영유아식, 체중조절용 조제식품 등 대통령령으로 정하는 식품에 대하여 표시·광고를 하려는 자는 식품의약품안전처장이 정한 식품 표시·광고 심의기준, 방법 및 절차에 따라 심의를 받아야 한다.〈개정 2013.3.23.〉

② 식품의약품안전처장은 제1항에 따른 식품의 표시·광고 사전심의에 관한 업무를 대통령령으로 정하는 기관 및 단체 등에 위탁할 수 있다.〈개정 2013.3.23.〉

[본조신설 2011.6.7.]

**제12조의4(광고심의 이의신청)** ① 제12조의3제1항에 따른 심의결과에 대하여 이의가 있는 자는 심의결과를 통지받은 날부터 1개월 이내에 식품의약품안전처장에게 이의를 제기할 수 있다.〈개정 2013.3.23.〉

② 식품의약품안전처장은 제1항에 따른 이의신청을 받은 때에는 심의위원회의 자문을 받아 이를 심사하고 그 결과를 신청인에게 통지하여야 한다.〈개정 2013.3.23.〉

③ 제1항 및 제2항에 따른 이의신청 방법, 절차 및 운영 등에 필요한 사항은 식품의약품안전처장이 정한다.〈개정 2013.3.23.〉

[본조신설 2011.6.7.]

**제13조(허위표시 등의 금지)** ① 누구든지 식품등의 명칭·제조방법, 품질·영양 표시, 유전자변형식품등 및 식품이력추적관리 표시에 관하여는 다음 각 호에 해당하는 허위·과대·비방의 표시·광고를 하여서는 아니 되고, 포장에 있어서는 과대포장을 하지 못한다. 식품 또는 식품첨가물의 영양가·원재료·성분·용도에 관하여도 또한 같다.〈개정 2011.6.7., 2011.8.4., 2016.2.3.〉

1. 질병의 예방 및 치료에 효능·효과가 있거나 의약품 또는 건강기능식품으로 오인·혼동할 우려가 있는 내용의 표시·광고
2. 사실과 다르거나 과장된 표시·광고
3. 소비자를 기만하거나 오인·혼동시킬 우려가 있는 표시·광고
4. 다른 업체 또는 그 제품을 비방하는 광고
5. 제12조의3제1항에 따라 심의를 받지 아니하거나 심의받은 내용과 다른 내용의 표시·광고

② 제1항에 따른 허위표시, 과대광고, 비방광고 및 과대포장의 범위와 그 밖에 필요한 사항은 총리령으로 정한다.〈개정 2010.1.18., 2011.8.4., 2013.3.23.〉

## 제5장 식품등의 공전(公典)

제14조(식품등의 공전) 식품의약품안전처장은 다음 각 호의 기준 등을 실은 식품등의 공전을 작성·보급하여야 한다.〈개정 2013.3.23.〉

1. 제7조제1항에 따라 정하여진 식품 또는 식품첨가물의 기준과 규격
2. 제9조제1항에 따라 정하여진 기구 및 용기·포장의 기준과 규격
3. 제10조제1항에 따라 정하여진 식품등의 표시기준

## 제6장 검사 등

**제15조(위해평가)** ① 식품의약품안전처장은 국내외에서 유해물질이 함유된 것으로 알려지는 등 위해의 우려가 제기되는 식품등이 제4조 또는 제8조에 따른 식품등에 해당한다고 의심되는 경우에는 그 식품등의 위해요소를 신속히 평가하여 그것이 위해식품등인지를 결정하여야 한다.〈개정 2013.3.23.〉

② 식품의약품안전처장은 제1항에 따른 위해평가가 끝나기 전까지 국민건강을 위하여 예방조치가 필요한 식품등에 대하여는 판매하거나 판매할 목적으로 채취·제조·수입·가공·사용·조리·저장·소분·운반 또는 진열하는 것을 일시적으로 금지할 수 있다. 다만, 국민건강에 급박한 위해가 발생하였거나 발생할 우려가 있다고 식품의약품안전처장이 인정하는 경우에는 그 금지조치를 하여야 한다.〈개정 2013.3.23.〉

③ 식품의약품안전처장은 제2항에 따른 일시적 금지조치를 하려면 미리 심의위원회의 심의·의결을 거쳐야 한다. 다만, 국민건강을 급박하게 위해할 우려가 있어서 신속히 금지조치를 하여야 할 필요가 있는 경우에는 먼저 일시적 금지조치를 한 뒤 지체 없이 심의위원회의 심의·의결을 거칠 수 있다.〈개정 2013.3.23.〉

④ 심의위원회는 제3항 본문 및 단서에 따라 심의하는 경우 대통령령으로 정하는 이해관계인의 의견을 들어야 한다.

⑤ 식품의약품안전처장은 제1항에 따른 위해평가나 제3항 단서에 따른 사후 심의위원회의 심의·의결에서 위해가 없다고 인정된 식품등에 대하여는 지체 없이 제2항에 따른 일시적 금지조치를 해제하여야 한다.〈개정 2013.3.23.〉

⑥ 제1항에 따른 위해평가의 대상, 방법 및 절차, 그 밖에 필요한 사항은 대통령령으로 정한다.

**제15조의2(위해평가 결과 등에 관한 공표)** ① 식품의약품안전처장은 제15조에 따른 위해평가 결과에 관한 사항을 공표할 수 있다. 〈개정 2013.3.23.〉

② 중앙행정기관의 장, 특별시장·광역시장·특별자치시장·도지사·특별자치도지사(이하 "시·도지사"라 한다), 시장·군수·구청장(자치구의 구청장을 말한다. 이하 같다) 또는 대통령령으로 정하는 공공기관의 장은 식품의 위해 여부가 의심되는 경우나 위해와 관련된 사실을 공표하려는 경우로서 제15조에 따른 위해평가가 필요한 경우에는 반드시 식품의약품안전처장에게 그 사실을 미리 알리고 협의하여야 한다.〈개정 2013.3.23., 2016.2.3.〉

③ 제1항에 따른 공표방법 등 공표에 필요한 사항은 대통령령으로 정한다.

[본조신설 2011.6.7.]

**제16조(소비자 등의 위생검사등 요청)** ① 식품의약품안전처장(대통령령으로 정하는 그 소속 기관의

장을 포함한다. 이하 이 조에서 같다), 시·도지사 또는 시장·군수·구청장은 대통령령으로 정하는 일정 수 이상의 소비자, 소비자단체 또는 「식품·의약품분야 시험·검사 등에 관한 법률」 제6조에 따른 시험·검사기관 중 총리령으로 정하는 시험·검사기관이 식품등 또는 영업시설 등에 대하여 제22조에 따른 출입·검사·수거 등(이하 이 조에서 "위생검사등"이라 한다)을 요청하는 경우에는 이에 따라야 한다. 다만, 다음 각 호의 어느 하나에 해당하는 경우에는 그러하지 아니하다.〈개정 2013.3.23., 2013.7.30.〉

1. 같은 소비자, 소비자단체 또는 시험·검사기관이 특정 영업자의 영업을 방해할 목적으로 같은 내용의 위생검사등을 반복적으로 요청하는 경우
2. 식품의약품안전처장, 시·도지사 또는 시장·군수·구청장이 기술 또는 시설, 재원(財源) 등의 사유로 위생검사등을 할 수 없다고 인정하는 경우

② 식품의약품안전처장, 시·도지사 또는 시장·군수·구청장은 제1항에 따라 위생검사등의 요청에 따르는 경우 14일 이내에 위생검사등을 하고 그 결과를 대통령령으로 정하는 바에 따라 위생검사등의 요청을 한 소비자, 소비자단체 또는 시험·검사기관에 알리고 인터넷 홈페이지에 게시하여야 한다.〈개정 2011.6.7., 2013.3.23., 2013.7.30.〉

③ 위생검사등의 요청 요건 및 절차, 그 밖에 필요한 사항은 대통령령으로 정한다.

[제목개정 2013.7.30.]

**제17조(위해식품등에 대한 긴급대응)** ① 식품의약품안전처장은 판매하거나 판매할 목적으로 채취·제조·수입·가공·조리·저장·소분 또는 운반(이하 이 조에서 "제조·판매등"이라 한다)되고 있는 식품등이 다음 각 호의 어느 하나에 해당하는 경우에는 긴급대응방안을 마련하고 필요한 조치를 하여야 한다.〈개정 2010.1.18., 2013.3.23.〉

1. 국내외에서 식품등 위해발생 우려가 총리령으로 정하는 과학적 근거에 따라 제기되었거나 제기된 경우
2. 그 밖에 식품등으로 인하여 국민건강에 중대한 위해가 발생하거나 발생할 우려가 있는 경우로서 대통령령으로 정하는 경우

② 제1항에 따른 긴급대응방안은 다음 각 호의 사항이 포함되어야 한다.

1. 해당 식품등의 종류
2. 해당 식품등으로 인하여 인체에 미치는 위해의 종류 및 정도
3. 제3항에 따른 제조·판매등의 금지가 필요한 경우 이에 관한 사항
4. 소비자에 대한 긴급대응요령 등의 교육·홍보에 관한 사항
5. 그 밖에 식품등의 위해 방지 및 확산을 막기 위하여 필요한 사항

③ 식품의약품안전처장은 제1항에 따른 긴급대응이 필요하다고 판단되는 식품등에 대하여는 그 위해 여부가 확인되기 전까지 해당 식품등의 제조·판매등을 금지하여야 한다.〈개정 2011.8.4., 2013.3.23.〉

④ 영업자는 제3항에 따른 식품등에 대하여는 제조·판매등을 하여서는 아니 된다.

⑤ 식품의약품안전처장은 제3항에 따라 제조·판매등을 금지하려면 미리 대통령령으로 정하는 이해관계인의 의견을 들어야 한다.〈개정 2013.3.23.〉

⑥ 영업자는 제3항에 따른 금지조치에 대하여 이의가 있는 경우에는 대통령령으로 정하는 바에 따라 식품의약품안전처장에게 해당 금지의 전부 또는 일부의 해제를 요청할 수 있다.〈개정 2013.3.23.〉

⑦ 식품의약품안전처장은 식품등으로 인하여 국민건강에 위해가 발생하지 아니하였거나 발생할 우려가 없어졌다고 인정하는 경우에는 제3항에 따른 금지의 전부 또는 일부를 해제하여야 한다.〈개정 2013.3.23.〉

⑧ 식품의약품안전처장은 국민건강에 급박한 위해가 발생하거나 발생할 우려가 있다고 인정되는 위해식품에 관한 정보를 국민에게 긴급하게 전달하여야 하는 경우로서 대통령령으로 정하는 요건

에 해당하는 경우에는 「방송법」 제2조제3호에 따른 방송사업자 중 대통령령으로 정하는 방송사업자에 대하여 이를 신속하게 방송하도록 요청하거나 「전기통신사업법」 제5조에 따른 기간통신사업자 중 대통령령으로 정하는 기간통신사업자에 대하여 이를 신속하게 문자 또는 음성으로 송신하도록 요청할 수 있다.〈개정 2013.3.23.〉

⑨ 제8항에 따라 요청을 받은 방송사업자 및 기간통신사업자는 특별한 사유가 없는 한 이에 응하여야 한다.

**제18조(유전자변형식품등의 안전성 심사 등)** ① 유전자변형식품등을 식용(食用)으로 수입·개발·생산하는 자는 최초로 유전자변형식품등을 수입하는 경우 등 대통령령으로 정하는 경우에는 식품의약품안전처장에게 해당 식품등에 대한 안전성 심사를 받아야 한다.〈개정 2013.3.23., 2016.2.3.〉

② 식품의약품안전처장은 제1항에 따른 유전자변형식품등의 안전성 심사를 위하여 식품의약품안전처에 유전자변형식품등 안전성심사위원회(이하 "안전성심사위원회"라 한다)를 둔다.〈개정 2013.3.23., 2016.2.3.〉

③ 안전성심사위원회의 구성·기능·운영에 필요한 사항은 대통령령으로 정한다.〈개정 2016.2.3.〉

④ 제1항에 따른 안전성 심사의 대상, 안전성 심사를 위한 자료제출의 범위 및 심사절차 등에 관하여는 식품의약품안전처장이 정하여 고시한다.〈개정 2013.3.23., 2016.2.3.〉

[제목개정 2016.2.3.]

**제19조** 삭제 〈2015.2.3.〉

**제19조의2** 삭제 〈2015.2.3.〉

**제19조의3** 삭제 〈2015.2.3.〉

**제19조의4(검사명령 등)** ① 식품의약품안전처장은 다음 각 호의 어느 하나에 해당하는 식품등을 채취·제조·가공·사용·조리·저장·소분·운반 또는 진열하는 영업자에 대하여 「식품·의약품분야 시험·검사 등에 관한 법률」 제6조제3항제1호에 따른 식품전문 시험·검사기관 또는 같은 법 제8조에 따른 국외시험·검사기관에서 검사를 받을 것을 명(이하 "검사명령"이라 한다)할 수 있다. 다만, 검사로써 위해성분을 확인할 수 없다고 식품의약품안전처장이 인정하는 경우에는 관계 자료 등으로 갈음할 수 있다.〈개정 2013.3.23., 2013.7.30., 2015.2.3.〉

1. 국내외에서 유해물질이 검출된 식품등
2. 삭제〈2015.2.3.〉
3. 그 밖에 국내외에서 위해발생의 우려가 제기되었거나 제기된 식품등

② 검사명령을 받은 영업자는 총리령으로 정하는 검사기한 내에 검사를 받거나 관련 자료 등을 제출하여야 한다.〈개정 2013.3.23.〉

③ 제1항 및 제2항에 따른 검사명령 대상 식품등의 범위, 제출 자료 등 세부사항은 식품의약품안전처장이 정하여 고시한다.〈개정 2013.3.23.〉

[본조신설 2011.6.7.]

**제20조** 삭제〈2015.2.3.〉

제21조(특정 식품등의 수입·판매 등 금지) ① 식품의약품안전처장은 특정 국가 또는 지역에서 채취·제조·가공·사용·조리 또는 저장된 식품등이 그 특정 국가 또는 지역에서 위해한 것으로 밝혀졌거나 위해의 우려가 있다고 인정되는 경우에는 그 식품등을 수입·판매하거나 판매할 목적으로 제조·가공·사용·조리·저장·소분·운반 또는 진열하는 것을 금지할 수 있다.〈개정 2013.3.23.〉

② 식품의약품안전처장은 제15조제1항에 따른 위해평가 또는 「수입식품안전관리 특별법」 제21조제1항에 따른 검사 후 식품등에서 제4조제2호에 따른 유독·유해물질이 검출된 경우에는 해당 식품등의 수입을 금지하여야 한다. 다만, 인체의 건강을 해칠 우려가 없다고 식품의약품안전처장이

인정하는 경우는 그러하지 아니하다.〈개정 2013.3.23., 2015.2.3.〉

③ 식품의약품안전처장은 제1항 및 제2항에 따른 금지를 하려면 미리 관계 중앙행정기관의 장의 의견을 듣고 심의위원회의 심의·의결을 거쳐야 한다. 다만, 국민건강을 급박하게 위해할 우려가 있어서 신속히 금지 조치를 하여야 할 필요가 있는 경우 먼저 금지조치를 한 뒤 지체 없이 심의위원회의 심의·의결을 거칠 수 있다.〈개정 2013.3.23.〉

④ 제3항 본문 및 단서에 따라 심의위원회가 심의하는 경우 대통령령으로 정하는 이해관계인은 심의위원회에 출석하여 의견을 진술하거나 문서로 의견을 제출할 수 있다.

⑤ 식품의약품안전처장은 직권으로 또는 제1항 및 제2항에 따라 수입·판매 등이 금지된 식품등에 대하여 이해관계가 있는 국가 또는 수입한 영업자의 신청을 받아 그 식품등에 위해가 없는 것으로 인정되면 심의위원회의 심의·의결을 거쳐 제1항 및 제2항에 따른 금지의 전부 또는 일부를 해제할 수 있다.〈개정 2013.3.23.〉

⑥ 식품의약품안전처장은 제1항 및 제2항에 따른 금지나 제5항에 따른 해제를 하는 경우에는 고시하여야 한다.〈개정 2013.3.23.〉

⑦ 식품의약품안전처장은 제1항 및 제2항에 따라 수입·판매 등이 금지된 해당 식품등의 제조업소, 이해관계가 있는 국가 또는 수입한 영업자가 원인 규명 및 개선사항을 제시할 경우에는 제1항 및 제2항에 따른 금지의 전부 또는 일부를 해제할 수 있다. 이 경우 개선사항에 대한 확인이 필요한 때에는 현지 조사를 할 수 있다.〈개정 2013.3.23.〉

**제22조(출입·검사·수거 등)** ① 식품의약품안전처장(대통령령으로 정하는 그 소속 기관의 장을 포함한다. 이하 이 조에서 같다), 시·도지사 또는 시장·군수·구청장은 식품등의 위해방지·위생관리와 영업질서의 유지를 위하여 필요하면 다음 각 호의 구분에 따른 조치를 할 수 있다.〈개정 2009.5.21., 2011.6.7., 2013.3.23.〉

1. 영업자나 그 밖의 관계인에게 필요한 서류나 그 밖의 자료의 제출 요구
2. 관계 공무원으로 하여금 다음 각 목에 해당하는 출입·검사·수거 등의 조치
   가. 영업소(사무소, 창고, 제조소, 저장소, 판매소, 그 밖에 이와 유사한 장소를 포함한다)에 출입하여 판매를 목적으로 하거나 영업에 사용하는 식품등 또는 영업시설 등에 대하여 하는 검사
   나. 가목에 따른 검사에 필요한 최소량의 식품등의 무상 수거
   다. 영업에 관계되는 장부 또는 서류의 열람

② 식품의약품안전처장은 시·도지사 또는 시장·군수·구청장이 제1항에 따른 출입·검사·수거 등의 업무를 수행하면서 식품등으로 인하여 발생하는 위생 관련 위해방지 업무를 효율적으로 하기 위하여 필요한 경우에는 관계 행정기관의 장, 다른 시·도지사 또는 시장·군수·구청장에게 행정응원(行政應援)을 하도록 요청할 수 있다. 이 경우 행정응원을 요청받은 관계 행정기관의 장, 시·도지사 또는 시장·군수·구청장은 특별한 사유가 없으면 이에 따라야 한다.〈개정 2013.3.23.〉

③ 제1항 및 제2항의 경우에 출입·검사·수거 또는 열람하려는 공무원은 그 권한을 표시하는 증표 및 조사기간, 조사범위, 조사담당자, 관계 법령 등 대통령령으로 정하는 사항이 기재된 서류를 지니고 이를 관계인에게 내보여야 한다.〈개정 2016.2.3.〉

④ 제2항에 따른 행정응원의 절차, 비용 부담 방법, 그 밖에 필요한 사항은 대통령령으로 정한다.

**제22조의2** 삭제〈2015.2.3.〉

**제23조(식품등의 재검사)** ① 식품의약품안전처장(대통령령으로 정하는 그 소속 기관의 장을 포함한다. 이하 이 조에서 같다), 시·도지사 또는 시장·군수·구청장은 제22조, 「수입식품안전관리 특별법」 제21조 또는 제25조에 따라 식품등을 검사한 결과 해당 식품등이 제7조 또는 제9조에 따른 식품등의 기준이나 규격에 맞지 아니하면 대통령령으로 정하는 바에 따라 해당 영업자에게 그 검사결과를 통보하여야 한다.〈개정 2013.3.23., 2015.2.3.〉

② 제1항에 따른 통보를 받은 영업자가 그 검사 결과에 이의가 있으면 검사한 제품과 같은 제품(같

은 날에 같은 영업시설에서 같은 제조 공정을 통하여 제조·생산된 제품에 한정한다)을 식품의약품안전처장이 인정하는 국내외 검사기관 2곳 이상에서 같은 검사 항목에 대하여 검사를 받아 그 결과가 제1항에 따라 통보받은 검사 결과와 다를 때에는 그 검사기관의 검사성적서 또는 검사증명서를 첨부하여 식품의약품안전처장, 시·도지사 또는 시장·군수·구청장에게 재검사를 요청할 수 있다. 다만, 시간이 경과함에 따라 검사 결과가 달라질 수 있는 검사항목 등 총리령으로 정하는 검사항목은 재검사 대상에서 제외한다.〈개정 2013.3.23., 2014.5.28.〉

③ 제2항에 따른 재검사 요청을 받은 식품의약품안전처장, 시·도지사 또는 시장·군수·구청장은 영업자가 제출한 검사 결과가 제1항에 따른 검사 결과와 다르다고 확인되거나 같은 항의 검사에 따른 검체(檢體)의 채취·취급방법, 검사방법·검사과정 등이 제7조제1항 또는 제9조제1항에 따른 식품등의 기준 및 규격에 위반된다고 인정되는 때에는 지체 없이 재검사하고 해당 영업자에게 재검사 결과를 통보하여야 한다. 이 경우 재검사 수수료와 보세창고료 등 재검사에 드는 비용은 영업자가 부담한다.〈개정 2013.3.23., 2014.5.28.〉

④ 삭제〈2014.5.28.〉

**제24조** 삭제〈2013.7.30.〉

**제25조** 삭제〈2013.7.30.〉

**제26조** 삭제〈2013.7.30.〉

**제27조** 삭제〈2013.7.30.〉

**제28조** 삭제〈2013.7.30.〉

**제29조** 삭제〈2013.7.30.〉

**제30조** 삭제〈2013.7.30.〉

**제31조(자가품질검사 의무)** ① 식품등을 제조·가공하는 영업자는 총리령으로 정하는 바에 따라 제조·가공하는 식품등이 제7조 또는 제9조에 따른 기준과 규격에 맞는지를 검사하여야 한다.〈개정 2010.1.18., 2013.3.23.〉

② 식품의약품안전처장 및 시·도지사는 제1항에 따른 검사를 해당 영업을 하는 자가 직접 행하는 것이 부적합한 경우 「식품·의약품분야 시험·검사 등에 관한 법률」 제6조제3항제2호에 따른 자가품질위탁 시험·검사기관에 위탁하여 검사하게 할 수 있다.〈개정 2013.3.23., 2013.7.30.〉

③ 제1항에 따른 검사를 직접 행하는 영업자는 제1항에 따른 검사 결과 해당 식품등이 제4조부터 제6조까지, 제7조제4항, 제8조 또는 제9조제4항을 위반하여 국민 건강에 위해가 발생하거나 발생할 우려가 있는 경우에는 지체 없이 식품의약품안전처장에게 보고하여야 한다.〈신설 2011.6.7., 2013.3.23., 2013.7.30.〉

④ 제1항에 따른 검사의 항목·절차, 그 밖에 검사에 필요한 사항은 총리령으로 정한다.〈개정 2010.1.18., 2011.6.7., 2013.3.23., 2013.7.30.〉

**제31조의2(자가품질검사의무의 면제)** 식품의약품안전처장 또는 시·도지사는 제48조제3항에 따른 식품안전관리인증기준적용업소가 다음 각 호에 해당하는 경우에는 제31조제1항에도 불구하고 총리령으로 정하는 바에 따라 자가품질검사를 면제할 수 있다.

1. 제48조제3항에 따른 식품안전관리인증기준적용업소가 제31조제1항에 따른 검사가 포함된 식품안전관리인증기준을 지키는 경우
2. 제48조제8항에 따른 조사·평가 결과 그 결과가 우수하다고 총리령으로 정하는 바에 따라 식품의약품안전처장이 인정하는 경우

[본조신설 2016.2.3.]

**제32조(식품위생감시원)** ① 제22조제1항에 따른 관계 공무원의 직무와 그 밖에 식품위생에 관한 지도 등을 하기 위하여 식품의약품안전처(대통령령으로 정하는 그 소속 기관을 포함한다), 특별시·광역시·특별자치시·도·특별자치도(이하 "시·도"라 한다) 또는 시·군·구(자치구를 말한다. 이하 같다)에 식품위생감시원을 둔다.〈개정 2013.3.23., 2016.2.3.〉

② 제1항에 따른 식품위생감시원의 자격·임명·직무범위, 그 밖에 필요한 사항은 대통령령으로 정한다.

제33조(소비자식품위생감시원) ① 식품의약품안전처장(대통령령으로 정하는 그 소속 기관의 장을 포함한다. 이하 이 조에서 같다), 시·도지사 또는 시장·군수·구청장은 식품위생관리를 위하여「소비자기본법」제29조에 따라 등록한 소비자단체의 임직원 중 해당 단체의 장이 추천한 자나 식품위생에 관한 지식이 있는 자를 소비자식품위생감시원으로 위촉할 수 있다.〈개정 2013.3.23.〉

② 제1항에 따라 위촉된 소비자식품위생감시원(이하 "소비자식품위생감시원"이라 한다)의 직무는 다음 각 호와 같다.

1. 제36조제1항제3호에 따른 식품접객업을 하는 자(이하 "식품접객영업자"라 한다)에 대한 위생관리 상태 점검
2. 유통 중인 식품등이 표시기준에 맞지 아니하거나 허위표시 또는 과대광고 금지 규정을 위반한 경우 관할 행정관청에 신고하거나 그에 관한 자료 제공
3. 제32조에 따른 식품위생감시원이 하는 식품등에 대한 수거 및 검사 지원
4. 그 밖에 식품위생에 관한 사항으로서 대통령령으로 정하는 사항

③ 소비자식품위생감시원은 제2항 각 호의 직무를 수행하는 경우 그 권한을 남용하여서는 아니 된다.

④ 제1항에 따라 소비자식품위생감시원을 위촉한 식품의약품안전처장, 시·도지사 또는 시장·군수·구청장은 소비자식품위생감시원에게 직무 수행에 필요한 교육을 하여야 한다.〈개정 2013.3.23.〉

⑤ 식품의약품안전처장, 시·도지사 또는 시장·군수·구청장은 소비자식품위생감시원이 다음 각 호의 어느 하나에 해당하면 그 소비자식품위생감시원을 해촉(解囑)하여야 한다.〈개정 2013.3.23.〉

1. 추천한 소비자단체에서 퇴직하거나 해임된 경우
2. 제2항 각 호의 직무와 관련하여 부정한 행위를 하거나 권한을 남용한 경우
3. 질병이나 부상 등의 사유로 직무 수행이 어렵게 된 경우

⑥ 소비자식품위생감시원이 제2항제1호의 직무를 수행하기 위하여 식품접객영업자의 영업소에 단독으로 출입하려면 미리 식품의약품안전처장, 시·도지사 또는 시장·군수·구청장의 승인을 받아야 한다.〈개정 2013.3.23.〉

⑦ 소비자식품위생감시원이 제6항에 따른 승인을 받아 식품접객영업자의 영업소에 단독으로 출입하는 경우에는 승인서와 신분을 표시하는 증표 및 조사기간, 조사범위, 조사담당자, 관계 법령 등 대통령령으로 정하는 사항이 기재된 서류를 지니고 이를 관계인에게 내보여야 한다.〈개정 2016.2.3.〉

⑧ 소비자식품위생감시원의 자격, 직무 범위 및 교육, 그 밖에 필요한 사항은 대통령령으로 정한다.

**제34조** 삭제 〈2015.3.27.〉

**제35조(소비자 위생점검 참여 등)** ① 대통령령으로 정하는 영업자는 식품위생에 관한 전문적인 지식이 있는 자 또는「소비자기본법」제29조에 따라 등록한 소비자단체의 장이 추천한 자로서 식품의약품안전처장이 정하는 자에게 위생관리 상태를 점검받을 수 있다.〈개정 2013.3.23.〉

② 제1항에 따른 점검 결과 식품의약품안전처장이 정하는 기준에 적합하여 합격한 경우 해당 영업자는 그 합격사실을 총리령으로 정하는 바에 따라 해당 영업소에서 제조·가공한 식품등에 표시하거나 광고할 수 있다.〈개정 2010.1.18., 2013.3.23.〉

③ 식품의약품안전처장(대통령령으로 정하는 그 소속 기관의 장을 포함한다. 이하 이 조에서 같다), 시·도지사 또는 시장·군수·구청장은 제1항에 따라 위생점검을 받은 영업소 중 식품의약품안전처장이 정하는 기준에 따른 우수 등급의 영업소에 대하여는 관계 공무원으로 하여금 총리령으로 정하는 일정 기간 동안 제22조에 따른 출입·검사·수거 등을 하지 아니하게 할 수 있다.〈개정 2010.1.18., 2013.3.23., 2016.2.3.〉

④ 식품의약품안전처장, 시·도지사 또는 시장·군수·구청장은 제22조제1항에 따른 출입·검사·수거 등에 참여를 희망하는 소비자를 참여하게 하여 위생 상태를 점검할 수 있다.〈신설 2013.7.30., 2016.2.3.〉

⑤ 제1항에 따른 위생점검의 시기 등은 대통령령으로 정한다.〈개정 2013.7.30.〉

## 제7장 영업

**제36조(시설기준)** ① 다음의 영업을 하려는 자는 총리령으로 정하는 시설기준에 맞는 시설을 갖추어야 한다.〈개정 2010.1.18., 2013.3.23.〉

1. 식품 또는 식품첨가물의 제조업, 가공업, 운반업, 판매업 및 보존업
2. 기구 또는 용기·포장의 제조업
3. 식품접객업

② 제1항 각 호에 따른 영업의 세부 종류와 그 범위는 대통령령으로 정한다.

**제37조(영업허가 등)** ① 제36조제1항 각 호에 따른 영업 중 대통령령으로 정하는 영업을 하려는 자는 대통령령으로 정하는 바에 따라 영업 종류별 또는 영업소별로 식품의약품안전처장 또는 특별자치시장·특별자치도지사·시장·군수·구청장의 허가를 받아야 한다. 허가받은 사항 중 대통령령으로 정하는 중요한 사항을 변경할 때에도 또한 같다.〈개정 2013.3.23., 2016.2.3.〉

② 식품의약품안전처장 또는 특별자치시장·특별자치도지사·시장·군수·구청장은 제1항에 따른 영업허가를 하는 때에는 필요한 조건을 붙일 수 있다.〈개정 2013.3.23., 2016.2.3.〉

③ 제1항에 따라 영업허가를 받은 자가 폐업하거나 허가받은 사항 중 같은 항 후단의 중요한 사항을 제외한 경미한 사항을 변경할 때에는 식품의약품안전처장 또는 특별자치시장·특별자치도지사·시장·군수·구청장에게 신고하여야 한다.〈개정 2013.3.23., 2016.2.3.〉

④ 제36조제1항 각 호에 따른 영업 중 대통령령으로 정하는 영업을 하려는 자는 대통령령으로 정하는 바에 따라 영업 종류별 또는 영업소별로 식품의약품안전처장 또는 특별자치시장·특별자치도지사·시장·군수·구청장에게 신고하여야 한다. 신고한 사항 중 대통령령으로 정하는 중요한 사항을 변경하거나 폐업할 때에도 또한 같다.〈개정 2013.3.23., 2016.2.3.〉

⑤ 제36조제1항 각 호에 따른 영업 중 대통령령으로 정하는 영업을 하려는 자는 대통령령으로 정하는 바에 따라 영업 종류별 또는 영업소별로 식품의약품안전처장 또는 특별자치시장·특별자치도지사·시장·군수·구청장에게 등록하여야 하며, 등록한 사항 중 대통령령으로 정하는 중요한 사항을 변경할 때에도 또한 같다. 다만, 폐업하거나 대통령령으로 정하는 중요한 사항을 제외한 경미한 사항을 변경할 때에는 식품의약품안전처장 또는 특별자치시장·특별자치도지사·시장·군수·구청장에게 신고하여야 한다.〈신설 2011.6.7., 2013.3.23., 2016.2.3.〉

⑥ 제1항, 제4항 또는 제5항에 따라 식품 또는 식품첨가물의 제조업·가공업의 허가를 받거나 신고 또는 등록을 한 자가 식품 또는 식품첨가물을 제조·가공하는 경우에는 총리령으로 정하는 바에 따라 식품의약품안전처장 또는 특별자치시장·특별자치도지사·시장·군수·구청장에게 그 사실을 보고하여야 한다. 보고한 사항 중 총리령으로 정하는 중요한 사항을 변경하는 경우에도 또한 같다.〈개정 2010.1.18., 2011.6.7., 2013.3.23., 2016.2.3.〉

⑦ 식품의약품안전처장 또는 특별자치시장·특별자치도지사·시장·군수·구청장은 영업자(제4항에

따른 영업신고 또는 제5항에 따른 영업등록을 한 자만 해당한다)가 「부가가치세법」 제8조에 따라 관할세무서장에게 폐업신고를 하거나 관할세무서장이 사업자등록을 말소한 경우에는 신고 또는 등록 사항을 직권으로 말소할 수 있다.〈개정 2011.6.7., 2013.3.23., 2013.6.7., 2016.2.3.〉

⑧ 제3항부터 제5항까지의 규정에 따라 폐업하고자 하는 자는 제71조부터 제76조까지의 규정에 따른 영업정지 등 행정 제재처분기간 중에는 폐업신고를 할 수 없다.〈신설 2011.6.7.〉

⑨ 식품의약품안전처장 또는 특별자치시장·특별자치도지사·시장·군수·구청장은 제7항의 직권말소를 위하여 필요한 경우 관할 세무서장에게 영업자의 폐업여부에 대한 정보 제공을 요청할 수 있다. 이 경우 요청을 받은 관할 세무서장은 「전자정부법」 제39조에 따라 영업자의 폐업여부에 대한 정보를 제공한다.〈신설 2015.3.27., 2016.2.3.〉

**제38조(영업허가 등의 제한)** ① 다음 각 호의 어느 하나에 해당하면 제37조제1항에 따른 영업허가를 하여서는 아니 된다.〈개정 2014.3.18.〉

1. 해당 영업 시설이 제36조에 따른 시설기준에 맞지 아니한 경우
2. 제75조제1항 또는 제2항에 따라 영업허가가 취소(제44조제2항제1호를 위반하여 영업허가가 취소된 경우와 제75조제1항제18호에 따라 영업허가가 취소된 경우는 제외한다)되고 6개월이 지나기 전에 같은 장소에서 같은 종류의 영업을 하려는 경우. 다만, 영업시설 전부를 철거하여 영업허가가 취소된 경우에는 그러하지 아니하다.
3. 제44조제2항제1호를 위반하여 영업허가가 취소되거나 제75조제1항제18호에 따라 영업허가가 취소되고 2년이 지나기 전에 같은 장소에서 제36조제1항제3호에 따른 식품접객업을 하려는 경우
4. 제75조제1항 또는 제2항에 따라 영업허가가 취소(제4조부터 제6조까지, 제8조 또는 제44조제2항제1호를 위반하여 영업허가가 취소된 경우와 제75조제1항제18호에 따라 영업허가가 취소된 경우는 제외한다)되고 2년이 지나기 전에 같은 자(법인인 경우에는 그 대표자를 포함한다)가 취소된 영업과 같은 종류의 영업을 하려는 경우
5. 제44조제2항제1호를 위반하여 영업허가가 취소되거나 제75조제1항제18호에 따라 영업허가가 취소된 후 3년이 지나기 전에 같은 자(법인인 경우에는 그 대표자를 포함한다)가 제36조제1항제3호에 따른 식품접객업을 하려는 경우
6. 제4조부터 제6조까지 또는 제8조를 위반하여 영업허가가 취소되고 5년이 지나기 전에 같은 자(법인인 경우에는 그 대표자를 포함한다)가 취소된 영업과 같은 종류의 영업을 하려는 경우
7. 제36조제1항제3호에 따른 식품접객업 중 국민의 보건위생을 위하여 허가를 제한할 필요가 뚜렷하다고 인정되어 시·도지사가 지정하여 고시하는 영업에 해당하는 경우
8. 영업허가를 받으려는 자가 피성년후견인이거나 파산선고를 받고 복권되지 아니한 자인 경우

② 다음 각 호의 어느 하나에 해당하는 경우에는 제37조제4항에 따른 영업신고 또는 같은 조 제5항에 따른 영업등록을 할 수 없다.〈개정 2011.6.7.〉

1. 제75조제1항 또는 제2항에 따른 등록취소 또는 영업소 폐쇄명령(제44조제2항제1호를 위반하여 영업소 폐쇄명령을 받은 경우와 제75조제1항제18호에 따라 영업소 폐쇄명령을 받은 경우는 제외한다)을 받고 6개월이 지나기 전에 같은 장소에서 같은 종류의 영업을 하려는 경우. 다만, 영업시설 전부를 철거하여 등록취소 또는 영업소 폐쇄명령을 받은 경우에는 그러하지 아니하다.
2. 제44조제2항제1호를 위반하여 영업소 폐쇄명령을 받거나 제75조제1항제18호에 따라 영업소 폐쇄명령을 받은 후 1년이 지나기 전에 같은 장소에서 제36조제1항제3호에 따른 식품접객업을 하려는 경우
3. 제75조제1항 또는 제2항에 따른 등록취소 또는 영업소 폐쇄명령(제4조부터 제6조까지, 제8조 또는 제44조제2항제1호를 위반하여 등록취소 또는 영업소 폐쇄명령을 받은 경우와 제75조제1항제18호에 따라 영업소 폐쇄명령을 받은 경우는 제외한다)을 받고 2년이 지나기 전에 같은 자(법인인 경우에는 그 대표자를 포함한다)가 등록취소 또는 폐쇄명령을 받은 영업과 같은 종류의 영업을 하려는 경우

4. 제44조제2항제1호를 위반하여 영업소 폐쇄명령을 받거나 제75조제1항제18호에 따라 영업소 폐쇄명령을 받고 2년이 지나기 전에 같은 자(법인인 경우에는 그 대표자를 포함한다)가 제36조제1항제3호에 따른 식품접객업을 하려는 경우
5. 제4조부터 제6조까지 또는 제8조를 위반하여 등록취소 또는 영업소 폐쇄명령을 받고 5년이 지나지 아니한 자(법인인 경우에는 그 대표자를 포함한다)가 등록취소 또는 폐쇄명령을 받은 영업과 같은 종류의 영업을 하려는 경우

**제39조(영업 승계)** ① 영업자가 영업을 양도하거나 사망한 경우 또는 법인이 합병한 경우에는 그 양수인·상속인 또는 합병 후 존속하는 법인이나 합병에 따라 설립되는 법인은 그 영업자의 지위를 승계한다.

② 다음 각 호의 어느 하나에 해당하는 절차에 따라 영업 시설의 전부를 인수한 자는 그 영업자의 지위를 승계한다. 이 경우 종전의 영업자에 대한 영업 허가·등록 또는 그가 한 신고는 그 효력을 잃는다.〈개정 2011.6.7., 2016.2.3.〉

1. 「민사집행법」에 따른 경매
2. 「채무자 회생 및 파산에 관한 법률」에 따른 환가(換價)
3. 「국세징수법」, 「관세법」 또는 「지방세기본법」에 따른 압류재산의 매각
4. 그 밖에 제1호부터 제3호까지의 절차에 준하는 절차

③ 제1항 또는 제2항에 따라 그 영업자의 지위를 승계한 자는 총리령으로 정하는 바에 따라 1개월 이내에 그 사실을 식품의약품안전처장 또는 특별자치시장·특별자치도지사·시장·군수·구청장에게 신고하여야 한다.〈개정 2010.1.18., 2013.3.23., 2016.2.3.〉

④ 제1항 및 제2항에 따른 승계에 관하여는 제38조를 준용한다. 다만, 상속인이 제38조제1항제8호에 해당하면 상속받은 날부터 3개월 동안은 그러하지 아니하다.

**제39조(영업 승계)** ① 영업자가 영업을 양도하거나 사망한 경우 또는 법인이 합병한 경우에는 그 양수인·상속인 또는 합병 후 존속하는 법인이나 합병에 따라 설립되는 법인은 그 영업자의 지위를 승계한다.

② 다음 각 호의 어느 하나에 해당하는 절차에 따라 영업 시설의 전부를 인수한 자는 그 영업자의 지위를 승계한다. 이 경우 종전의 영업자에 대한 영업 허가·등록 또는 그가 한 신고는 그 효력을 잃는다.〈개정 2011.6.7., 2016.2.3., 2016.12.27.〉

1. 「민사집행법」에 따른 경매
2. 「채무자 회생 및 파산에 관한 법률」에 따른 환가(換價)
3. 「국세징수법」, 「관세법」 또는 「지방세징수법」에 따른 압류재산의 매각
4. 그 밖에 제1호부터 제3호까지의 절차에 준하는 절차

③ 제1항 또는 제2항에 따라 그 영업자의 지위를 승계한 자는 총리령으로 정하는 바에 따라 1개월 이내에 그 사실을 식품의약품안전처장 또는 특별자치시장·특별자치도지사·시장·군수·구청장에게 신고하여야 한다.〈개정 2010.1.18., 2013.3.23., 2016.2.3.〉

④ 제1항 및 제2항에 따른 승계에 관하여는 제38조를 준용한다. 다만, 상속인이 제38조제1항제8호에 해당하면 상속받은 날부터 3개월 동안은 그러하지 아니하다.

[시행일 : 2017.3.28.] 제39조

**제40조(건강진단)** ① 총리령으로 정하는 영업자 및 그 종업원은 건강진단을 받아야 한다. 다만, 다른 법령에 따라 같은 내용의 건강진단을 받는 경우에는 이 법에 따른 건강진단을 받은 것으로 본다.〈개정 2010.1.18., 2013.3.23.〉

② 제1항에 따라 건강진단을 받은 결과 타인에게 위해를 끼칠 우려가 있는 질병이 있다고 인정된 자는 그 영업에 종사하지 못한다.

③ 영업자는 제1항을 위반하여 건강진단을 받지 아니한 자나 제2항에 따른 건강진단 결과 타인에

게 위해를 끼칠 우려가 있는 질병이 있는 자를 그 영업에 종사시키지 못한다.

④ 제1항에 따른 건강진단의 실시방법 등과 제2항 및 제3항에 따른 타인에게 위해를 끼칠 우려가 있는 질병의 종류는 총리령으로 정한다.〈개정 2010.1.18., 2013.3.23.〉

**제41조(식품위생교육)** ① 대통령령으로 정하는 영업자 및 유흥종사자를 둘 수 있는 식품접객업 영업자의 종업원은 매년 식품위생에 관한 교육(이하 "식품위생교육"이라 한다)을 받아야 한다.

② 제36조제1항 각 호에 따른 영업을 하려는 자는 미리 식품위생교육을 받아야 한다. 다만, 부득이한 사유로 미리 식품위생교육을 받을 수 없는 경우에는 영업을 시작한 뒤에 식품의약품안전처장이 정하는 바에 따라 식품위생교육을 받을 수 있다.〈개정 2010.1.18., 2013.3.23.〉

③ 제1항 및 제2항에 따라 교육을 받아야 하는 자가 영업에 직접 종사하지 아니하거나 두 곳 이상의 장소에서 영업을 하는 경우에는 종업원 중에서 식품위생에 관한 책임자를 지정하여 영업자 대신 교육을 받게 할 수 있다. 다만, 집단급식소에 종사하는 조리사 및 영양사(「국민영양관리법」 제15조에 따라 영양사 면허를 받은 사람을 말한다. 이하 같다)가 식품위생에 관한 책임자로 지정되어 제56조제1항 단서에 따라 교육을 받은 경우에는 제1항 및 제2항에 따른 해당 연도의 식품위생교육을 받은 것으로 본다.〈개정 2010.3.26.〉

④ 제2항에도 불구하고 다음 각 호의 어느 하나에 해당하는 면허를 받은 자가 제36조제1항제3호에 따른 식품접객업을 하려는 경우에는 식품위생교육을 받지 아니하여도 된다.〈개정 2015.3.27., 2016.2.3.〉

1. 제53조에 따른 조리사 면허
2. 「국민영양관리법」제15조에 따른 영양사 면허
3. 「공중위생관리법」제6조의2에 따른 위생사 면허

⑤ 영업자는 특별한 사유가 없는 한 식품위생교육을 받지 아니한 자를 그 영업에 종사하게 하여서는 아니 된다.

⑥ 제1항 및 제2항에 따른 교육의 내용, 교육비 및 교육 실시 기관 등에 관하여 필요한 사항은 총리령으로 정한다.〈개정 2010.1.18., 2013.3.23.〉

**제42조(실적보고)** ① 삭제 〈2016.2.3.〉

② 식품 또는 식품첨가물을 제조·가공하는 영업자는 총리령으로 정하는 바에 따라 식품 및 식품첨가물을 생산한 실적 등을 식품의약품안전처장 또는 시·도지사에게 보고하여야 한다. 〈개정 2010.1.18., 2013.3.23., 2016.2.3.〉

[제목개정 2016.2.3.]

**제43조(영업 제한)** ① 시·도지사는 영업 질서와 선량한 풍속을 유지하는 데에 필요한 경우에는 영업자 중 식품접객영업자와 그 종업원에 대하여 영업시간 및 영업행위를 제한할 수 있다.

② 제1항에 따른 제한 사항은 대통령령으로 정하는 범위에서 해당 시·도의 조례로 정한다.

**제44조(영업자 등의 준수사항)** ① 식품접객영업자 등 대통령령으로 정하는 영업자와 그 종업원은 영업의 위생관리와 질서유지, 국민의 보건위생 증진을 위하여 영업의 종류에 따라 다음 각 호에 해당하는 사항을 지켜야 한다.〈개정 2010.1.18., 2013.3.23., 2016.2.3.〉

1. 「축산물 위생관리법」 제12조에 따른 검사를 받지 아니한 축산물 또는 실험 등의 용도로 사용한 동물은 운반·보관·진열·판매하거나 식품의 제조·가공에 사용하지 말 것
2. 「야생생물 보호 및 관리에 관한 법률」을 위반하여 포획·채취한 야생생물은 이를 식품의 제조·가공에 사용하거나 판매하지 말 것
3. 유통기한이 경과된 제품·식품 또는 그 원재료를 조리·판매의 목적으로 소분·운반·진열·보관하거나 이를 판매 또는 식품의 제조·가공에 사용하지 말 것
4. 수돗물이 아닌 지하수 등을 먹는 물 또는 식품의 조리·세척 등에 사용하는 경우에는 「먹는물관

리법」제43조에 따른 먹는물 수질검사기관에서 총리령으로 정하는 바에 따라 검사를 받아 마시기에 적합하다고 인정된 물을 사용할 것. 다만, 둘 이상의 업소가 같은 건물에서 같은 수원(水源)을 사용하는 경우에는 하나의 업소에 대한 시험결과로 나머지 업소에 대한 검사를 갈음할 수 있다.

5. 제15조제2항에 따라 위해평가가 완료되기 전까지 일시적으로 금지된 식품등을 제조·가공·판매·수입·사용 및 운반하지 말 것
6. 식중독 발생 시 보관 또는 사용 중인 식품은 역학조사가 완료될 때까지 폐기하거나 소독 등으로 현장을 훼손하여서는 아니 되고 원상태로 보존하여야 하며, 식중독 원인규명을 위한 행위를 방해하지 말 것
7. 손님을 꾀어서 끌어들이는 행위를 하지 말 것
8. 그 밖에 영업의 원료관리, 제조공정 및 위생관리와 질서유지, 국민의 보건위생 증진 등을 위하여 총리령으로 정하는 사항

② 식품접객영업자는 「청소년 보호법」제2조에 따른 청소년(이하 이 항에서 "청소년"이라 한다)에게 다음 각 호의 어느 하나에 해당하는 행위를 하여서는 아니 된다.〈개정 2011.9.15.〉

1. 청소년을 유흥접객원으로 고용하여 유흥행위를 하게 하는 행위
2. 「청소년 보호법」제2조제5호가목3)에 따른 청소년출입·고용 금지업소에 청소년을 출입시키거나 고용하는 행위
3. 「청소년 보호법」제2조제5호나목3)에 따른 청소년고용금지업소에 청소년을 고용하는 행위
4. 청소년에게 주류(酒類)를 제공하는 행위

③ 누구든지 영리를 목적으로 제36조제1항제3호의 식품접객업을 하는 장소(유흥종사자를 둘 수 있도록 대통령령으로 정하는 영업을 하는 장소는 제외한다)에서 손님과 함께 술을 마시거나 노래 또는 춤으로 손님의 유흥을 돋우는 접객행위(공연을 목적으로 하는 가수, 악사, 댄서, 무용수 등이 하는 행위는 제외한다)를 하거나 다른 사람에게 그 행위를 알선하여서는 아니 된다.

④ 제3항에 따른 식품접객영업자는 유흥종사자를 고용·알선하거나 호객행위를 하여서는 아니 된다.

⑤ 삭제 〈2015.2.3.〉

**제45조(위해식품등의 회수)** ① 판매의 목적으로 식품등을 제조·가공·소분·수입 또는 판매한 영업자(「수입식품안전관리 특별법」제15조에 따라 등록한 수입식품등 수입·판매업자를 포함한다. 이하 이 조에서 같다)는 해당 식품등이 제4조부터 제6조까지, 제7조제4항, 제8조, 제9조제4항, 제10조제2항, 제12조의2제2항 또는 제13조를 위반한 사실(식품등의 위해와 관련이 없는 위반사항을 제외한다)을 알게 된 경우에는 지체 없이 유통 중인 해당 식품등을 회수하거나 회수하는 데에 필요한 조치를 하여야 한다. 이 경우 영업자는 회수계획을 식품의약품안전처장, 시·도지사 또는 시장·군수·구청장에게 미리 보고하여야 하며, 회수결과를 보고받은 시·도지사 또는 시장·군수·구청장은 이를 지체 없이 식품의약품안전처장에게 보고하여야 한다. 다만, 해당 식품등이 「수입식품안전관리 특별법」에 따라 수입한 식품등이고, 보고의무자가 해당 식품등을 수입한 자인 경우에는 식품의약품안전처장에게 보고하여야 한다.〈개정 2013.3.23., 2015.2.3., 2016.2.3.〉

② 식품의약품안전처장, 시·도지사 또는 시장·군수·구청장은 제1항에 따른 회수에 필요한 조치를 성실히 이행한 영업자에 대하여 해당 식품등으로 인하여 받게 되는 제75조 또는 제76조에 따른 행정처분을 대통령령으로 정하는 바에 따라 감면할 수 있다.〈개정 2013.3.23.〉

③ 제1항에 따른 회수대상 식품등·회수계획·회수절차 및 회수결과 보고 등에 관하여 필요한 사항은 총리령으로 정한다.〈개정 2010.1.18., 2013.3.23.〉

**제46조(식품등의 이물 발견보고 등)** ① 판매의 목적으로 식품등을 제조·가공·소분·수입 또는 판매하는 영업자는 소비자로부터 판매제품에서 식품의 제조·가공·조리·유통 과정에서 정상적으로 사용된 원료 또는 재료가 아닌 것으로서 섭취할 때 위생상 위해가 발생할 우려가 있거나 섭취하기에 부적합한 물질[이하 "이물(異物)"이라 한다]을 발견한 사실을 신고받은 경우 지체 없이 이를 식품의

약품안전처장, 시·도지사 또는 시장·군수·구청장에게 보고하여야 한다.〈개정 2013.3.23.〉
② 「소비자기본법」에 따른 한국소비자원 및 소비자단체는 소비자로부터 이물 발견의 신고를 접수하는 경우 지체 없이 이를 식품의약품안전처장에게 통보하여야 한다.〈개정 2013.3.23.〉
③ 시·도지사 또는 시장·군수·구청장은 소비자로부터 이물 발견의 신고를 접수하는 경우 이를 식품의약품안전처장에게 통보하여야 한다.〈개정 2013.3.23.〉
④ 식품의약품안전처장은 제1항부터 제3항까지의 규정에 따라 이물 발견의 신고를 통보받은 경우 이물혼입 원인 조사를 위하여 필요한 조치를 취하여야 한다.〈개정 2013.3.23.〉
⑤ 제1항에 따른 이물 보고의 기준·대상 및 절차 등에 필요한 사항은 총리령으로 정한다.〈개정 2010.1.18., 2013.3.23.〉

**제47조(위생등급)** ① 식품의약품안전처장 또는 특별자치시장·특별자치도지사·시장·군수·구청장은 총리령으로 정하는 위생등급 기준에 따라 위생관리 상태 등이 우수한 식품등의 제조·가공업소, 식품접객업소 또는 집단급식소를 우수업소 또는 모범업소로 지정할 수 있다.〈개정 2010.1.18., 2013.3.23., 2016.2.3.〉
② 식품의약품안전처장(대통령령으로 정하는 그 소속 기관의 장을 포함한다), 시·도지사 또는 시장·군수·구청장은 제1항에 따라 지정한 우수업소 또는 모범업소에 대하여 관계 공무원으로 하여금 총리령으로 정하는 일정 기간 동안 제22조에 따른 출입·검사·수거 등을 하지 아니하게 할 수 있으며, 시·도지사 또는 시장·군수·구청장은 제89조제3항제1호에 따른 영업자의 위생관리시설 및 위생설비시설 개선을 위한 융자 사업과 같은 항 제6호에 따른 음식문화 개선과 좋은 식단 실천을 위한 사업에 대하여 우선 지원 등을 할 수 있다.〈개정 2010.1.18., 2013.3.23.〉
③ 식품의약품안전처장 또는 특별자치시장·특별자치도지사·시장·군수·구청장은 제1항에 따라 우수업소 또는 모범업소로 지정된 업소가 그 지정기준에 미치지 못하거나 영업정지 이상의 행정처분을 받게 되면 지체 없이 그 지정을 취소하여야 한다.〈개정 2013.3.23., 2016.2.3.〉
④ 제1항 및 제3항에 따른 우수업소 또는 모범업소의 지정 및 그 취소에 관한 사항은 총리령으로 정한다. 〈개정 2010.1.18., 2013.3.23.〉

**제47조의2(식품접객업소의 위생등급 지정 등)** ① 식품의약품안전처장, 시·도지사 또는 시장·군수·구청장은 식품접객업소의 위생 수준을 높이기 위하여 식품접객영업자의 신청을 받아 식품접객업소의 위생상태를 평가하여 위생등급을 지정할 수 있다.
② 식품의약품안전처장은 제1항에 따른 식품접객업소의 위생상태 평가 및 위생등급 지정에 필요한 기준 및 방법 등을 정하여 고시하여야 한다.
③ 식품의약품안전처장, 시·도지사 또는 시장·군수·구청장은 제1항에 따른 위생등급 지정 결과를 공표할 수 있다.
④ 위생등급을 지정받은 식품접객영업자는 그 위생등급을 표시하여야 하며, 광고할 수 있다.
⑤ 위생등급의 유효기간은 위생등급을 지정한 날부터 2년으로 한다. 다만, 총리령으로 정하는 바에 따라 그 기간을 연장할 수 있다.
⑥ 식품의약품안전처장, 시·도지사 또는 시장·군수·구청장은 제1항에 따라 위생등급을 지정받은 식품접객영업자가 다음 각 호의 어느 하나에 해당하는 경우 그 지정을 취소하거나 시정을 명할 수 있다.
1. 위생등급을 지정받은 후 그 기준에 미달하게 된 경우
2. 위생등급을 표시하지 아니하거나 허위로 표시·광고하는 경우
3. 제75조에 따라 영업정지 이상의 행정처분을 받은 경우
4. 그 밖에 제1호부터 제3호까지에 준하는 사항으로서 총리령으로 정하는 사항을 지키지 아니한 경우

⑦ 식품의약품안전처장, 시·도지사 또는 시장·군수·구청장은 위생등급 지정을 받았거나 받으려는 식품접객영업자에게 필요한 기술적 지원을 할 수 있다.

⑧ 식품의약품안전처장, 시·도지사 또는 시장·군수·구청장은 제1항에 따라 위생등급을 지정한 식품접객업소에 대하여 제22조에 따른 출입·검사·수거 등을 총리령으로 정하는 기간 동안 하지 아니하게 할 수 있다.

⑨ 시·도지사 또는 시장·군수·구청장은 제89조의 식품진흥기금을 같은 조 제3항제1호에 따른 영업자의 위생관리시설 및 위생설비시설 개선을 위한 융자 사업과 같은 항 제7호의2에 따른 식품접객업소의 위생등급 지정 사업에 우선 지원할 수 있다.

⑩ 식품의약품안전처장, 시·도지사 또는 시장·군수·구청장은 위생등급 지정에 관한 업무를 대통령령으로 정하는 관계 전문기관이나 단체에 위탁할 수 있다. 이 경우 필요한 예산을 지원할 수 있다.

⑪ 제1항에 따른 위생등급과 그 지정 절차, 제3항에 따른 위생등급 지정 결과 공표 및 제7항에 따른 기술적 지원 등에 필요한 사항은 총리령으로 정한다.

[본조신설 2015.5.18.]

[시행일 : 2016.12.28.] 제47조의2

**제48조(식품안전관리인증기준)** ① 식품의약품안전처장은 식품의 원료관리 및 제조·가공·조리·소분·유통의 모든 과정에서 위해한 물질이 식품에 섞이거나 식품이 오염되는 것을 방지하기 위하여 각 과정의 위해요소를 확인·평가하여 중점적으로 관리하는 기준(이하 "식품안전관리인증기준"이라 한다)을 식품별로 정하여 고시할 수 있다.〈개정 2011.6.7., 2013.3.23., 2014.5.28.〉

② 총리령으로 정하는 식품을 제조·가공·조리·소분·유통하는 영업자는 제1항에 따라 식품의약품안전처장이 식품별로 고시한 식품안전관리인증기준을 지켜야 한다.〈개정 2010.1.18., 2011.6.7., 2013.3.23., 2014.5.28.〉

③ 식품의약품안전처장은 제2항에 따라 식품안전관리인증기준을 지켜야 하는 영업자와 그 밖에 식품안전관리인증기준을 지키기 원하는 영업자의 업소를 식품별 식품안전관리인증기준 적용업소(이하 "식품안전관리인증기준적용업소"라 한다)로 인증할 수 있다. 이 경우 식품안전관리인증기준적용업소로 인증을 받은 영업자가 그 인증을 받은 사항 중 총리령으로 정하는 사항을 변경하려는 경우에는 식품의약품안전처장의 변경 인증을 받아야 한다.〈개정 2013.3.23., 2014.5.28., 2016.2.3.〉

④ 식품의약품안전처장은 식품안전관리인증기준적용업소로 인증받은 영업자에게 총리령으로 정하는 바에 따라 그 인증 사실을 증명하는 서류를 발급하여야 한다. 제3항 후단에 따라 변경 인증을 받은 경우에도 또한 같다.〈개정 2010.1.18., 2013.3.23., 2014.5.28., 2016.2.3.〉

⑤ 식품안전관리인증기준적용업소의 영업자와 종업원은 총리령으로 정하는 교육훈련을 받아야 한다.〈개정 2010.1.18., 2013.3.23., 2014.5.28.〉

⑥ 식품의약품안전처장은 제3항에 따라 식품안전관리인증기준적용업소의 인증을 받거나 받으려는 영업자에게 위해요소중점관리에 필요한 기술적·경제적 지원을 할 수 있다.〈개정 2013.3.23., 2014.5.28.〉

⑦ 식품안전관리인증기준적용업소의 인증요건·인증절차, 제5항에 따른 영업자 및 종업원에 대한 교육실시 기관, 교육훈련 방법·절차, 교육훈련비 및 제6항에 따른 기술적·경제적 지원에 필요한 사항은 총리령으로 정한다.〈개정 2010.1.18., 2013.3.23., 2014.5.28.〉

⑧ 식품의약품안전처장은 식품안전관리인증기준적용업소의 효율적 운영을 위하여 총리령으로 정하는 식품안전관리인증기준의 준수 여부 등에 관한 조사·평가를 할 수 있으며, 그 결과 식품안전관리인증기준적용업소가 다음 각 호의 어느 하나에 해당하면 그 인증을 취소하거나 시정을 명할 수 있다. 다만, 식품안전관리인증기준적용업소가 제1호의2 및 제2호에 해당할 경우 인증을 취소하여야 한다.〈개정 2010.1.18., 2011.6.7., 2013.3.23., 2014.5.28., 2016.2.3.〉

1. 식품안전관리인증기준을 지키지 아니한 경우

1의2. 거짓이나 그 밖의 부정한 방법으로 인증을 받은 경우

2. 제75조에 따라 영업정지 2개월 이상의 행정처분을 받은 경우

3. 영업자와 그 종업원이 제5항에 따른 교육훈련을 받지 아니한 경우

4. 그 밖에 제1호부터 제3호까지에 준하는 사항으로서 총리령으로 정하는 사항을 지키지 아니한 경우

⑨ 식품안전관리인증기준적용업소가 아닌 업소의 영업자는 식품안전관리인증기준적용업소라는 명칭을 사용하지 못한다.〈개정 2014.5.28.〉

⑩ 식품안전관리인증기준적용업소의 영업자는 인증받은 식품을 다른 업소에 위탁하여 제조·가공하여서는 아니 된다. 다만, 위탁하려는 식품과 동일한 식품에 대하여 식품안전관리인증기준적용업소로 인증된 업소에 위탁하여 제조·가공하려는 경우 등 대통령령으로 정하는 경우에는 그러하지 아니하다.〈개정 2014.5.28.〉

⑪ 식품의약품안전처장(대통령령으로 정하는 그 소속 기관의 장을 포함한다), 시·도지사 또는 시장·군수·구청장은 식품안전관리인증기준적용업소에 대하여 관계 공무원으로 하여금 총리령으로 정하는 일정 기간 동안 제22조에 따른 출입·검사·수거 등을 하지 아니하게 할 수 있으며, 시·도지사 또는 시장·군수·구청장은 제89조제3항제1호에 따른 영업자의 위생관리시설 및 위생설비시설 개선을 위한 융자 사업에 대하여 우선 지원 등을 할 수 있다.〈개정 2010.1.18., 2013.3.23., 2014.5.28.〉

⑫ 식품의약품안전처장은 식품안전관리인증기준적용업소의 공정별·품목별 위해요소의 분석, 기술지원 및 인증 등의 업무를 제70조의2에 따른 한국식품안전관리인증원 등 대통령령으로 정하는 기관에 위탁할 수 있다.〈개정 2013.3.23., 2014.5.28.〉

⑬ 식품의약품안전처장은 제12항에 따른 위탁기관에 대하여 예산의 범위에서 사용경비의 전부 또는 일부를 보조할 수 있다.〈개정 2013.3.23.〉

⑭ 제12항에 따른 위탁기관의 업무 등에 필요한 사항은 대통령령으로 정한다.

[제목개정 2014.5.28.]

**제48조(식품안전관리인증기준)** ① 식품의약품안전처장은 식품의 원료관리 및 제조·가공·조리·소분·유통의 모든 과정에서 위해한 물질이 식품에 섞이거나 식품이 오염되는 것을 방지하기 위하여 각 과정의 위해요소를 확인·평가하여 중점적으로 관리하는 기준(이하 "식품안전관리인증기준"이라 한다)을 식품별로 정하여 고시할 수 있다.〈개정 2011.6.7., 2013.3.23., 2014.5.28.〉

② 총리령으로 정하는 식품을 제조·가공·조리·소분·유통하는 영업자는 제1항에 따라 식품의약품안전처장이 식품별로 고시한 식품안전관리인증기준을 지켜야 한다.〈개정 2010.1.18., 2011.6.7., 2013.3.23., 2014.5.28.〉

③ 식품의약품안전처장은 제2항에 따라 식품안전관리인증기준을 지켜야 하는 영업자와 그 밖에 식품안전관리인증기준을 지키기 원하는 영업자의 업소를 식품별 식품안전관리인증기준 적용업소(이하 "식품안전관리인증기준적용업소"라 한다)로 인증할 수 있다. 이 경우 식품안전관리인증기준적용업소로 인증을 받은 영업자가 그 인증을 받은 사항 중 총리령으로 정하는 사항을 변경하려는 경우에는 식품의약품안전처장의 변경 인증을 받아야 한다.〈개정 2013.3.23., 2014.5.28., 2016.2.3.〉

④ 식품의약품안전처장은 식품안전관리인증기준적용업소로 인증받은 영업자에게 총리령으로 정하는 바에 따라 그 인증 사실을 증명하는 서류를 발급하여야 한다. 제3항 후단에 따라 변경 인증을 받은 경우에도 또한 같다.〈개정 2010.1.18., 2013.3.23., 2014.5.28., 2016.2.3.〉

⑤ 식품안전관리인증기준적용업소의 영업자와 종업원은 총리령으로 정하는 교육훈련을 받아야 한다.〈개정 2010.1.18., 2013.3.23., 2014.5.28.〉

⑥ 식품의약품안전처장은 제3항에 따라 식품안전관리인증기준적용업소의 인증을 받거나 받으려는 영업자에게 위해요소중점관리에 필요한 기술적·경제적 지원을 할 수 있다.〈개정 2013.3.23., 2014.5.28.〉

⑦ 식품안전관리인증기준적용업소의 인증요건·인증절차, 제5항에 따른 영업자 및 종업원에 대한 교육실시 기관, 교육훈련 방법·절차, 교육훈련비 및 제6항에 따른 기술적·경제적 지원에 필요한 사항은 총리령으로 정한다.〈개정 2010.1.18., 2013.3.23., 2014.5.28.〉

⑧ 식품의약품안전처장은 식품안전관리인증기준적용업소의 효율적 운영을 위하여 총리령으로 정하는 식품안전관리인증기준의 준수 여부 등에 관한 조사·평가를 할 수 있으며, 그 결과 식품안전관리인증기준적용업소가 다음 각 호의 어느 하나에 해당하면 그 인증을 취소하거나 시정을 명할 수 있다. 다만, 식품안전관리인증기준적용업소가 제1호의2 및 제2호에 해당할 경우 인증을 취소하여야 한다.〈개정 2010.1.18., 2011.6.7., 2013.3.23., 2014.5.28., 2016.2.3.〉
1. 식품안전관리인증기준을 지키지 아니한 경우
1의2. 거짓이나 그 밖의 부정한 방법으로 인증을 받은 경우
2. 제75조에 따라 영업정지 2개월 이상의 행정처분을 받은 경우
3. 영업자와 그 종업원이 제5항에 따른 교육훈련을 받지 아니한 경우
4. 그 밖에 제1호부터 제3호까지에 준하는 사항으로서 총리령으로 정하는 사항을 지키지 아니한 경우
⑨ 식품안전관리인증기준적용업소가 아닌 업소의 영업자는 식품안전관리인증기준적용업소라는 명칭을 사용하지 못한다.〈개정 2014.5.28.〉
⑩ 식품안전관리인증기준적용업소의 영업자는 인증받은 식품을 다른 업소에 위탁하여 제조·가공하여서는 아니 된다. 다만, 위탁하려는 식품과 동일한 식품에 대하여 식품안전관리인증기준적용업소로 인증된 업소에 위탁하여 제조·가공하려는 경우 등 대통령령으로 정하는 경우에는 그러하지 아니하다.〈개정 2014.5.28.〉
⑪ 식품의약품안전처장(대통령령으로 정하는 그 소속 기관의 장을 포함한다), 시·도지사 또는 시장·군수·구청장은 식품안전관리인증기준적용업소에 대하여 관계 공무원으로 하여금 총리령으로 정하는 일정 기간 동안 제22조에 따른 출입·검사·수거 등을 하지 아니하게 할 수 있으며, 시·도지사 또는 시장·군수·구청장은 제89조제3항제1호에 따른 영업자의 위생관리시설 및 위생설비시설 개선을 위한 융자 사업에 대하여 우선 지원 등을 할 수 있다.〈개정 2010.1.18., 2013.3.23., 2014.5.28.〉
⑫ 식품의약품안전처장은 식품안전관리인증기준적용업소의 공정별·품목별 위해요소의 분석, 기술지원 및 인증 등의 업무를 「한국식품안전관리인증원의 설립 및 운영에 관한 법률」에 따른 한국식품안전관리인증원 등 대통령령으로 정하는 기관에 위탁할 수 있다.〈개정 2013.3.23., 2014.5.28., 2016.2.3.〉
⑬ 식품의약품안전처장은 제12항에 따른 위탁기관에 대하여 예산의 범위에서 사용경비의 전부 또는 일부를 보조할 수 있다.〈개정 2013.3.23.〉
⑭ 제12항에 따른 위탁기관의 업무 등에 필요한 사항은 대통령령으로 정한다.
[제목개정 2014.5.28.]
[시행일 : 2017.2.4.] 제48조

**제48조의2(인증 유효기간)** ① 제48조제3항에 따른 인증의 유효기간은 인증을 받은 날부터 3년으로 하며, 같은 항 후단에 따른 변경 인증의 유효기간은 당초 인증 유효기간의 남은 기간으로 한다.
② 제1항에 따른 인증 유효기간을 연장하려는 자는 총리령으로 정하는 바에 따라 식품의약품안전처장에게 연장신청을 하여야 한다.
③ 식품의약품안전처장은 제2항에 따른 연장신청을 받았을 때에는 안전관리인증기준에 적합하다고 인정하는 경우 3년의 범위에서 그 기간을 연장할 수 있다.
[본조신설 2016.2.3.]

**제48조의3(식품안전관리인증기준적용업소에 대한 조사·평가 등)** ① 식품의약품안전처장은 식품안전관리인증기준적용업소로 인증받은 업소에 대하여 식품안전관리인증기준의 준수 여부와 제48조제5항에 따른 교육훈련 수료 여부를 연 1회 이상 조사·평가하여야 한다.
② 식품의약품안전처장은 제1항에 따른 조사·평가 결과 그 결과가 우수한 식품안전관리인증기준적용업소에 대해서는 제1항에 따른 조사·평가를 면제하는 등 행정적·재정적 지원을 할 수 있다.

다만, 식품안전관리인증기준적용업소가 제48조의2제1항에 따른 인증 유효기간 내에 이 법을 위반하여 영업의 정지, 허가 취소 등 행정처분을 받은 경우에는 제1항에 따른 조사·평가를 면제하여서는 아니 된다.
③ 그 밖에 조사·평가의 방법 및 절차 등에 필요한 사항은 총리령으로 정한다.
[본조신설 2016.2.3.]

**제49조(식품이력추적관리 등록기준 등)** ① 식품을 제조·가공 또는 판매하는 자 중 식품이력추적관리를 하려는 자는 총리령으로 정하는 등록기준을 갖추어 해당 식품을 식품의약품안전처장에게 등록할 수 있다. 다만, 영유아식 제조·가공업자, 일정 매출액·매장면적 이상의 식품판매업자 등 총리령으로 정하는 자는 식품의약품안전처장에게 등록하여야 한다.〈개정 2010.1.18., 2013.3.23., 2013.7.30., 2015.2.3.〉
② 제1항에 따라 등록한 식품을 제조·가공 또는 판매하는 자는 식품이력추적관리에 필요한 기록의 작성·보관 및 관리 등에 관하여 식품의약품안전처장이 정하여 고시하는 기준(이하 "식품이력추적관리기준"이라 한다)을 지켜야 한다.〈개정 2013.3.23., 2013.7.30., 2015.2.3.〉
③ 제1항에 따라 등록을 한 자는 등록사항이 변경된 경우 변경사유가 발생한 날부터 1개월 이내에 식품의약품안전처장에게 신고하여야 한다.〈개정 2013.3.23.〉
④ 제1항에 따라 등록한 식품에는 식품의약품안전처장이 정하여 고시하는 바에 따라 식품이력추적관리의 표시를 할 수 있다.〈개정 2013.3.23.〉
⑤ 식품의약품안전처장은 제1항에 따라 등록한 식품을 제조·가공 또는 판매하는 자에 대하여 식품이력추적관리기준의 준수 여부 등을 3년마다 조사·평가하여야 한다. 다만, 제1항 단서에 따라 등록한 식품을 제조·가공 또는 판매하는 자에 대하여는 2년마다 조사·평가하여야 한다.〈개정 2010.1.18., 2013.3.23., 2013.5.22., 2013.7.30., 2015.2.3.〉
⑥ 식품의약품안전처장은 제1항에 따라 등록을 한 자에게 예산의 범위에서 식품이력추적관리에 필요한 자금을 지원할 수 있다.〈개정 2010.1.18., 2013.3.23.〉
⑦ 식품의약품안전처장은 제1항에 따라 등록을 한 자가 식품이력추적관리기준을 지키지 아니하면 그 등록을 취소하거나 시정을 명할 수 있다.〈개정 2013.3.23.〉
⑧ 식품이력추적관리의 등록절차, 등록사항, 등록취소 등의 기준 및 조사·평가, 그 밖에 등록에 필요한 사항은 총리령으로 정한다.〈개정 2010.1.18., 2013.3.23., 2013.5.22., 2013.7.30.〉

**제49조의2(식품이력추적관리정보의 기록·보관 등)** ① 제49조제1항에 따라 등록한 자(이하 이 조에서 "등록자"라 한다)는 식품이력추적관리기준에 따른 식품이력추적관리정보를 총리령으로 정하는 바에 따라 전산기록장치에 기록·보관하여야 한다.
② 등록자는 제1항에 따른 식품이력추적관리정보의 기록을 해당 제품의 유통기한 등이 경과한 날부터 2년 이상 보관하여야 한다.
③ 등록자는 제1항에 따라 기록·보관된 정보가 제49조의3제1항에 따른 식품이력추적관리시스템에 연계되도록 협조하여야 한다.
[본조신설 2014.5.28.]

**제49조의3(식품이력추적관리시스템의 구축 등)** ① 식품의약품안전처장은 식품이력추적관리시스템을 구축·운영하고, 식품이력추적관리시스템과 제49조의2제1항에 따른 식품이력추적관리정보가 연계되도록 하여야 한다.
② 식품의약품안전처장은 제1항에 따라 식품이력추적관리시스템에 연계된 정보 중 총리령으로 정하는 정보는 소비자 등이 인터넷 홈페이지를 통하여 쉽게 확인할 수 있도록 하여야 한다.
③ 제2항에 따른 정보는 해당 제품의 유통기한 또는 품질유지기한이 경과한 날부터 1년 이상 확인할 수 있도록 하여야 한다.
④ 누구든지 제1항에 따라 연계된 정보를 식품이력추적관리 목적 외에 사용하여서는 아니 된다.

[본조신설 2014.5.28.]

**제50조** 삭제 〈2015.3.27.〉

## 제8장 조리사 등 〈개정 2010.3.26〉

**제51조(조리사)** ① 집단급식소 운영자와 대통령령으로 정하는 식품접객업자는 조리사(調理士)를 두어야 한다. 다만, 다음 각 호의 어느 하나에 해당하는 경우에는 조리사를 두지 아니하여도 된다.〈개정 2011.6.7., 2013.5.22.〉

1. 집단급식소 운영자 또는 식품접객영업자 자신이 조리사로서 직접 음식물을 조리하는 경우
2. 1회 급식인원 100명 미만의 산업체인 경우
3. 제52조제1항에 따른 영양사가 조리사의 면허를 받은 경우

② 집단급식소에 근무하는 조리사는 다음 각 호의 직무를 수행한다.〈신설 2011.6.7.〉

1. 집단급식소에서의 식단에 따른 조리업무[식재료의 전(前)처리에서부터 조리, 배식 등의 전 과정을 말한다]
2. 구매식품의 검수 지원
3. 급식설비 및 기구의 위생·안전 실무
4. 그 밖에 조리실무에 관한 사항

**제52조(영양사)** ①집단급식소 운영자는 영양사(營養士)를 두어야 한다. 다만, 다음 각 호의 어느 하나에 해당하는 경우에는 영양사를 두지 아니하여도 된다.〈개정 2011.6.7., 2013.5.22.〉

1. 집단급식소 운영자 자신이 영양사로서 직접 영양 지도를 하는 경우
2. 1회 급식인원 100명 미만의 산업체인 경우
3. 제51조제1항에 따른 조리사가 영양사의 면허를 받은 경우

② 집단급식소에 근무하는 영양사는 다음 각 호의 직무를 수행한다.〈신설 2011.6.7.〉

1. 집단급식소에서의 식단 작성, 검식(檢食) 및 배식관리
2. 구매식품의 검수(檢受) 및 관리
3. 급식시설의 위생적 관리
4. 집단급식소의 운영일지 작성
5. 종업원에 대한 영양 지도 및 식품위생교육

**제53조(조리사의 면허)** ① 조리사가 되려는 자는「국가기술자격법」에 따라 해당 기능분야의 자격을 얻은 후 특별자치시장·특별자치도지사·시장·군수·구청장의 면허를 받아야 한다.〈개정 2016.2.3.〉

② 제1항에 따른 조리사의 면허 등에 관하여 필요한 사항은 총리령으로 정한다.〈개정 2010.3.26., 2013.3.23.〉

③ 삭제〈2010.3.26.〉

④ 삭제 〈2010.3.26.〉

[제목개정 2010.3.26.]

**제54조(결격사유)** 다음 각 호의 어느 하나에 해당하는 자는 조리사 면허를 받을 수 없다. 〈개정 2009.12.29., 2010.3.26.〉

1. 「정신보건법」제3조제1호에 따른 정신질환자. 다만, 전문의가 조리사로서 적합하다고 인정하는 자는 그러하지 아니하다.
2. 「감염병의 예방 및 관리에 관한 법률」제2조제13호에 따른 감염병환자. 다만, 같은 조 제3호아목에 따른 B형간염환자는 제외한다.

3. 「마약류관리에 관한 법률」 제2조제2호에 따른 마약이나 그 밖의 약물 중독자
4. 조리사 면허의 취소처분을 받고 그 취소된 날부터 1년이 지나지 아니한 자

**제55조(명칭 사용 금지)** 조리사가 아니면 조리사라는 명칭을 사용하지 못한다.〈개정 2010.3.26.〉

**제56조(교육)** ① 식품의약품안전처장은 식품위생 수준 및 자질의 향상을 위하여 필요한 경우 조리사와 영양사에게 교육(조리사의 경우 보수교육을 포함한다. 이하 이 조에서 같다)을 받을 것을 명할 수 있다. 다만, 집단급식소에 종사하는 조리사와 영양사는 2년마다 교육을 받아야 한다.〈개정 2010.1.18., 2011.6.7., 2013.3.23.〉

② 제1항에 따른 교육의 대상자·실시기관·내용 및 방법 등에 관하여 필요한 사항은 총리령으로 정한다.〈개정 2010.1.18., 2013.3.23.〉

③ 식품의약품안전처장은 제1항에 따른 교육 등 업무의 일부를 대통령령으로 정하는 바에 따라 관계 전문기관이나 단체에 위탁할 수 있다.〈개정 2010.1.18., 2013.3.23.〉

## 제9장 식품위생심의위원회

**제57조(식품위생심의위원회의 설치 등)** 식품의약품안전처장의 자문에 응하여 다음 각 호의 사항을 조사·심의하기 위하여 식품의약품안전처에 식품위생심의위원회를 둔다.〈개정 2010.1.18., 2013.3.23.〉

1. 식중독 방지에 관한 사항
2. 농약·중금속 등 유독·유해물질 잔류 허용 기준에 관한 사항
3. 식품등의 기준과 규격에 관한 사항
4. 그 밖에 식품위생에 관한 중요 사항

**제58조(심의위원회의 조직과 운영)** ① 심의위원회는 위원장 1명과 부위원장 2명을 포함한 100명 이내의 위원으로 구성한다.〈신설 2011.8.4.〉

② 심의위원회의 위원은 다음 각 호의 어느 하나에 해당하는 사람 중에서 식품의약품안전처장이 임명하거나 위촉한다. 다만, 제3호의 사람을 전체 위원의 3분의 1 이상 위촉하고, 제2호와 제4호의 사람을 합하여 전체 위원의 3분의 1 이상 위촉하여야 한다.〈신설 2011.8.4., 2013.3.23.〉

1. 식품위생 관계 공무원
2. 식품등에 관한 영업에 종사하는 사람
3. 시민단체의 추천을 받은 사람
4. 제59조에 따른 동업자조합 또는 제64조에 따른 한국식품산업협회(이하 "식품위생단체"라 한다)의 추천을 받은 사람
5. 식품위생에 관한 학식과 경험이 풍부한 사람

③ 심의위원회 위원의 임기는 2년으로 하되, 공무원인 위원은 그 직위에 재직하는 기간 동안 재임한다. 다만, 위원이 궐위된 경우 그 보궐위원의 임기는 전임위원 임기의 남은 기간으로 한다.〈신설 2011.8.4.〉

④ 심의위원회에 식품등의 국제 기준 및 규격을 조사·연구할 연구위원을 둘 수 있다.〈개정 2011.8.4.〉

⑤ 제4항에 따른 연구위원의 업무는 다음 각 호와 같다. 다만, 다른 법령에 따라 수행하는 관련 업무는 제외한다.〈신설 2011.6.7., 2011.8.4.〉

1. 국제식품규격위원회에서 제시한 기준·규격 조사·연구
2. 국제식품규격의 조사·연구에 필요한 외국정부, 관련 소비자단체 및 국제기구와 상호협력
3. 외국의 식품의 기준·규격에 관한 정보 및 자료 등의 조사·연구

4. 그 밖에 제1호부터 제3호까지에 준하는 사항으로서 대통령령으로 정하는 사항
⑥ 이 법에서 정한 것 외에 심의위원회의 조직 및 운영에 필요한 사항은 대통령령으로 정한다.〈개정 2011.6.7., 2011.8.4.〉

## 제10장 식품위생단체 등(내용 생략)

## 제11장 시정명령과 허가취소 등 행정 제재

**제71조(시정명령)** ① 식품의약품안전처장, 시·도지사 또는 시장·군수·구청장은 제3조에 따른 식품등의 위생적 취급에 관한 기준에 맞지 아니하게 영업하는 자와 이 법을 지키지 아니하는 자에게는 필요한 시정을 명하여야 한다.〈개정 2013.3.23.〉
② 식품의약품안전처장, 시·도지사 또는 시장·군수·구청장은 제1항의 시정명령을 한 경우에는 그 영업을 관할하는 관서의 장에게 그 내용을 통보하여 시정명령이 이행되도록 협조를 요청할 수 있다.〈개정 2013.3.23.〉
③ 제2항에 따라 요청을 받은 관계 기관의 장은 정당한 사유가 없으면 이에 응하여야 하며, 그 조치결과를 지체 없이 요청한 기관의 장에게 통보하여야 한다.〈신설 2011.6.7.〉

**제72조(폐기처분 등)** ① 식품의약품안전처장, 시·도지사 또는 시장·군수·구청장은 영업자(「수입식품안전관리 특별법」 제15조에 따라 등록한 수입식품등 수입·판매업자를 포함한다. 이하 이 조에서 같다)가 제4조부터 제6조까지, 제7조제4항, 제8조, 제9조제4항, 제10조제2항, 제12조의2제2항 또는 제13조를 위반한 경우에는 관계 공무원에게 그 식품등을 압류 또는 폐기하게 하거나 용도·처리방법 등을 정하여 영업자에게 위해를 없애는 조치를 하도록 명하여야 한다.〈개정 2011.6.7., 2013.3.23., 2015.2.3.〉
② 식품의약품안전처장, 시·도지사 또는 시장·군수·구청장은 제37조제1항, 제4항 또는 제5항을 위반하여 허가받지 아니하거나 신고 또는 등록하지 아니하고 제조·가공·조리한 식품 또는 식품첨가물이나 여기에 사용한 기구 또는 용기·포장 등을 관계 공무원에게 압류하거나 폐기하게 할 수 있다.〈개정 2011.6.7., 2013.3.23.〉
③ 식품의약품안전처장, 시·도지사 또는 시장·군수·구청장은 식품위생상의 위해가 발생하였거나 발생할 우려가 있는 경우에는 영업자에게 유통 중인 해당 식품등을 회수·폐기하게 하거나 해당 식품등의 원료, 제조 방법, 성분 또는 그 배합 비율을 변경할 것을 명할 수 있다.〈개정 2013.3.23.〉
④ 제1항 및 제2항에 따른 압류나 폐기를 하는 공무원은 그 권한을 표시하는 증표 및 조사기간, 조사범위, 조사담당자, 관계 법령 등 대통령령으로 정하는 사항이 기재된 서류를 지니고 이를 관계인에게 내보여야 한다.〈개정 2016.2.3.〉
⑤ 제1항 및 제2항에 따른 압류 또는 폐기에 필요한 사항과 제3항에 따른 회수·폐기 대상 식품등의 기준 등은 총리령으로 정한다.〈개정 2010.1.18., 2013.3.23.〉
⑥ 식품의약품안전처장, 시·도지사 및 시장·군수·구청장은 제1항에 따라 폐기처분명령을 받은 자가 그 명령을 이행하지 아니하는 경우에는 「행정대집행법」에 따라 대집행을 하고 그 비용을 명령위반자로부터 징수할 수 있다.〈개정 2013.3.23.〉

**제73조(위해식품등의 공표)** ① 식품의약품안전처장, 시·도지사 또는 시장·군수·구청장은 다음 각 호의 어느 하나에 해당되는 경우에는 해당 영업자에 대하여 그 사실의 공표를 명할 수 있다. 다만, 식품위생에 관한 위해가 발생한 경우에는 공표를 명하여야 한다.〈개정 2013.3.23.〉
1. 제4조부터 제6조까지, 제7조제4항, 제8조 또는 제9조제4항 등을 위반하여 식품위생에 관한 위

해가 발생하였다고 인정되는 때

2. 제45조제1항에 따른 회수계획을 보고받은 때

② 제1항에 따른 공표방법 등 공표에 관하여 필요한 사항은 대통령령으로 정한다.

**제74조(시설 개수명령 등)** ① 식품의약품안전처장, 시·도지사 또는 시장·군수·구청장은 영업시설이 제36조에 따른 시설기준에 맞지 아니한 경우에는 기간을 정하여 그 영업자에게 시설을 개수(改修)할 것을 명할 수 있다.〈개정 2013.3.23.〉

② 건축물의 소유자와 영업자 등이 다른 경우 건축물의 소유자는 제1항에 따른 시설 개수명령을 받은 영업자 등이 시설을 개수하는 데에 최대한 협조하여야 한다.

**제75조(허가취소 등)** ① 식품의약품안전처장 또는 특별자치시장·특별자치도지사·시장·군수·구청장은 영업자가 다음 각 호의 어느 하나에 해당하는 경우에는 대통령령으로 정하는 바에 따라 영업허가 또는 등록을 취소하거나 6개월 이내의 기간을 정하여 그 영업의 전부 또는 일부를 정지하거나 영업소 폐쇄(제37조제4항에 따라 신고한 영업만 해당한다. 이하 이 조에서 같다)를 명할 수 있다.〈개정 2010.2.4., 2011.6.7., 2013.3.23., 2013.7.30., 2014.5.28., 2016.2.3.〉

1. 제4조부터 제6조까지, 제7조제4항, 제8조, 제9조제4항, 제10조제2항, 제11조제2항 또는 제12조의2제2항을 위반한 경우
2. 제13조제1항을 위반한 경우
3. 제17조제4항을 위반한 경우
4. 삭제〈2015.2.3.〉

4의2. 삭제〈2015.2.3.〉

5. 제31조제1항 및 제3항을 위반한 경우
6. 제36조를 위반한 경우
7. 제37조제1항 후단, 제3항, 제4항 후단 및 제6항을 위반하거나 같은 조 제2항에 따른 조건을 위반한 경우

7의2. 제37조제5항에 따른 변경 등록을 하지 아니하거나 같은 항 단서를 위반한 경우

8. 제38조제1항제8호에 해당하는 경우
9. 제40조제3항을 위반한 경우
10. 제41조제5항을 위반한 경우
11. 삭제〈2016.2.3.〉
12. 제43조에 따른 영업 제한을 위반한 경우
13. 제44조제1항·제2항 및 제4항을 위반한 경우
14. 제45조제1항 전단에 따른 회수 조치를 하지 아니한 경우

14의2. 제45조제1항 후단에 따른 회수계획을 보고하지 아니하거나 거짓으로 보고한 경우

15. 제48조제2항에 따른 식품안전관리인증기준을 지키지 아니한 경우

15의2. 제49조제1항 단서에 따른 식품이력추적관리를 등록하지 아니 한 경우

16. 제51조제1항을 위반한 경우
17. 제71조제1항, 제72조제1항·제3항, 제73조제1항 또는 제74조제1항(제88조에 따라 준용되는 제71조제1항, 제72조제1항·제3항 또는 제74조제1항을 포함한다)에 따른 명령을 위반한 경우
18. 「성매매알선 등 행위의 처벌에 관한 법률」 제4조에 따른 금지행위를 한 경우

② 식품의약품안전처장 또는 특별자치시장·특별자치도지사·시장·군수·구청장은 영업자가 제1항에 따른 영업정지 명령을 위반하여 영업을 계속하면 영업허가 또는 등록을 취소하거나 영업소 폐쇄를 명할 수 있다.〈개정 2011.6.7., 2013.3.23., 2016.2.3.〉

③ 식품의약품안전처장 또는 특별자치시장·특별자치도지사·시장·군수·구청장은 다음 각 호의 어느 하나에 해당하는 경우에는 영업허가 또는 등록을 취소하거나 영업소 폐쇄를 명할 수 있다.〈개정

2011.6.7., 2013.3.23., 2013.6.7., 2016.2.3.〉

1. 영업자가 정당한 사유 없이 6개월 이상 계속 휴업하는 경우
2. 영업자(제37조제1항에 따라 영업허가를 받은 자만 해당한다)가 사실상 폐업하여「부가가치세법」제8조에 따라 관할세무서장에게 폐업신고를 하거나 관할세무서장이 사업자등록을 말소한 경우

④ 식품의약품안전처장 또는 특별자치시장·특별자치도지사·시장·군수·구청장은 제3항제2호의 사유로 영업허가를 취소하기 위하여 필요한 경우 관할 세무서장에게 영업자의 폐업여부에 대한 정보 제공을 요청할 수 있다. 이 경우 요청을 받은 관할 세무서장은「전자정부법」제39조에 따라 영업자의 폐업여부에 대한 정보를 제공한다.〈신설 2015.3.27., 2016.2.3.〉

⑤ 제1항 및 제2항에 따른 행정처분의 세부기준은 그 위반 행위의 유형과 위반 정도 등을 고려하여 총리령으로 정한다.〈개정 2010.1.18., 2013.3.23., 2015.3.27.〉

**제75조(허가취소 등)** ① 식품의약품안전처장 또는 특별자치시장·특별자치도지사·시장·군수·구청장은 영업자가 다음 각 호의 어느 하나에 해당하는 경우에는 대통령령으로 정하는 바에 따라 영업허가 또는 등록을 취소하거나 6개월 이내의 기간을 정하여 그 영업의 전부 또는 일부를 정지하거나 영업소 폐쇄(제37조제4항에 따라 신고한 영업만 해당한다. 이하 이 조에서 같다)를 명할 수 있다.〈개정 2010.2.4., 2011.6.7., 2013.3.23., 2013.7.30., 2014.5.28., 2015.5.18., 2016.2.3.〉

1. 제4조부터 제6조까지, 제7조제4항, 제8조, 제9조제4항, 제10조제2항, 제11조제2항, 제11조의2 또는 제12조의2제2항을 위반한 경우
2. 제13조제1항을 위반한 경우
3. 제17조제4항을 위반한 경우
4. 삭제〈2015.2.3.〉

4의2. 삭제〈2015.2.3.〉

5. 제31조제1항 및 제3항을 위반한 경우
6. 제36조를 위반한 경우
7. 제37조제1항 후단, 제3항, 제4항 후단 및 제6항을 위반하거나 같은 조 제2항에 따른 조건을 위반한 경우

7의2. 제37조제5항에 따른 변경 등록을 하지 아니하거나 같은 항 단서를 위반한 경우

8. 제38조제1항제8호에 해당하는 경우
9. 제40조제3항을 위반한 경우
10. 제41조제5항을 위반한 경우
11. 삭제〈2016.2.3.〉
12. 제43조에 따른 영업 제한을 위반한 경우
13. 제44조제1항·제2항 및 제4항을 위반한 경우
14. 제45조제1항 전단에 따른 회수 조치를 하지 아니한 경우

14의2. 제45조제1항 후단에 따른 회수계획을 보고하지 아니하거나 거짓으로 보고한 경우

15. 제48조제2항에 따른 식품안전관리인증기준을 지키지 아니한 경우

15의2. 제49조제1항 단서에 따른 식품이력추적관리를 등록하지 아니 한 경우

16. 제51조제1항을 위반한 경우
17. 제71조제1항, 제72조제1항·제3항, 제73조제1항 또는 제74조제1항(제88조에 따라 준용되는 제71조제1항, 제72조제1항·제3항 또는 제74조제1항을 포함한다)에 따른 명령을 위반한 경우
18. 「성매매알선 등 행위의 처벌에 관한 법률」제4조에 따른 금지행위를 한 경우

② 식품의약품안전처장 또는 특별자치시장·특별자치도지사·시장·군수·구청장은 영업자가 제1항에 따른 영업정지 명령을 위반하여 영업을 계속하면 영업허가 또는 등록을 취소하거나 영업소 폐쇄를 명할 수 있다. 〈개정 2011.6.7., 2013.3.23., 2016.2.3.〉

③ 식품의약품안전처장 또는 특별자치시장·특별자치도지사·시장·군수·구청장은 다음 각 호의 어느 하나에 해당하는 경우에는 영업허가 또는 등록을 취소하거나 영업소 폐쇄를 명할 수 있다. 〈개정 2011.6.7., 2013.3.23., 2013.6.7., 2016.2.3.〉

1. 영업자가 정당한 사유 없이 6개월 이상 계속 휴업하는 경우
2. 영업자(제37조제1항에 따라 영업허가를 받은 자만 해당한다)가 사실상 폐업하여 「부가가치세법」 제8조에 따라 관할세무서장에게 폐업신고를 하거나 관할세무서장이 사업자등록을 말소한 경우

④ 식품의약품안전처장 또는 특별자치시장·특별자치도지사·시장·군수·구청장은 제3항제2호의 사유로 영업허가를 취소하기 위하여 필요한 경우 관할 세무서장에게 영업자의 폐업여부에 대한 정보 제공을 요청할 수 있다. 이 경우 요청을 받은 관할 세무서장은 「전자정부법」 제39조에 따라 영업자의 폐업여부에 대한 정보를 제공한다. 〈신설 2015.3.27., 2016.2.3.〉

⑤ 제1항 및 제2항에 따른 행정처분의 세부기준은 그 위반 행위의 유형과 위반 정도 등을 고려하여 총리령으로 정한다. 〈개정 2010.1.18., 2013.3.23., 2015.3.27.〉

[시행일 : 2017.5.19.] 제75조

**제76조(품목 제조정지 등)** ① 식품의약품안전처장 또는 특별자치시장·특별자치도지사·시장·군수·구청장은 영업자가 다음 각 호의 어느 하나에 해당하면 대통령령으로 정하는 바에 따라 해당 품목 또는 품목류(제7조 또는 제9조에 따라 정하여진 식품등의 기준 및 규격 중 동일한 기준 및 규격을 적용받아 제조·가공되는 모든 품목을 말한다. 이하 같다)에 대하여 기간을 정하여 6개월 이내의 제조정지를 명할 수 있다.〈개정 2011.6.7., 2013.3.23., 2016.2.3.〉

1. 제7조제4항을 위반한 경우
2. 제9조제4항을 위반한 경우
3. 제10조제2항을 위반한 경우

3의2. 제12조의2제2항을 위반한 경우

4. 제13조제1항을 위반한 경우
5. 제31조제1항을 위반한 경우

② 제1항에 따른 행정처분의 세부기준은 그 위반 행위의 유형과 위반 정도 등을 고려하여 총리령으로 정한다.〈개정 2010.1.18., 2013.3.23.〉

**제77조(영업허가 등의 취소 요청)** ① 식품의약품안전처장은 「축산물위생관리법」, 「수산업법」 또는 「주세법」에 따라 허가 또는 면허를 받은 자가 제4조부터 제6조까지 또는 제7조제4항을 위반한 경우에는 해당 허가 또는 면허 업무를 관할하는 중앙행정기관의 장에게 다음 각 호의 조치를 하도록 요청할 수 있다. 다만, 주류(酒類)는 「보건범죄단속에 관한 특별조치법」 제8조에 따른 유해 등의 기준에 해당하는 경우로 한정한다.〈개정 2010.1.18., 2010.5.25., 2013.3.23.〉

1. 허가 또는 면허의 전부 또는 일부 취소
2. 일정 기간의 영업정지
3. 그 밖에 위생상 필요한 조치

② 제1항에 따라 영업허가 등의 취소 요청을 받은 관계 중앙행정기관의 장은 정당한 사유가 없으면 이에 따라야 하며, 그 조치결과를 지체 없이 식품의약품안전처장에게 통보하여야 한다.〈개정 2011.6.7., 2013.3.23.〉

**제78조(행정 제재처분 효과의 승계)** 영업자가 영업을 양도하거나 법인이 합병되는 경우에는 제75조제1항 각 호, 같은 조 제2항 또는 제76조제1항 각 호를 위반한 사유로 종전의 영업자에게 행한 행정 제재처분의 효과는 그 처분기간이 끝난 날부터 1년간 양수인이나 합병 후 존속하는 법인에 승계되며, 행정 제재처분 절차가 진행 중인 경우에는 양수인이나 합병 후 존속하는 법인에 대하여 행정 제재처분 절차를 계속할 수 있다. 다만, 양수인이나 합병 후 존속하는 법인이 양수하거나 합병할

때에 그 처분 또는 위반사실을 알지 못하였음을 증명하는 때에는 그러하지 아니하다.

**제79조(폐쇄조치 등)** ① 식품의약품안전처장, 시·도지사 또는 시장·군수·구청장은 제37조제1항, 제4항 또는 제5항을 위반하여 허가받지 아니하거나 신고 또는 등록하지 아니하고 영업을 하는 경우 또는 제75조제1항 또는 제2항에 따라 허가 또는 등록이 취소되거나 영업소 폐쇄명령을 받은 후에도 계속하여 영업을 하는 경우에는 해당 영업소를 폐쇄하기 위하여 관계 공무원에게 다음 각 호의 조치를 하게 할 수 있다.〈개정 2011.6.7., 2013.3.23.〉

1. 해당 영업소의 간판 등 영업 표지물의 제거나 삭제
2. 해당 영업소가 적법한 영업소가 아님을 알리는 게시문 등의 부착
3. 해당 영업소의 시설물과 영업에 사용하는 기구 등을 사용할 수 없게 하는 봉인(封印)

② 식품의약품안전처장, 시·도지사 또는 시장·군수·구청장은 제1항제3호에 따라 봉인한 후 봉인을 계속할 필요가 없거나 해당 영업을 하는 자 또는 그 대리인이 해당 영업소 폐쇄를 약속하거나 그 밖의 정당한 사유를 들어 봉인의 해제를 요청하는 경우에는 봉인을 해제할 수 있다. 제1항제2호에 따른 게시문 등의 경우에도 또한 같다.〈개정 2013.3.23.〉

③ 식품의약품안전처장, 시·도지사 또는 시장·군수·구청장은 제1항에 따른 조치를 하려면 해당 영업을 하는 자 또는 그 대리인에게 문서로 미리 알려야 한다. 다만, 급박한 사유가 있으면 그러하지 아니하다.〈개정 2013.3.23.〉

④ 제1항에 따른 조치는 그 영업을 할 수 없게 하는 데에 필요한 최소한의 범위에 그쳐야 한다.

⑤ 제1항의 경우에 관계 공무원은 그 권한을 표시하는 증표 및 조사기간, 조사범위, 조사담당자, 관계 법령 등 대통령령으로 정하는 사항이 기재된 서류를 지니고 이를 관계인에게 내보여야 한다.〈개정 2016.2.3.〉

**제80조(면허취소 등)** ① 식품의약품안전처장 또는 특별자치시장·특별자치도지사·시장·군수·구청장은 조리사가 다음 각 호의 어느 하나에 해당하면 그 면허를 취소하거나 6개월 이내의 기간을 정하여 업무정지를 명할 수 있다. 다만, 조리사가 제1호 또는 제5호에 해당할 경우 면허를 취소하여야 한다.〈개정 2010.1.18., 2010.3.26., 2013.3.23., 2016.2.3.〉

1. 제54조 각 호의 어느 하나에 해당하게 된 경우
2. 제56조에 따른 교육을 받지 아니한 경우
3. 식중독이나 그 밖에 위생과 관련한 중대한 사고 발생에 직무상의 책임이 있는 경우
4. 면허를 타인에게 대여하여 사용하게 한 경우
5. 업무정지기간 중에 조리사의 업무를 하는 경우

② 제1항에 따른 행정처분의 세부기준은 그 위반 행위의 유형과 위반 정도 등을 고려하여 총리령으로 정한다.〈개정 2010.1.18., 2013.3.23.〉

**제81조(청문)** 식품의약품안전처장, 시·도지사 또는 시장·군수·구청장은 다음 각 호의 어느 하나에 해당하는 처분을 하려면 청문을 하여야 한다.〈개정 2011.6.7., 2013.3.23., 2014.5.28.〉

1. 삭제〈2015.2.3.〉

1의2. 삭제〈2013.7.30.〉

2. 제48조제8항에 따른 식품안전관리인증기준적용업소의 인증취소
3. 제75조제1항부터 제3항까지의 규정에 따른 영업허가 또는 등록의 취소나 영업소의 폐쇄명령
4. 제80조제1항에 따른 면허의 취소

**제82조(영업정지 등의 처분에 갈음하여 부과하는 과징금 처분)** ① 식품의약품안전처장, 시·도지사 또는 시장·군수·구청장은 영업자가 제75조제1항 각 호 또는 제76조제1항 각 호의 어느 하나에 해당하는 경우에는 대통령령으로 정하는 바에 따라 영업정지, 품목 제조정지 또는 품목류 제조정지 처분을 갈음하여 10억원 이하의 과징금을 부과할 수 있다. 다만, 제6조를 위반하여 제75조제1항에

해당하는 경우와 제4조, 제5조, 제7조, 제10조, 제12조의2, 제13조, 제37조, 제43조 및 제44조를 위반하여 제75조제1항 또는 제76조제1항에 해당하는 중대한 사항으로서 총리령으로 정하는 경우는 제외한다.〈개정 2010.1.18., 2011.6.7., 2013.3.23., 2016.2.3.〉

② 제1항에 따른 과징금을 부과하는 위반 행위의 종류·정도 등에 따른 과징금의 금액과 그 밖에 필요한 사항은 대통령령으로 정한다.

③ 식품의약품안전처장, 시·도지사 또는 시장·군수·구청장은 과징금을 징수하기 위하여 필요한 경우에는 다음 각 호의 사항을 적은 문서로 관할 세무관서의 장에게 과세 정보 제공을 요청할 수 있다.〈개정 2013.3.23.〉

1. 납세자의 인적 사항
2. 사용 목적
3. 과징금 부과기준이 되는 매출금액

④ 식품의약품안전처장, 시·도지사 또는 시장·군수·구청장은 제1항에 따른 과징금을 기한 내에 납부하지 아니하는 때에는 대통령령으로 정하는 바에 따라 제1항에 따른 과징금 부과처분을 취소하고 제75조제1항 또는 제76조제1항에 따른 영업정지 또는 제조정지 처분을 하거나 국세 체납처분의 예 또는「지방세외수입금의 징수 등에 관한 법률」에 따라 징수한다. 다만, 다음 각 호의 어느 하나에 해당하는 경우에는 국세 체납처분의 예 또는「지방세외수입금의 징수 등에 관한 법률」에 따라 징수한다.〈개정 2011.6.7., 2013.3.23., 2013.7.30., 2013.8.6.〉

1. 삭제 〈2013.7.30.〉
2. 제37조제3항, 제4항 및 제5항에 따른 폐업 등으로 제75조제1항 또는 제76조제1항에 따른 영업정지 또는 제조정지 처분을 할 수 없는 경우

⑤ 제1항 및 제4항 단서에 따라 징수한 과징금 중 식품의약품안전처장이 부과·징수한 과징금은 국가에 귀속되고, 시·도지사가 부과·징수한 과징금은 시·도의 식품진흥기금(제89조에 따른 식품진흥기금을 말한다. 이하 이 항에서 같다)에 귀속되며, 시장·군수·구청장이 부과·징수한 과징금은 시·도와 시·군·구의 식품진흥기금에 귀속된다. 이 경우 시·도 및 시·군·구에 귀속시키는 방법 등은 대통령령으로 정한다.〈개정 2013.3.23.〉

⑥ 시·도지사는 제91조에 따라 제1항에 따른 과징금을 부과·징수할 권한을 시장·군수·구청장에게 위임한 경우에는 그에 필요한 경비를 대통령령으로 정하는 바에 따라 시장·군수·구청장에게 교부할 수 있다.

**제83조(위해식품등의 판매 등에 따른 과징금 부과 등)** ① 식품의약품안전처장, 시·도지사 또는 시장·군수·구청장은 위해식품등의 판매 등 금지에 관한 제4조부터 제6조까지의 규정, 제8조 또는 제13조를 위반한 경우 다음 각 호의 어느 하나에 해당하는 자에 대하여 그가 판매한 해당 식품등의 소매가격에 상당하는 금액을 과징금으로 부과한다.〈개정 2011.6.7., 2013.3.23., 2013.7.30.〉

1. 제4조제2호·제3호 및 제5호부터 제7호까지의 규정을 위반하여 제75조에 따라 영업정지 2개월 이상의 처분, 영업허가 및 등록의 취소 또는 영업소의 폐쇄명령을 받은 자
2. 제5조, 제6조 또는 제8조를 위반하여 제75조에 따라 영업허가 및 등록의 취소 또는 영업소의 폐쇄명령을 받은 자
3. 제13조제1항제1호를 위반하여 제75조에 따라 영업정지 2개월 이상의 처분, 영업허가 및 등록의 취소 또는 영업소의 폐쇄명령을 받은 자

② 제1항에 따른 과징금의 산출금액은 대통령령으로 정하는 바에 따라 결정하여 부과한다.

③ 제2항에 따라 부과된 과징금을 기한 내에 납부하지 아니하는 경우 또는 제37조제3항, 제4항 및 제5항에 따라 폐업한 경우에는 국세 체납처분의 예 또는「지방세외수입금의 징수 등에 관한 법률」에 따라 징수한다.〈개정 2011.6.7., 2013.8.6.〉

④ 제2항에 따라 부과한 과징금의 귀속, 귀속 비율 및 징수 절차 등에 대하여는 제82조제3항·제5항 및 제6항을 준용한다.

**제84조(위반사실 공표)** 식품의약품안전처장, 시·도지사 또는 시장·군수·구청장은 제72조, 제75조, 제76조, 제79조, 제82조 또는 제83조에 따라 행정처분이 확정된 영업자에 대한 처분 내용, 해당 영업소와 식품등의 명칭 등 처분과 관련한 영업 정보를 대통령령으로 정하는 바에 따라 공표하여야 한다.〈개정 2013.3.23.〉

## 제12장 보칙

**제85조(국고 보조)** 식품의약품안전처장은 예산의 범위에서 다음 경비의 전부 또는 일부를 보조할 수 있다.〈개정 2010.1.18., 2011.8.4., 2013.3.23.〉

1. 제22조제1항(제88조에서 준용하는 경우를 포함한다)에 따른 수거에 드는 경비
2. 삭제〈2013.7.30.〉
3. 조합에서 실시하는 교육훈련에 드는 경비
4. 제32조제1항에 따른 식품위생감시원과 제33조에 따른 소비자식품위생감시원 운영에 드는 경비
5. 정보원의 설립·운영에 드는 경비
6. 제60조제6호에 따른 조사·연구 사업에 드는 경비
7. 제63조제1항(제66조에서 준용하는 경우를 포함한다)에 따른 조합 또는 협회의 자율지도원 운영에 드는 경비
8. 제72조(제88조에서 준용하는 경우를 포함한다)에 따른 폐기에 드는 경비

**제86조(식중독에 관한 조사 보고)** ① 다음 각 호의 어느 하나에 해당하는 자는 지체 없이 관할 시장(「제주특별자치도 설치 및 국제자유도시 조성을 위한 특별법」에 따른 행정시장을 포함한다. 이하 이 조에서 같다)·군수·구청장에게 보고하여야 한다. 이 경우 의사나 한의사는 대통령령으로 정하는 바에 따라 식중독 환자나 식중독이 의심되는 자의 혈액 또는 배설물을 보관하는 데에 필요한 조치를 하여야 한다.〈개정 2013.5.22.〉

1. 식중독 환자나 식중독이 의심되는 자를 진단하였거나 그 사체를 검안(檢案)한 의사 또는 한의사
2. 집단급식소에서 제공한 식품등으로 인하여 식중독 환자나 식중독으로 의심되는 증세를 보이는 자를 발견한 집단급식소의 설치·운영자

② 시장·군수·구청장은 제1항에 따른 보고를 받은 때에는 지체 없이 그 사실을 식품의약품안전처장 및 시·도지사에게 보고하고, 대통령령으로 정하는 바에 따라 원인을 조사하여 그 결과를 보고하여야 한다.〈개정 2010.1.18., 2013.3.23., 2013.5.22.〉

③ 식품의약품안전처장은 제2항에 따른 보고의 내용이 국민보건상 중대하다고 인정하는 경우에는 해당 시·도지사 또는 시장·군수·구청장과 합동으로 원인을 조사할 수 있다.〈신설 2013.5.22.〉

④ 식품의약품안전처장은 식중독 발생의 원인을 규명하기 위하여 식중독 의심환자가 발생한 원인시설 등에 대한 조사절차와 시험·검사 등에 필요한 사항을 정할 수 있다.〈개정 2013.3.23., 2013.5.22.〉

**제87조(식중독대책협의기구 설치)** ① 식품의약품안전처장은 식중독 발생의 효율적인 예방 및 확산방지를 위하여 교육부, 농림축산식품부, 보건복지부, 환경부, 해양수산부, 식품의약품안전처, 시·도 등 유관기관으로 구성된 식중독대책협의기구를 설치·운영하여야 한다.〈개정 2010.1.18., 2013.3.23.〉

② 제1항에 따른 식중독대책협의기구의 구성과 세부적인 운영사항 등은 대통령령으로 정한다.

**제88조(집단급식소)** ① 집단급식소를 설치·운영하려는 자는 총리령으로 정하는 바에 따라 특별자치시장·특별자치도지사·시장·군수·구청장에게 신고하여야 한다.〈개정 2010.1.18., 2013.3.23., 2016.2.3.〉

② 집단급식소를 설치·운영하는 자는 집단급식소 시설의 유지·관리 등 급식을 위생적으로 관리

하기 위하여 다음 각 호의 사항을 지켜야 한다.〈개정 2010.1.18., 2013.3.23.〉

1. 식중독 환자가 발생하지 아니하도록 위생관리를 철저히 할 것
2. 조리·제공한 식품의 매회 1인분 분량을 총리령으로 정하는 바에 따라 144시간 이상 보관할 것
3. 영양사를 두고 있는 경우 그 업무를 방해하지 아니할 것
4. 영양사를 두고 있는 경우 영양사가 집단급식소의 위생관리를 위하여 요청하는 사항에 대하여는 정당한 사유가 없으면 따를 것
5. 그 밖에 식품등의 위생적 관리를 위하여 필요하다고 총리령으로 정하는 사항을 지킬 것

③ 집단급식소에 관하여는 제3조부터 제6조까지, 제7조제4항, 제8조, 제9조제4항, 제10조제2항, 제22조, 제40조, 제41조, 제48조, 제71조, 제72조 및 제74조를 준용한다.

④ 집단급식소의 시설기준과 그 밖의 운영에 관한 사항은 총리령으로 정한다.〈개정 2010.1.18., 2013.3.23.〉

**제89조(식품진흥기금)** ① 식품위생과 국민의 영양수준 향상을 위한 사업을 하는 데에 필요한 재원에 충당하기 위하여 시·도 및 시·군·구에 식품진흥기금(이하 "기금"이라 한다)을 설치한다.

② 기금은 다음 각 호의 재원으로 조성한다.

1. 식품위생단체의 출연금
2. 제82조, 제83조 및 「건강기능식품에 관한 법률」 제37조에 따라 징수한 과징금
3. 기금 운용으로 생기는 수익금
4. 그 밖에 대통령령으로 정하는 수입금

③ 기금은 다음 각 호의 사업에 사용한다.〈개정 2010.3.26., 2016.12.2.〉

1. 영업자(「건강기능식품에 관한 법률」에 따른 영업자를 포함한다)의 위생관리시설 및 위생설비시설 개선을 위한 융자 사업
2. 식품위생에 관한 교육·홍보 사업(소비자단체의 교육·홍보 지원을 포함한다)과 소비자식품위생감시원의 교육·활동 지원
3. 식품위생과 「국민영양관리법」에 따른 영양관리(이하 "영양관리"라 한다)에 관한 조사·연구 사업
4. 제90조에 따른 포상금 지급 지원

4의2. 「공익신고자 보호법」 제29조제2항에 따라 지방자치단체가 부담하는 보상금(이 법 및 「건강기능식품에 관한 법률」 위반행위에 관한 신고를 원인으로 한 보상금에 한정한다) 상환액의 지원

5. 식품위생에 관한 교육·연구 기관의 육성 및 지원
6. 음식문화의 개선과 좋은 식단 실천을 위한 사업 지원
7. 집단급식소(위탁에 의하여 운영되는 집단급식소만 해당한다)의 급식시설 개수·보수를 위한 융자 사업
8. 그 밖에 대통령령으로 정하는 식품위생, 영양관리, 식품산업 진흥 및 건강기능식품에 관한 사업

④ 기금은 시·도지사 및 시장·군수·구청장이 관리·운용하되, 그에 필요한 사항은 대통령령으로 정한다.

**제89조(식품진흥기금)** ① 식품위생과 국민의 영양수준 향상을 위한 사업을 하는 데에 필요한 재원에 충당하기 위하여 시·도 및 시·군·구에 식품진흥기금(이하 "기금"이라 한다)을 설치한다.

② 기금은 다음 각 호의 재원으로 조성한다.

1. 식품위생단체의 출연금
2. 제82조, 제83조 및 「건강기능식품에 관한 법률」 제37조에 따라 징수한 과징금
3. 기금 운용으로 생기는 수익금
4. 그 밖에 대통령령으로 정하는 수입금

③ 기금은 다음 각 호의 사업에 사용한다.〈개정 2010.3.26., 2015.5.18., 2016.12.2.〉

1. 영업자(「건강기능식품에 관한 법률」에 따른 영업자를 포함한다)의 위생관리시설 및 위생설비

시설 개선을 위한 융자 사업
2. 식품위생에 관한 교육·홍보 사업(소비자단체의 교육·홍보 지원을 포함한다)과 소비자식품위생감시원의 교육·활동 지원
3. 식품위생과 「국민영양관리법」에 따른 영양관리(이하 "영양관리"라 한다)에 관한 조사·연구 사업
4. 제90조에 따른 포상금 지급 지원
4의2. 「공익신고자 보호법」 제29조제2항에 따라 지방자치단체가 부담하는 보상금(이 법 및 「건강기능식품에 관한 법률」 위반행위에 관한 신고를 원인으로 한 보상금에 한정한다) 상환액의 지원
5. 식품위생에 관한 교육·연구 기관의 육성 및 지원
6. 음식문화의 개선과 좋은 식단 실천을 위한 사업 지원
7. 집단급식소(위탁에 의하여 운영되는 집단급식소만 해당한다)의 급식시설 개수·보수를 위한 융자 사업
7의2. 제47조의2에 따른 식품접객업소의 위생등급 지정 사업 지원
8. 그 밖에 대통령령으로 정하는 식품위생, 영양관리, 식품산업 진흥 및 건강기능식품에 관한 사업
④ 기금은 시·도지사 및 시장·군수·구청장이 관리·운용하되, 그에 필요한 사항은 대통령령으로 정한다.
[시행일 : 2017.5.19.] 제89조

**제90조(포상금 지급)** ① 식품의약품안전처장, 시·도지사 또는 시장·군수·구청장은 이 법에 위반되는 행위를 신고한 자에게 신고 내용별로 1천만원까지 포상금을 줄 수 있다. 〈개정 2013.3.23.〉
② 제1항에 따른 포상금 지급의 기준·방법 및 절차 등에 관하여 필요한 사항은 대통령령으로 정한다.

**제90조의2(정보공개)** ① 식품의약품안전처장은 보유·관리하고 있는 식품등의 안전에 관한 정보 중 국민이 알아야 할 필요가 있다고 인정하는 정보에 대하여는 「공공기관의 정보공개에 관한 법률」에서 허용하는 범위에서 이를 국민에게 제공하도록 노력하여야 한다. 〈개정 2013.3.23.〉
② 제1항에 따라 제공되는 정보의 범위, 제공 방법 및 절차 등에 필요한 사항은 대통령령으로 정한다.
[본조신설 2011.8.4.]

**제90조의3(식품안전관리 업무 평가)** ① 식품의약품안전처장은 식품안전관리 업무 수행 실적이 우수한 시·도 또는 시·군·구에 표창 수여, 포상금 지급 등의 조치를 하기 위하여 시·도 및 시·군·구에서 수행하는 식품안전관리업무를 평가할 수 있다.
② 제1항에 따른 평가 기준·방법 등에 관하여 필요한 사항은 총리령으로 정한다.
[본조신설 2016.2.3.]

**제91조(권한의 위임)** 이 법에 따른 식품의약품안전처장의 권한은 대통령령으로 정하는 바에 따라 그 일부를 시·도지사 또는 지방식품의약품안전청장에게, 시·도지사의 권한은 그 일부를 시장·군수·구청장 또는 보건소장에게 각각 위임할 수 있다.〈개정 2010.1.18., 2013.3.23.〉

**제92조(수수료)** 다음 각 호의 어느 하나에 해당하는 자는 총리령으로 정하는 수수료를 내야 한다.〈개정 2010.1.18., 2010.3.26., 2011.6.7., 2013.3.23., 2013.7.30., 2014.5.28., 2016.2.3., 2016.12.2.〉
1. 제7조제2항 또는 제9조제2항에 따른 기준과 규격의 인정을 신청하는 자
1의2. 제7조의3제2항에 따른 농약 및 동물용 의약품의 잔류허용기준 설정을 요청하는 자
1의3. 제12조의3에 따른 표시·광고 심의를 신청하는 자
2. 제18조에 따른 안전성 심사를 받는 자
3. 삭제〈2015.2.3.〉
3의2. 삭제〈2015.2.3.〉
3의3. 제23조제2항에 따른 재검사를 요청하는 자

4. 삭제〈2013.7.30.〉
5. 제37조에 따른 허가를 받거나 신고 또는 등록을 하는 자
6. 제48조제3항(제88조에서 준용하는 경우를 포함한다)에 따른 식품안전관리인증기준적용업소 인증 또는 변경 인증을 신청하는 자
6의2. 제48조의2제2항에 따른 식품안전관리인증기준적용업소 인증 유효기간의 연장신청을 하는 자
7. 제49조제1항에 따른 식품이력추적관리를 위한 등록을 신청하는 자
8. 제53조에 따른 조리사 면허를 받는 자
9. 제88조에 따른 집단급식소의 설치·운영을 신고하는 자

## 제13장 벌칙

**제93조(벌칙)** ① 다음 각 호의 어느 하나에 해당하는 질병에 걸린 동물을 사용하여 판매할 목적으로 식품 또는 식품첨가물을 제조·가공·수입 또는 조리한 자는 3년 이상의 징역에 처한다.〈개정 2011.6.7.〉

1. 소해면상뇌증(狂牛病)
2. 탄저병
3. 가금 인플루엔자

② 다음 각 호의 어느 하나에 해당하는 원료 또는 성분 등을 사용하여 판매할 목적으로 식품 또는 식품첨가물을 제조·가공·수입 또는 조리한 자는 1년 이상의 징역에 처한다. 〈개정 2011.6.7.〉

1. 마황(麻黃)
2. 부자(附子)
3. 천오(川烏)
4. 초오(草烏)
5. 백부자(白附子)
6. 섬수(蟾수)
7. 백선피(白鮮皮)
8. 사리풀

③ 제1항 및 제2항의 경우 제조·가공·수입·조리한 식품 또는 식품첨가물을 판매하였을 때에는 그 소매가격의 2배 이상 5배 이하에 해당하는 벌금을 병과(倂科)한다.〈개정 2011.6.7.〉

④ 제1항 또는 제2항의 죄로 형을 선고받고 그 형이 확정된 후 5년 이내에 다시 제1항 또는 제2항의 죄를 범한 자가 제3항에 해당하는 경우 제3항에서 정한 형의 2배까지 가중한다.〈신설 2013.7.30.〉

**제94조(벌칙)** ①다음 각 호의 어느 하나에 해당하는 자는 10년 이하의 징역 또는 1억원 이하의 벌금에 처하거나 이를 병과할 수 있다.〈개정 2013.7.30., 2014.3.18.〉

1. 제4조부터 제6조까지(제88조에서 준용하는 경우를 포함하고, 제93조제1항 및 제3항에 해당하는 경우는 제외한다)를 위반한 자
2. 제8조(제88조에서 준용하는 경우를 포함한다)를 위반한 자

2의2. 제13조제1항제1호를 위반한 자

3. 제37조제1항을 위반한 자

② 제1항의 죄로 형을 선고받고 그 형이 확정된 후 5년 이내에 다시 제1항의 죄를 범한 자는 1년 이상 10년 이하의 징역에 처한다.〈신설 2013.7.30., 2016.2.3.〉

③ 제2항의 경우 그 해당 식품 또는 식품첨가물을 판매한 때에는 그 소매가격의 4배 이상 10배 이하에 해당하는 벌금을 병과한다.〈신설 2013.7.30.〉

**제95조(벌칙)** 다음 각 호의 어느 하나에 해당하는 자는 5년 이하의 징역 또는 5천만원 이하의 벌금에 처하거나 이를 병과할 수 있다.〈개정 2013.7.30., 2015.2.3., 2016.2.3.〉

1. 제7조제4항(제88조에서 준용하는 경우를 포함한다), 제9조제4항(제88조에서 준용하는 경우를 포함한다) 또는 제13조제1항제2호부터 제5호까지의 규정을 위반한 자
2. 삭제 〈2013.7.30.〉

2의2. 제37조제5항을 위반한 자

3. 제43조에 따른 영업 제한을 위반한 자

3의2. 제45조제1항 전단을 위반한 자

4. 제72조제1항·제3항(제88조에서 준용하는 경우를 포함한다) 또는 제73조제1항에 따른 명령을 위반한 자
5. 제75조제1항에 따른 영업정지 명령을 위반하여 영업을 계속한 자(제37조제1항에 따른 영업허가를 받은 자만 해당한다)

**제96조(벌칙)** 제51조 또는 제52조를 위반한 자는 3년 이하의 징역 또는 3천만원 이하의 벌금에 처하거나 이를 병과할 수 있다.

**제97조(벌칙)** 다음 각 호의 어느 하나에 해당하는 자는 3년 이하의 징역 또는 3천만원 이하의 벌금에 처한다.〈개정 2010.1.18., 2011.6.7., 2013.3.23., 2013.7.30., 2015.2.3., 2015.3.27., 2016.2.3.〉

1. 제10조제2항(제88조에서 준용하는 경우를 포함한다), 제12조의2제2항, 제17조제4항, 제31조제1항·제3항, 제37조제3항·제4항, 제39조제3항, 제48조제2항·제10항, 제49조제1항 단서 또는 제55조를 위반한 자
2. 제22조제1항(제88조에서 준용하는 경우를 포함한다) 또는 제72조제1항·제2항(제88조에서 준용하는 경우를 포함한다)에 따른 검사·출입·수거·압류·폐기를 거부·방해 또는 기피한 자
3. 삭제〈2015.2.3.〉
4. 제36조에 따른 시설기준을 갖추지 못한 영업자
5. 제37조제2항에 따른 조건을 갖추지 못한 영업자
6. 제44조제1항에 따라 영업자가 지켜야 할 사항을 지키지 아니한 자. 다만, 총리령으로 정하는 경미한 사항을 위반한 자는 제외한다.
7. 제75조제1항에 따른 영업정지 명령을 위반하여 계속 영업한 자(제37조제4항 또는 제5항에 따라 영업신고 또는 등록을 한 자만 해당한다) 또는 같은 조 제1항 및 제2항에 따른 영업소 폐쇄명령을 위반하여 영업을 계속한 자
8. 제76조제1항에 따른 제조정지 명령을 위반한 자
9. 제79조제1항에 따라 관계 공무원이 부착한 봉인 또는 게시문 등을 함부로 제거하거나 손상시킨 자

**제98조(벌칙)** 다음 각 호의 어느 하나에 해당하는 자는 1년 이하의 징역 또는 1천만원 이하의 벌금에 처한다.〈개정 2011.6.7., 2014.3.18.〉

1. 제44조제3항을 위반하여 접객행위를 하거나 다른 사람에게 그 행위를 알선한 자
2. 제46조제1항을 위반하여 소비자로부터 이물 발견의 신고를 접수하고 이를 거짓으로 보고한 자
3. 이물의 발견을 거짓으로 신고한 자
4. 제45조제1항 후단을 위반하여 보고를 하지 아니하거나 거짓으로 보고한 자

**제99조** 삭제〈2013.7.30.〉

**제100조(양벌규정)** 법인의 대표자나 법인 또는 개인의 대리인, 사용인, 그 밖의 종업원이 그 법인 또는 개인의 업무에 관하여 제93조제3항 또는 제94조부터 제97조까지의 어느 하나에 해당하는 위반행위를 하면 그 행위자를 벌하는 외에 그 법인 또는 개인에게도 해당 조문의 벌금형을 과(科)하고, 제93조제1항의 위반행위를 하면 그 법인 또는 개인에 대하여도 1억5천만원 이하의 벌금에 처하며, 제

93조제2항의 위반행위를 하면 그 법인 또는 개인에 대하여도 5천만원 이하의 벌금에 처한다. 다만, 법인 또는 개인이 그 위반행위를 방지하기 위하여 해당 업무에 관하여 상당한 주의와 감독을 게을리하지 아니한 경우에는 그러하지 아니하다.

**제101조(과태료)** ① 다음 각 호의 어느 하나에 해당하는 자에게는 1천만원 이하의 과태료를 부과한다.

1. 제11조제2항을 위반하여 영양표시 기준을 준수하지 아니한 자
2. 삭제〈2010.2.4.〉

② 다음 각 호의 어느 하나에 해당하는 자에게는 500만원 이하의 과태료를 부과한다.〈개정 2011.6.7.〉

1. 제3조·제40조제1항 및 제3항(제88조에서 준용하는 경우를 포함한다), 제41조제1항 및 제5항(제88조에서 준용하는 경우를 포함한다) 또는 제86조제1항을 위반한 자

1의2. 삭제 〈2015.2.3.〉

1의3. 제19조의4제2항을 위반하여 검사기한 내에 검사를 받지 아니하거나 자료 등을 제출하지 아니한 영업자

1의4. 삭제 〈2016.2.3.〉

2. 삭제 〈2015.3.27.〉
3. 제37조제6항을 위반하여 보고를 하지 아니하거나 허위의 보고를 한 자
4. 제42조제2항을 위반하여 보고를 하지 아니하거나 허위의 보고를 한 자
5. 삭제 〈2011.6.7.〉
6. 제48조제9항(제88조에서 준용하는 경우를 포함한다)을 위반한 자
7. 제56조제1항을 위반하여 교육을 받지 아니한 자
8. 제74조제1항(제88조에서 준용하는 경우를 포함한다)에 따른 명령에 위반한 자
9. 제88조제1항을 위반하여 신고를 하지 아니하거나 허위의 신고를 한 자
10. 제88조제2항을 위반한 자

③ 다음 각 호의 어느 하나에 해당하는 자에게는 300만원 이하의 과태료를 부과한다.〈개정 2010.1.18., 2013.3.23., 2014.5.28., 2016.2.3.〉

1. 삭제 〈2013.7.30.〉
2. 제44조제1항에 따라 영업자가 지켜야 할 사항 중 총리령으로 정하는 경미한 사항을 지키지 아니한 자
3. 제46조제1항을 위반하여 소비자로부터 이물 발견신고를 받고 보고하지 아니한 자
4. 제49조제3항을 위반하여 식품이력추적관리 등록사항이 변경된 경우 변경사유가 발생한 날부터 1개월 이내에 신고하지 아니한 자
5. 제49조의3제4항을 위반하여 식품이력추적관리정보를 목적 외에 사용한 자

④ 제1항부터 제3항까지의 규정에 따른 과태료는 대통령령으로 정하는 바에 따라 식품의약품안전처장, 시·도지사 또는 시장·군수·구청장이 부과·징수한다.〈개정 2013.3.23.〉

**제101조(과태료)** ① 다음 각 호의 어느 하나에 해당하는 자에게는 1천만원 이하의 과태료를 부과한다.〈개정 2015.5.18.〉

1. 제11조제2항을 위반하여 영양표시 기준을 준수하지 아니한 자

1의2. 제11조의2를 위반하여 나트륨 함량 비교 표시를 하지 아니하거나 비교 표시 기준 및 방법을 지키지 아니한 자

2. 삭제〈2010.2.4.〉

② 다음 각 호의 어느 하나에 해당하는 자에게는 500만원 이하의 과태료를 부과한다.〈개정 2011.6.7.〉

1. 제3조·제40조제1항 및 제3항(제88조에서 준용하는 경우를 포함한다), 제41조제1항 및 제5항(제

88조에서 준용하는 경우를 포함한다) 또는 제86조제1항을 위반한 자
1의2. 삭제 〈2015.2.3.〉
1의3. 제19조의4제2항을 위반하여 검사기한 내에 검사를 받지 아니하거나 자료 등을 제출하지 아니한 영업자
1의4. 삭제 〈2016.2.3.〉
2. 삭제 〈2015.3.27.〉
3. 제37조제6항을 위반하여 보고를 하지 아니하거나 허위의 보고를 한 자
4. 제42조제2항을 위반하여 보고를 하지 아니하거나 허위의 보고를 한 자
5. 삭제 〈2011.6.7.〉
6. 제48조제9항(제88조에서 준용하는 경우를 포함한다)을 위반한 자
7. 제56조제1항을 위반하여 교육을 받지 아니한 자
8. 제74조제1항(제88조에서 준용하는 경우를 포함한다)에 따른 명령에 위반한 자
9. 제88조제1항을 위반하여 신고를 하지 아니하거나 허위의 신고를 한 자
10. 제88조제2항을 위반한 자

③ 다음 각 호의 어느 하나에 해당하는 자에게는 300만원 이하의 과태료를 부과한다.〈개정 2010.1.18., 2013.3.23., 2014.5.28., 2016.2.3.〉
1. 삭제〈2013.7.30.〉
2. 제44조제1항에 따라 영업자가 지켜야 할 사항 중 총리령으로 정하는 경미한 사항을 지키지 아니한 자
3. 제46조제1항을 위반하여 소비자로부터 이물 발견신고를 받고 보고하지 아니한 자
4. 제49조제3항을 위반하여 식품이력추적관리 등록사항이 변경된 경우 변경사유가 발생한 날부터 1개월 이내에 신고하지 아니한 자
5. 제49조의3제4항을 위반하여 식품이력추적관리정보를 목적 외에 사용한 자

④ 제1항부터 제3항까지의 규정에 따른 과태료는 대통령령으로 정하는 바에 따라 식품의약품안전처장, 시·도지사 또는 시장·군수·구청장이 부과·징수한다. 〈개정 2013.3.23.〉

[시행일 : 2017.5.19.] 제101조

**제102조(과태료에 관한 규정 적용의 특례)** 제101조의 과태료에 관한 규정을 적용하는 경우 제82조에 따라 과징금을 부과한 행위에 대하여는 과태료를 부과할 수 없다. 다만, 제82조제4항 본문에 따라 과징금 부과처분을 취소하고 영업정지 또는 제조정지 처분을 한 경우에는 그러하지 아니하다.

## 부칙 〈법률 제11986호, 2013.7.30〉

**제1조(시행일)** 이 법은 공포 후 6개월이 경과한 날부터 시행한다. 다만, 제16조제1항 및 제2항의 개정규정 중 "식품의약품안전처장(대통령령으로 정하는 그 소속 기관의 장을 포함한다. 이하 이 조에서 같다), 시·도지사 또는 시장·군수·구청장"에 관한 부분 및 제35조제4항의 개정규정은 공포한 날부터 시행하고, 제7조의3 및 제92조제1호, 제95조제2호의2의 개정규정은 공포 후 3개월이 경과한 날부터 시행한다.

**제2조(벌칙에 관한 경과조치)** 이 법 시행 전의 행위에 대하여 벌칙 규정을 적용할 때에는 종전의 규정에 따른다.

| 번호 | 법 조항 | 내용 |
|---|---|---|
| 1 | 제4조 | 위해식품 등의 판매금지 |
| | 제5조 | 병든 동물 고기 등의 판매 등 금지 |
| | 제6조 | 기준 · 규격이 고시되지 아니한 화학적합성품 등의 판매금지 |
| | 제7조 제4항 | 식품 또는 식품첨가물에 관한 기준과 규격 |
| | 제8조 | 유독기구 등의 판매 · 사용금지 |
| | 제9조 제4항 | 기구 및 용기 · 포장에 관한 기준과 규격 |
| | 제10조 제2항 | 표기기준 |
| 2 | 제11조 제2항 | 식품의 영양표시를 위반한 경우 |
| | 제12조 제1항 · 제2항 | 육류 및 쌀 · 김치류의 원산지 등 표시 |
| | 제13조 제1항 | 허위표시등의 금지을 위반한 경우 |
| 3 | 제17조 제4항 | 위해식품 등에 대한 긴급대응을 위반한 경우 |
| 4 | 제19조 제1항 | 수입 식품 등의 신고 등을 위반한 경우 |
| 5 | 제31조 제1항 | 자가품질검사의무을 위반한 경우 |
| 6 | 제36조 | 시설기준을 위반한 경우 |
| 7 | 제37조 제1항 후단, 제3항, 제4항 후단 및 제5항을 위반하고나 같은 조 제2항 | 영업허가를 받지 아니한 경우 |
| 8 | 제38조 제1항 제8호 | 영업허가 등의 제한, 영업허가를 받으려는 자가 금치산자이거나 파산선고를 받고 복권도지 아니한 자에 해당하는 경우 |
| 9 | 제40조 제3항 | 건강진단을 위반한 경우 |
| 10 | 제41조 제5항 | 식품위생교육을 위반한 경우 |
| 11 | 제42조 제1항 | 품질관리 및 보고를 위반한 경우 |
| 12 | 제43조 | 영업제한에 따른 영업 제한을 위반한 경우 |
| 13 | 제44조 제1항 · 제2항 및 제4항 | 영업자 등의 준수사항을 위반한 경우 |
| 14 | 제45조 제1항 | 위해식품 등의 회수에 따른 회수 조치를 하지 아니한 경우 |
| 15 | 제48조 제2항 | 위해요소중점관리기준에 따른 위해요소중점관리기준을 지키지 아니한 경우 |
| 16 | 제51조 | 조리사 면허를 위반한 경우 |
| 17 | 제71조 제1항 | 시정명령을 지키지 아니한 경우 |
| | 제72조 제1항 제3항 | 폐기처분 |
| | 제73조 제1항 | 위해식품 등의 공표 |
| | 제74조 제1항 | 시설개수명령등에 따른 명령을 위반한 경우 |
| 18 | 성매매알선 등 행위의 처벌 | 제4조에 따른 금지행위 |

# 부록 11 선행요건 적용기준

## ● 영업장관리

### ■ 천장

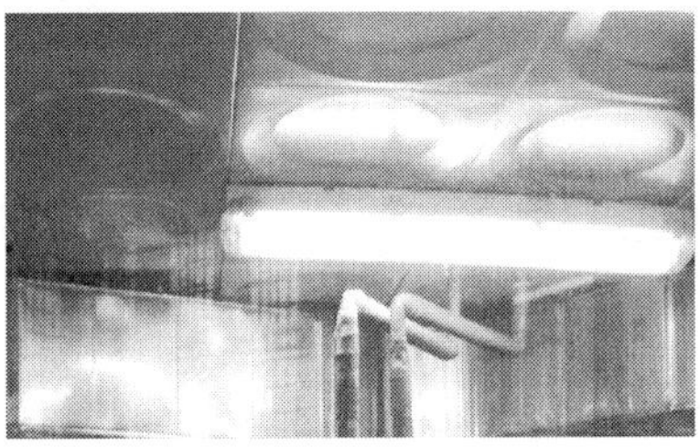

### ■ 배수 및 배관

### ■ 통로

### ■ 창

### ■ 채광 및 조명

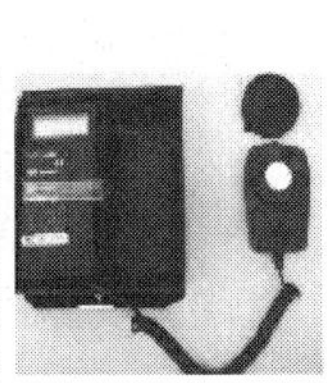

〈조도계〉

## 위생 관리

### 환기시설 관리

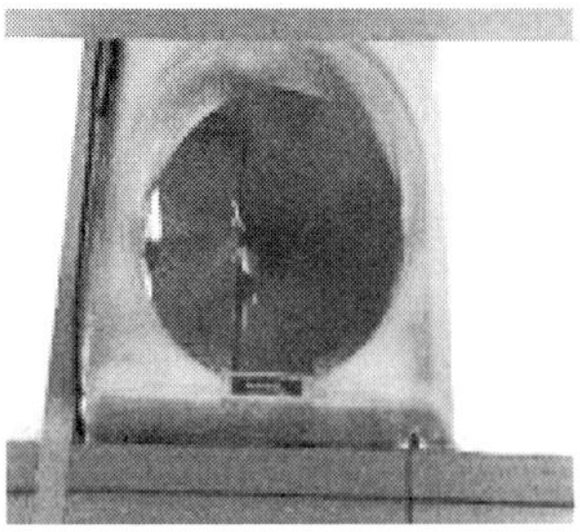

### 방충·방서 관리

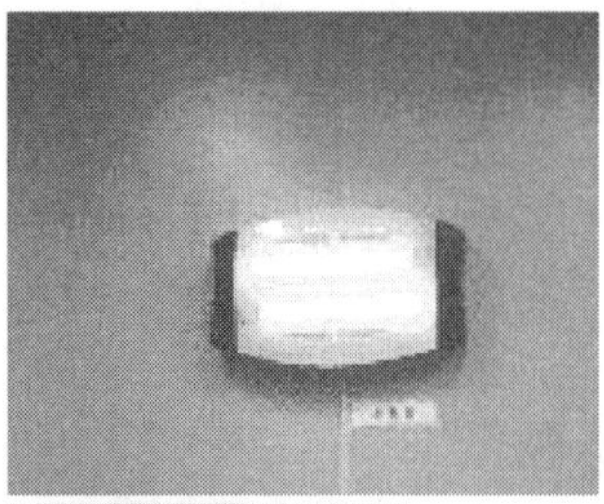

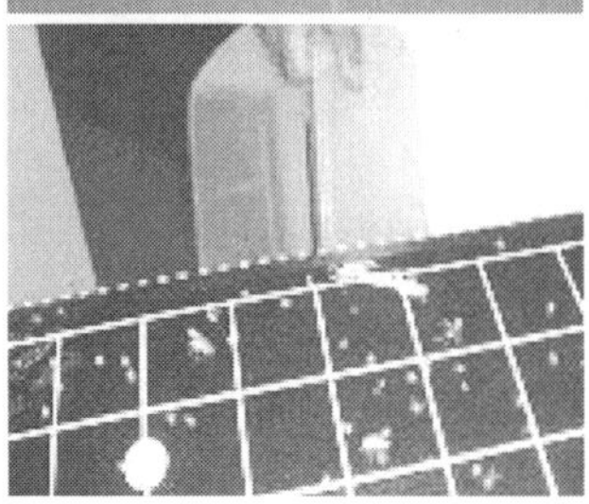

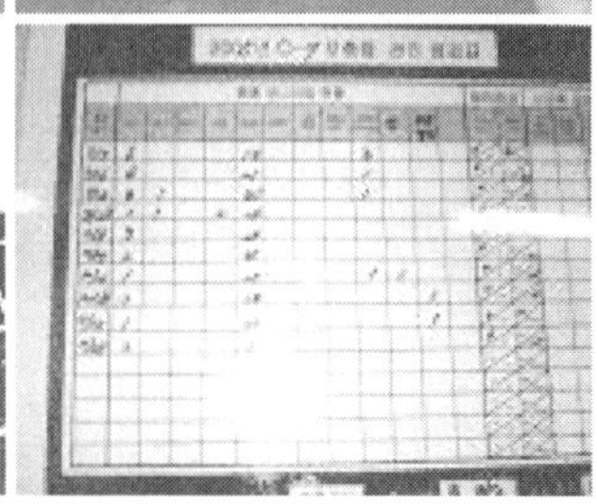

### 개인 위생 관리

O

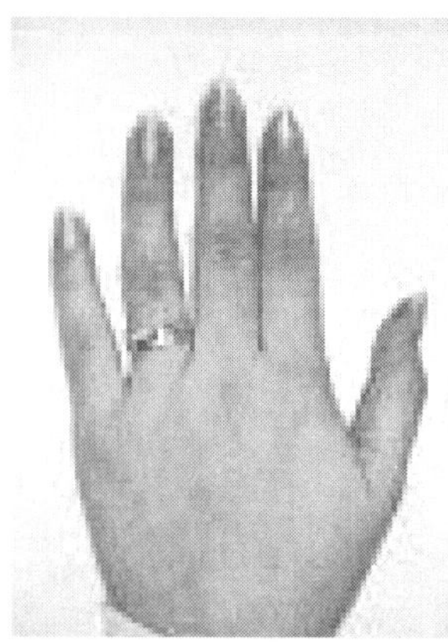

X

## 교차오염 방지 관리

- 자외선 소독고 도마 보관사례

- 기구 구분 사용 사례

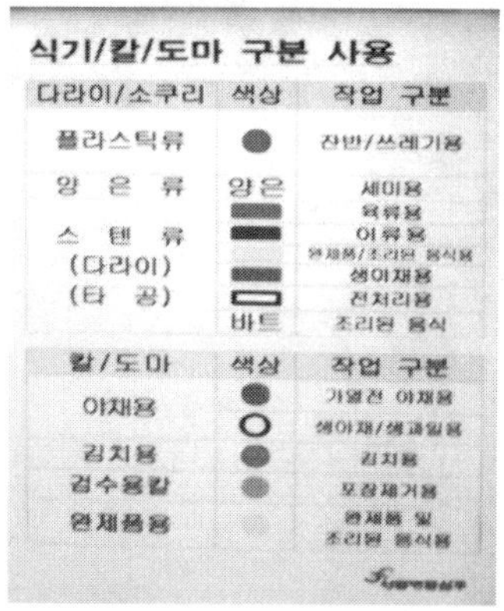


- 앞치마 구분 보관 사례

- 고무장갑 사례

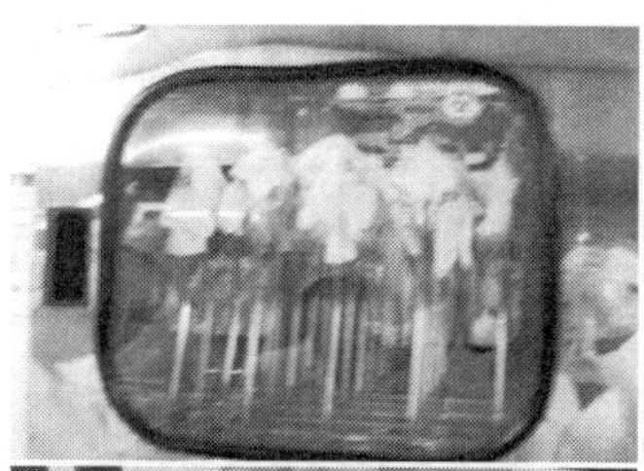

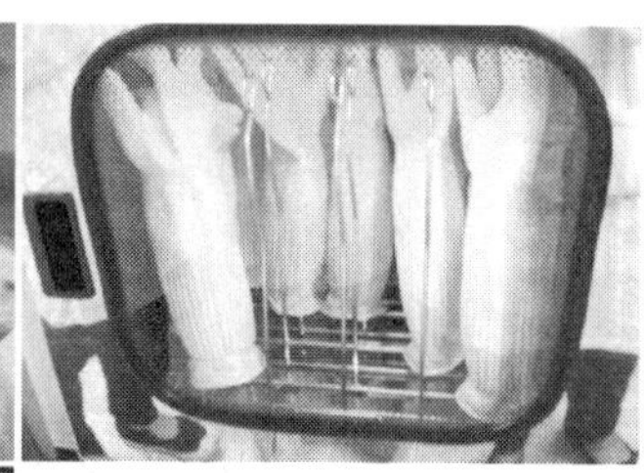

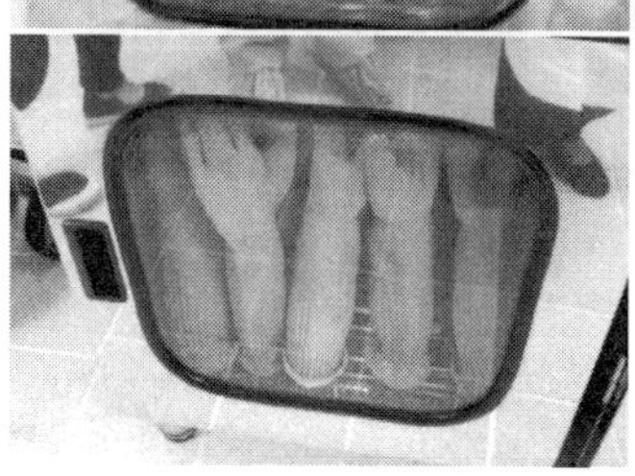

## 보존식

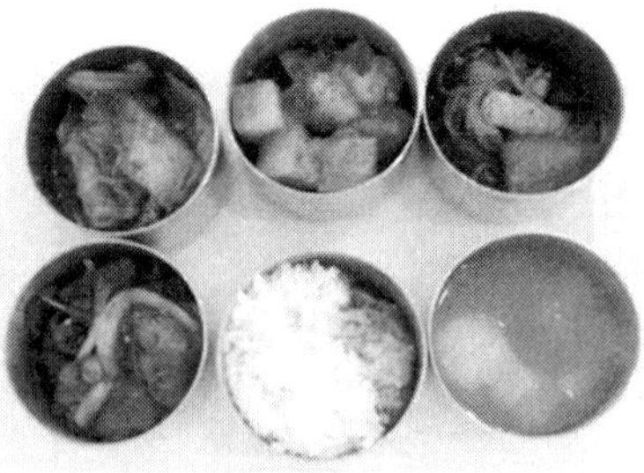

- 전용용기에 1인분씩 각각 담는다.

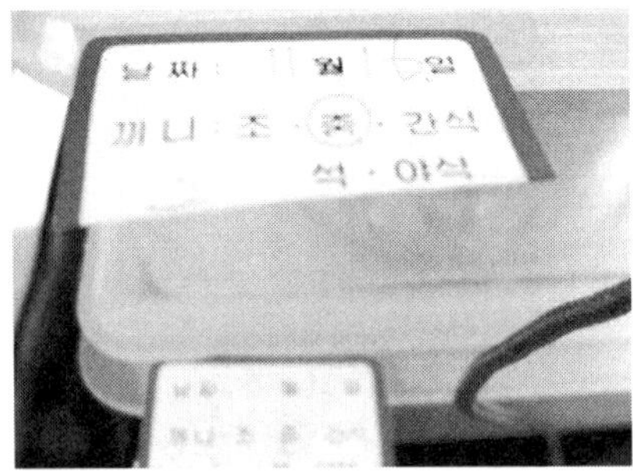


- 라벨에 메뉴명, 입고날짜, 폐기날짜, 담당자를 기록한다.

- 냉동실(-18℃)에 144시간 보관한다 (보관기간에 휴무일은 제외한다).

- 보존식 관리 사례

## 폐기물 관리

O X

## 용수 관리

### 수질 시험 성적서

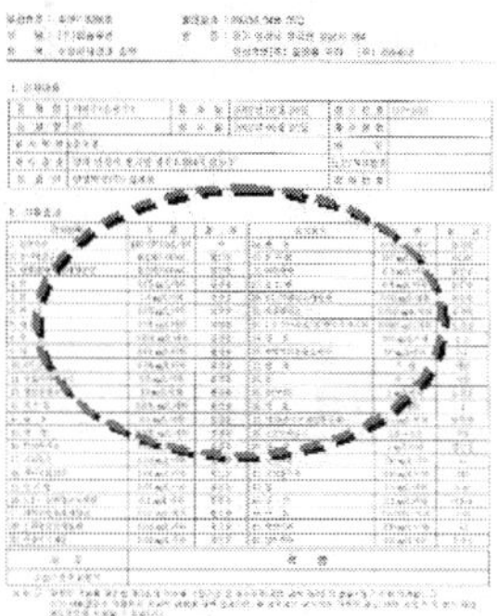

## 보관 운송 관리

### 구입 및 입고

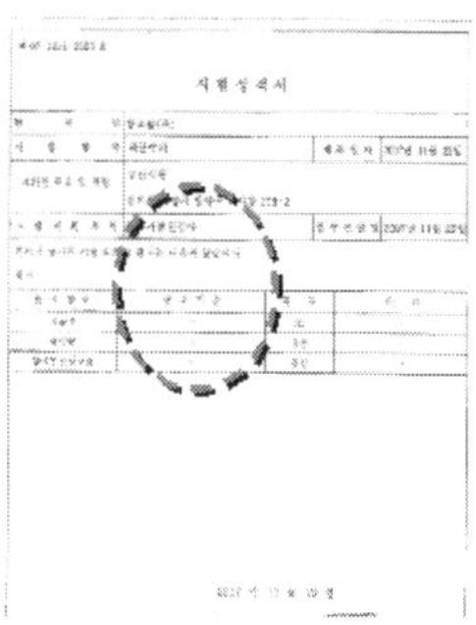

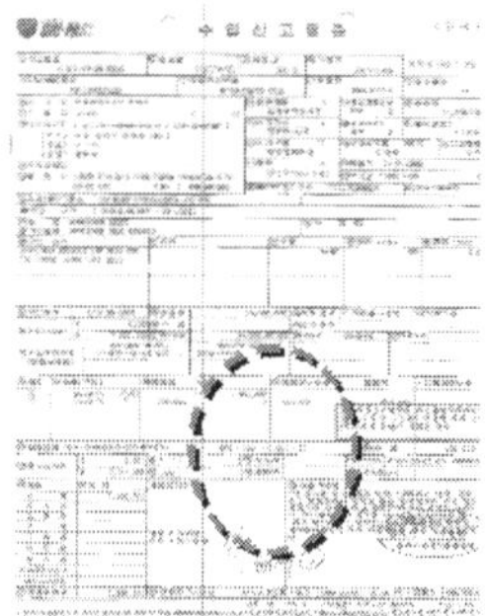

〈시험성적서〉

### 운송

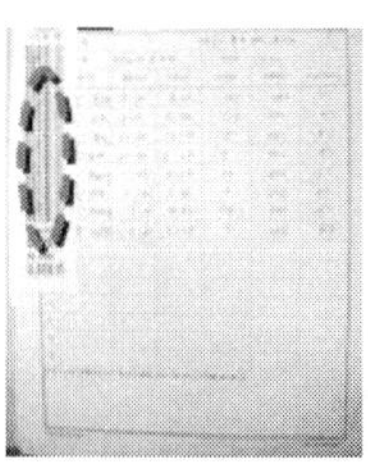

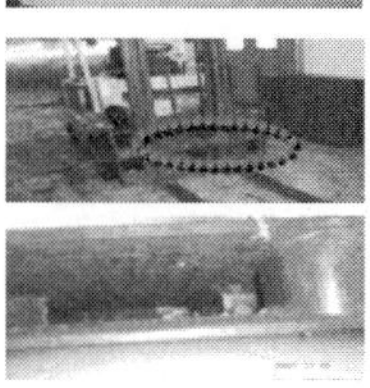

X O

### 보관

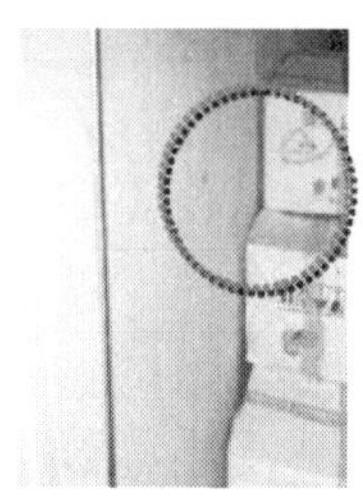

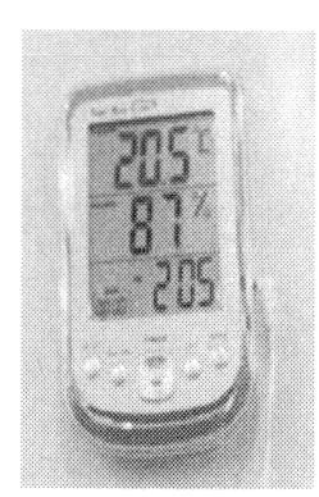

O X 〈온·습도계〉

(자료출처 : HACCP 기술지원센터)

## 잘못된 사례

- 발판에 소독액이 없음

- 휴지통의 잘못된 사례

- 냉장고의 고무패킹에 곰팡이 있음

- 냉장고 고무패킹 부식

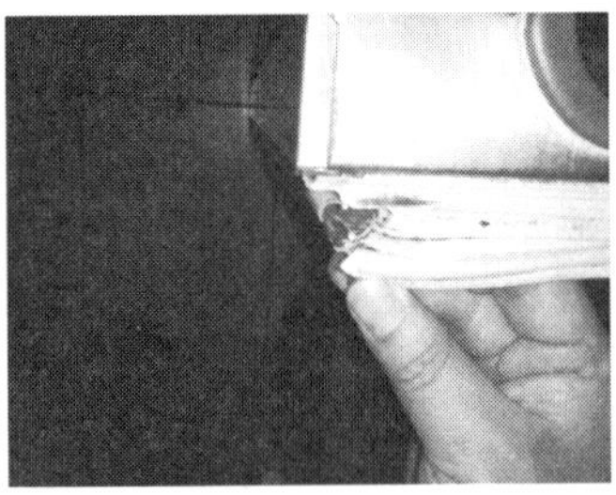

- 음식물 개수대 부식

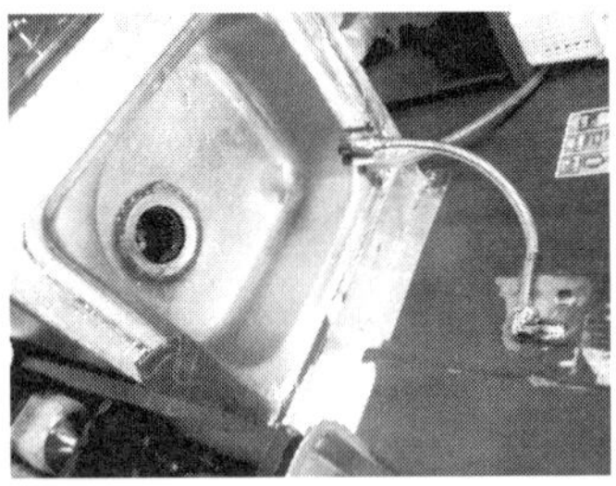

- 트렌스의 잘못된 사례

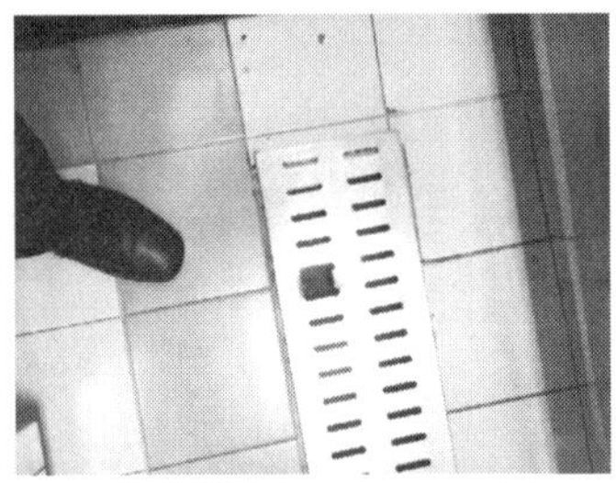

- 커피머신기의 컵 보관 잘못된 사례

- 음식물의 잘못된 보관 사례

# 부록 12 HACCP 적용품목심벌(제24조 관련)

HACCP 적용심벌이나 현판은 제품 및 업소의 특성과 포장 재질 또는 디자인에 적합하게 다음 각 호의 예제와 기본 심볼을 참조하여 다양한 색상과 크기를 적용하여 사용할 수 있다.

가. HACCP 심벌

※ 사용하고자 하는 자가 사용장소에 맞게 색상 및 크기를 조정할 수 있으나 디자인은 본 견본과 같아야 한다.

나. HACCP 지정업소 현판 견본

※ 사용하고자 하는 자가 사용장소에 맞게 현판의 크기를 조정할 수 있으나 디자인과 가로·세로·높이 크기의 비는 가능한 본 견본과 같아야 한다.

# 참고문헌




강영희·김한집·이광웅·정가진·정현숙·최양도·황백공 역. 세포생물학. 아카데미서적, 1997.

구난숙·김완수·이경애·김미정. 식품위생학. 파워북, 2008.

권훈정·김정원·유화춘. 식품위생학. 교문사, 2003.

금종화·소명환·손규목·오승희·유영균·이상일·조석금·이미옥. 식품위생학. 효일, 2004.

김덕웅·정수현·염동민·신성균·여생규. 21C 식품위생학. 수학사, 2007.

김미정·윤혜원. 이론과 실무 식품위생학. 라이프사이언스, 2006.

류충호 역. 식품위생학. 동화기술, 2005.

민경희 외 역. 대학미생물학. 탐구당, 2000.

박완희·이병철. 단체급식과 외식산업 HACCP 실무. 뱅골집, 2000.

박재주. 최신식품분석. 신광출판사, 2001.

배현주·백재은·주나미·윤지영. 급식관리자를 위한 HACCP 이론 및 실제. 교문사, 2005.

송재철·안창순·박인숙·박현정. 새로운 식품위생학. 동서문화원, 2005.

신동주·김주남·김정숙·진양호·윤옥현·임효진. 단체급식관리. 지구문화사, 2002.

신재영. 외식위생관리론. 백산출판사, 1999.

신재영. HCCP 적용 가이드라인. 식품의약품안전청, 2008.

양일선·이보숙·차진아·한경수·채인숙·이진미. 단체급식. 교문사, 2003.

이철호. 식품위생사건백서 2. 고려대학교 출판부, 2005.

이철호·맹연선. 식품위생사건백서. 고려대학교 출판부, 1997.

이흠숙·강성태·이숙경. 식품위생학. 형설출판사, 2003.

주난영·이경미·정현아·나혜진·송태희·이상호. 식품위생과 HACCP 실무. 파워북, 2008.

교육인적자원부(2004). 학교급식 위생관리지침서, 교육인적자원부.

## 국내인터넷 사이트

http : //ko.wikipedia.org : 위키백과

http : //www.encyber.com : 두산백과사전

http : //www.mfag.go.kr : 식품의약품안전처

http : //www.kafri.re.kr : 한국식품연구소

http : //www.foodwindow.go.kr : 유해물질관리단

http : //www.kca.go.kr : 한국소비자원

http : //www.ciss.or.kr : 한국소비자원 소비자안전센터

http : //www.cdc.go.kr : 질병관리본부

http : //www.haccpcenter.kfda.go.kr : HACCP 지원센터

http : //www.haccpkorea.com : HACCP KOREA

http : //www.rda.go.kr : 농촌진흥청

http : //www.naist.go.kr : 농업과학기술원

http : //www.momaf.go.kr : 해양수산부

http : //www.mohw.go.kr : 보건복지부

http : //www.afmc.co.kr : 농수산물유통공사

http : //www.nvrqs.go.kr : 국립수의과학검역원

## 해외인터넷 사이트

http : //www.nih.gov : National Institutes of Health, NIH(미국 국립보건원)

http : //www.fda.gov : U.S. Food & Drug Administration(미국 식품의약국)

http : //www.usda.gov : U.S. Department of Agriculture(미국 농무성)

http : //www.ars.usda.gov : National Animal Disease Center, ARS, USDA(미국 국립동물질병센터)

# 저 자 소 개


## 김 지 응

전주대학교 문화관광대학 외식산업학과 교수
전) 신성대학 호텔조리제빵계열 외식조리전공 교수
전) 백석문화대학 외식산업학부 교수
경기대학교 외식조리관리학과 외식조리관리학 전공(관광학 박사)

## 정 세 훈

까페 인프라 원장
외식산업경영컨설턴트
경인여대, 대구보건대학, 남서울대학교 출강
전) 커피MBA 바리스타 트레이너
경기대학교 외식조리관리학과 외식조리관리학 전공(관광학 박사)

## 어 금 희

수리연구소 소장
건국대학교 의료생명대학 식품생명과학부 식품영양학전공 겸임교수
세종대학교 조리외식경영학과 외식경영학 전공(외식경영학 박사)

꼭 알아야 할

# 식품위생 및 HACCP 실무

2009년 8월 25일 초　판 1쇄 발행
2021년 8월 20일 개정판 6쇄 발행

**지은이** 김지응 · 정세훈 · 어금희
**펴낸이** 진욱상
**펴낸곳** 백산출판사
**교　정** 편집부
**본문디자인** 편집부
**표지디자인** 오정은

**등　록** 1974년 1월 9일 제406-1974-000001호
**주　소** 경기도 파주시 회동길 370(백산빌딩 3층)
**전　화** 02-914-1621(代)
**팩　스** 031-955-9911
**이메일** edit@ibaeksan.kr
**홈페이지** www.ibaeksan.kr

ISBN 978-89-6183-172-7 93590
**값 22,000원**